前　言

　　本書針對 Web 前端從業者、學生，幫助他們從零基礎開始學習前端基礎知識和 Vue.js（簡稱 Vue）3 開發的知識和技能。當前市面上說明 Vue.js 3 的書籍較少，而且內容非常簡單，實例不多。讀者迫切需要短而精，能從基本原理開始學習的實例。本書立足於零基礎，從原理說明，並指定多而完整且短小精悍的實例，讓讀者讀得明白，並方便動手實踐。目前市面上的書籍，其中的範例所用的技術不是過期就是內容不完整。讀者在看這類書的過程中，時常需要去詢問作者，非常麻煩。相比而言，筆者這本書中的範例完整且講解詳細，非常適合讀者自學。

　　本書的主要特點是對初學者友善，不假設讀者對某個專業詞彙熟悉，必要時會對專業詞彙進行解釋，讓讀者不需要去別處查詢該專業詞彙的具體含義。實例豐富也是本書的特色，幾乎是「三步一崗，五步一哨」，處處有實例，處處有驚喜，看完實例就能實踐，讀者自然容易獲得學習中的成就感。另外，實例豐富，卻不複雜，以循序漸進的方式清楚講解技術要點，盡量把實例設計得短小精悍，精準對焦技術點，盡量省略不相關的內容，保持實例的完整性和獨立性，讓讀者能集中精力主攻當前的技術要點。也就是說，讀者從中間隨便看某個實例，就能跟著實例的步驟逐步成功實踐，而不需要翻閱其他實例的程式，方便讀者自學。本書的另一大特色是詳細介紹了 TypeScript 語言的使用，它是 Vue.js 3.0 的開發語言，幫助使用者能輕鬆學會 Vue.js。

　　如果發現問題或有疑問，請用電子郵件聯絡 booksaga@163.com，郵件主旨為「Vue.js 3 開發詳解」。

　　最後，感謝各位讀者選擇本書，希望本書能對讀者的學習有所助益。由於筆者水準所限，雖然對書中所述內容盡量確定，但難免有疏漏之處，敬請各位讀者批評指正。

作者

目 錄

第 1 章　Vue.js 概述

3

第 2 章　Vue.js 3 的語言基礎

第 3 章　架設 Vue.js 開發環境

第 4 章　Vue.js 基礎入門

第 5 章　指　令

第 6 章　元件應用與進階

第 7 章　Vue.js 鷹架開發

第8章　路由應用

第 9 章　組合式 API

第 **10** 章　使用 UI 框架 Element Plus

第 11 章　Axios 和伺服器開發

第 12 章　Vuex 與案例實戰

第 1 章
Vue.js 概述

　　Vue.js 是一個建構資料驅動的 Web 介面的函式庫。Vue.js 的目標是透過盡可能簡單的 API 實作回應的資料綁定和組合的視圖元件。Vue.js 自身不是一個全能框架——它只聚焦於視圖層，因此非常容易學習，也非常容易與其他函式庫或已有專案整合。另一方面，在與相關工具和支援函式庫一起使用時，Vue.js 也能完美地驅動複雜的單頁應用。本章將在帶領讀者學習 Vue.js 之前，先介紹前端技術中的一些基礎知識。

1.1　HTTP 與 HTML

　　HTTP（Hyper Text Transfer Protocol，超文字傳輸協定）是一種簡單的請求 - 回應協定，通常執行在 TCP 之上。它指定了用戶端可能發送給伺服器什麼樣的訊息以及得到什麼樣的回應。請求和回應訊息的標頭採用 ASCII 碼的形式，而訊息內容則採用類似 MIME 的格式。

　　HTML 為超文字標記語言，是一種標識性的語言。它包括一系列標籤，透過這些標籤可以將網路上的文件格式統一，使分散的網際網路資源連接為一個邏輯整體。

1.1.1　TCP 通訊傳輸串流

　　假如用戶端在應用層（HTTP）發起一個想看某個 Web 頁面的 HTTP 請求，那麼傳輸層（TCP）會把從應用層收到的資料（HTTP 請求封包）進行分割，並在各個封包上打上標記序號及通訊埠編號，形成網路層傳輸的資料封包，再增加通訊目的地的 MAC 位址後作為鏈路層的資料封包，這樣發往服務端的網路通訊請求就準備齊全了。接收端的伺服器在鏈路層接收到資料封包，按層拆解封包按序往上層發送，一直到應用層。當送達應用層時，才算真正收到從用戶端發送過來的 HTTP 請求。

1.1.2 HTTP

HTTP 是 Web 應用中用戶端和伺服器之間進行互動的協定標準，完成用戶端向服務端發起請求，服務端向用戶端傳回請求回應或請求處理結果的一系列過程，如圖 1-1 所示。

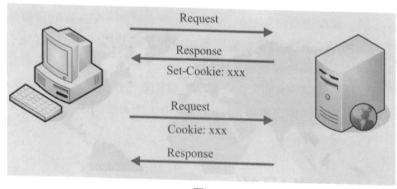

▲ 圖 1-1

在 HTTP 互動過程中，用戶端透過 URI（Uniform Resource Identifier，統一資源識別項）查詢並定位網路中的資源。URI 通常由三部分組成：①資源的命名機制，②存放資源的主機名稱，③資源自身的名稱。注意：這只是一般 URI 資源的命名方式，只要是可以唯一標識資源的都被稱為 URI，上面三筆合在一起是 URI 的充分不必要條件。URI 包含協定名稱、登入驗證資訊、伺服器地址、伺服器通訊埠編號、含層次的檔案路徑、查詢符號串列、片段標識符號。URI 的表達方式如下：

http://user:pass@www.example.com:80/home/index.html?age=11#mask

其中 http 為協定方案名稱；user:pass 表示登入資訊（驗證）；www.example.com 是伺服器地址；80 為通訊埠號；/home/index.html 表示路徑和所要請求的網頁檔案；age=11 表示查詢字串；mask 表示片段識別字。

協定方案名稱在獲取資源時要指定協定類型，包括 http:、https:、ftp: 等。登入資訊（驗證）指定使用者名稱和密碼作為從伺服器端獲取資源時必要的登入資訊，此項是可選的。伺服器地址使用絕對 URI 來指定待存取的伺服器地址。伺服器通訊埠編號就是指定伺服器連接的網路通訊埠編號，即 Web 服務監聽伺服器的 TCP 通訊埠編號，此項是可選的。路徑和檔案名稱用於定位伺服器上的特定資源，比如 /home/index.html。查詢字元用於定位指定檔案內的資源，可以使用查詢字串傳入任意參數，此項是可選的。片段識別字通常可以標記出來，以獲取資源中的子資源（文件內的某一個位置），此項也是可選的。

HTTP 分為請求封包和回應封包，封包由封包標頭和封包主體組成。請求封包標頭包含請求行、請求標頭、通用標頭、實體標頭。回應封包標頭包含狀態行、回應標頭、通用標頭、實體標頭。

請求行：包含用戶端請求伺服器資源的操作或方法（get、post、put、delete）、請求 URI、HTTP 的版本。

狀態行：包含 HTTP 的版本、服務端回應結果編碼、服務端回應結果描述。狀態行為 "HTTP/1/1 200 OK" 代表處理成功。回應分為 5 種：資訊回應（100~199）、成功回應（200~299）、重新導向（300~399）、用戶端錯誤（400~499）、伺服器錯誤（500~599）。比如 200 表示請求成功，請求方法為 get、post、head 或者 trace；404 表示請求失敗，請求資源找不到，類似於腳本未被定義；507 表示伺服器有內部設定錯誤。

HTTP 通用標頭如表 1-1 所示。

▼ 表 1-1　HTTP 通用標頭及其說明

標頭編碼	標頭說明
Cache-Control	控制快取
Connection	連接管理
Transfer-Encoding	封包主體編碼方式
Date	封包建立的日期時間
Upgrade	升級為其他協定
Via	代理伺服器相關資訊
Warning	錯誤通知

其他標頭這裡不再贅述，讀者可以參考 HTTP 文件。使用 HTTP 要注意以下幾點：

（1）透過請求和回應的交換達成通訊

應用 HTTP 時，必定是一端擔任用戶端角色，另一端擔任伺服器端角色。僅從一條通訊線路來說，伺服器端和用戶端的角色是確定的。HTTP 規定，請求從用戶端發出，最後伺服器端回應該請求並傳回。換句話說，肯定是先從用戶端開始建立通訊的，伺服器端在沒有接收到請求之前不會發送回應。

（2）HTTP 是不儲存狀態的協定

HTTP 是一種無狀態協定。協定自身不對請求和回應之間的通訊狀態進行儲存。也就是說，在 HTTP 這個等級，協定對於發送過的請求或回應都不做持久化處理。這是為了更快地處理大量事務，確保協定的可伸縮性，而特意把 HTTP 設計得如此簡單。

隨著 Web 的不斷發展，很多業務都需要儲存通訊狀態，於是引入了 Cookie 技術。有了 Cookie，再用 HTTP 通訊，就可以管理狀態了。

（3）使用 Cookie 的狀態管理

Cookie 技術透過在請求和回應封包中寫入 Cookie 資訊來控制用戶端的狀態。Cookie 會根據從伺服器端發送的響應封包內的一個名為 Set-Cookie 的標頭欄位資訊，通知用戶端儲存 Cookie。當下次用戶端再往該伺服器發送請求時，用戶端會自動在請求封包中加入 Cookie 值後發送出去。伺服器端發現用戶端發送過來的 Cookie 後，會檢查究竟是從哪一個用戶端發來的連接請求，然後對比伺服器上的記錄，而後得到之前的狀態資訊。

（4）請求 URI 定位資源

HTTP 使用 URI 定位網際網路上的資源。正是因為 URI 的特定功能，在網際網路上任意位置的資源都能存取到。

（5）持久連接

在 HTTP 的初始版本中，每進行一個 HTTP 通訊都要斷開一次 TCP 連接。比如使用瀏覽器瀏覽一個包含多張影像的 HTML 頁面時，在發送請求存取 HTML 頁面資源的同時，也會請求該 HTML 頁面中包含的其他資源。因此，每次的請求都會造成 TCP 連接的建立和斷開，無謂地增加了通訊量的消耗。

為了解決上述 TCP 連接的問題，HTTP 1.1 和部分 HTTP 1.0 想出了持久連接的方法。其特點是，只要任意一端沒有明確提出斷開連接，則保持 TCP 連接狀態，旨在建立一次 TCP 連接後進行多次請求和回應的互動。在 HTTP 1.1 中，所有的連接預設都是持久連接。

（6）管線化

持久連接使得多數請求以管線化方式發送成為可能。以前發送請求後需等待結合收到響應，才能發送下一個請求。管線化技術出現後，不用等待收到前一個請求的響應也可以發送下一個請求。這樣就能以並行方式發送多個請求。

比如，當請求一個包含多張影像的 HTML 頁面時，與逐一建立連接相比，用持久連接可以讓請求 - 回應更快結束。而管線化技術要比持久連線速度更快，請求數越多，越能彰顯每個請求所用時間短的優勢。

1.1.3 HTML

HTML（Hyper Text Markup Language，超文字標記語言）是表達 Web 網站內容的一種語言。HTML 除了用於表示文字內容，還用於描述網頁的樣式（如顏色、字型等），支援在網頁中包含連結、影像、音樂、視訊、程式。透過 HTML 語言描述的樹狀結構的文件為 HTML 文件，在該文件中透過標籤樹來表達網頁的結構及各種元素。

1.2 Web 後端基礎技術

Web 後端負責的是 Web 網站後台邏輯的設計與實作，以及使用者與網站資料的儲存和讀取。一般網站都是有使用者註冊和登入的，使用者的註冊資訊透過前端發送給後端，後端將其儲存在資料庫中，使用者登入網站時，後端透過驗證使用者輸入的使用者名稱和密碼是否與資料庫中在冊的使用者資訊一致來決定是否允許使用者登入，這是後台開發中基礎的功能。

後端開發人員主要使用各種函式庫、API 和 Web 服務等技術架設後端應用系統，確保各種 Web 服務介面之間的正確通訊。比如處理前端使用者發起的請求，各種業務邏輯的操作，最後與資料庫互動，完成增、刪、改、查等資料庫操作。

1.2.1 Spring

Spring 框架是 J2EE 應用程式開發的整合解決方案，提供了 IoC（Inversion

of Control，控制反轉）和 AOP（Aspect Oriented Programming，剖面導向程式設計）兩種新機制，為應用程式內部各模組之間實作高內聚、低耦合提供支援。

　　IoC 是一種根據設定實例化 Java 物件，管理物件生命週期，組織物件之間關係的設計思想。Spring 框架將納入生命週期管理的 Java 物件稱為 Bean，Spring 框架在啟動時自動建立 Bean，並將 Bean 放到 Spring 的上下文中。如果某個 Bean 宣告需要連結另一個 Bean，則 Spring 框架自動建立 Bean 之間的連結。當某個 Bean 宣告需要連結另一個 Bean 時，可以宣告連結該 Bean 的介面，Spring 會自動從上下文中查詢實作該介面的 Bean，從而建立兩者之間的連結。

　　在 IoC 機制的支援下，Spring 可以將 J2EE 系統中的各種技術整合起來，如圖 1-2 所示。

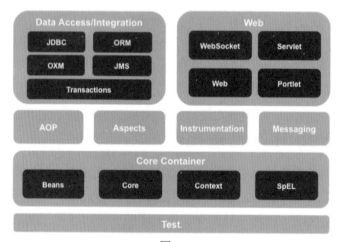

▲ 圖 1-2

　　圖中將 Spring 分為 5 個部分：Core、AOP、Data Access、Web、Test，圖中的每個圓角矩形都對應一個 JAR，如果在 maven 中設定，所有這些 JAR 的 groupId 都是 org.springframework，每個 JAR 有一個不同的 artifactId。另外，Instrumentation 有兩個 JAR，還有一個 spring-context-support。這些技術包含 Web 開發技術（Spring Web MVC）、資料持久化技術（Spring ORM）、快取技術（Spring Data Cache）、RESTful 用戶端（Spring Rest Template）、安全技術（Spring Security）、服務註冊發現和負載平衡（Spring Cloud）。

Spring 支援各種元件有不同的協力廠商實作方案，它們可以相互替換，開發者可根據場景選擇適合的實作方案。當需要修改某個實作方案時，僅需要對應用進行簡單的設定，而不需要對已完成的程式做任何改動。比如，資料快取技術有三種方案：將資料快取到 Redis、快取到 MemCache、快取到本機記憶體。開發者只需要呼叫快取 API，而不需要關注具體實作。再比如，服務註冊發現和負載平衡框架系統中需要架設服務註冊中心，服務註冊中心的實作技術有 Etcd、Consul、Eureka、Dubbo 等，這些實作技術來自不同的公司或開放原始碼組織，而開發者選擇或切換技術實作時，僅需要簡單的設定，無須修改程式。

剖面導向思想是在物件導向思想的基礎上發展而來的，用於將系統的核心功能和協助工具解耦，如圖 1-3 所示。

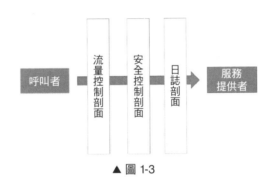

▲ 圖 1-3

Web 設計開發者在設計系統的某一功能模組時，除了要設計該功能本身的邏輯實作，還需要考慮其協助工具，如記錄日誌、進行許可權控制、對資料進行快取、對呼叫方進行流量控制等。Spring 將上述協助工具看作「剖面」，剖面是一個獨立的模組，呼叫者呼叫服務提供者的 API 的過程會以透明方式觸發剖面的程式邏輯，由剖面負責對呼叫請求進行攔截、處理與過濾。

1.2.2 Spring Security

Spring Security 是以 Spring 框架為基礎的安全解決方案，由安全剖面、驗證管理器與存取決策管理器三個核心元件組成，如圖 1-4 所示。

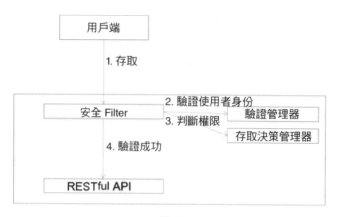

▲ 圖 1-4

安全剖面用於對來自用戶端的 Web 請求和來自程式內部的方法呼叫進行攔截。安全剖面包含 Web 篩檢程式和方法篩檢程式。Web 篩檢程式對應用接收到的 URL 請求進行攔截，從請求中提取驗證 Authentication（包含使用者名稱、密碼、階段、權杖等資訊），並將 Authentication 交給後續驗證管理器和存取決策管理器驗證，並拒絕不合法的 URL 存取。方法篩檢程式攔截應用內部的方法呼叫，拒絕不合法的方法呼叫。

驗證管理器（Authentication Manager）負責處理來自剖面的 Authentication 物件，驗證登入者的身份是否真實有效。如果判斷登入者的身份無效，則拒絕登入者的請求，否則將請求轉發到下一環節。Spring Security 框架支援多種驗證登入者身份的機制，包括根據使用者名稱和密碼驗證、JAAS 驗證、Remember Me 驗證。Spring Security 是一個開放的框架，允許開發者或者協力廠商擴充驗證機制。Authentication Manager 是 Spring Security 定義的抽象介面，定義了 Authentication authenticate(Authentication auth) 抽象方法。Provider Manager 是 Authentication Manager 的預設實作，負責管理多個驗證機制提供者（Authentication Provider）。Provider Manager 將驗證工作委託給 Authentication Provider 處理，其中任何一個 Authentication Provider 驗證成功，Provider Manager 即可驗證成功。Dao Authentication Provider 是 Provider Manager 的典型實作，其功能是根據使用者名稱查詢使用者的詳細資訊（密碼、許可權等），並將查詢到的密碼和 Authentication 中的憑證進行比對，如果比對一致，則驗證通過，否則驗證不通過。Dao Authentication Provider 把根據使用者名稱查詢使用者詳細資訊的工作委託給 User Details Service 介面處理，User Details Service 介面定義了 User Details load User By Username（String username）方法。開發者需要設計專案中的使用者資訊、密碼、許可權的資料結構和持久化方案，並根據 User Details Service 介面標準實作從資料庫中查詢使用者資訊、密碼、許可權的邏輯。

存取決策管理器（Access Decision Manager）負責判斷系統中的資源（URL、方法）是否允許被存取，如果不允許存取則拒絕。

Access Decision Manager 是抽象的介面，定義了 decide 方法。Abstract Access Decision Manager 是 Access Decision Manager 介面的實作，管理了多個 Access Decision Voter（投票器），由一系列投票器共同決定資源是否允許被存取。Abstract Access Decision Manager 包含三個子類別，分別實作了不同的投票機制：Affirmative Based 子類別實作了一票支援機制，只要任何一個投票器允許資源被存取，則該資源允許被存取；Unanimous Based 實作了一票否決機制，只要任何一個投票器不允許資源被存取，則該資源不允許被存取。Consensus Based 實作了少數服從多數的機制，若多數投票器允許資源被存取，則資源允許被存取，否則資源不允許被存取。Access Decision Voter 是一個抽象的介面，定義了 vote 方法，用於對判斷資源是否允許被存取的議題進行投票，傳回 1 代表支援，傳回 0 代表棄權，範圍 -1 代表反對。Spring Security 實作了 Authenticated Voter、Role Voter、Jsr250Voter、Client Scope Voter 等投票器。Authenticated Voter 判斷當前請求完成身份驗證，完成身份驗證則支援，否則反對。Role Voter 判斷當前登入者的角色、許可權是否和被存取資源所需要的角色、許可權相比對，符合則支援，否則反對。

Spring Security 作為 Web 開發框架中的安全性元件，對開發者提供了友善、便捷的使用方法，開發者經過簡單的設定即可實作對 URL 的攔截和對方法呼叫的攔截。

Spring Security 實作對 URL 進行攔截的設定如圖 1-5 所示：① /login/ 開頭的 URL 允許任何未經過身份驗證的請求存取；②非 /login/ 開頭的 URL 必須經過身份驗證才允許存取；③ /users/ 開頭的 URL 必須經過身份驗證，並且登入者必須擁有 user-manage 許可權才允許存取。

```
@Configuration
@EnableResourceServer
@EnableGlobalMethodSecurity(prePostEnabled = true)
public class ResourceServerConfigurer extends ResourceServerConfigurerAdapter {
    public void configure(HttpSecurity http) throws Exception {
        http.authorizeRequests()
                .antMatchers( ...antPatterns: "/login/**").permitAll()
                .antMatchers( ...antPatterns: "/users/**").hasAuthority("user-manage")
                // .antMatchers("/hello/**").hasAnyRole("")
                // .antMatchers("/hello/**").permitAll()
                // .antMatchers("/users/**").permitAll()
                // .anyRequest().
                .anyRequest().authenticated();
    }
}
```

▲ 圖 1-5

　　Spring Security 支援透過註釋設定當前登入必須具備的許可權，透過運算式設定入參必須滿足的條件，如圖 1-6 所示，對查詢使用者詳細資訊的方法進行許可權設定：①具備管理許可權的使用者允許呼叫此方法；②非管理員使用者呼叫此方法允許查看自己的資訊，不允許查看其他使用者的資訊。

```
@RequestMapping(value="/{userId}")
@PreAuthorize ("hasAuthority('admin') or  #user.userId == T(java.lang.Integer).valueOf(principal.split(',')[0])")
public User get(@PathVariable("userId") Integer userId){
    User user =userService.getById(userId);
    return user;
}
```

▲ 圖 1-6

1.2.3 OAuth 2.0

　　OAuth 2.0 將 Web 服務分為授權服務和資源服務兩種角色。授權服務負責使用者資訊、使用者許可權的管理和使用者身份驗證的功能。資源服務負責具體業務功能，多個資源服務共用一個授權服務。關於 OAuth 2.0 的互動流程，授權服務負責接收使用者的憑證，驗證使用者身份的真實性，如果使用者身份真實，則生成一次性授權碼，並將頁面重新導向給資源服務。資源服務透過授權服務驗證使用者身份：①根據授權碼呼叫授權服務 API 獲取權杖；②根據權杖呼叫授權服務 API 獲取當前登入使用者的資訊、許可權；③建立用戶端和資源服務之間的階段；④在階段故障前，用戶端存取資源服務提供的 RESTful 服務時，均要求在請求標頭中包含權杖。

1.2.4 JWT

JWT（JSON Web Token）是目前最流行的跨域驗證解決方案。先來了解一下跨域驗證的問題。網際網路服務離不開使用者驗證。一般流程如下：

1）使用者向伺服器發送使用者名稱和密碼。

2）伺服器驗證通過後，在當前階段（Session）中儲存相關資料，比如使用者角色、登入時間等。

3）伺服器傳回給使用者一個 session_id，寫入使用者的 Cookie。

4）使用者隨後的每一次請求都會透過 Cookie 將 session_id 傳回伺服器。

5）伺服器收到 session_id，找到前期儲存的資料，由此得知使用者的身份。

這種模式的問題在於伸縮性（Scaling）不好。單機當然沒有問題，如果是伺服器叢集，或者是跨域的服務導向架構，就要求 Session 資料共用，每台伺服器都能夠讀取 Session。舉例來說，A 網站和 B 網站是同一家公司的連結服務。現在要求使用者只在其中一個網站登入，再存取另一個網站就會自動登入，請問怎麼實作？一種解決方案是 Session 資料持久化，寫入資料庫或別的持久層，各種服務收到請求後，都向持久層請求資料。這種方案的優點是架構清晰，缺點是工程量比較大。另外，持久層萬一掛了，就會單點失敗。另一種方案是伺服器索性不儲存 Session 資料了，所有資料都儲存在用戶端，每次請求都發回伺服器。JWT 就是這種方案的一個代表。

JWT 的原理是，伺服器驗證以後，生成一個 JSON 物件，發回給使用者，就像下面這樣：

```
{
  "姓名 ": " 張三 ",
  "角色 ": " 管理員 ",
  "到期時間 ": "2018 年 7 月 1 日 0 點 0 分 "
}
```

以後，使用者與服務端通訊的時候，都要發回這個 JSON 物件。伺服器完全只靠這個物件認定使用者身份。為了防止使用者篡改資料，伺服器在生成這個物件的時候會加上簽署。此後，伺服器就不儲存任何 Session 資料了，也就是說，伺服器變成無狀態，從而比較容易實作擴充。用戶端收到伺服器傳回的 JWT，可以儲存在 Cookie 中，也可以儲存在 localStorage 中。此後，用戶端每次與伺服器通訊，都要附上這個 JWT。使用者可以把它放在 Cookie 中自動發送，但是這樣不能跨域，所以更好的做法是放在 HTTP 請求的標頭資訊 Authorization 欄位中。另一種做法是，跨域的時候，JWT 就放在 POST 請求的資料本體中。

JWT 有以下幾個特點：

1）JWT 預設是不加密的，但也是可以加密的。生成原始 Token 以後，可以用金鑰再加密一次。

2）JWT 不加密的情況下，不能將涉密資料寫入 JWT。

3）JWT 不僅可以用於驗證，也可以用於交換資訊。有效使用 JWT 可以降低伺服器查詢資料庫的次數。

4）JWT 的最大缺點是，由於伺服器不儲存 Session 狀態，因此無法在使用過程中廢止某個 Token，或者更改 Token 的許可權。也就是說，一旦 JWT 簽發了，在到期之前始終有效，除非伺服器部署額外的邏輯。

5）JWT 本身包含驗證資訊，一旦洩漏，任何人都可以獲得該權杖的所有權限。為了減少盜用，JWT 的有效期應該設定得比較短。對於一些比較重要的許可權，使用時應該再次對使用者進行驗證。

6）為了減少盜用，JWT 不應該使用 HTTP 明文傳輸，要使用 HTTPS 傳輸。

1.2.5　JPA

Java 是一種物件導向的程式設計語言，資訊在 Java 應用記憶體中是以類別和物件的形式組織的，物件擁有屬性、方法和連結關係。而企業的生產營運資料通常由資料庫管理，資料庫按儲存方式可以分為關聯式資料庫、key-value（鍵 - 值）資料庫、列式資料庫、圖形資料庫等。關聯式資料庫是企業生產應用的主流資料庫，其按照表、欄位、約束的形式組織資料結構，應用程式透過 SQL（Structured Query Language，結構化查詢語言）操作關聯式資料庫的資料。

良好的系統架構設計應具備資料獨立性特徵，即資料結構的改變不影響上層的應用程式，資料獨立性包含物理獨立性和邏輯獨立性兩個方面。物理獨立性表示資料磁碟等媒體的儲存結構的改變不影響應用程式，表現為底層資料庫中介軟體的變動對應用程式透明，如將 Oracle 更換為 MySQL 或其他資料庫。邏輯獨立性表示資料邏輯結構的變化對應用程式透明，如增加資料表、增加欄位。

JPA（Java Persistence API，Java 資料持久化 API）定義了 Java 應用程式和關聯式資料庫之間的介面，具體功能有：①定義了對 Java 物件新增、修改、刪除、查詢的介面，應用程式邏輯僅需要針對 JPA 程式設計；②透過中繼資料定義 Java 物件、屬性、關係和關聯式資料庫資料表、欄位、約束之間的映射，將物件導向的 API 翻譯成可由資料庫執行的 SQL 語句。

JPA 實作了資料的物理獨立性，如 JPA 提供了對不同關聯式資料庫方言（Dialect）的支援，實作同一個 API 針對不同的關聯式資料庫產品，翻譯成不同的 SQL。例如分頁查詢 A 資料表，每頁 10 行，查詢第 1 頁的場景，針對 MySQL 生成的 SQL 是 select * from A limit 0,10，而針對 Oracle 的語法卻是 select * from (select rownum rownum_ a.* from A a where rownum<=10) where rownum_>=1。

JPA 實作了資料的邏輯獨立性。關聯式資料庫的資料模型變動後，需要調整 Java 物件和資料表、欄位、約束等，對上層應用程式透明。

JPA 按照介面和實作相分離的原則設計，具備較強的可擴充性。JPA 定義了一套 API 標準，由協力廠商團隊實作此標準。應用程式的開發者可選擇 JPA 的實作，更改 JPA 實作對上層應用程式的程式無任何影響。

1.2.6 MySQL

MySQL 是主流關聯式資料庫。關聯式資料庫以關聯代數、集合論為資料基礎，以資料表、欄位、約束來組織企業營運生產資料。關聯式資料庫的特點：①確保事務的 ACID（原子性 (按：又稱不可分割性，本書使用原子性)、一致性、隔離性、持久性）；②資料以檔案的形式組織，按行儲存；③以 B+ 樹為基礎的資料索引。

SQL 是關聯式資料庫的操作語言，SQL 包含 DDL（Data Definition Language，資料定義語言）、DQL（Data Query Language，資料查詢語言）、DML（Data Manipulation Language，資料操作語言）。DDL 用於定義資料模型，如建立資料表、定義資料表的欄位、定義索引、定義主鍵和外鍵等。DQL 用於從資料庫中查詢資料，語法如 select 欄位 1, 欄位 2, 欄位 3 from 表 1 where 欄位 1=' 條件 1' and 欄位 2=' 條件 2'，根據條件 1、條件 2 到表 1 中查詢欄位 1、欄位 2、欄位 3。DQL 語句支援條件的等於、大於、小於、包含、模糊比對運算，同時支援多個條件的複雜運算，如與運算、或運算。DQL 支援多張資料表之間的連結查詢，一次傳回多張資料表的資料。DML 用於對資料進行新增、修改、刪除操作。

主流的關聯式資料庫有：Oracle、MySQL、SQL Server、PostgreSQL。MySQL 相比其他主流關聯式資料庫，有如下特點：①開放原始碼，有社區支持；②可擴充性，MySQL 實作了儲存引擎和 SQL 解析引擎分離的架構，具備高度的可訂製性，如 MySQL 的主流方儲存引擎 InnoDB 透過 Undolog、Redolog、MVCC 等關鍵機制實作事務的 ACID，同時 MySQL 可支援其他的儲存引擎，如 Memory 引擎實作記憶體中資料庫，Archived 引擎捨棄了對事務的支援實作資料壓縮，Document Store 引擎實作了以文件為基礎的 NoSQL 資料庫。

1.3 Web 部署技術

Web 部署也就是 Web 網站部署，是指將 Web 專案部署到不同的 Web 伺服器（比如 Tomcat 或 Web Logic、Apache 伺服器等）上，這樣無論是本機測試還是外網存取，都可以直接存取。

1.3.1 Docker

Docker 是一種虛擬化技術，將雲端運算的思想應用於應用程式開發部署領域。Docker 透過 CNAMES 和 CGROUP 技術在宿主機上虛擬生成應用程式的執行空間，該應用程式的執行空間就被稱為「容器」。

容器具備相對隔離的特徵，容器包含自身的檔案系統、記憶體、網路、IP 位址、CPU、作業系統、作業系統使用者，並與宿主機及宿主機上的其他容器互不干擾，容器中安裝的作業系統可以與宿主機的作業系統不同。Docker 容器的虛擬技術和 VMware 等虛擬化技術有一定區別，同一宿主機的不同容器共用一個 Kernel 核心，因此容器比虛擬機器佔用更小的磁碟空間，具有更快的載入速度。

Docker 系統結構由鏡像、鏡像倉庫、容器三部分組成。鏡像是一種安裝媒體，包含容器中的作業系統及軟體等。鏡像倉庫是管理鏡像的倉庫，支援透過 push 命令將本機鏡像推送到鏡像倉庫中，也支援透過 pull 命令從鏡像倉庫中獲取倉庫。Docker 容器根據鏡像生成，啟動容器必須指定鏡像。

Docker 的出現改變了應用的交付方式。在傳統的部署方式下，前端應用和後端應用的部署步驟不同。針對後端應用，開發人員向部署人員交付 WAR 檔案，WAR 是一種 J2EE Web 專案的交付標準，WAR 檔案需要在 Web 中介軟體伺服器（Tomcat、Jetty、Web Sphere、Web Logic）中執行，而 Web 中介軟體伺服器的執行又依賴 Java 執行環境的安裝，因此部署人員需要在目標主機上安裝和設定 JVM（Java 虛擬機器），安裝 Web 中介軟體伺服器，將開發人員交付的 WAR 檔案部署到 Web 中介軟體中，最後啟動應用服務。針對前端應用，開發人員向部署人員交付 HTML、CSS、JavaScript 等靜態檔案，這些檔案同樣需要部署到 Web 伺服器（Nginx、Apache）中，因此部署人員需要在目標主機上安裝 Web 伺服器，再部署開發人員交付的 HTML、CSS、JavaScript 檔案，還要設定前端伺服器和後端伺服器之間的反向代理，最後啟動應用服務。

傳統的部署方式要求部署人員深入了解不同類型應用的技術系統，熟悉各類中介軟體的設定和命令，因此對部署人員要求較高。如果同一台主機上需要安裝多個不同技術系統的應用，則有可能相互衝突。Docker 容器技術改變了這一現狀，Docker 容器要求開發人員交付 Docker File 檔案，該檔案描述本應用部署的步驟，如安裝作業系統、安裝 JVM、安裝中介軟體、編譯和打包程式、編譯結果部署到中介軟體、設定應用啟動命令，由持續整合平臺執行 docker build、docker push 等命令建構 Docker 鏡像，並將鏡像推送到鏡像倉庫。部署人員指定鏡像倉庫中的鏡像、指定啟動參數、建立容器、啟動容器即可完成應用的部署。部署人員不再需要深入了解應用的技術系統，對所有技術系統的應用都採用同樣的命令進行部署。

Docker 容器提升了 Web 應用的運行維護效率。容器提供了啟動、停止、擴充、日誌查詢、狀態監控等標準介面，支援運行維護人員對不同技術系統的容器統一監控。容器支援在主機之間遷移、複製。以容器技術為基礎，透過簡單的命令即可架設全套生產環境。在主機發生物理故障的情況下，支援在其他正常的主機上執行相同的容器，保證業務不中斷。

1.3.2 Docker Swarm Service

Docker Swarm Service 為容器的叢集排程平臺，支援將多台主機組建成 Docker 叢集，在叢集內排程容器。Docker Swarm Service 對 Web 服務部署提供了如下支援：①虛擬化服務實作服務的負載平衡，②服務的伸縮，③服務的災難恢復，④服務的升級。

　　虛擬化服務實作服務負載平衡的思想如圖 1-7 所示，NAT（Network Address Translation，網路位址轉譯）協定是服務虛擬化的核心技術。

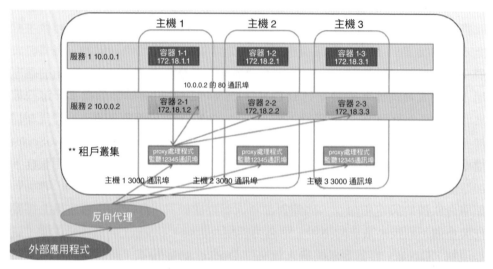

▲ 圖 1-7

　　每個虛擬 Web 服務使用 TCP/IP 中的 IP 位址和通訊埠，如服務 1 使用 IP 位址 10.0.0.1，使用 80 通訊埠。服務 1 由三個容器支撐，三個容器對應同一個鏡像，部署同一個 Web 應用程式，三個容器分別為容器 1-1、容器 1-2、容器 1-3，使用的 IP 位址分別為 172.18.1.1、172.18.2.1、172.18.3.1。叢集中的每台主機都部署了一個 Proxy 處理程序，叢集內部每台主機所有向 10.0.0.1 的 80 通訊埠發起的 TCP 請求都會被 NAT 協定轉發到各自的 Proxy 處理程序，Proxy 處理程序維護了服務和容器之間的對應關係，根據負載平衡策略將請求分發給容器 1-1、容器 1-2、容器 1-3 處理。同時，服務 1 使用每台主機的 3000 通訊埠，從叢集外部發往主機 1、主機 2、主機 3 的 3000 通訊埠的請求同樣被轉發到 Proxy 處理程序，進而分發給容器 1-1、容器 1-2、容器 1-3 處理。因此，此案例中三個容器平行處理處理對服務 1 的請求，達到負載平衡的目的。

　　以 Docker Swarm Service 為基礎可實作服務的災難恢復，在叢集中建立服務時，需要指定服務的副本個數，叢集根據副本個數為服務建立容器，容器會均勻分配到叢集中的主機上。如圖 1-8 所示就是叢集中某台主機發生故障的情況。

主機 3 發生故障，叢集監測到服務對應的存活容器的個數小於服務的副本個數，在主機 2 上建立和啟動容器，確保儲存活容器的數量和服務的副本數相等。

以 Docker Swarm Service 為基礎可實作服務的伸縮，如圖 1-9 所示。

當 Web 應用存取需求增加，需要增加服務處理程序時，可透過擴充指令修改服務的副本個數，叢集會根據副本個數建立啟動新的容器。以 Docker Swarm Service 為基礎可以實作 Web 應用的一鍵升級、一鍵恢復。

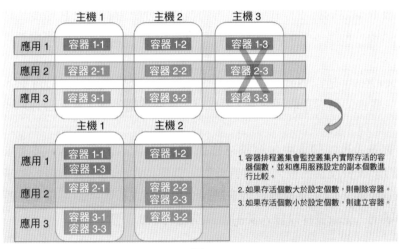

▲ 圖 1-8

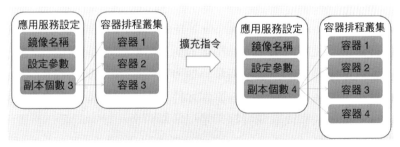

▲ 圖 1-9

系統維護人員透過升級指令將服務的版本從 V1 升級到 V2，叢集一個一個建立並啟動 V2 版本的容器，停止 V1 版本的容器，直到所有 V1 版本的容器停止，所有 V2 版本的容器啟動。在需要恢復的情況下，系統維護人員透過恢復命令刪除所有 V2 版本的容器，啟動 V1 版本的容器。在升級後，完成回歸測試的情況下，系統維護人員透過確認命令將所有 V1 版本的容器刪除。

1.3.3 Nginx + OpenResty

Nginx 是一種 Web 中介軟體，在 Web 應用架構中，一般用來部署靜態 HTML、CSS，設定指向後端 REST 服務的反向代理。

在生產營運維護場景中，後端模組和前端模組均可能進行頻繁的版本發佈，為了盡可能降低發佈風險，一般需要引入 AB 灰階發佈機制。每個模組部署 AB 兩套環境，正常情況下所有的使用者均存取 A 環境。在版本發佈的過程中，首先升級 B 環境的應用程式版本，再切換少部分使用者存取 B 環境，待小範圍測試通過後，再逐步切換更多的使用者到 B 環境，直到所有的使用者均存取 B 環境。

OpenResty 是以 Nginx 為基礎的中介軟體，支援透過設定 Lua 腳本設定存取策略。實作使用者存取同一個 URL 時，根據策略不同，使用者存取不同的後端模組。

瀏覽器送出的請求中包含請求標頭 Module Environment，該請求標頭以 JSON 的形式表達當前登入使用者針對每個模組對應的部署環境。請求送出到 OpenResty 後，Lua 腳本解析請求標頭，根據請求標頭判斷這次請求應被轉發到哪個環境，從而實作以登入使用者為基礎的 AB 灰階發佈。

1.4 框架

框架（Framework）是整個或部分系統的可重用設計，表現為一組抽象元件及元件實例間互動的方法。另一種定義認為，框架是為應用程式開發者訂製的應用骨架或開發範本，一個框架是一個可重複使用的設計元件，它規定了應用的系統結構，闡明了整個設計、協作元件之間的相依關係、責任分配和控制流程。前端開發框架和後端開發框架是以前端開發和後端開發為基礎兩種不同的開發方式來區分的。

1.4.1 為什麼要使用框架

軟體系統發展到今天已經很複雜了，特別是伺服器端軟體，涉及的知識內容、問題太多。在某些方面使用別人成熟的框架，就相當於讓別人幫我們完成一些基礎工作，我們只需要集中精力完成系統的業務邏輯設計。而且框架一般是成熟、穩健的，它可以處理系統很多細節問題，比如事物處理、安全性、資料流程控制等問題。還有框架一般都經過很多人使用，所以結構很好、擴充性也很好，而且它是不斷升級的，我們可以直接享受別人升級程式帶來的好處。

1.4.2 Web 框架基礎技術

很多做 Web 開發的同學都有一個夢想，就是將來開發一套可以在專案中使用的 Web 應用框架。剛開始做開發時，覺得這個技術好厲害，只需要寫一點程式，就能夠做出帶有業務邏輯的網站。其實，寫一個 Web 應用框架並不難，但是寫出一個能夠經受工業強度測試的軟體就不容易了。如果這個世界沒有駭客，沒有惡意攻擊，我們現在做的工作可以減少一半。

Web 框架的全稱為「Web 應用框架」（Web Application Framework），一般負責如下幾個方面的工作：MVC 分層、URL 過濾與分發、View 繪製、HTTP 參數前置處理、安全控制，還有部分附加功能，如頁面快取、資料庫連接管理、ORM 映射等。Web 框架可以用任何語言寫成，幾乎常見的語言都有對應的 Web 框架，可以用來寫 Web 程式，不要以為只有 PHP、Java、C# 可以用來做網站。

框架重要的特徵是 MVC 分層。MVC 這個概念並不是 Web 開發中才有的，也不是從這個方向發展出來的技術。在 20 世紀 70 年代的 Smalltalk-76 就引入了這個概念。

1.4.3 分清框架和函式庫

框架是一套架構，會以自身為基礎的特點向使用者提供一套相當完整的解決方案，控制權在框架本身，使用者需要按照框架所規定的某種特定標準著手開發。

函式庫是一種外掛程式，是一種封裝好的特定方法的集合，提供給開發者使用，控制器在使用者手裡。

框架提供了一套完整的解決方案，同時前端功能越來越強大，因而產生了前端框架，所以開發 Web 產品很有必要使用前端框架（前端架構）。目前流行的前端框架有 Angular.js、Vue.js 和 React.js。流行的一些函式庫有 jQuery、Zepto 等。使用前段框架可以降低介面的開發週期和提升介面的美觀性。

1.4.4 Web 開發框架技術

Web 開發框架技術，即 Web 開發過程中可重複使用的技術標準，使用框架可以幫助技術人員快速開發特定的系統。Web 開發框架技術分為前端開發框架技術和後端開發框架技術。

前端開發是建立 Web 頁面或 App 等前端介面呈現給使用者的過程，透過 HTML、CSS 及 JavaScript 以及衍生出來的各種技術、框架、解決方案來實作網際網路產品的使用者介面互動。前端框架技術的應用使前端開發變得方便快捷。目前，Web 前端開發框架有 Vue.js、Angular.js、Bootstrap、React.js 等。

後端開發是執行在後台並且控制前端的內容，它負責程式設計架構以及資料庫管理和處理相關的業務邏輯，主要考慮功能的實作以及資料的操作和資訊的互動等。後端開發對開發團隊的技術要求相對較高，借助後端開發框架技術，可以簡化後端開發過程，使其變得相對容易。後端框架技術往往和後端功能實作所用的語言有關。目前，流行的 Web 後端框架技術有 Laravel、Spring MVC、Spring Boot、MyBatis、Phoenix、Django、Flask 等，後面將結合後端實作的語言介紹 Laravel、Spring Boot、Django 三種 Web 後端開發主流框架技術。

1.5 Web 前端框架

前端框架一般指用於簡化網頁設計的框架，使用廣泛的前端開發套件有 Angular.js、Vue.js 和 React.js 等，這些框架封裝了一些功能，比如 HTML 文件操作、漂亮的各種控制項（按鈕、表單等），使用前端框架有助於快速建立網站。

隨著網際網路的快速發展，Web 應用不斷推陳出新，Web 前端技術發揮著舉足輕重的作用。如今智慧化裝置全面普及使得 Web 前端頁面變得越來越複雜，從視覺體驗到對使用者的友善互動、技術特效等的要求越來越高，系統的維護要求不斷提升。前端技術的不斷演進也帶來了前端開發模式的不斷改進，在以前端開發逐漸趨於複雜性為基礎的背景下，Web 前端框架技術也成了人們關注的焦點。大多數的 Web 框架都提供了一套開發和部署網站的方式，實作了資料的互動和業務功能的完善。開發者使用 Web 框架只需要考慮業務邏輯，因此可以有效地提升開發效率。

在 Web 發展早期，頁面的展示完全由後端 PHP、JSP 控制。Ajax 技術的出現給使用者帶來了新的體驗，前後端透過 Ajax 介面進行互動，分工逐漸清晰，伴隨著 JavaScript 技術的革新，瀏覽器端的 JavaScript 代替了伺服器端的 JSP 頁面，其可以依靠 JavaScript 處理前端複雜的業務邏輯，但是程式的複雜度仍然很高，因此為了提升開發效率，簡化程式，便於後期維護，在開發中應用分層的架構模型應運而生。

1.5.1 MVC 框架模式

MVC（Model-View-Controller，模型 - 視圖 - 控制器）框架模式即為模型（Model）、視圖（View）和控制器（Controller）的分層模式。模型層用於處理資料的部分，能夠直接針對相關資料進行存取，針對應用程式業務邏輯的相關資料進行封裝處理；視圖層能夠顯示網頁，由於視圖層沒有程式邏輯，因此需要對資料模型進行監視和存取；控制層主要表現在對應用程式流程的控制，以及對事件的處理和回應上。控制層能夠獲取使用者事件資訊，通知模型層進行更新處理，由模型層將處理結果發送給視圖層，視圖層的相關顯示資訊隨之發生改變，因此控制層對於視圖層和模型層的一致性進行了有效的調節和控制。下面以使用者送出表單為例，展示 MVC 的設計模式。MVC 模式示意圖如圖 1-10 所示。

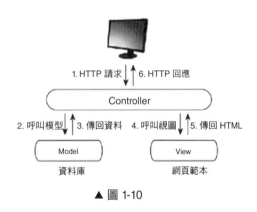

▲ 圖 1-10

在圖 1-10 中，當使用者送出表單時，控制器接收到 HTTP 請求，向模型發送資料，模型呼叫資料將資料傳回至控制器，控制器呼叫視圖將處理結果發送至瀏覽器，瀏覽器負責網頁的繪製。

前端 MVC 模式中廣泛使用的框架為 Backbone.js、Ember.js 等。Backbone.js 的優勢在於可以較好地解決系統應用中的層次問題，同時應用層中的視圖層在模型態資料修改後，可以即時地對自身頁面資料進行修改，此外可以透過定位有效地找到事件來源頭，解決相關問題。Ember.js 廣泛應用於桌面開發中，借助於該框架的優勢，能夠實作模組化、標準化的頁面設計與分類，保證 MVC 執行的效率。除此之外，Ember.js 框架能夠有效地結合巨量資料系統的優勢，將整個執行過程中所產生的各種參數即時、有效地記錄在檔案資料庫中。

　　MVC 模式最早應用於桌面應用程式中，隨著 Web 前端的發展，複雜程度逐漸增加，MVC 模式被廣泛應用於後端的開發，實作資料層與展現層分離。作為早期的框架模式，MVC 模式主要的優勢在於能夠清晰地分離視圖和業務邏輯，滿足不同使用者的存取需求，在一定程度上降低了設計大型 Web 應用的難度。但是由於內部原理較為複雜，並且定義不夠明確，因此開發者需要明確前端 MVC 框架的使用範圍，並且需要耗費大量的時間和精力解決 MVC 模式運用到應用程式的問題。另外，MVC 嚴格的分離模式也導致每個元件均需要經過徹底的測試才能使用，使得在相當長的一段時間內，MVC 模式不適用於中小型專案。隨著技術的發展，部分框架能夠直接對 MVC 提供支援，但是在實作多使用者介面的大型 Web 應用上，開發者仍需要花費大量時間，不利於開發效率的提升。

1.5.2 MVP 框架模式

　　MVP（Model-View-Presenter，模型 - 視圖 - 表示器）框架模式是由 IBM 公司於 2000 年開發的一種模式，是 MVC 模式的改進，主要用來隔離 UI 和業務邏輯，旨在使 Web 應用程式分層和提升測試效率，以前在 MVC 裡，View 是可以直接存取 Model 的！從而，View 裡會包含 Model 資訊，不可避免的還要包括一些業務邏輯。其中，Model 提供資料，View 負責顯示，Presenter 負責邏輯的處理，在 MVP 中 View 並不直接使用 Model，它們之間的通訊是透過 Presenter（MVC 中的 Controller）來進行的，所有的互動都發生在 Presenter 內部，而在 MVC 中 View 會直接從 Model 中讀取資料而非透過 Controller。在 MVP 模式中，首先，View 與 Model 完全隔離，使得模型層的業務邏輯具備了較好的靈活性；其次，Presenter 與 View 的具體實作無關，應用可以在同一個模型層調配多種技術並建構視圖層。同時，由於 View 和 Model 沒有直接關係，因此 MVP 模式可以進行 View 的模擬測試。

　　MVP 模式和 MVC 模式都具有相同的分層架構設計，均由視圖進行顯示，模型管理資料。它們的區別是，在 MVP 中，視圖和模型之間的通訊是透過 Presenter 進行的，所有的互動都發生在 Presenter 內部，而在 MVC 中，View 直接從 Model 中讀取資料，而非透過 Controller。由於 MVP 模式中的 View 和

Model 層之間沒有關係，因此可以將 View 層抽離為元件，在重複使用性上比 MVC 模型具有優勢。

作為 MVC 模式的演變，MVP 模式主要是為了解決 MVC 模式中 View 對 Model 的依賴。MVP 模式的優點在於模型和視圖完全分離，開發者可以只修改視圖而不影響模型，並且可以更高效率地使用模型。同時，由於所有的互動都在 Presenter 內部完成，因此可以更高效率地應用模型，另外可以脫離使用者介面測試業務邏輯。其劣勢在於 View 和 Presenter 的介面使用量較大，使得 View 和 Presenter 的互動過於頻繁。在使用者介面較為複雜的情況下，一旦 View 發生改變，View 和 Presenter 之間的介面必然發生變更，導致介面群的需求量增加，因此適用於開發後期需要不斷維護且較大型的專案。

1.5.3 MVVM 框架模式

MVVM（Model-View-ViewModel，模型 - 視圖 - 視圖模型）框架模式的結構如圖 1-11 所示。

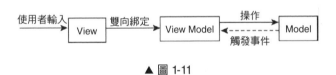

▲ 圖 1-11

MVVM 模式的出現是為了解決 MVP 模式中由於 UI 種類變化頻繁導致介面不斷增加的問題。其設計思想是「資料驅動介面」，以資料為核心，使視圖處於從屬地位。該模式只需要宣告視圖和模型的對應關係，資料綁定由視圖模型完成，相當於 MVC 模式的控制器，實作了視圖和模型之間的自動同步。

MVVM 模式簡化了 MVC 和 MVP 模式，不僅解決了 MVC 和 MVP 模式中存在的資料頻繁更新的問題，同時使介面與業務之間的依賴程度降低。在該模式中，視圖模型、模型和視圖彼此獨立，視圖察覺不到模型的存在。這種低耦合的設計模式具有以下優勢：

1）低耦合。View 可以不隨 Model 的變化而修改，一個 ViewModel 可以綁定到不同的 View 上，當 View 變化時，Model 可以不變；當 Model 變化時，View 也可以不變。

2）再使用性。將視圖邏輯放在 ViewModel，View 將重用視圖邏輯。

3）獨立開發。開發人員可以專注於業務邏輯和資料的開發，設計人員可以專注於介面的設計。

4）可測試性。可以針對 ViewModel 對 View 進行測試。

MVVM 框架模式是 MVC 精心最佳化後的結果，適合撰寫大型 Web 應用。在開發層面，由於 View 與 ViewModel 之間的低耦合關係，使得開發團隊分工明確而相互之間不受影響，從而提升開發效率；在架構層面，由於模組間的低耦合關係，使得模組間的相互依賴性降低，專案架構更穩定，擴充性更強；在程式層面，透過合理地規劃封裝，可以提升程式的重用性，使整個邏輯結構更為簡潔。

MVVM 模式中應用較為廣泛的框架有 Angular.js、React.js、Vue.js 等，我們重點對 MVVM 模式的主流框架進行分析。

目前，優秀的前端開發框架很多，在選擇上建議：①與需求相符合的框架；②與瀏覽器相容性好的框架；③元件豐富，支援外掛程式的框架；④文件豐富，社區大的框架；⑤高效的框架。

1.5.4 前端框架的發展現狀

早期的 Web 前端主要包含 HTML、CSS 與 JavaScript 三大部分，其中 HTML 主要負責頁面結構，CSS 主要負責頁面樣式，JavaScript 主要控制頁面行為和使用者互動，前端僅限於網頁的設計，大部分功能需要依賴後端實作。隨著 Web 應用的迅速發展，前端的功能性越來越強，開發難度逐漸增大。一大批優秀前端框架的出現推動了前端技術的發展，降低了開發成本，提升了開發效率。起初的 JavaScript 框架 jQuery 憑藉便捷的 DOM 操作、支援元件選擇、內部封裝 Ajax 操作等特點佔據著主導地位。隨著前端的進一步發展，利用 jQuery 開發 Web 應用無法分離出業務邏輯、互動邏輯和 UI 設計，增加了程式的維護難度。MVVM 設計模式的出現實作了資料和視圖的自動綁定，將 DOM 操作從業務程式中剝離，提升了程式的可維護性和重複使用性。

國外前端開發起步較早，湧現了較多的高水準 Web 框架，並且能夠較好地支援行動端。目前，華人世界知名網際網路公司致力於開發高水準的開放原始碼 Web 前端框架，整體水準已經達到了較高的程度。百度前端團隊開發的 QWrap 突破了 jQuery 的侷限，提供了原型功能，為廣大使用者帶來了便利；

騰訊非侵入式的 JX 前端框架實作了 JavaScript 的擴充工具套件，於 2012 年切換到 GitHub，具有較優的執行效率，無過度的封裝，並且努力探索前端使用 MVP、MVC 等模式建構大型 Web 應用，淘寶內部使用的 Web 框架 KISSY 是一款跨終端、模組化、高性能、使用簡單的 JavaScript 框架，具備較為完整的工具集以及物件導向、動態載入、性能最佳化的解決方案，為行動端的調配和最佳化做出了巨大貢獻。

　　在網際網路快速發展的今天，前端框架被廣泛應用。為了適應網站的大量需求，加快開發網站的效率，大型網際網路廠商紛紛建構滿足各自業務的前端框架，如 Element UI 和 Ant Design 分別是「餓了麼」(按：中國大陸訂餐平台) 和阿里巴巴自研的前端 UI 元件函式庫。工具的發展和前端的發展相輔相成，JavaScript 的每次進步都會帶動瀏覽器廠商和相關開發工具的進步，同時也為瀏覽器的相容性提出了更合理的解決辦法。

　　前端框架技術的發展日趨成熟，未來前端在已經趨向成熟的技術方向上會慢慢穩定下來，進入技術迭代最佳化階段，新的 Web 思想也會給前端帶來新的技術革新和發展機遇。

1.6　前端主流框架

　　講到前端的框架，讀者想必都能脫口而出：Angular.js、React.js、Vue.js 等。本節將介紹這幾個框架的特點以及在專案中如何抉擇框架的使用等問題。

1.6.1　Angular.js 框架

　　Angular.js 框架是 Google 公司於 2009 年發佈的一款 MVVM 模式的框架，具有雙向資料綁定、模組化、相依注入、元件、管道、範本驅動等特徵。在 Angular.js 中，模型和視圖模型透過 $scope 物件互動，模型不包含相關邏輯，透過 $http 獲取伺服器端的資料，依靠模組依賴實作資料共用。另外，Angular.js 內含豐富的內建指令，可以減少程式量，實作購物車、商品清單等，自訂指令和服務有效地提升了程式的重複使用性。另外，由於內部嵌入了 jQLite，使得由 JavaScript 控制視圖模型變得簡單，對於使用者的互動事件，則利用 $scope 的行為邏輯，透過視圖模型來改變模型，透過 $scope 的「髒檢查機制」更新到 View，進而實作了視圖和模型的分離。

　　Angular.js 使得開發現代的單一頁面應用程式（Single Page Application，SPA）更加容易。整體來說，Angular.js 為程式開發者提供了以下便利：把應用程式資料綁定到 HTML 元素，可以複製和重複 HTML 元素，可以隱藏和顯示 HTML 元素，可以在 HTML 元素「背後」增加程式，支援輸入驗證。

　　Angular.js 是一種建構動態 Web 應用的結構化框架，是為了克服 HTML 在建構應用上的不足而設計的，它把應用程式資料綁定 HTML 元素，能在 HTML 元素「背後」增加程式，還可以複製、重複、隱藏或顯示 HTML 元素，支援輸入驗證，使得開發現代的單一頁面應用程式變得更加容易。其優點有：

1）指令豐富，範本功能強大，附帶了極其豐富的 Angular.js 指令，還可以自訂指令並能在專案中多次重複使用這些指令。

2）功能相對完善，包括範本、服務、資料雙向綁定、模組化、路由、篩檢程式、相依注入等功能。更多關注建構 CRUD（增、刪、改、查）應用，適用於大多數專案，可應用於大型 Web 專案。

3）速度快，生產效率高。能將範本轉換成程式，並能對程式進行最佳化，在伺服器端繪製應用的主頁幾乎瞬間展現，還能透過新的元件路由模組實作快速載入，可以自動拆分程式，為使用者單獨載入加速助力，利用簡單強大的範本語法建立 UI 視圖，大大提升了生產率。

4）強大的社區支援，它是由網際網路巨人 Google 開發的，具有堅實的基礎和強大的社區支持。

Angular.js 框架還會有一些缺點，例如：

1）對於特別複雜的應用場景，性能受瀏覽器限制，並且與某些瀏覽器的相容性不是特別好，比如 IE 6.0。

2）在視圖嵌套上存在缺陷，目前沒有更好的方法實作多視圖嵌套。

3）頁面更新速度慢，當頁面資料發生變化時，就會自動觸發髒值檢查機制，隨著頁面綁定的資料越來越多，頁面更新就會變得越來越慢。

4）缺乏輕量級的版本，使用者學起來相對不容易上手，表單驗證需要手寫指令提示錯誤，用起來相對麻煩。

1.6.2 React.js 框架

React.js 框架由 Facebook 內部團隊開發，於 2013 年 5 月開放原始碼。React.js 問世後，其單頁面應用、虛擬 DOM、高性能、元件化、單向資料流程等特點是對整個前端領域的顛覆。在 React.js 中所提及的頁面均由元件組成，實作邏輯由 JavaScript 動態生成。元件化的設計也充分表現了低耦合性能，最大限度地實作了高可重複使用性。

在 React.js 中採用虛擬 DOM 原理，透過 JSX 語法繪製出來的元素只是一種類似 DOM 的資料結構，並不是真正的 DOM，這種原理大大減少了 DOM 節點的操作頻率，最佳化了性能。另外，React.js 中的資料流程是單向的，資料透過元件 props 和 state 層層向下傳遞，如果要增加反向資料流程，則需要透過父元件將回呼函式傳遞給子元件。每當狀態更新時，觸發回呼，父元件呼叫 setState 重新繪製頁面。

1.6.3 Vue.js 框架

Vue.js 框架於 2014 年發佈，是一款友善的、多用途且高性能的 JavaScript 框架，採用 MVVM 模式。其能夠幫助建立可維護性和可測試性更強的程式，是目前所有主流框架中學習曲線最平緩的框架。Vue.js 框架是漸進式的，所謂的漸進式是指框架分層，最核心的部分是視圖層繪製，向外依次為元件機制、路由機制、狀態管理和建構工具。Vue.js 有足夠的靈活性來適應不同的需求，除了引入虛擬 DOM 外，還提供支援 JSX 和 TypeScript，支援流式服務端繪製，提供了跨平臺的能力等特徵，很適合架設類似於網頁版「知乎」這種表單項繁多，且內容需要根據使用者的操作進行修改的網頁版應用。

Vue.js 框架與 Angular.js 框架有很多相似之處，例如資料雙向綁定、指令、路由等均可以開發單頁面應用。但是，兩者在資料雙向綁定上實作方式有所不同，由於 Angular.js 的髒檢查機制，導致監聽的資料越多，綁定實作得越慢；而 Vue.js 的資料綁架方式速度會快很多，只要監測到資料發生變化就會更新視圖，尤其在資料增加時，Vue.js 框架的優勢更加明顯。

Vue.js 框架與 React.js 框架相比，均使用了虛擬 DOM，提供了響應式和元件化的視圖元件，將注意力集中保持在核心函式庫，而將其他功能（如路由和全域狀態管理）交給相關的函式庫。Vue.js 和 React.js 的區別在於：

1）React.js 元件的變化會導致重新繪製整個元件子樹，而 Vue.js 系統能確定具體需要被繪製的元件，開發者不需要考慮元件繪製的最佳化。

2）React.js 是用 JavaScript 語言撰寫的一個函式庫，是一個宣告式、高效且靈活的用於建構使用者介面的 JS 函式庫，所有元件的繪製功能都依靠 JSX，而 Vue.js 有附帶的繪製函式，支援 JSX，並且可以使用官方推薦的範本繪製視圖。

3）React.js 透過 CSS-in-JS 方案實作 CSS 作用域，而 Vue.js 透過為 style 標籤加 scoped 標記實作。

4）React.js 的路由函式庫和狀態管理函式庫由社區維護，而 Vue.js 的路由函式庫和狀態管理函式庫由官方維護，並且支援與核心函式庫的同步更新。

1.6.4 Bootstrap 框架

Bootstrap 框架是以 HTML、CSS、JavaScript 開發為基礎的簡潔、直觀、強悍的前端開發框架，具有特定網格系統和 CSS 媒體查詢功能，能夠確保響應式開發更具穩定性，以解決目前出現的瀏覽器相容或者螢幕解析度等問題，使得 Web 開發更加方便快捷。其優點有：

1）豐富的元件，使快速架設漂亮、功能完備的前端介面成為可能，包含下拉式功能表、按鈕群組、按鈕下拉式功能表、導覽、導覽列、路徑導覽、分頁、排版、縮圖、警告對話方塊、進度指示器、媒體物件等元件。

2）支援外掛程式，使元件動態化，包含強制回應對話方塊、標籤頁、捲軸、彈出框等外掛程式。豐富的元件和外掛程式為前端敏捷開發提供資源平臺，從一定程度上可以節約素材搜尋時間和外掛程式，提升開發效率。

3）跨瀏覽器、跨裝置的響應式設計，可相容現代所有主流瀏覽器，能夠自我調整不同解析度的 PC、iPad 和手機端，並且不同裝置螢幕之間可以來回切換，行動裝置優先，適用於大型專案開發。

4）以 Less 進行 CSS 前置處理為基礎，可進行拓展並降低後期維護成本。

Bootstrap 框架還會有一些缺點，例如：

1）訂製會產生大量程式容錯，不適合小型專案和特殊需求者。

2）對低版本的瀏覽器相容性不好，頁面顯得死板。

3）資料載入和傳達受地域網路限制。

目前，優秀的前端開發框架很多，建議選擇：①與需求相符合的框架；②與瀏覽器相容性好的框架；③元件豐富，支援外掛程式的框架；④文件豐富，社區大的框架；⑤高效的框架。

1.7 後端主流框架

首先要分清，Web 後端技術不等於後端框架技術。框架技術更複雜、更廣泛。目前，優秀的後端開發框架很多，建議考慮：①與程式設計語言相符合的框架；②儘量選擇具有大量文件和大型社區的框架；③為函式庫選擇有更多靈活性的框架；④安全性好的框架；⑤可擴充性強的框架。

常見的後台框架有 Laravel 框架、Spring Boot 框架和 Django 框架。

1.7.1 Laravel 框架

Laravel 是一個以 PHP 為基礎的後端框架，其語法整潔優雅，適用於各種開發模式，具有個性化的資料庫遷移系統和強大的生態系統，適應大型團隊的開發能力。其優點有：

1）物件關係映射實作，使從資料庫中獲取資料變得非常容易，而且不必考慮資料庫的相容性。

2）整合式路由處理，簡單直觀。用一個 Web.php 檔案來處理所有路由，還具有路由分組和模型綁定功能，可以使視圖直接從路由本身傳回，跨過存取控制器。

3）按約定程式設計，忽略細節，讓使用者輕鬆地工作。

4）開箱即用，在設定使用者身份驗證的同時建立所有重要的元件，簡單快捷。

5）提供最簡練和最有用的命令列介面 Artisan，使用者只需要傳遞命令，剩下的都交給框架來處理。

6）應用範本使繪製速度更快，測試驅動開發使測試自動化。

Laravel 還會有一些缺點，例如：

1）以元件式為基礎的框架，比較臃腫，開發速度相對來說並不快。

2）框架大，執行效率低，內建支援較少。

3）框架較複雜，上手比一般框架要慢，學習成本高，缺乏指引文件，初學者並不容易上手。

1.7.2 Spring Boot 框架

Spring Boot 為以 J2EE 架構為基礎的 Web 後端整合開發框架。Spring Boot 框架從 Spring 框架發展而來，在 Spring 框架的基礎上簡化了預設設定，如支援在應用程式中嵌入 Web 伺服器實作可獨立執行的 Web 應用，從而簡化 Web 應用的部署。

Spring Boot 是一個以 Java 為基礎的元件整合式框架，簡化了新 Spring 應用的初始架設以及開發過程。Spring Boot 使用特定的方式來進行設定，不再需要開發人員定義樣板化的設定方案，從而簡化使用 Spring 的難度。其優點有：

1）設定簡單，具有自動設定特性，開發專案只需要非常少的設定就可以架設專案。

2）應用命令列介面，結合自動化設定，進一步簡化應用程式開發過程。

3）相依分組整合功能，使建構能以一次性增加方式來完成。

4）快速體驗，簡化 Spring 程式設計模型。

Spring Boot 框架還會有一些缺點，例如：

1）相依太多，造成衝突和容錯。

2）缺少服務的註冊和發現等解決方案。

3）缺少監控整合和安全管理方案。

1.7.3 Django 框架

Django 是一個以 Python 為基礎的高級全能型框架，功能完善、文件齊全、開發敏捷、設定簡單，能夠快速地完成專案開發。其優點有：

1）開放原始碼框架，擁有完整的文件。其廣泛的實踐案例和完整的線上文件，給開發者搜尋線上文件解決問題帶來了便利。

2）功能完善，各種要素應有盡有。附帶大量常用工具和框架，適合快速開發企業級網站。

3）強大的資料庫存取元件，自助式後台管理，使資料庫操作和完整的後台
資料管理變得異常容易。

4）可插播的 App 設計理念和詳盡的 Debug 資訊，為個性化應用和程式錯
誤的排除提供了便利。

Django 框架還會有一些缺點，例如：

1）重量級框架，對一些輕量級應用來說會存在很多容錯。

2）過度封裝使改動起來比較麻煩。

3）範本問題使其靈活度變低。

目前，優秀的後端開發框架很多，建議考慮：①與程式設計語言相符合的
框架；②儘量選擇具有大量文件和大型社區的框架；③為函式庫選擇有更多靈活
性的框架；④安全性好的框架；⑤可擴充性強的框架。

1.8 繪製引擎及網頁繪製

瀏覽器自從 20 世紀 80 年代後期到 90 年代初期誕生以來，已經獲得了長足
的發展，其功能也越來越豐富，包括網路、資源管理、網頁瀏覽、多頁面管理、
外掛程式和擴充、書籤管理、歷史記錄管理、設定管理、下載管理、帳戶和同步、
安全機制、隱私管理、外觀主題、開發者工具等。在這些功能中，提供給使用
者網頁瀏覽服務無疑是重要的功能。

繪製引擎能夠將 HTML、CSS、JavaScript 文字及對應的資源檔轉換成影
像結果。繪製引擎的主要作用是將資源檔轉化為使用者可見的結果。在瀏覽器
的發展過程中，不同的廠商開發了不同的繪製引擎，如 Trident（IE）、Gecko
（FF）、WebKit（Safari、Chrome、Android 瀏覽器）等。WebKit 是由蘋果
2005 年發起的一個開放原始碼專案，引起了多個公司的重視，幾年間被很多公
司所採用，在行動端更佔據了壟斷地位。更有甚者，開發出了以 WebKit 為基
礎的支援 HTML 5 的 Web 作業系統（如 Chrome OS、Web OS）。

一張網頁要經歷怎樣的過程才能抵達使用者面前？首先是網頁內容，輸入
HTML 解析器，由 HTML 解析器解析，然後建構 DOM 樹，在這期間如果遇
到 JavaScript 程式，則交給 JavaScript 引擎處理；如果有來自 CSS 解析器的樣
式資訊，則建構一個內部繪圖模型。該模型由版面配置模組計算模型內部各個

元素的位置和大小資訊，最後由繪圖模組完成從該模型到影像的繪製。在網頁繪製的過程中，大致可分為以下三個階段。

第一階段，從輸入 URL 到生成 DOM 樹，包括如下步驟：

1）在網址列輸入 URL，WebKit 呼叫資源載入器載入對應資源。
2）載入器依賴網路模組建立連接，發送請求並接收答覆。
3）WebKit 接收各種網頁或者來源資料，其中某些資源可能同步或非同步獲取。
4）網頁交給 HTML 解析器轉變為詞語。
5）解譯器根據詞語建構節點，形成 DOM 樹。
6）如果節點是 JavaScript 程式，則呼叫 JavaScript 引擎解釋並執行。
7）JavaScript 程式可能會修改 DOM 樹結構。
8）如果節點依賴其他資源，如影像 \CSS、視訊等，則呼叫資源載入器載入它們，但這些是非同步載入的，不會阻礙當前 DOM 樹繼續建立；如果是 JavaScript 資源 URL（沒有標記非同步方式），則需要停止當前 DOM 樹的建立，直到 JavaScript 載入並被 JavaScript 引擎執行後才繼續 DOM 樹的建立。

第二階段，從 DOM 樹到建構 WebKit 繪圖上下文，包括如下步驟：

1）CSS 檔案被 CSS 解譯器解釋成內部表示。
2）CSS 解譯器完成工作後，在 DOM 樹上附加樣式資訊，生成 RenderObject 樹。
3）RenderObject 節點在建立的同時，WebKit 會根據網頁層次結構建構 RenderLayer 樹，同時建構一個虛擬繪圖上下文。

第三階段，繪圖上下文到最終影像呈現。繪圖上下文是一個與平臺無關的抽象類別，它將每個繪圖操作橋接到不同的具體實作類別，也就是繪圖具體實作類別。繪圖實作類別可能有簡單的實作，也可能有複雜的實作，如軟體繪製、硬體繪製、合成繪製等。繪圖實作類別將 2D 圖形函式庫或者 3D 圖形函式庫繪製結果儲存，交給瀏覽器介面進行展示。

上述是一個完整的繪製過程，現代網頁很多都是動態的，隨著網頁與使用者的互動，瀏覽器需要不斷地重複繪製過程。

1.8.1 JavaScript 引擎

JavaScript 本質上是一種直譯型語言，與編譯型語言不同的是它需要一邊執行一邊解析，而編譯型語言在執行時已經完成編譯，可直接執行，有更快的執行速度。JavaScript 程式是在瀏覽器端解析和執行的，如果需要的時間太長，會影響使用者體驗，那麼提升 JavaScript 的解析速度就是當務之急。JavaScript 引擎和繪製引擎的關係如圖 1-12 所示。

▲ 圖 1-12

JavaScript 語言是直譯型語言，為了提升性能，引入了 Java 虛擬機器和 C++ 編譯器中的多個技術。現在 JavaScript 引擎的執行過程大致是：原始程式碼→抽象語法樹→位元組碼→ JIT →本機程式（V8 引擎沒有中間位元組碼）。

V8 更加直接地將抽象語法樹透過 JIT 技術轉換成本機程式，放棄了在位元組碼階段可以進行的一些性能最佳化，但保證了執行速度。在 V8 生成本機程式後，也會透過 Profiler 擷取一些資訊來最佳化本機程式。

JavaScript 語言的性能與 C 語言相比還有不小的距離，可預見的未來估計也只能接近 C 語言，因為這是從語言類型上已經確定的結果。

1.8.2 Chrome V8 引擎

隨著 Web 相關技術的發展，JavaScript 所要承擔的工作越來越多，早就超越了「表單驗證」的範圍，這就需要更快速地解析和執行 JavaScript 腳本。Chrome V8 引擎就是為解決這一問題而生的，在 Node.js 中也是採用該引擎來解析 JavaScript 的。

Chrome V8 也可以簡單地說成 V8，是一個開放原始碼的 JavaScript 引擎，它是由 GoogleChromium 專案團隊開發的，應用在 Chrome 和以 Chromium 為基礎的瀏覽器上。這個專案由 Lars Bak 建立。V8 引擎的第一個版本發行時間和 Chrome 的第一個版本發行時間是一樣的，都是在 2008 年 9 月 2 日發行的。V8 同樣用在 Couchbase、MongoDB 和 Node.js 上。

V8 在執行 JavaScript 之前，會將 JavaScript 編譯成本機機器程式，來代替更多的傳統技術，比如解釋位元組碼或者編譯整個應用程式到機器碼，且從一個檔案系統執行它。編譯程式是在執行時期動態地最佳化，且以程式執行情況為基礎的啟發方式。

V8 可以編譯成 x86、ARM 或者 MIPS 指令設定結構的 32 位元或者 64 位元版本。同樣，它也被安裝在 PowerPC 和 IBM S390 伺服器上。V8 目前被使用在：① Google Chrome、Chromium、Opera、Vivaldi 瀏覽器中；② Couchbase 資料庫；③ Node.js 執行環境；④ Electron 軟體框架，Atom 和 Visual Studio Code 的底層元件。

V8 引擎最初由一些程式設計語言方面的專家所設計，後被 Google 收購，隨後 Google 將其開放原始碼。V8 使用 C++ 開發，在執行 JavaScript 之前，相比其他的 JavaScript 引擎轉換成位元組碼或解釋執行，V8 將其編譯成原生機器碼（IA-32、x86-64、ARM、MIPS CPUs），並且使用了如內聯快取（inline caching）等方法來提升性能。有了這些功能，JavaScript 程式在 V8 引擎下的執行速度可以媲美二進位程式。V8 支援多個作業系統，如 Windows、Linux、Android 等，也支援其他硬體架構，如 IA32、X64、ARM 等，具有很好的可移植和跨平臺特性。

1.9 Vue.js 的基本概念

Vue.js 是一個建構資料驅動的 Web 介面的函式庫。Vue.js 的目標是透過盡可能簡單的 API 實作回應的資料綁定和組合的視圖元件。

Vue.js 是一套用於建構使用者介面的漸進式框架。與其他大型框架不同的是，Vue.js 被設計為可以自底向上逐層應用。Vue.js 的核心函式庫只關注視圖層，不僅易於上手，還便於與協力廠商函式庫或既有專案整合。另外，當與現代化的工具鏈以及各種支援類別庫結合使用時，Vue.js 也完全能夠為複雜的單頁應用提供驅動。

這裡假設讀者已經了解了關於 HTML、CSS 和 JavaScript 的中級知識。如果剛開始學習前端開發，將框架作為學習的第一步可能不是最好的主意，需要掌握好基礎知識再來學習。之前有其他框架的使用經驗會有幫助，但這不是必需的。HTML、CSS 和 JavaScript 是基礎，希望學完後再來學 Vue.js。

　　Vue.js 的核心是一個回應的資料綁定系統，它讓資料與 DOM 保持同步非常簡單。在使用 jQuery 手工操作 DOM 時，我們的程式常常是命令式的、重複的與易錯的。Vue.js 擁抱資料驅動的視圖概念。通俗地講，它意味著我們可以在普通 HTML 範本中使用特殊的語法將 DOM「綁定」到底層資料。一旦建立了綁定，DOM 將與資料保持同步。每當修改了資料，DOM 便對應地更新。這樣我們應用中的邏輯就幾乎都是直接修改資料了，不必與 DOM 更新攪在一起。這讓我們的程式更容易撰寫、理解與維護。

　　Vue.js 元件類似於自訂元素——它是 Web 元件標準的一部分。實際上，Vue.js 的元件語法參考了該標準。例如，Vue.js 元件實作了 Slot API 與 is 特性。但是，有幾個關鍵的不同：

1）Web 元件標準仍然遠未完成，並且沒有瀏覽器實作。相比之下，Vue.js 元件不需要任何補丁，並且在所有支援的瀏覽器（IE 9 及更新版本）之下表現一致。必要時，Vue.js 元件也可以放在原生自訂元素之內。

2）Vue.js 元件提供了原生自訂元素所不具備的一些重要功能，比如元件間的資料流程、自訂事件系統以及動態的、含特效的元件替換。

　　元件系統是用 Vue.js 建構大型應用的基礎。另外，Vue.js 生態系統也提供了高級工具與多種支援函式庫，它們與 Vue.js 一起組成了一個更加「框架」性的系統。

1.10　Vue.js 的優缺點

Vue.js 的優點如下：

1）輕量高效，簡單易學。只關注建構資料的 View 層，大小只有 20 KB 左右，簡單輕巧，虛擬 DOM，靈活漸進式，執行速度快，還具有豐富完整的中文文件，易於理解和學習。

2）元件化。透過元件將一個單頁應用中的各種模組拆分到一個個單獨的元件中，方便重複使用，簡化偵錯步驟，提升整個專案的可維護性，便於協作開發。

3）響應式資料綁定。也稱雙向資料綁定，即資料變化更新視圖，視圖變化更新資料。其採用資料綁架結合發行者—訂閱者模式，自動回應資料變化，進行雙向更新，在瀏覽器繪製過程中節省了很多不必要的資料修改，提升了系統工作的效率。

4）使用者體驗好，速度快。視圖、資料和結構的分離使資料的更改更為簡單，不需修改邏輯程式，僅需操作資料就能完成相關操作。而且其內容的改變不需要重新載入整個頁面，對伺服器壓力較小，給使用者一個更為流暢和友善的體驗。

Vue.js 框架還會有一些缺點，例如：

1）初次載入耗時多，效率低。

2）大量封裝，不利於 SEO（Search Engine Optimization，搜尋引擎最佳化），顯示出錯又不明顯，複雜的頁面程式非常累贅。

3）社區不大，功能僅限於 View 層，Ajax 等功能需要額外的函式庫，這點對於開發人員要求比較高，同時存在瀏覽器支援的侷限，不支援 IE 8 瀏覽器。

4）生態環境小，維護風險大。Vue.js 框架是由個人開發團隊開發和維護的，其發展時間不長，隨著使用者的增多，維護風險會比較大。

第 **2** 章

Vue.js 3 的語言基礎

TypeScript 語言作為 JavaScript 的超集合，已經越來越流行。TypeScript 是一種由微軟開發的、開放原始碼的程式設計語言，近兩年發展迅速，越來越多的 JavaScript 專案正在遷移到 TypeScript，主流前端框架及 Node.js 對 Type-Script 的支援也越來越友善。自 2012 年 10 月發佈首個公開版本以來，它已獲得了人們的廣泛認可。

2020 年 9 月，Vue.js 3.0 正式發佈，這一版進行了重構和重寫。這一版本為什麼要從頭開始寫？或者說重構之後的 Vue.js 3 解決了此前哪些必須解決的問題？重寫的主要原因一個是類型系統，另一個是內部邏輯分層。Vue.js 2 專案先以 JavaScript 為基礎，中期加入了 Flow 做類型檢查，導致類型覆蓋不完整。Flow 本身又破壞性地更新頻繁，工具鏈支援也不理想，Vue.js 2 的內部邏輯分層不夠清晰，對於長期維護是一個負擔，這是一個不重寫就很難徹底改善的問題。所以，Vue.js 3 用 TypeScript 進行了重寫。這樣使得 TypeScript 成為開發 Vue.js 3 的語言，以後如果要閱讀 Vue.js 3 的原始程式，就必須要先掌握 Type-Script。

本章主要是為了照顧初學者，如果讀者已經有 JavaScript 或 TypeScript 基礎，可以跳過本章。

2.1 從 JavaScript 標準說起

JavaScript 是一種具有函式優先的輕量級、直譯型或即時編譯型的程式設計語言。JavaScript 以原型程式設計、多範式為基礎的動態指令碼語言，並且支援物件導向、命令式、宣告式、函式式程式設計範式。JavaScript 最初由

Netscape 的 Brendan Eich 設計，最初將其指令碼語言命名為 LiveScript，後來 Netscape 在與 Sun 合作之後將其改名為 JavaScript。JavaScript 最初是受 Java 啟發而開始設計的，目的之一就是「看上去像 Java」，因此語法上有類似之處，一些名稱和命名標準也借自 Java，但 JavaScript 的主要設計原則來自 Self 和 Scheme。

JavaScript 的標準是 ECMAScript。截至 2012 年，所有瀏覽器都完整地支援 ECMAScript 5.1，舊版本的瀏覽器至少支援 ECMAScript 3 標準。2015 年 6 月 17 日，ECMA 國際（European Computer Manufacturers Association，前身為歐洲電腦製造商協會）組織發佈了 ECMAScript 的第 6 版，該版本的正式名稱為 ECMAScript 2015，但通常被稱為 ECMAScript 6 或者 ES 2015。

2.1.1 ECMAScript 概述

ECMAScript 是一種由 Ecma 國際（Ecma International）透過 ECMA-262 標準化的腳本程式設計語言。這種語言在萬維網上應用廣泛，它往往被稱為 JavaScript 或 JScript，所以它可以視為 JavaScript 的一個標準，但實際上後兩者是 ECMA-262 標準的實作和擴充。ECMAScript 實際上是一種腳本在語法和語義上的標準。

ECMAScript 6 簡稱 ES 6，它的目標是使得 JavaScript 語言可以用來撰寫複雜的大型應用程式，成為企業級開發語言。ES 6 目前基本成為業界標準，它的普及速度比 ES 5 要快很多，主要原因是現代瀏覽器對 ES 6 的支援相當迅速，尤其是 Chrome 和 Firefox 瀏覽器，已經支援 ES 6 中絕大多數的特性。

2.1.2 ECMAScript 和 JavaScript 的關係

一個常見的問題是，ECMAScript 和 JavaScript 到底是什麼關係？要講清楚這個問題，需要回顧歷史。1996 年 11 月，JavaScript 的創造者 Netscape 公司決定將 JavaScript 送出給標準化組織 ECMA，希望這種語言能夠成為國際標準。次年，ECMA 發佈 262 號標準檔案（ECMA-262）的第一版，規定了瀏覽器指令碼語言的標準，並將這種語言稱為 ECMAScript，這個版本就是 1.0 版。該標準從一開始就是針對 JavaScript 語言制定的，但是之所以不叫 Java Script，有兩個原因：一是商標，Java 是 Sun 公司的商標，根據授權協定，只有 Netscape 公司可以合法地使用 JavaScript 這個名字，且 JavaScript 本身已經

被 Netscape 公司註冊為商標。二是想表現這門語言的制定者是 ECMA，而非
Netscape，這樣有利於保證這門語言的開放性和中立性。

　　實際上，JavaScript 是由 ECMAScript、DOM 和 BOM 三者組成的。總
之，ECMAScript 和 JavaScript 的關係是：ECMAScript 是 JavaScript 的規格，
JavaScript 是 ECMAScript 的一種具體實作。

2.1.3　ES 6 為何重要

　　這個問題可以換一種問法，就是學完 ES 6 會給我們的開發帶來什麼樣的便
利？簡單地講，就是有能力做一名全端開發者，即勝任前端與後端，能利用多
種技能獨立完成產品的人。

　　Google 瀏覽器中解釋 JavaScript 的引擎叫作 V8，有一個人（Ryan Dahl，
Node.js 創始人）把 V8 引擎轉移到了伺服器，於是伺服器端也可以寫 Java
Script，這種在伺服器端執行的 JavaScript 語言就是 Node.js。Node.js 一經問
世，它優越的性能就表現出來了，很多以 Node.js 為基礎的 Web 框架也應運而
生，Express 就是其一。JavaScript 越來越多地使用到 Web 領域的各個角落，
JavaScript 能做的事情也越來越多。Node.js 是後端開發趨勢，Vue.js 這種前端
框架也是開發趨勢，它們的語言標準都是 ES 6，因此 ES 6 被普及使用也是趨勢。
目前其他一些前端框架也都在使用 ES 6 語法，例如 React.js、D3 等，所以 ES
6 是學習好前端框架的基礎。

2.2　偵錯一個 JavaScript 程式

　　既然 ES 6 標準如此重要，那麼它的實作 JavaScript 在業界也是舉足輕重。
我們先來開發一個 JavaScript 程式，以示尊重。這裡我們開發偵錯 JavaScript
程式的 IDE（Integrated Development Environment，整合式開發環境）是
VSCode。

　　Visual Studio Code（簡稱 VSCode/VSC）是一款於 2015 年由微軟推出
的免費開放原始碼的現代化輕量級整合式開發環境，支援幾乎所有主流的開發
語言的語法突顯、智慧程式補全、自訂熱鍵、括號比對、程式片段、程式對比
Diff 等特性，支援外掛程式擴充，並針對網頁開發和雲端應用程式開發做了最
佳化。一般我們開發 Web 應用推薦使用 WebStorm，但是目前處於學習階段，

沒必要裝那麼大的一個 IDE，VSCode 對於初學者來說足夠了。下面簡單介紹使用 VSCode 偵錯 JavaScript 程式環境的設定。

可以從官網（https://code.visualstudio.com/Download）直接下載 VSCode，軟體很小，才 75MB，下載的檔案是 VSCodeUserSetup-x64-1.60.0。其安裝很簡單，一直點擊 Next 按鈕即可，這裡使用的安裝目錄是 D:\VS Code。

偵錯 JavaScript 需要用到瀏覽器，比如 GoogleChrome 瀏覽器或 Firefox 瀏覽器等。本書使用 Chrome 瀏覽器，沒有的話下載安裝一個。

【例 2-1】偵錯第一個 JavaScript 程式

1）開啟 VSCode，準備安裝外掛程式 Debugger for Chrome，點擊左邊工具列的 Extensions，在搜尋框中輸入 "Debugger for Chrome"，然後按確認鍵，就可以搜尋到了，如圖 2-1 所示。點擊 Install 按鈕進行安裝。

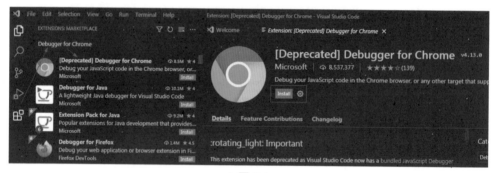

▲ 圖 2-1

2）在本機建立一個目錄，用來存放專案的靜態檔案，筆者這裡建立的是 D:\demo。值得注意的是，如果沒有建立專案的目錄就沒辦法偵錯。

3）使用 VSCode 開啟這個目錄（File → Open Folder），並建立靜態檔案，這裡建立兩個檔案：index.htm 和 index.js，index.htm 檔案中引入 JavaScript 檔案。這裡是第一個範例，所以稍微囉唆一些，以幫助沒有用過 VSCode 的朋友。新建檔案的方法是在 EXPLORER 視圖下點擊 DEMO 右邊第一個含加號的按鈕，如圖 2-2 所示。

▲ 圖 2-2

然後會提示輸入檔案名稱，這裡輸入 index.htm 後按確認鍵即可。此時將出現編輯視窗，輸入程式即可，此處含智慧提示和自動縮排，程式輸入過程非常輕鬆，程式如下：

```
<!DOCTYPE html>
<html lang="en">
    <head>
        <meta charset="UTF-8">
        <meta name="viewport" content="width=device-width,initial-
scale=1.0">
        <meta http-equiv="X-UA-Compatible" content="ie=edge">
        <title>我的第一個 JS 程式</title>
    </head>
    <body>
        a 和 b 的結果：
        <input type="text" id="text_1">
        <script src="index.js"></script>
    </body>
</html>
```

HTML 基本語法不準備多講了，希望讀者有 HTML 基礎知識。我們透過標籤 <script> 引用 index.js，index.js 是我們定義的 JavaScript 檔案（後文若沒有特別說明，JS 均為 JavaScript 的縮寫形式），新建該檔案的方法是在 EXPLORER 視圖下點擊 DEMO 右邊第一個含加號的按鈕，然後輸入檔案名稱 index.js，接著在編輯視窗中輸入如下 JavaScript 程式：

```
var a= 20;
var b=200;
console.log(a+b);
var a =a*10;
var b=b*10;
console.log(a+b);
document.getElementById("text_1").value = "a="+a+",b="+b;
```

邏輯很簡單，就是 a 和 b 分別乘以 10，然後賦值到編輯方塊 text_1 中。

下面準備偵錯執行，直接按 F5 鍵，此時 IDE 中間上方會出現一個編輯方塊，讓使用者選擇瀏覽器，這裡選擇第一個 Chrome，如圖 2-3 所示。

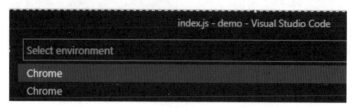

▲ 圖 2-3

點擊 Chrome 後，VSCode 會自動幫助新建一個 launch.json 檔案，該檔案是用於偵錯的設定檔，比如指定偵錯語言環境、指定偵錯類型等。第一次偵錯執行程式的時候，就可以讓 VSCode 自動幫我們建立出來，內容如下：

```
{
    // Use IntelliSense to learn about possible attributes.
    // Hover to view descriptions of existing attributes.
    // For more information, visit: https://go.microsoft.com/
fwlink/?linkid=830387
    "version": "0.2.0",
    "configurations": [
        {
            "type": "pwa-chrome",
            "request": "launch",
            "name": "Launch Chrome against localhost",
            "url": "http://localhost:8080",
            "webRoot": "${workspaceFolder}"
        }
    ]
}
```

這裡我們準備使用靜態方式偵錯，即使用 HTTP 伺服器，所以將最後 3 行程式註釋起來，並另外增加兩行，修改後的內容如下：

```
{
    // Use IntelliSense to learn about possible attributes.
    // Hover to view descriptions of existing attributes.
    // For more information, visit: https://go.microsoft.com/
fwlink/?linkid=830387
    "version": "0.2.0",
    "configurations": [
        {
            "type": "pwa-chrome",
            "request": "launch",
```

```
            "name": " 直接開啟 index.htm",
            "file": "d:\\demo\\index.htm"
            //"name": "Launch Chrome against localhost",
            //"url": "http://localhost:8080",
            //"webRoot": "${workspaceFolder}"
        }
    ]
}
```

此時再按 F5 鍵，就會發現 Google 的 Chrome 瀏覽器自動開啟 index.htm 網頁，並在編輯方塊中顯示 a 和 b 的值，如圖 2-4 所示。

▲ 圖 2-4

簡直一氣呵成，非常方便。下面我們設定中斷點進行單步偵錯。在 VSCode 中開啟 index.js 檔案，然後在第三行左邊點擊，此時會出現一個紅點，這表示一個中斷點，程式執行到這裡要暫停，如圖 2-5 所示。

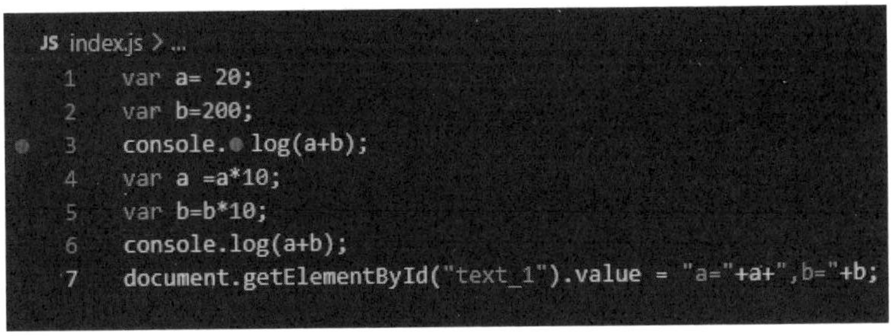

```
JS index.js > ...
    1   var a= 20;
    2   var b=200;
●   3   console.●log(a+b);
    4   var a =a*10;
    5   var b=b*10;
    6   console.log(a+b);
    7   document.getElementById("text_1").value = "a="+a+",b="+b;
```

▲ 圖 2-5

關閉 Chrome 瀏覽器，重新按 F5 鍵，此時程式執行到紅點那一行就停下來了，而紅點被一個箭頭包圍住了，如圖 2-6 所示。

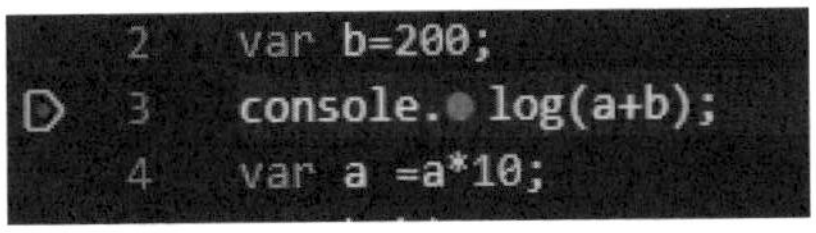

```
    2   var b=200;
▷   3   console.●log(a+b);
    4   var a =a*10;
```

▲ 圖 2-6

這個箭頭表示程式當前執行到這一行，而且這一行還沒執行，如果要執行這一行，就按 F10 鍵進行單步執行。並且，我們在 VSCode 左邊可以看到一個 WATCH 視圖，在這個視圖中可以增加變數名稱，比如 a 或 b，增加變數的方法是點擊 WATCH 右邊的加號按鈕，然後就可以看到當前 a 或 b 的值了，如圖 2-7 所示。

▲ 圖 2-7

至此，偵錯功能就介紹完了。讀者可以按 F10 鍵讓程式單步執行試一下。VSCode 的偵錯能在一定程度上解決程式設計師偵錯 JavaScript 的難題，VSCode 的功能還是比較強大的。

另外，從這個範例可以看出，只需要有瀏覽器，就可以執行 JavaScript 程式。那沒有瀏覽器能否執行 JavaScript 程式呢？答案是肯定的，如果有 JavaScript 程式的執行時期環境，也是可以執行 JavaScript 程式的。這個執行時期環境就是 Node.js。執行時期是指一個程式在執行（或者在被執行）的環境相依。

2.3 說說 JavaScript 執行時期

當我們使用諸如 Chrome、Firefox、Edge 或者 Safari 等瀏覽器存取一個 Web 網站時，事實上每個瀏覽器都有一個 JavaScript 執行時期環境。瀏覽器對外曝露的供開發者使用的 Web API 就位於其中。Ajax、DOM 樹以及其他的 API 都是 JavaScript 的一部分，它們本質上就是瀏覽器提供的、在 JavaScript 執行時期環境中可呼叫的、擁有一些列屬性和方法的物件。除此之外，用來解析程式的 JavaScript 引擎也是位於 JavaScript 執行時期環境中的。每一個瀏覽器的 JavaScript 引擎都有自己的版本。Chrome 瀏覽器用的是自產的 V8 引擎，後文中我們將以它為例進行分析。當 Chrome 接收到 JavaScript 程式或網頁上的腳本，V8 引擎就開始解析工作。首先，它會檢查語法錯誤，如果沒有，按撰寫順序解讀程式，最終的目標是將 JavaScript 程式轉換成電腦可以辨識的機器語言。

　　我們可以把 JavaScript 的執行時期環境看作一個大的容器，其中有一些其他的小容器。當 JavaScript 引擎解析程式時，就是把程式片段分發到不同的容器中。

2.3.1　Node.js 概述

　　講完了 JavaScript 的語言標準，我們現在接著講 JavaScript 的執行時期。Node.js 不是一門語言，不是函式庫，不是框架，而是一個 JavaScript 語言的執行環境，類似於 Java 語言的 JVM。它讓 JavaScript 可以開發後端程式，實作幾乎其他後端語言可以實作的所有功能，可以與 PHP、Java、Python、.NET、Ruby 等後端語言平起平坐。有了 Node.js，我們不用瀏覽器也可以執行 Java Script 程式。

　　Node.js 以 V8 引擎為基礎，V8 是 Google 發佈的開放原始碼 JavaScript 引擎，本身就是用於 Chrome 瀏覽器的 JavaScript 解釋部分，但是 Ryan Dah 把這個 V8 搬到了伺服器上，用於做伺服器的軟體。在 Node.js 這個 JavaScript 執行環境中，為 JavaScript 提供了一些伺服器基本的操作，比如檔案讀寫、網路服務的建構、網路通訊、HTTP 伺服器的處理等。接下來介紹 Node.js 的優勢。

1. Node.js 的語法完全是 JavaScript 語法

　　只要懂 JavaScript 基礎就可以學會 Node.js 後端開發，Node.js 打破了過去 JavaScript 只能在瀏覽器中執行的局面。前後端程式設計環境統一，可以大大降低開發成本。

2. 超強的高並行能力

　　Node.js 的首要目標是提供一種簡單的、用於建立高性能伺服器及可在該伺服器中執行的各種應用程式的開發工具。首先讓我們來看一下現在的伺服器端語言中存在著什麼問題。在 Java、PHP 或者 .NET 等伺服器語言中，會為每一個用戶端連接建立一個新的執行緒。而每個執行緒需要耗費大約 2MB 記憶體。也就是說，理論上，一個 8GB 記憶體的伺服器可以同時連接的最大使用者數為 4000 個左右。要讓 Web 應用程式支援更多的使用者，就需要增加伺服器的數量，而 Web 應用程式的硬體成本當然就上升了。

Node.js 不會為每個客戶連接建立一個新的執行緒，而是僅僅使用一個執行緒。當有使用者連接了，就觸發一個內部事件，透過非阻塞 I/O、事件驅動機制讓 Node.js 程式宏觀上也是平行處理的。使用 Node.js，一個 8GB 記憶體的伺服器可以同時處理超過 4 萬使用者的連接。

3. 實作高性能伺服器

嚴格地說，Node.js 是一個用於開發各種 Web 伺服器的開發工具。在 Node.js 伺服器中，執行的是高性能 V8 JavaScript 指令碼語言，該語言是一種可以執行在伺服器端的指令碼語言。那麼，什麼是 V8 JavaScript 指令碼語言呢？該語言是一種被 V8 JavaScript 引擎所解析並執行的指令碼語言。V8 JavaScript 引擎是由 Google 公司使用 C++ 語言開發的一種高性能 JavaScript 引擎，該引擎並不侷限於在瀏覽器中執行。Node.js 將其轉用在了伺服器中，並且為其提供了許多附加的具有各種不同用途的 API。例如，在伺服器中，經常需要處理各種二進位資料。在 JavaScript 指令碼語言中，只具有非常有限的對二進位資料的處理能力，而 Node.js 所提供的 Buffer 類別則提供了豐富的對二進位資料的處理能力。

另外，在 V8 JavaScript 引擎內部使用了一種全新的編譯技術。這意味著開發者撰寫的 JavaScript 腳本程式與開發者撰寫的 C 語言（更貼近硬體層）具有非常相近的執行效率，這也是 Node.js 伺服器的一個重要特性。

2.3.2 安裝 Node.js

這裡首先強調一點，當前新版的 Node.js 已經不支援 Windows 7。事實上，從 14 版開始就不支援了，目前支援 Windows 7 的版本有 node-v13，但不建議讀者使用了，因為和新版的 vue-cli 會有相容性的問題。建議讀者直接在 Windows 10 上使用新的長期支援版的 Node.js，該版本可以到官網（位址：https://nodejs.org/）去下載。這裡下載的版本是 16.13.1 LTS，LTS 是長期支援的意思。下載下來的檔案是 node-v16.13.1-x64.msi。按兩下該檔案，開啟傻瓜式安裝，在安裝過程中，同時會安裝 npm 這個套件管理器，而且預設增加了環境變數（見 Add to PATH），如圖 2-8 所示。

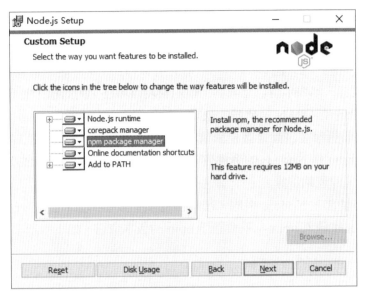

▲ 圖 2-8

按照對話方塊的提示點擊 Next 按鈕直到出現 Finish 按鈕。筆者安裝在預設路徑：C:\Program Files\nodejs\，讀者也可以根據自己的喜好進行設定，不過建議採用預設設定。

安裝完畢後，可以檢查一下安裝是否成功，按快速鍵 WIN+R 開啟命令提示符號（CMD）視窗，輸入 node -v 後按確認鍵，查看 Node.js 版本編號，出現版本編號則說明安裝成功（以管理員身份啟動命令提示視窗，即按滑鼠右鍵命令提示視窗圖示，在彈出的快顯功能表中選擇「以管理員身份執行」選項），如下所示：

```
C:\Users\Administrator>node -v
v16.13.1
```

成功安裝 Node.js，就可以在命令列下用 node 命令來執行 JavaScript 程式。比如有一個 JavaScript 檔案 main.js，在命令列下直接輸入命令 "node main.js" 即可。但 Node.js 只認識純 ES 6 的內容，像 JavaScript 程式中的 DOM（Document Object Model，文件物件模型）是無法辨識的。HTML DOM 定義了存取和操作 HTML 文件的標準方法。

2.3.3 Node.js 的軟體套件管理器

npm（node package manager）是 Node.js 附帶的軟體套件管理工具，簡稱套件管理器。套件管理器 npm 完全用 JavaScript 寫成，最初由 Isaac Z. Schlueter 開發。他表示自己意識到「模組管理很糟糕」的問題，並看到了 PHP 的 Pear 與 Perl 的 CPAN 等軟體的缺點，於是撰寫了 npm。npm 可以管理本機專案所需要的模組並自動維護相依情況，也可以管理全域安裝的 JavaScript 工具。總之，npm 是 Node.js 的套件管理器，用於 Node.js 外掛程式管理（包括安裝、移除、管理相依等）。

npm 是整合在 Node.js 中的，所以前面我們安裝 Node.js 時，npm 也自動安裝上了，直接輸入 npm -v 就會顯示 npm 的版本資訊，如下所示：

```
C:\Users\Administrator>npm -v
8.1.2
```

我們到 C:\Program Files\nodejs\ 下可以查看其內容，如圖 2-9 所示。

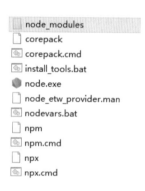

▲ 圖 2-9

其中，node_modules 存放 Node.js 模組，npm.cmd 表示套件管理器，node.exe 是 Node.js 的啟動程式，它負責引導啟動整個 JavaScript 引擎，讀取設定，然後初始化環境。

預設情況下，透過 npm 安裝的軟體套件，都會安裝在如下路徑：

```
C:\Users\Administrator\AppData\Roaming\npm\node_modules
```

Node.js 剛裝好時，C:\Users\Administrator\AppData\Roaming\npm 是一個空白目錄。我們用 npm 命令安裝其他軟體套件時，如果沒有更改這個路徑，則會存放到這裡。可以用命令查看一下當前軟體套件的儲存路徑，在命令列下輸入命令 npm config get prefix，執行結果如下：

```
C:\Users\Administrator>npm config get prefix
C:\Users\Administrator\AppData\Roaming\npm
```

由結果可知，儲存路徑是 C:\Users\Administrator\AppData\Roaming\npm。若要進一步證實 npm 成功安裝好了，可試著用它來安裝一個軟體。在命令提示視窗中輸入如下命令：

```
npm install webpack -g
```

Webpack 是我們要安裝的軟體套件。選項 -g 相當於 --global，表示要將軟體套件安裝到 npm config get prefix 中指定的全域目錄。

稍等片刻，安裝完成。可以馬上到 C:\Users\Administrator\AppData\Roaming\npm 下去查看，會發現有一堆東西了，如圖 2-10 所示。

▲ 圖 2-10

至此證明，軟體套件的確是安裝到這個目錄下的。這個 Webpack 軟體套件暫時用不著，我們可以先移除它，在命令列下輸入移除命令：

```
npm uninstall webpack -g
```

有讀者會問，以後隨著其他軟體套件的增多會影響 C 磁碟的儲存空間，能否把軟體套件安裝到其他路徑，比如 D 磁碟等？這是一個好問題，筆者也不喜歡把一大堆東西都裝在 C 磁碟，幸運的是，npm 都幫助我們想好了，可以透過命令修改軟體套件的預設安裝路徑：

```
npm config set prefix="D:\mynpmsoft"
```

其中 D:\mynpmsoft 是自訂的目錄，可以不必預先建立該資料夾。此時再查看安裝路徑，可以發現發生變化了：

```
C:\Users\Administrator>npm config get prefix
D:\mynpmsoft
```

好了，現在我們再來安裝 Webpack 軟體套件，看看是否會儲存到新路徑中。在命令提示視窗輸入如下命令：

```
npm install webpack -g
```

稍等片刻安裝完成，可以看到 D:\mynpmsoft 下有內容了，如圖 2-11 所示。

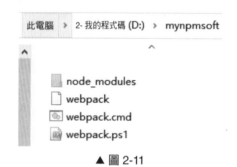

▲ 圖 2-11

　　這就說明軟體套件的安裝路徑修改成功。好奇的讀者要問了，npm 如何知道新安裝的軟體儲存在哪裡？答案是透過設定檔，我們可以在命令列下輸入編輯 npm 設定的命令：

```
npm config edit
```

按確認鍵後，將開啟一個名為 .npmrc 的文字檔，其中有一行內容 "prefix=D:\mynpmsoft"，如圖 2-12 所示。

; to the registry host specified.

prefix=D:\mynpmsoft

▲ 圖 2-12

　　該路徑（D:\mynpmsoft）是我們剛才設定的軟體套件的儲存路徑，原來是在名為 .npmrc 的文字檔中儲存著呢。這個檔案（.npmrc）存放位址為 C:\Users\Administrator，讀者可以去看一下。我們終於知道背後的故事了。現在把 Webpack 移除掉，在命令列輸入移除命令：

```
npm uninstall webpack -g
```

行文至此，似乎該結束本節了，但如果讀者又想回到原來的預設位置，該怎麼辦呢？是不是移除 Node.js 再重裝就可以了呢？答案是否定的。不信可以試一下，即重裝 Node.js 後，再安裝 Webpack，看看它是否回到預設路徑（C:\Users\Administrator\AppData\Roaming\npm）下。那麼正確的方法是什麼呢？答案是把 C:\Users\Administrator 的 .npmrc 檔案刪除後，再安裝 Webpack（npm install Webpack –g），可以發現 Webpack 又重新安裝到預設路徑（C:\Users\Administrator\AppData\Roaming\npm）下了。

至此，終於做到來去自如了。短短幾行字，當初筆者研究了整整一天，移除重裝 Node.js 幾十次，終於搞清了奧秘所在。現在我們依舊先刪除 Webpack，然後設定安裝路徑到 D:\mynpmsoft，命令如下：

```
npm config set prefix="D:\mynpmsoft"
```

這個命令執行完畢，就會在 C:\Users\Administrator 下自動新建一個名為 .npmrc 的檔案。以後我們把軟體套件都安裝在這個目錄下，這樣可以節省 C 磁碟空間。

2.3.4 套件管理器 cnpm

npm 作為套件管理器相對來說比較好用，但是由於伺服器有時速度會慢一點，因此還可以使用距離較近的鏡像及其命令 cnpm，當然，如果讀者在使用 npm 的過程中覺得還可以，也可以不安裝 cnpm。

cnpm 是一個完整 npmjs.org 鏡像，可以用此代替官方版本（唯讀），同步頻率目前為 10 分鐘一次，以保證儘量與官方服務同步，以管理員身份開啟命令提示視窗，然後使用以下命令來安裝 cnpm：

```
npm install -g cnpm --registry=https://registry.npm.taobao.org
```

稍等片刻安裝完成，如圖 2-13 所示。

```
C:\Users\Administrator>npm install -g cnpm --registry=ht
npm WARN deprecated har-validator@5.1.5: this library is
npm WARN deprecated uuid@3.4.0: Please upgrade  to versi
 circumstances, which is known to be problematic.  See h
npm WARN deprecated request@2.88.2: request has been dep

added 380 packages in 2m

3 packages are looking for funding
  run `npm fund` for details
```

▲ 圖 2-13

然後輸入 cnpm -v 命令，查看版本，如圖 2-14 所示。

```
C:\Users\Administrator>cnpm -v
cnpm@7.1.0 (C:\Users\Administrator\AppData\Roaming
npm@6.14.15 (C:\Users\Administrator\AppData\Roamin
node@16.13.1 (C:\Program Files\nodejs\node.exe)
npminstall@5.3.1 (C:\Users\Administrator\AppData\R
prefix=C:\Users\Administrator\AppData\Roaming\npm
win32 x64 10.0.19043
registry=https://registry.npmmirror.com
```

▲ 圖 2-14

2.4 為何要學 TypeScript

如今的 JavaScript 已經不再是當初那個在瀏覽器網頁中寫寫簡單的表單驗證、沒事彈個 Alert 框嚇嚇人的跑龍套角色了。借助以 V8 引擎為基礎的 Node.js Runtime 以及其他一些 JavaScript Runtime 的平臺能力，JavaScript 已經在桌面端、行動端、服務端、嵌入端全面開花。

使用 JavaScript 做服務端開發，是筆者一直非常喜歡的一件事情。記得第一次使用 JavaScript 開發服務端程式，還是在筆者讀研的時候，那時學習撰寫古老的 ASP 頁面程式，預設是用 VBScript 撰寫的，可是筆者不太喜歡 VBScript 的語法，就去看微軟的 MSDN 文件，發現居然也可以用 JScript（微軟開發的一種 ECMAScript 標準的實作）來撰寫 ASP，非常興奮，果斷連夜把之前所有的 VBScript 程式用 JScript 替換了一遍。

到後來入社會，JavaScript 也漸漸進入 Ajax 流行、封裝工具函式庫橫行的時代。我們使用著各種 JavaScript 工具函式庫（Prototype、jQuery、MooTools、YUI、Dojo 等），前端的開發工作開始慢慢出現了獨立化、專業化的趨勢，一些軟體工程師們（不分前後端，寫程式的都叫軟體工程師）以及美工們（那時候的美工其實很能幹的，既做平面設計，也做 HTML、JavaScript、CSS 的撰寫）也開始有點跟不上前端的發展速度了，開始做各自擅長的事情了，即所謂的縱向發展。而筆者是 Java 和 JavaScript 都在做，但是用 JavaScript 來統一做前後端的想法一直存在，並一直關注著這塊的動向。沒過多久，還真的出現了一個工具，就是開發了當時非常流行的前端開發工具 Aptana Studio 的公司所開發的服務端框架 Aptana Jaxer。用這個框架寫出來的程式跟當初的 ASP 有點像，筆者還用 Jaxer 寫了一些小專案，用起來還是非常不錯的。只可惜，Jaxer 在開發圈子裡沒有真正紅起來。

後來，Node.js 出現了。由於它以 V8 為基礎所帶來的性能、模組化系統、比較豐富的原生 API、原生擴充能力以及 npm 套件管理，讓整個圍繞它形成的生態系統真正紅了起來。而 Node.js 憑藉它非同步 IO 的優異性能、快速開發部署能力、前後端技術堆疊統一以及最近流行的 SSR 風潮，使得它在服務端開發領域真正佔有了一席之地。並且，Node.js 的非同步思想也帶動了其他各種語言下服務端框架的進步與創新，比如 Java 的 Vert.x、WebFlux、Scala 的 AKA 等。

隨著 JavaScript 在各種前後端專案中的使用量越來越大，開發團隊間需要的協作越來越多，JavaScript 本來的動態性、靈活性由一個人見人愛的小可愛，變成了一隻吃人的大老虎，不僅四處撕咬著缺乏足夠經驗的開發者，偶爾也會給高級開發者挖個坑、埋個雷。這時，做過靜態語言開發的開發者會想念曾經用過的 C/C++、Java、C#，雖然靜態類型檢查在開發過程中帶來了一些額外的工作量，但也真實地帶來了開發品質的提升，以及更好的開發工具支援。

新事物總是在遇到問題和矛盾當中產生的，一些擁有類型檢查特性的工具或可編譯語言誕生了，比如 Flow、Dart，還有 TypeScript。尤其是 TypeScript，憑藉著其「高富帥」背景微軟以及自身的優質特性，經過多年的發展，社區越來越大，應用越來越廣，著實受人歡迎，它已經成為 JavaScript 生態圈後續發展的一種明顯趨勢。各種前端框架和 Node.js 後端框架都競相加入對 TypeScript 的支援，看來不用 TypeScript 都對不住它的熱情。於是，以前用 JavaScript 開發的專案，比如 Vue.js 2.0，在升級到 3.0 的時候，就換成 TypeScript 來開發了。

2020 年 9 月，Vue.js 3.0 正式發佈，相對於上一版，這一版進行了重構，幾乎是從頭開始寫的。這一版用 TypeScript 語言重寫。TypeScript 是 JavaScript

的超集合，擴充了 JavaScript 的語法，因此現有的 JavaScript 程式可與 Type-Script 一起工作而無須任何修改，TypeScript 透過類型註釋提供編譯時的靜態類型檢查。而且，TypeScript 支援 ECMAScript 6 標準（JavaScript 語言的語法標準）。TypeScript 是 Vue.js 的語言基礎，為了以後能深入學習 Vue.js，甚至研讀其架構原始程式，我們很有必要打好 TypeScript 的基礎。

總之，對於我們學習 Vue.js 3 來說，TypeScript 是語言基礎。Vue.js 3 以 TypeScript 前端框架為基礎，所以 TypeScript 和 Vue.js 3 就是程式設計語言和程式設計框架的關係。我們必須打好 TypeScript 的基礎，否則基礎不牢，地動山搖，甚至連 Vue.js 3 的原始程式都看不了。

2.5 TypeScript 基礎

TypeScript（Typed JavaScript at Any Scale）就是增加了類型系統的 Ja-vaScript，適用於任何規模的專案。TypeScript 是 JavaScript 的一個超集合，主要提供了類型系統和對 ES6（ECMAScript 6）的支援，它由微軟開發，程式開放原始碼於 GitHub 上。有微軟這樣的大公司在背後支援，這門語言的前景比較光明。

TypeScript 是 JavaScript 的類型的超集合，它可以編譯成純 JavaScript。編譯出來的 JavaScript 可以執行在任何瀏覽器上。TypeScript 編譯工具可以執行在任何伺服器和任何系統上。

TypeScript 是一門靜態類型、弱類型的語言，它完全相容 JavaScript，且不會修改 JavaScript 執行時期的特性。TypeScript 可以編譯為 JavaScript，然後執行在瀏覽器、Node.js（JavaScript 的執行時期環境）等任何能執行 JavaScript 的環境中。TypeScript 擁有很多編譯選項，類型檢查的嚴格程度由使用者決定。

2.6 TypeScript 的優點

TypeScript 作為開發語言界的後輩，肯定有其獨特魅力。接下來詳細介紹。

1. 類型系統

從 TypeScript 的名字就可以看出來，類型是其最核心的特性。我們知道，JavaScript 是一門非常靈活的程式設計語言，比如它沒有類型約束，一個變數可能初始化時是字串，過一會兒又被賦值為數字；由於隱式類型轉換的存在，有的變數的類型很難在執行前就確定；以原型為基礎的物件導向程式設計，使得原型上的屬性或方法可以在執行時期被修改。這些靈活性就像一把雙刃劍，一方面使得 JavaScript 蓬勃發展，無所不能，從 2013 年開始就一直蟬聯最普遍使用的程式設計語言排行榜冠軍，另一方面也使得它的程式品質參差不齊，維護成本高，執行階段錯誤多。而 TypeScript 的類型系統在很大程度上彌補了 JavaScript 的缺點。類型系統實際上是最好的文件，大部分的函式看看類型的定義就可以知道如何使用了。而且，在編譯階段就可以發現大部分錯誤，這總比在執行時期出錯好，這一點是 JavaScript 開發人員頭疼的地方。有了類型系統，TypeScript 增加了程式的可讀性和可維護性。

2. TypeScript 是靜態類型語言

類型系統按照「類型檢查的時機」來分類，可以分為動態類型和靜態類型。動態類型是指在執行時期才會進行類型檢查，這種語言的類型錯誤往往會導致執行階段錯誤。JavaScript 是一門直譯型語言，沒有編譯階段，所以它是動態類型，以下這段程式在執行時期才會顯示出錯：

```
let foo = 1;
foo.split(' ');
// Uncaught TypeError: foo.split is not a function
// 執行時期會顯示出錯（foo.split 不是一個函式），造成線上 Bug
```

靜態類型是指編譯階段就能確定每個變數的類型，這種語言的類型錯誤往往會導致語法錯誤。TypeScript 在執行前需要先編譯為 JavaScript，而在編譯階段就會進行類型檢查，所以 TypeScript 是靜態類型，這段 TypeScript 程式在編譯階段就會顯示出錯了：

```
let foo = 1;
foo.split(' ');
// Property 'split' does not exist on type 'number'.
// 編譯時會顯示出錯（數字沒有 split 方法），無法通過編譯
```

讀者可能會奇怪，這段 TypeScript 程式看上去和 JavaScript 沒有什麼區別。沒錯，大部分 JavaScript 程式都只需要經過少量的修改（或者完全不用修改）就可以變成 TypeScript 程式，這得益於 TypeScript 強大的「類型推論」，即使不去手動宣告變數 foo 的類型，也能在變數初始化時自動推論出它是一個 number 類型。完整的 TypeScript 程式是這樣的：

```
let foo: number = 1;
foo.split(' ');
// Property 'split' does not exist on type 'number'.
// 編譯時會顯示出錯（數字沒有 split 方法），無法通過編譯
```

3. TypeScript 是弱類型語言

　　類型系統按照「是否允許隱式類型轉換」來分類，可以分為強類型和弱類型。以下這段程式無論是在 JavaScript 中還是在 TypeScript 中都是可以正常執行的，執行時期數字 1 會被隱式類型轉換為字串 '1'，加號 "+" 被辨識為字串拼接，所以列印出的結果是字串 '11'。

```
console.log(1 + '1');
// 列印出字串 '11'
```

　　TypeScript 是完全相容 JavaScript 的，它不會修改 JavaScript 執行時期的特性，所以它們都是弱類型。作為對比，Python 是強類型，以下程式會在執行時期顯示出錯：

```
print(1 + '1')
# TypeError: unsupported operand type(s) for +: 'int' and 'str'
```

　　若要修復該錯誤，則需要進行強制類型轉換：

```
print(str(1) + '1')
# 列印出字串 '11'
```

　　強 / 弱是相對的，Python 在處理整數和浮點數相加時，會將整數自動轉型為浮點數，但是這並不影響 Python 是強類型的結論，因為大部分情況下 Python 並不會進行隱式類型轉換。相比而言，JavaScript 和 TypeScript 中無論加號兩側是什麼類型，都可以透過隱式類型轉換計算出一個結果，而非顯示出錯。所以 JavaScript 和 TypeScript 都是弱類型。

　　雖然 TypeScript 不限制加號兩側的類型，但是我們可以借助 TypeScript 提供的類型系統，以及 ESLint（ESLint 是一個外掛程式化並且可設定的 JavaScript 語法規則和程式風格的檢查工具）提供的程式檢查功能，來限制加號兩側必須同為數字或同為字串。這在一定程度上使得 TypeScript 向強類型更進一步。當然，這種限制是可選的。

　　這樣的類型系統表現了 TypeScript 的核心設計理念，即在完整保留 JavaScript 執行時期行為的基礎上，透過引入靜態類型系統來提升程式的可維護性，

減少可能出現的 Bug。

4. 適用於任何規模

　　TypeScript 適用於大型專案，類型系統可以為大型專案帶來更高的可維護性，以及更少的 Bug。在中小型專案中推行 TypeScript 的最大障礙就是認為使用 TypeScript 需要寫額外的程式，降低開發效率。但事實上，由於有類型推論，大部分類型都不需要手動宣告。相反，TypeScript 增強了 IDE 的功能，包括程式補全、介面提示、跳躍到定義、程式重構等，這在很大程度上提升了開發效率。而且 TypeScript 有近百個編譯選項，如果認為類型檢查過於嚴格，那麼可以透過修改編譯選項來降低類型檢查的標準。

　　TypeScript 還可以和 JavaScript 共存。這意味著如果我們有一個使用 JavaScript 開發的舊專案，又想使用 TypeScript 的特性，那麼不需要急著把整個專案都遷移到 TypeScript，可以使用 TypeScript 撰寫新檔案，然後在後續更迭中逐步遷移舊檔案。如果一些 JavaScript 檔案的遷移成本太高，TypeScript 也提供了一個方案，可以讓我們在不修改 JavaScript 檔案的前提下，撰寫一個型別宣告檔案，實作舊專案的漸進式遷移。

　　事實上，即使讀者從來沒學習過 TypeScript，也可能已經在不知不覺中使用了 TypeScript，在 VSCode 編輯器中撰寫 JavaScript 時，程式補全和介面提示等功能就是透過 TypeScript Language Service 實作的。

　　一些協力廠商函式庫原生支援 TypeScript，在使用時就能獲得程式補全，比如 Vue.js 3.0，如圖 2-15 所示。

▲ 圖 2-15

5. 與標準同步發展

TypeScript 的另一個重要的特性就是堅持與 ECMAScript 標準同步發展。ECMAScript 是 JavaScript 核心語法的標準，自 2015 年起，每年都會發佈一個新版本，包含一些新的語法。一個新的語法從提案到變成正式標準，需要經歷以下幾個階段：

Stage 0：展示階段，僅僅是提出了討論、想法，尚未正式提案。

Stage 1：徵求意見階段，提供抽象的 API 描述，討論可行性、關鍵演算法等。

Stage 2：草案階段，使用正式的標準語言精確描述其語法和語義。

Stage 3：候選人階段，語法的設計工作已完成，需要瀏覽器、Node.js 等環境支援，搜集使用者的回饋。

Stage 4：定案階段，已準備好將其增加到正式的 ECMAScript 標準中。

一個語法進入 Stage 3 階段後，TypeScript 就會實作它。一方面，讓我們可以儘早使用到最新的語法，幫助它進入下一個階段；另一方面，處於 Stage 3 階段的語法已經比較穩定了，基本不會有語法的變更，這使得我們能夠放心地使用它。

除了實作 ECMAScript 標準之外，TypeScript 團隊也推進了諸多語法提案，比如可選鏈操作符號（?.）、空值合併操作符號（??）、Throw 運算式、正則比對索引等。

這就是有靠山的好處，標準方面沒問題，因為微軟本身就是業界標準制定的活躍參與者。

以這麼多優點為基礎，不少著名軟體紛紛用其來開發，比如 Vue.js 3.0、VSCode、Angular.js 2 等。

2.7 TypeScript 的發展歷史

TypeScript 出身名門，它的成長背景可謂一帆風順。

2012 年 10 月：微軟發佈了 TypeScript 第一個版本（0.8），此前已經在微軟內部開發了兩年。

2014 年 04 月：TypeScript 發佈了 1.0 版本。

2014 年 10 月：Angular.js 發佈了 2.0 版本，它是一個以 TypeScript 開發為基礎的前端框架。

2015 年 01 月：ts-loader 發佈，Webpack 可以編譯 TypeScript 檔案了。

2015 年 04 月：微軟發佈了 Visual Studio Code，它內建了對 TypeScript 語言的支援，它自身也是用 TypeScript 開發的。

2016 年 05 月：@types/react 發佈，TypeScript 可以開發 React.js 應用了。

2016 年 05 月：@types/node 發佈，TypeScript 可以開發 Node.js 應用了。

2016 年 09 月：TypeScript 發佈了 2.0 版本。

2018 年 06 月：TypeScript 發佈了 3.0 版本。

2019 年 02 月：TypeScript 宣佈由官方團隊來維護 typescript-eslint，以支援在 TypeScript 檔案中執行 ESLint 檢查。

2020 年 05 月：Deno 發佈了 1.0 版本，它是一個 JavaScript 和 TypeScript 執行時期。

2020 年 08 月：TypeScript 發佈了 4.0 版本。

截至本書撰寫 (2022 年底)，最新穩定版是 4.5，4.6 處於 Beta 版本狀態。

2.8　架設 TypeScript 開發環境

工欲善其事，必先利其器。首先我們需要安裝 TypeScript 語言的編譯器，然後分別在命令列下編譯 TypeScript 程式，再到整合式開發環境 VSCode 下編譯、偵錯和全速執行 TypeScript 程式。

2.8.1　安裝 TypeScript 編譯器

安裝好 Node.js 後，可以直接使用 npm 工具來安裝 TypeScript，這個 TypeScript 的 Package 其實也是一個 Compiler，可以透過這個 Complier 將 TypeScript 編譯成 JavaScript。開啟命令提示視窗，進入主控台命令列（或其他終端），輸入指令：

```
npm install -g typescript
```

預設情況下，npm 安裝的軟體套件會存放到如下路徑：

```
C:\Users\Administrator\AppData\Roaming\npm\node_modules\
```

安裝完畢後，可以發現上述路徑下有一個 typescript 資料夾。我們可以在命令列下用 tsc -v 來查看版本。

下面再安裝 typings，它主要用來獲取 .d.ts 檔案。當 TypeScript 使用一個外部 JavaScript 函式庫時，會需要這個檔案，當然好多編譯器都用它來增加智慧感知能力。輸入命令：

```
npm install -g typings
```

最後安裝 Node.js 的 .d.ts 函式庫，輸入命令：

```
typings install dt~node -global
```

全部安裝後，我們可以查看編譯器 tsc（把 TypeScript 檔案編譯為 JavaScript 檔案的編譯器）的版本：

```
C:\Users\Administrator>tsc -v
Version 4.5.5
```

這說明安裝成功了。

2.8.2 命令列編譯 TypeScript 程式

在命令列下，普通的執行 TypeScript 的方式，需要先透過 tsc 命令把 TypeScript 檔案編譯為 JavaScript 檔案，然後執行 node xx.js。一共用了兩筆命令。

【例 2-2】第一個 TypeScript 程式

1）新建一個空白目錄，比如 D:\demo。

2）開啟 VSCode，在 Demo 下新建一個檔案，檔案名稱為 hello.ts，然後輸入一行程式：

```
console.log("hello,ts");
```

該行程式就是在主控台上輸出一行文字字串 "hello,ts"。然後儲存檔案。

3）在命令列下編譯 hello.ts：

```
tsc hello.ts
```

此時會在同目錄下生成一個 hello.js 檔案，我們執行它：

```
node hello.js
```

執行結果如圖 2-16 所示。

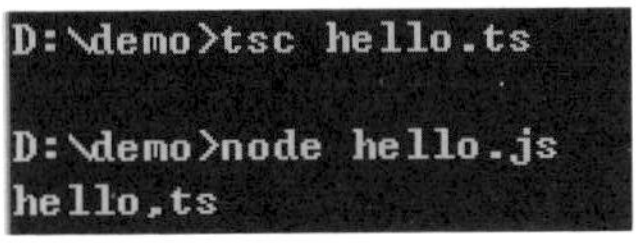

▲ 圖 2-16

至此，第一個 TypeScript 程式成功了。另外，如果想一次性編譯多個
TypeScript 檔案，檔案之間用空格隔開即可，例如：

```
tsc file1.ts file2.ts file3.ts
```

編譯過程是不是感覺很簡單？我們用兩筆命令就完成了，但能否用一筆命
令完成呢？答案是肯定的，那就是使用 ts-node 命令，使用前先安裝它，在命令
列下輸入：

```
npm install -g ts-node
```

安裝完畢後，再安裝 tslib：

```
npm install -g tslib @types/node
```

其中 -g 表示全域安裝。安裝完畢後，可以使用命令 ts-node -v 查看版本編
號，然後可以直接從 TypeScript 檔案得到結果：

```
D:\demo>ts-node hello.ts
hello,ts
```

如果只是為了學習 TypeScript 語言，而不和網頁打交道，其實在命令列下
編譯執行基本上夠用了。

2.8.3 在 VSCode 下偵錯 TypeScript 程式

開啟 VSCode，然後按快速鍵 Ctrl+Shift+X 來開啟 Extension，並在搜尋
框中輸入 TypeScript Debugger，找到後點擊 Install 按鈕，如圖 2-17 所示。

▲ 圖 2-17

安裝完成後如圖 2-18 所示。

▲ 圖 2-18

安裝了這個外掛程式後，就可以開始 TypeScript 程式的偵錯之旅了。

【例 2-3】偵錯 TypeScript 程式

1）新建一個空白目錄，比如 D:\demo。開啟 VSCode，在 demo 下新建一個檔案，檔案名稱為 hello.ts，然後輸入程式：

```
console.log("hello,ts!");
var str:string="hello,boy!"

console.log(str);
```

第一行和最後一行都是在主控台視窗上輸出字串。第二行我們定義了字串變數 str，並對其賦值為 "hello,boy!"。然後儲存檔案。

2）在 VSCode 中，按 F5 鍵（啟動偵錯的快速鍵），此時 VSCode 上方會出現一個搜尋框，並提示我們選擇偵錯環境，如圖 2-19 所示。

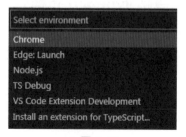

▲ 圖 2-19

選擇 TS Debug，此時會出來一個資訊方塊，提示沒有找到偵錯器的描述資訊，如圖 2-20 所示。

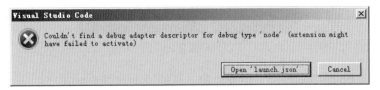

▲ 圖 2-20

點擊 Open 'launch.json' 按鈕，此時會提示再次選擇 TS Debug，選擇後就會出現 launch.json 檔案的編輯視窗，我們把 runtimeArgs 部分刪除，並增加 program 部分，其他不需要修改，最終修改後的內容如下：

```
{
    // Use IntelliSense to learn about possible attributes.
    // Hover to view descriptions of existing attributes.
    // For more information, visit: https://go.microsoft.com/
fwlink/?linkid=830387
    "version": "0.2.0",
    "configurations": [
        {
            "name": "ts-node",
            "type": "node",
            "request": "launch",
            "program": "D:/mynpmsoft/node_modules/ts-node/dist/bin.js",
            "args": [
                "${relativeFile}"
            ],

            "cwd": "${workspaceRoot}",
            "protocol": "inspector",
            "internalConsoleOptions": "openOnSessionStart"
        }
    ]
}
```

儲存該檔案，實際上 VSCode 會自動在當前專案根目錄下的子資料夾 .vscode 中建立該檔案，子資料夾 .vscode 也是 VSCode 自動幫助建立的。

在 VSCode 的左邊按兩下 hello.ts，開啟該檔案的程式編輯視窗，然後在第二行的左邊點擊一下，使其出現一個紅圈，這個紅圈就是我們設定的中斷點，程式執行到這裡會自動暫停，如圖 2-21 所示。

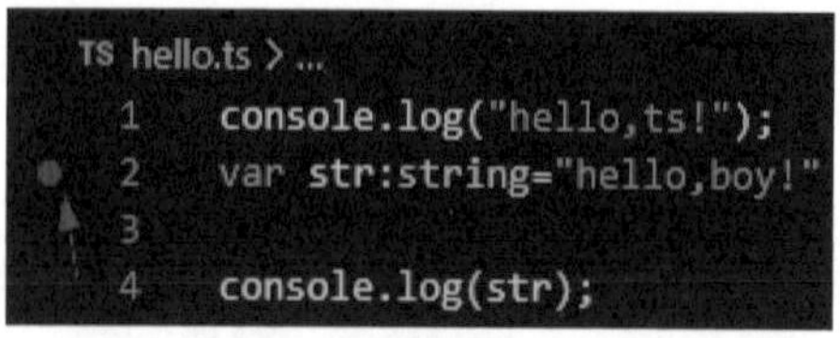

▲ 圖 2-21

此時按 F5 鍵啟動偵錯，稍等一會，紅圈外面會被一個黃色箭頭包圍，表示程式在該行暫停，如圖 2-22 所示。

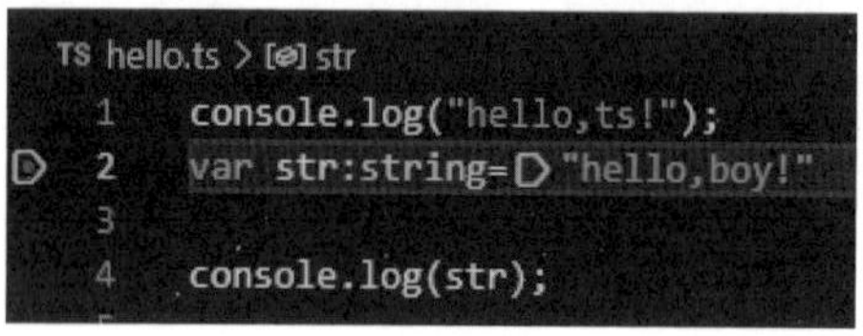

▲ 圖 2-22

這表示該行還沒有執行，因此此時 str 的值還是未知的，我們可以在左邊的 Local 視圖中看到 str 的內容是 undefined，意思是未定義，如圖 2-23 所示。

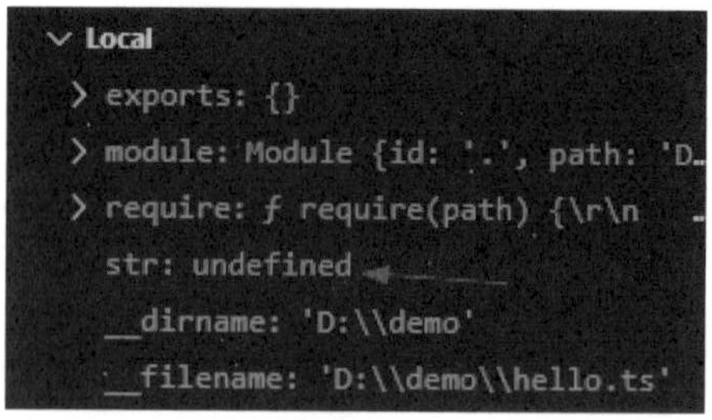

▲ 圖 2-23

繼續按 F10 鍵（單步執行的快速鍵），此時程式編輯視窗中的黃色箭頭就指向下一行程式了，如圖 2-24 所示。

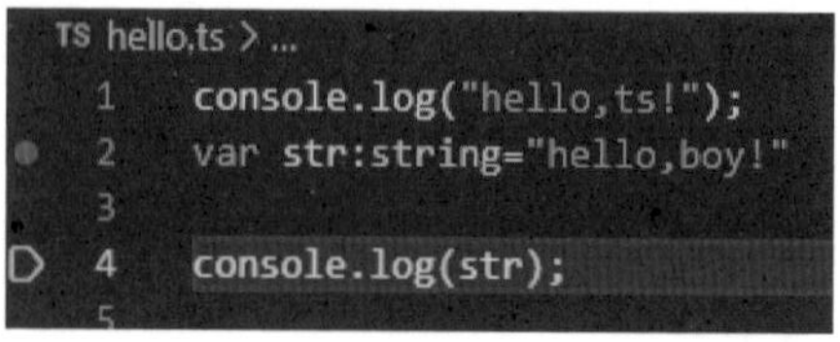

▲ 圖 2-24

　　這就表示第二行已經執行完畢，現在準備執行第 4 行。此時我們可以到 Local 視圖下看到 str 的內容變為 "hello,boy!" 了，如圖 2-25 所示。

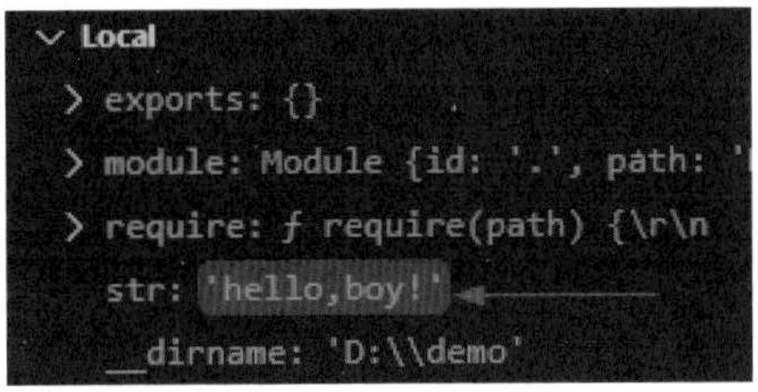

▲ 圖 2-25

　　以上過程就是設定中斷點，查看變數的過程。如果要停止偵錯，可以按 VSCode 上方工具列上的紅色方框按鈕，這個按鈕表示停止偵錯，如圖 2-26 所示。

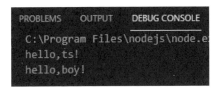

▲ 圖 2-26

　　或者，直接按快速鍵 Shift+F5 也可以停止偵錯。這個紅色方框按鈕左邊也是一些偵錯快速鍵，比如從左邊開始第一個是 Continue（F5），表示繼續執行；第二個是 Step Over（F10），表示單步執行，但在碰到函式後不進入函式內部，並在呼叫函式的下一行程式處暫停；第三個是 Step Into（F11），表示單步執行，但碰到函式會進入函式；第四個是 Step Out（Shift+F11），表示在呼叫函式的下一行程式處暫停；第五個按鈕是 Restart（Ctrl+Shift+F5），表示重新啟動偵錯。

　　另外，在偵錯的過程中，在 VSCode 下方的 DEBUG CONSOLE 視圖中會看到有字串輸出，如圖 2-27 所示。

▲ 圖 2-27

2.8.4 在 VSCode 下全速執行 TypeScript 程式

至此，我們偵錯 TypeScript 程式的任務完成了。有讀者可能會問，如果不想偵錯，想直接全速執行程式，怎麼辦呢？通常有兩種方式，一種是直接按快速鍵 Ctrl+F5，此時將忽略所有中斷點，最終結果將在 VSCode 下方的 DEBUG CONSOLE 視圖中看到。

另一種是使用 Code Runner 外掛程式，按快速鍵 Ctrl+Shift+X 切換到 VSCode 的 Extensions，然後在搜尋框中輸入 Code Runner，如圖 2-28 所示。

▲ 圖 2-28

點擊 Install 按鈕，安裝完畢後，VSCode 的右上方會出現一個箭頭，如圖 2-29 所示。

▲ 圖 2-29

此時如果開啟上例資料夾，並開啟 main.ts，然後點擊這個箭頭，就可以執行 main.ts，並在 VSCode 下方的 OUTPUT 視圖中看到結果，如圖 2-30 所示。

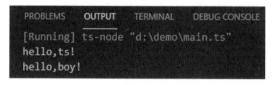

▲ 圖 2-30

我們可以看出，其實這種方式和在命令列下手動輸入 ts-node 是一樣的。另外，直接按其對應的快速鍵 Ctrl+Alt+N，就可以在 VSCode 下方的 OUTPUT 視圖中看到執行結果。那麼，全速執行的話，用 Ctrl+Alt+N 還是 Ctrl+F5 好呢？建議用 Ctrl+Alt+N，因為 Ctrl+Alt+N 執行方式能認識 Node.js 中的全域內建物件，比如 process。我們來看下例。

【例 2-4】 process.stdout.write 輸出字串

1）新建一個空白目錄，比如 D:\demo。開啟 VSCode，在 demo 下新建一個檔案，檔案名稱為 main.ts，然後輸入程式：

```
process.stdout.write("hello ")
process.stdout.write("world!\n")
process.stdout.write("bye\n")
console.log(5);
var str:string="hello,boy!"
console.log(str);
```

process.stdout.write 也是在主控台上輸出字串，且只能輸出字串，而且輸出後不會自動確認。console.log 是對 process.stdout.write 的上一層封裝，且會自動確認換行，這一點很不好，不讓開發者決定是否換行。但 console.log 有一個優點，就是不僅支援字串輸出，還支援其他資料型態輸出。

2）如果按快速鍵 Ctrl+F5 會發現，只有 console.log 的輸出，而按快速鍵 Ctrl+Alt+N，則既能輸出 process.stdout.write，又能輸出 console.log。

因此，對於要使用 process 等物件，Ctrl+Alt+N 方式全速執行更好，如果不習慣按快速鍵，可以直接點擊右上角的箭頭按鈕。但 Ctrl+Alt+N 方式有一個不智慧的地方，那就是每次程式修改後，按 Ctrl+Alt+N 不會自動儲存，執行的依然是上次儲存的程式，所以需要每次手動去儲存，甚是麻煩，關鍵有時候還記不住。而 Ctrl+F5 方式卻可以先自動儲存程式，然後執行，一氣呵成。

開發環境架設講到這裡，目前來說夠用了，相信已經能對付 TypeScript 語言的學習任務了。下面開啟 TypeScript 語言的學習之旅，學習的風格是北歐風，簡潔清楚抓重點，不囉唆，不拘泥奇技淫巧。

2.9　TypeScript 基礎類型

為了讓程式有價值，我們需要能夠處理最簡單的資料單元：數字、字串、結構、布林值等。TypeScript 支援與 JavaScript 幾乎相同的資料型態，此外還提供了實用的列舉類型方便使用。

2.9.1 常見類型

1. 布林類型

布林類型的關鍵字是 boolean，用來表示邏輯值，表示真或假的概念，它只有 true 和 false 兩個值。true 表示真，false 表示假。比如：

```
let isDone: boolean = false;
```

其中 let 是宣告變數的關鍵字；isDone 是變數名稱；boolean 表示變數的類型是布林類型，其初始化值為 false。

2. 數字類型

與 JavaScript 一樣，TypeScript 中的所有數字都是浮點數，嚴格來講是雙精度 64 位浮點數，它可以用來表示整數和小數。數字類型的關鍵字是 number。除了支援十進位和十六進位字面量外，Typescript 還支援 ECMAScript 2015 中引入的二進位和八進位字面量。比如：

```
let decLiteral: number = 6;              // 十進位整數
let hexLiteral: number = 0xf00d;         // 十六進位
let binaryLiteral: number = 0b1010;      // 二進位
let octalLiteral: number = 0o744;        // 八進位
let pi: number = 3.14;                   // 小數
```

3. 字串

TypeScript 程式的另一項基本操作是處理網頁或伺服器端的文字資料。像其他語言一樣，我們使用關鍵字 string 表示文字資料型態。與 JavaScript 一樣，可以使用雙引號（ " ）或單引號（ ' ）來定界字串。比如：

```
let str: string = "bob";    // 宣告字串，並初始化賦值為 "bob"
```

還可以使用範本字串，它可以定義多行文字和內嵌運算式。這種字串是被反引號包圍（`），並且以 ${ expr } 這種形式嵌入運算式：

```
let name: string = `Gene`;
let age: number = 37;
let sentence: string = `Hello, my name is ${ name }.
I'll be ${ age + 1 } years old next month.`;
console.log(sentence)
```

輸出結果：

```
Hello, my name is Gene.
I'll be 38 years old next month.
```

我們看到，sentence 的初始化字串換行了，結果輸出也換行。這與下面定義 sentence 的方式效果相同：

```
let sentence: string = "Hello, my name is " + name + ".\n\n" +
    "I'll be " + (age + 1) + " years old next month.";
```

似乎用加號更加自然一些，但用了加號，如果要換行，則需要在字串中用 \n。

4. 任意類型

任意類型的關鍵字是 any，可以用於表示任意類型。有時，我們會想要為那些在程式設計階段還不清楚類型的變數指定一個類型。這些值可能來自動態的內容，比如來自使用者輸入或協力廠商程式庫。這種情況下，我們不希望類型檢查器對這些值進行檢查，而是直接讓它們通過編譯階段的檢查。那麼可以使用任意類型來標記這些變數，例如：

```
let notSure: any = 4;
notSure = "maybe a string instead";
notSure = false; // okay, definitely a boolean
```

在對現有程式進行改寫的時候，任意類型是十分有用的，它允許使用者在編譯時可選擇地包含或移除類型檢查。讀者可能認為 Object 有相似的作用，就像它在其他語言中那樣。但是 Object 類型的變數只是允許使用者給它賦任意值，但是卻不能夠在它上面呼叫任意的方法，即使它真的有這些方法，例如：

```
let notSure: any = 4;
notSure.ifItExists(); // okay, ifItExists might exist at runtime
notSure.toFixed(); // okay, toFixed exists (but the compiler doesn't check)
let prettySure: Object = 4;
prettySure.toFixed(); // Error: Property 'toFixed' doesn't exist on type 'Object'.
```

當使用者只知道一部分資料的類型時，任意類型也是有用的。比如，有一個陣列，它包含不同的類型的資料：

```
let list: any[] = [1, true, "free"];
list[1] = 100;
```

總之，任意類型是 TypeScript 針對程式設計時類型不明確的變數使用的一種資料型態，它常用於以下三種情況。

第一種情況：當變數的值會動態改變時，比如來自使用者的輸入，任意類型可以讓這些變數跳過編譯階段的類型檢查，範例程式如下：

```
let x: any = 1;          // 數字類型
x = 'I am who I am';     // 字串類型
x = false;               // 布林類型
```

第二種情況：當改寫現有程式時，任意類型允許在編譯時可選擇地包含或移除類型檢查，範例程式如下：

```
let x: any = 4;
x.ifItExists();   // 正確，ifItExists 方法在執行時期可能存在，但這裡並不會檢查
x.toFixed();      // 正確
```

第三種情況：當定義儲存各種類型態資料的陣列時，範例程式如下：

```
let arrayList: any[] = [1, false, 'fine'];
arrayList[1] = 100;
```

5. 陣列類型

TypeScript 像 JavaScript 一樣可以運算元組元素。有兩種方式可以定義陣列。一種方式是在元素類型後面接上 []，表示由此類型元素組成的一個陣列，例如：

```
let list: number[] = [1, 2, 3];
```

另一種方式是使用陣列泛型，Array< 元素類型 >，例如：

```
let list: Array<number> = [1, 2, 3];
```

6. 元組

元組（Tuple）類型允許表示一個已知元素數量和類型的陣列，各元素的類型不必相同。比如，使用者可以定義一對值分別為 string 和 number 類型的元組。

```
// Declare a tuple type
let x: [string, number];
// Initialize it
x = ['hello', 10]; // OK
// Initialize it incorrectly
```

```
x = [10, 'hello']; // Error
```

當存取一個已知索引的元素時，會得到正確的類型：

```
console.log(x[0].substr(1)); // OK
console.log(x[1].substr(1)); // Error, 'number' does not have 'substr'
```

當存取一個越界的元素時，會使用聯合類型替代：

```
x[3] = 'world'; // OK，字串可以賦值給 (string | number) 類型
console.log(x[5].toString()); // OK，'string' 和 'number' 都有 toString
x[6] = true; // Error，布林不是 (string | number) 類型
```

7. 列舉

列舉類型的關鍵字是 enum，列舉類型是對 JavaScript 標準資料型態的一個補充。像 C# 等其他語言一樣，使用列舉類型可以為一組數值指定易於理解的名字。比如：

```
enum Color {Red, Green, Blue};
let c: Color = Color.Green;
```

預設情況下，從 0 開始為元素編號。使用者也可以手動指定成員的數值。例如，我們將上面的範例改成從 1 開始編號：

```
enum Color {Red = 1, Green, Blue};
let c: Color = Color.Green;
```

或者，全部都採用手動賦值：

```
enum Color {Red = 1, Green = 2, Blue = 4};
let c: Color = Color.Green;
```

列舉類型提供的一個便利是使用者可以由列舉的值得到它的名字。例如，我們知道數值為 2，但是不確定它映射到 Color 裡的哪個名字，我們可以查詢對應的名字：

```
enum Color {Red = 1, Green, Blue};
let colorName: string = Color[2];
console.log(colorName);  //·Green
```

8. 空數值型別

空數值型別的關鍵字是 void。某種程度上來說，空數值型別與任意類型相反，它表示沒有任何類型。當一個函式沒有傳回值時，使用者通常會見到其傳

回數值型別是 void：

```
function warnUser(): void {
    alert("This is my warning message");
}
```

宣告一個空數值型別的變數沒有什麼大用，因為使用者只能為它指定 undefined 和 null：

```
let unusable: void = undefined;
```

9. undefined 和 null

在 TypeScript 中，undefined 和 null 兩者各有自己的類型，分別叫作 undefined 和 null。與 void 相似，它們本身的類型用處不是很大，null 常用於表示「什麼都沒有」，undefined 用於初始化變數為一個未定義的值。比如：

```
// Not much else we can assign to these variables!
let u: undefined = undefined;
let n: null = null;
console.log(u)   //undefined
console.log(n)   //null
```

預設情況下，null 和 undefined 是所有類型的子類型。也就是說，使用者可以把 null 和 undefined 賦值給 number 類型的變數。然而，當使用者指定了 --strictNullChecks 標記，null 和 undefined 只能賦值給 void 和它們自己。這能避免很多常見的問題，也許在某處使用者想傳入一個 string 或 null 或 undefined，可以使用聯合類型 string | null | undefined。

10. never

never 類型是其他類型（包括 null 和 undefined）的子類型，表示的是那些永不存在的值的類型。例如，never 類型是那些總是會拋出異常或根本就不會有傳回值的函式運算式或箭頭函式運算式的傳回數值型別；變數也可能是 never 類型，當它們被永不為真的類型保護所約束時。never 類型也可以賦值給任何類型。然而，沒有類型是 never 類型的子類型或可以賦值給 never 類型（除了 never 類型本身之外），即使任意類型也不可以賦值給 never 類型。

下面是一些傳回 never 類型的函式：

```
// 傳回 never 的函式必須存在無法達到的終點
function error(message: string): never {
    throw new Error(message);
}
// 推斷的傳回數值型別為 never
function fail() {
    return error("Something failed");
}

// 傳回 never 的函式必須存在無法達到的終點
function infiniteLoop(): never {
    while (true) {
    }
}
```

最後，值得注意的是，TypeScript 和 JavaScript 沒有專門的整數類型。

2.9.2 類型判斷提示

類型判斷提示可以用來手動指定一個值的類型，即允許變數從一種類型更改為另一種類型。

有時候使用者會遇到這樣的情況，自己比 TypeScript 更了解某個值的詳細資訊。通常這會發生在使用者清楚地知道一個實體具有比它現有類型更確切的類型。

透過類型判斷提示這種方式可以告訴編譯器，「相信我，我知道自己在幹什麼」。類型判斷提示好比其他語言中的類型轉換，但是不進行特殊的資料檢查和解構。它沒有執行時期的影響，只是在編譯階段起作用。TypeScript 會假設程式設計師已經進行了必需的檢查。

類型判斷提示有兩種形式。一個是「尖角括號」語法：< 類型 > 值。比如：

```
var str = '1'
var str2:number = <number> <any> str   //str、str2 是 string 類型
console.log(str2)   //1
```

編譯後，以上程式會生成如下 JavaScript 程式：

```
var str = '1';
var str2 = str;   //str、str2 是 string 類型
console.log(str2);
```

另一個是 as 語法：

```
let someValue: any = "this is a string";

let strLength: number = (someValue as string).length;
```

兩種形式是等價的。至於使用哪個，大多數情況下憑個人喜好。然而，當使用者在 TypeScript 中使用 JSX 時，只有 as 語法判斷提示是被允許的。

當 S 類型是 T 類型的子集，或者 T 類型是 S 類型的子集時，S 能被成功判斷提示成 T。這是為了在進行類型判斷提示時提供額外的安全性，完全毫無根據地判斷提示是危險的，如果使用者想這麼做，可以使用 any。它之所以不被稱為類型轉換，是因為轉換通常意味著某種執行時期的支援。但是，類型判斷提示純粹是一個編譯時語法，同時，它也為編譯器提供關於如何分析程式的方法。

2.9.3 類型推斷

當沒有舉出類型時，TypeScript 編譯器利用類型推斷來推斷類型。如果由於缺乏宣告而不能推斷出類型，那麼它的類型被視作預設的動態任意類型。

```
var num = 2;     // 類型推斷為 number
console.log("num 變數的值為 "+num);
num = "12"; // 編譯錯誤，error TS2322: Type '"12"' is not assignable to
type 'number'.
console.log(num);
```

第一行程式宣告了變數 num，並設定初值為 2。注意宣告變數沒有指定類型。因此，程式使用類型推斷來確定變數的資料型態，第一次賦值為 2，num 設定為數字類型。第三行程式，當我們再次為變數設定字串類型的值時，這時編譯會出錯。因為變數已經設定為了數字類型。

2.10 TypeScript 變數宣告

變數是一種使用方便的預留位置，用於引用電腦記憶體位址。我們可以把變數看作儲存資料的容器。關鍵字 let 和 const 是 JavaScript 中相對較新的變數宣告方式。像我們之前提到過的，let 在很多方面與 var 是相似的，但是可以幫助使用者避免在 JavaScript 中常見的一些問題。const 是對 let 的一個增強，它能阻止對一個變數再次賦值。

因為 TypeScript 是 JavaScript 的超集合，所以它本身就支援 let 和 const。下面我們會詳細說明這些新的宣告方式以及為什麼推薦使用它們來代替 var。

如果讀者之前使用 JavaScript 時沒有特別在意，那麼本節內容會喚起讀者的回憶。如果已經對 var 宣告的怪異之處瞭若指掌，那麼可以輕鬆地略過本節。

TypeScript 變數的命名規則：

1）變數名稱可以包含數字和字母。

2）除了底線 "_" 和美金符號 "$" 外，不能包含其他特殊字元，包括空格。

3）變數名稱不能以數字開頭。

2.10.1 var 宣告變數

以前我們都是透過 var 關鍵字定義 JavaScript 變數，現在用得更多的是 let 關鍵字。宣告變數具體可以分為以下 4 種方式。

1. 宣告變數的類型同時設定初值

語法格式：var [變數名稱] : [類型] = 值 ;，每個變數都要有類型，比如字串類型、布林類型等，例如：

```
var str:string = "Runoob";
```

我們宣告了一個名為 str 的變數，其類型是 string，表示字串，初值是 "Runoob"，注意不要忘記結尾的分號。

2. 宣告變數的類型，但沒有初值

這種情況下，變數值會設定為 undefined。語法格式：var [變數名稱] : [類型] ;，例如：

```
var str:string;
```

3. 宣告變數並設定初值，但不設定類型

這種情況下，該變數可以是任意類型。語法格式：var [變數名稱] = 值 ;，例如：

```
var str = "Runoob";
var a = 10;
```

4. 宣告變數，沒有設定類型和初值

這種情況下，類型可以是任意類型，預設初值為 undefined，語法格式：
var [變數名稱];，例如：

```
var uname;
```

注 意

變數名稱不要使用 name，否則會與 DOM 中的全域 window 物件下的 name 屬性名
稱重複。

【例 2-5】var 宣告變數

1）開啟 VSCode，新建 main.ts，並輸入如下程式：

```
var uname:string = "Runoob";       // 宣告了一個字串變數，並初始化為 "Runoob"
var score1:number = 50;            // 宣告一個數字變數，並初始化為 50
var score2:number = 42.50          // 宣告一個數字變數，並初始化為 42.50
var sum = score1 + score2          // 兩者兩加
console.log("Your Name: "+uname)
console.log("Grade of the first subject: "+score1)
console.log("Grade of the second subject "+score2)
console.log("Total score: "+sum)
```

在程式中，宣告了 3 個變數，並呼叫 console.log 函式輸出結果。// 表示註
釋符號，註釋符號後面的內容不會得到執行。

2）按快速鍵 Ctrl+F5 執行程式，執行結果如下：

```
Your Name: Runoob
Grade of the first subject: 50
Grade of the second subject 42.5
Total score: 92.5
```

TypeScript 遵循強類型，如果將不同的類型賦值給變數，編譯會顯示出錯，
例如：

```
var num:number = "hello"           // 這行程式碼編譯會顯示出錯
```

如果把這行程式碼放到上述範例中，並按快速鍵 Ctrl+F5 來執行，會發現
顯示出錯，而且可以在 VSCode 下方的 PROBLEMS 視窗中看到具體資訊，如
圖 2-31 所示。

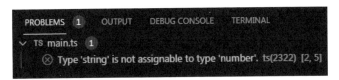

▲ 圖 2-31

按兩下這筆錯誤資訊,會在編輯視窗中定位到錯誤程式行。

2.10.2 變數作用域

變數作用域指定了變數起作用的範圍。程式中變數的可用性由變數作用域決定。TypeScript 有以下幾種作用域:

- 全域作用域:全域變數定義在程式結構的外部,它可以在程式的任何位置使用。
- 類別作用域:這個變數也可以稱為欄位。類別變數宣告在一個類別中,但在類別的方法外面。該變數可以透過類別的物件來存取。類別變數也可以是靜態的,靜態的變數可以透過類別名稱直接存取。
- 局部作用域:區域變數,區域變數只能在宣告它的一個程式區塊(如方法)中使用。

以下實例說明了三種作用域的使用:

```
var global_num = 12              // 全域變數
class Numbers {
  num_val = 13;                  // 類別執行個體變數
  static sval = 10;              // 類別靜態變數

  storeNum():void {
    var local_num = 14;          // 函式區域變數
  }
}
console.log(global_num)    //12
console.log(Numbers.sval)  //10
var obj = new Numbers();
console.log(obj.num_val)   //13
```

如果我們在方法外部呼叫區域變數 local_num,就會顯示出錯:

```
error TS2322: Could not find symbol 'local_num'.
```

2.10.3 var 的問題

var 的最大問題是：var 沒有區塊級作用域的限制，容易造成變數污染。對於熟悉其他語言的人來說，var 宣告的作用域規則有些奇怪。看下面的範例：

```
function f(shouldInitialize: boolean) {
    if (shouldInitialize) {
        var x = 10;
    }
    return x;
}
f(true);  // returns '10'
f(false); // returns 'undefined'
```

有些同學可能要多看幾遍這個範例。變數 x 定義在 if 語句中，但是我們卻可以在 if 語句的外面存取它。這是因為 var 宣告的變數可以在包含它的函式、模組、命名空間或全域作用域內部任何位置被存取。有些人稱此為 var 作用域或函式作用域。函式參數也使用函式作用域。這些作用域規則可能會引發一些錯誤。其中之一就是，多次宣告同一個變數並不會顯示出錯：

```
function sumMatrix(matrix: number[][]) {
    var sum = 0;
    for (var i = 0; i < matrix.length; i++) {
        var currentRow = matrix[i];
        for (var i = 0; i < currentRow.length; i++) {
            sum += currentRow[i];
        }
    }

    return sum;
}
```

這裡很容易看出一些問題，裡層的 for 迴圈會覆蓋變數 i，因為所有 i 都引用相同的函式作用域內的變數。有經驗的開發者很清楚，這些問題可能在程式審查時漏掉，引發無窮的麻煩。

ES 5 之前因為 if 和 for 都沒有區塊級作用域的這一概念，所以在很多具體的應用場景，我們都必須借助 function 的作用域來解決應（調）用外面變數的問題。在 ES 6 家庭中加入了 let 和 (const)，使 if 和 for 語句有了區塊級作用域的存在（原先的 var 並沒有區塊級作用域的概念）。let 的出現，透過上述範例，可以說極佳地彌補了 var 現存的缺陷，我們可以把 let 看成完美的 var，或者是對 var 的修整、升級和最佳化。一句話，盡量用 let 吧。

2.10.4 let 宣告變數

現在讀者已經知道了 var 存在的一些問題，這恰好說明了為什麼用 let 語句來宣告變數。除了名字不同外，let 與 var 的寫法一致。

```
let hello = "Hello!";
```

主要的區別不在語法上，而是語義，我們接下來會深入研究。當用 let 宣告一個變數，它使用的是詞法作用域或區塊作用域。不同於使用 var 宣告的變數，可以在包含它們的函式外存取，區塊作用域變數在包含它們的區塊或 for 迴圈之外是不能存取的。

```
function f(input: boolean) {
    let a = 100;
    if (input) {
        // Still okay to reference 'a'
        let b = a + 1;
        return b;
    }

    // Error: 'b' doesn't exist here
    return b;
}
```

這裡我們定義了兩個變數 a 和 b。a 的作用域是 f 函式本體內，而 b 的作用域是 if 語句區塊中。在 catch 語句中宣告的變數也具有同樣的作用域規則。

```
try {
    throw "oh no!";
}
catch (e) {
    console.log("Oh well.");
}

// Error: 'e' doesn't exist here
console.log(e);
```

擁有區塊級作用域的變數的另一個特點是，它們不能在被宣告之前讀或寫。雖然這些變數始終「存在」於它們的作用域中，但是直到宣告它的程式之前的區域都屬於時間死區。它只是用來說明我們不能在 let 語句之前存取它們，幸運的是 TypeScript 可以告訴我們這些資訊。

```
a++; // illegal to use 'a' before it's declared;
```

```
let a;
```

注意一點，我們仍然可以在一個擁有區塊作用域的變數被宣告前獲取它，只是我們不能在變數宣告前去呼叫那個函式。

```
function foo() {
    // okay to capture 'a'
    return a;
}
// 不能在 'a' 被宣告前呼叫 'foo'
// 執行時期應該拋出錯誤
foo();
let a;
```

另外，let 宣告具有重定義遮罩功能，以前使用 var 宣告時，它不在乎使用者宣告了多少次，得到的都是同一個變數，例如：

```
function f(x) {
    var x;
    var x;
    if (true) {
        var x;
    }
}
```

在上面的範例中，所有 x 的宣告實際上都引用一個相同的 x，並且這是完全有效的程式。這經常會成為 Bug 的來源。現在，let 宣告就不會這麼寬鬆了。

```
let x = 10;
let x = 20; // 錯誤，不能在 1 個作用域中多次宣告 'x'
```

下列情況也會顯示出錯：

```
function f(x) {
    let x = 100; // error: interferes with parameter declaration
}
function g() {
    let x = 100;
    var x = 100; // error: can't have both declarations of 'x'
}
```

並不是說區塊級作用域變數不能在函式作用域內宣告，而是區塊級作用域變數需要在不用的區塊中宣告，例如：

```
function f(condition, x) {
    if (condition) {
```

```
        let x = 100;
        return x;
    }

    return x;
}

f(false, 0); // returns 0
f(true, 0);  // returns 100
```

在一個嵌套作用域中引入一個新名字的行為稱為遮罩。它是一把雙刃劍，可能會不小心地引入新問題，同時也可能會解決一些錯誤。例如：

```
function sumMatrix(matrix: number[][]) {
    let sum = 0;
    for (let i = 0; i < matrix.length; i++) {
        var currentRow = matrix[i];
        for (let i = 0; i < currentRow.length; i++) {
            sum += currentRow[i];
        }
    }

    return sum;
}
```

這段程式的迴圈能得到正確的結果，因為內層迴圈的 i 可以遮罩掉外層迴圈的 i。通常來說應該避免使用遮罩，因為我們需要寫出清晰的程式。同時也有些場景適合利用它，使用者可以好好設計一下。

這些概念在 C/C++ 中很自然，JavaScript 當初設計時為了簡單，做成了玩具語言，現在用途愈發廣泛，就又要把 C/C++ 中的概念一點點地增加進去，一旦一種語言承擔企業級開發了，慢慢地都會趨向嚴謹。

2.10.5 const 宣告變數

const 是宣告變數的另一種方式，例如：

```
const numLivesForCat = 9;
```

它與 let 宣告相似，但是就像它的名字所表達的，被賦值後不能再改變。換句話說，它擁有與 let 相同的作用域規則，但是不能對它重新賦值。這很好理解，即它引用的值是不可變的。比如：

```
const numLivesForCat = 9;
const kitty = {
    name: "Aurora",
    numLives: numLivesForCat,
}

// Error
kitty = {
    name: "Danielle",
    numLives: numLivesForCat
};

// all "okay"
kitty.name = "Rory";
kitty.name = "Kitty";
kitty.name = "Cat";
kitty.numLives--;
```

如果一個變數不需要對它寫入，其他使用這些程式的人也不能夠寫入它們，都應該使用 const，這是最小特權原則。

2.11 TypeScript 運算子

運算子用於執行程式碼運算，會針對一個以上操作數的項目來進行運算。考慮以下計算：

```
7 + 5 = 12
```

以上實例中，7、5 和 12 是運算元。運算子 "+" 用於加值，運算子 "=" 用於賦值。TypeScript 主要包含以下幾種運算：算術運算子、邏輯運算子、關係運算子、按位元運算符號、設定運算子、三元 / 條件運算子、字串運算子和類型運算子。

2.11.1 算術運算子

算術運算子就是用來運算算術的，假設 y=5，表 2-1 解釋了算術運算子的操作。

▼ 表 2-1 算術運算子的操作

運算子	描述	範例	x 運算結果	y 運算結果
+	加法	x=y+2	7	5
—	減法	x=y-2	3	5
*	乘法	x=y*2	10	5
/	除法	x=y/2	2.5	5
%	取餘（餘數）	x=y%2	1	5
++	自動增加	x=++y	6	6
		x=y++	5	6
—	自減	x=--y	4	4
		x=y--	5	4

【例 2-6】運算子的使用

1）開啟 VSCode，新建 main.ts，並輸入如下程式：

```
var num1:number = 10
var num2:number = 2
var res:number = 0
res = num1 + num2
console.log("num1 + num2="+res);
res = num1 - num2;
console.log("num1 - num2="+res)
res = num1*num2
console.log("num1 * num2"+res)
res = num1/num2
console.log("num1 / num2"+res)
res = num1%num2
console.log("num1 % num2"+res)
num1++
console.log("num1++= "+num1)
num2--
console.log("num2-- = "+num2)
```

2）按快速鍵 Ctrl+F5 執行程式，執行結果如下：

```
num1 + num2=12
num1 - num2=8
num1 * num220
num1 / num25
num1 % num20
num1++= 11
num2-- = 1
```

2.11.2 關係運算子

關係運算子用於計算結果是否為 true 或者 false。假設 x=5，表 2-2 解釋了關係運算子的操作。

▼ 表 2-2 關係運算子的操作

運算子	描述	比較	傳回值
==	等於	x==8	false
		x==5	true
!=	不等於	x!=8	true
>	大於	x>8	false
<	小於	x<8	true
>=	大於或等於	x>=8	false
<=	小於或等於	x<=8	true

【例 2-7】關係運算子的使用

1）開啟 VSCode，新建 main.ts，並輸入如下程式：

```
var num1:number = 5;
var num2:number = 9;
console.log("num1: "+num1);
console.log("num2:"+num2);
var res = num1>num2
console.log("num1 > num2: "+res)
res = num1<num2
console.log("num1 < num2: "+res)
res = num1>=num2
console.log("num1 >=  num2: "+res)
res = num1<=num2
console.log("num1 <= num2: "+res)
res = num1==num2
console.log("num1 == num2: "+res)
res = num1!=num2
console.log("num1 != num2: "+res)
```

2）按快速鍵 Ctrl+F5 執行程式，執行結果如下：

```
num1: 5
num2:9
num1 > num2: false
num1 < num2: true
num1 >=  num2: false
```

```
num1 <= num2: true
num1 == num2: false
num1 != num2: true
```

2.11.3　邏輯運算子

　　邏輯運算子用於測定變數或值之間的邏輯。假設 x=6 以及 y=3，表 2-3 描述了邏輯運算子的操作。

▼ 表 2-3　邏輯運算子

運算子	描述	範例
&&	and	(x < 10 && y > 1) 為 true
||	or	(x==5 || y==5) 為 false
!	not	!(x==y) 為 true

【例 2-8】邏輯運算子的使用

　　本實例將介紹邏輯運算子的使用，操作步驟如下：

　　1）開啟 VSCode，新建 main.ts，並輸入如下程式：

```
var avg:number = 20;
var percentage:number = 90;

console.log("avg: "+avg+" ,percentage 值為 : "+percentage);

var res:boolean = ((avg>50)&&(percentage>80));
console.log("(avg>50)&&(percentage>80): ",res);

var res:boolean = ((avg>50)||(percentage>80));
console.log("(avg>50)||(percentage>80): ",res);

var res:boolean=!((avg>50)&&(percentage>80));
console.log("!((avg>50)&&(percentage>80)): ",res);
```

　　2）按快速鍵 Ctrl+F5 執行程式，執行結果如下：

```
avg: 20 ,percentage 值為 : 90
(avg>50)&&(percentage>80):  false
(avg>50)||(percentage>80):  true
!((avg>50)&&(percentage>80)):  true
```

　　&& 與 || 運算子可用於組合運算式。&& 運算子只有在左右兩個運算式都

為 true 時才傳回 true。比如：

```
var a = 10
var result = ( a<10 && a>5)
```

在程式中，a<10 與 a>5 是使用了 && 運算子的組合運算式，第一個運算式傳回 false，由於 && 運算需要兩個運算式都為 true，因此如果第一個運算式為 false，就不再執行後面的判斷（a>5 跳過計算），直接傳回 false。|| 運算子只要其中一個運算式為 true，則該組合運算式就會傳回 true。考慮以下實例：

```
var a = 10
var result = ( a>5 || a<10)
```

以上實例中，a>5 與 a<10 是使用了 || 運算子的組合運算式，第一個運算式傳回 true，由於 || 組合運算只需要一個運算式為 true，因此如果第一個為 true，就不再執行後面的判斷（a<10 跳過計算），直接傳回 true。

2.11.4 位元運算符號

位元操作是程式設計中對位元模式按位元或二進位數字的一元和二元操作，表 2-4 列出了位元運算符號的相關操作。

▼ 表 2-4　位元運算符號

運算子	描述	範例	類似於	結果	十進位
&	AND，按位元與處理兩個長度相同的二進位數字，兩個對應的二進位都為 1，該位的結果值才為 1，否則為 0	x = 5 & 1	0101& 0001	0001	1
|	OR，按位元或處理兩個長度相同的二進位數字，兩個對應的二進位中只要有一個為 1，該位的結果值就為 1	x = 5|1	0101|0001	0101	5
~	反轉，反轉是一元運算子，對一個二進位數字的每一位元執行邏輯反操作。使數字 1 成為 0，0 成為 1	x = ~ 5	~0101	1010	−6
^	互斥，按位元互斥運算，對等長二進位模式按位元或二進位數字的每一位元執行邏輯互斥操作。操作的結果是如果某位元不同則該位元為 1，否則該位元為 0	x = 5 ^ 1	0101^ 0001	0100	4

運算子	描述	範例	類似於	結果	十進位
<<	左移，把 << 左邊的運算數的各二進位元全部左移若干位元，由 << 右邊的數指定移動的位元數，高位捨棄，低位元補 0	x = 5 << 1	0101 << 1	1010	10
>>	右移，把 >> 左邊的運算數的各二進位位元全部右移若干位元，>> 右邊的數指定移動的位數	x = 5 >> 1	0101 >> 1	0010	2
>>>	無符號右移，與有符號右移位類似，除了左邊一律使用 0 補位	x = 2 >>> 1	0010 >>> 1	0001	1

類似的位元運算符號也可以與設定運算子聯合使用：<<=、>>=、>>=、&=、|= 與 ^=。

【例 2-9】位元運算符號的使用

本實例將介紹位元運算符號的使用，操作步驟如下：

1）開啟 VSCode，新建 main.ts，並輸入如下程式：

```
var a: number = 12
var b: number = 10
a = b
console.log("a = b: "+a)
a += b
console.log("a+=b: "+a)
a -= b
console.log("a-=b: "+a)
a *= b
console.log("a*=b: "+a)
a /= b
console.log("a/=b: "+a)
a %= b
console.log("a%=b: "+a);
```

2）按快速鍵 Ctrl+F5 執行程式，執行結果如下：

```
a = b: 10
a+=b: 20
a-=b: 10
a*=b: 100
a/=b: 10
a%=b: 0
```

2.11.5 三元運算子

三元運算有 3 個運算元,並且需要判斷布林運算式的值。三元運算子(?)主要是決定哪個值應該賦值給變數。語法如下:

```
Test ? expr1 : expr2
```

其中,Test 指定條件語句;expr1 表示如果條件語句 Test 傳回 true,則傳回該值;expr2 表示如果條件語句 Test 傳回 false,則傳回該值。

看以下實例,實例中用於判斷變數是否大於 0:

```
var num:number = -2
var result = num > 0 ? "> 0" : "< 0,or == 0"
console.log(result)  // < 0,or == 0
```

2.11.6 類型運算子

typeof 是一元運算子,傳回運算元的資料型態。實例如下:

```
var num = 12
console.log(typeof num);   //number
```

2.11.7 負號運算子

負號運算子的關鍵字是 "−" ,它用於更改運算元的符號,例如:

```
var x:number = 4
var y = -x;
console.log(x);   //4
console.log(y);   //-4
```

2.11.8 字元串連接運算子

字元串連接運算子的關鍵字是 "+" ,它可以拼接兩個字串,例如:

```
var msg:string = "Tom is"+" a boy."
console.log(msg)  //Tom is a boy.
```

2.12 TypeScript 條件語句

條件語句用於以不同為基礎的條件來執行不同的操作。TypeScript 條件語句是透過一筆或多行語句的執行結果(true 或 false)來決定執行的程式區塊。

通常在寫程式時，總是需要為不同的決定來執行不同的操作。此時可以在程式中使用條件語句來完成該任務。在 TypeScript 中，可以使用以下條件語句：

1）if 語句：當 if 條件為 true 時，執行 if 程式區塊。
2）if…else 語句：當 if 條件為 true 時執行 if 程式區塊，當 if 條件為 false 時執行 else 程式區塊。
3）if…else if…else 語句：使用該語句來選擇多個程式區塊中的一個來執行。
4）switch…case 語句：使用該語句來選擇多個程式區塊中的一個來執行。

2.12.1 if 語句

if 語句由一個布林運算式後跟一個或多個語句組成。語法格式如下：

```
if(boolean_expression){  // boolean_expression 是 if 的布林運算式，簡稱 if 條件
    # 在布林運算式 boolean_expression 為 true 時執行
}
// 閉括號後續程式
...
```

如果布林運算式 boolean_expression 為 true，則 if 語句內的程式區塊將被執行；如果布林運算式為 false，則 if 語句結束後的第一組程式（閉括號後）將被執行。比如：

```
var  num:number = 5
if (num > 0) {    // 如果條件成立，則執行大括號裡面的程式
   console.log("num is a positive number.")
}
```

因為 num 是 5，所以 if 判斷結果是 true，執行 if 程式區塊（if 大括號裡面的程式），這段程式將輸出 "num is a positive number."。

2.12.2 if…else 語句

一個 if 語句後可跟一個可選的 else 語句，else 語句在 if 的布林運算式為 false 時執行。語法格式如下：

```
if(boolean_expression){   // boolean_expression 是 if 的布林運算式，簡稱 if 條件
   # 在布林運算式 boolean_expression 為 true 執行
}else{
   # 在布林運算式 boolean_expression 為 false 執行
}
```

如果 if 布林運算式 boolean_expression 為 true，則執行 if 區塊內的程式；如果布林運算式為 false，則執行 else 區塊內的程式。比如：

```
var num:number = 11;
if (num % 2==0) {
    console.log("even number");
} else {
    console.log("odd number");
}
```

因為 11 不能整除 2，所以 11 是一個奇數，則 if 條件為 false，將執行 else 區塊內的程式，最終列印輸出 "odd number"。

2.12.3 if…else if…else 語句

if…else if…else 語句在執行多個判斷條件時很有用。語法格式如下：

```
if(boolean_expression 1) {
    # 在布林運算式 boolean_expression 1 為 true 時執行
} else if( boolean_expression 2) {
    # 在布林運算式 boolean_expression 2 為 true 時執行
} else if( boolean_expression 3) {
    # 在布林運算式 boolean_expression 3 為 true 時執行
} else {
    # 布林運算式的條件都為 false 時執行
}
```

在 if…else if…else 語句中，最後一個 else 是可選的，如果不需要可以不寫，就變為：if…else if；else if 也是可選的，如果不需要，就變為 if…else 語句；如果 else if 和 else 語句都存在，則 else if 可以有一個或多個，但 else 語句只能有一個，並且必須在最後，一旦執行了 else…if 內的程式，後面的 else…if 或 else 將不再執行。比如：

```
var num:number = 0
if(num > 0) {
    console.log(num+" is a positive number.")
} else if(num < 0) {
    console.log(num+" is a negative number.")
} else {
    console.log(num+" is neither positive nor negative.")
}
```

變數 num 等於 0，它既不是正數又不是負數，因此輸出 "0 is neither positive nor negative."。

2.12.4 switch…case 語句

一個 switch 語句用來測試一個 switch 中的運算式結果是否等於某個 case 值的情況，如果等於，則執行該 case 後面的語句，比對的過程從第一個 case 開始。switch 語句的語法如下：

```
switch(expression){
    case constant-expression  :
        statement(s);
        break; /* 可選的 */
    case constant-expression  :
        statement(s);
        break; /* 可選的 */

    /* 可以有任意數量的 case 語句 */
    default : /* 可選的 */
        statement(s);
}
```

switch 語句中的 expression 是一個常數運算式，必須是一個整數或列舉類型。在一個 switch 語句中可以有任意數量的 case 語句。每個 case 後跟一個要比較的值和一個冒號。case 的 constant-expression 必須與 switch 中的變數具有相同的資料型態，並且必須是一個常數或字面量。當 switch 運算式的結果等於某個 case 中的常數時，該 case 後跟的語句將被執行，直到遇到 break 語句為止。當遇到 break 語句時，switch 終止，控制流將跳躍到 switch 語句後的下一行。不是每一個 case 都需要包含 break。如果 case 語句不包含 break，控制流將會繼續比對後續的 case 常數。一個 switch 語句可以有一個可選的 default，出現在 switch 的結尾。default 可用於上面所有 case 都不為真時執行一個任務。比如：

```
var grade:string = "A";
switch(grade) {
    case "A": {
        console.log("excellent");
        break;
    }
    case "B": {
        console.log("good");
        break;
    }
    case "C": {
        console.log("pass");
        break;
    }
```

```
        case "D": {
            console.log("fail");
            break;
        }
        default: {
            console.log("illegal input");
            break;
        }
    }
```

字串變數 grade 的值是 "A" ，所以將和第一個 case 比對成功，因此輸出 "excellent" 。

2.13 TypeScript 迴圈

有時，我們可能需要多次執行同一段程式。一般情況下，語句是按順序執行的：函式中的第一個語句先執行，接著是第二個語句，依此類推。TypeScript 提供了多種迴圈語句。

2.13.1 for 迴圈

for 迴圈用於多次執行一個語句序列，簡化管理迴圈變數的程式。語法格式如下：

```
for ( init; condition; increment ){
    statement(s);
}
```

for 迴圈的控制流程解析：

1）init 首先會被執行，並且只會執行一次。這一步允許使用者宣告並初始化任何迴圈控制變數。使用者也可以不在這裡寫任何語句，只要有一個分號出現即可。

2）接下來會判斷 condition。如果為 true，則執行迴圈主體；如果為 false，則不執行迴圈主體，並且控制流會跳躍到緊接著 for 迴圈的下一行語句。

3）在執行完 for 迴圈主體後，控制流會跳回上面的 increment 語句。該語句允許使用者更新迴圈控制變數。該語句可以留空，只要在條件後有一個分號出現即可。

4）條件再次被判斷。如果為 true，則執行迴圈，這個過程會不斷重複（迴圈主體，然後增加步值，再重新判斷條件）。在條件變為 false 時，for 迴圈終止。

在這裡，statement(s) 可以是一行語句，也可以是幾行語句組成的程式區塊。condition 可以是任意的運算式，當條件為 true 時執行迴圈，當條件為 false 時退出迴圈。比如以下程式計算 5 的階乘，for 迴圈生成從 5 到 1 的數字，並計算每次迴圈數字的乘積。

```
var num:number = 5;
var i:number;
var factorial = 1;

for(i = num;i>=1;i--) {
    factorial *= i;
}
console.log(factorial)  //120
```

2.13.2 for…in 迴圈

for…in 語句用於一組值的集合或串列進行迭代輸出。語法格式如下：

```
for (var val in list) {
    // 語句
}
```

Val 應為 string 或 any 類型。比如：

```
var j:any;
var n:any = "a b c"

for(j in n) {
    process.stdout.write(n[j])
}
// 輸出：a b c
```

2.13.3 for…of 迴圈

for…of 語句建立一個迴圈來迭代可迭代的物件。在 ES 6 中引入了 for…of 迴圈，以替代 for…in 和 forEach()，並支援新的迭代協定。for…of 允許使用者遍歷 Array（陣列）、String（字串）、Map（映射）、Set（集合）等可迭代的資料結構。比如：

```
let someArray = [1, "string", false];

for (let entry of someArray) {
    console.log(entry); // 1, "string", false
}
```

2.13.4 while 迴圈

while 語句在給定條件為 true 時，重複執行語句或語句組。迴圈主體執行之前會先測試條件。語法格式如下：

```
while(condition)
{
    statement(s);
}
```

在這裡，statement(s) 可以是一行語句，也可以是幾行語句組成的程式區塊。condition 可以是任意的運算式，當條件為 true 時執行迴圈。當條件為 false 時，程式流將退出迴圈。比如：

```
var num:number = 5;
var factorial:number = 1;

while(num >=1) {
    factorial = factorial * num;
    num--;
}
console.log("5 的階乘為："+factorial);
```

2.13.5 do…while 迴圈

不像 for 和 while 迴圈，它們是在迴圈頭部測試迴圈條件。do…while 迴圈是在迴圈的尾部檢查它的條件。

```
do
{
    statement(s);
}while( condition );
```

注意，條件運算式出現在迴圈的尾部，所以迴圈中的 statement(s) 會在條件被測試之前至少執行一次。如果條件為 true，控制流會跳躍回上面的 do，然後重新執行迴圈中的 statement(s)。這個過程會不斷重複，直到給定條件變為 false 為止。比如：

```
var n:number = 10;
do {
    console.log(n);
    n--;
} while(n>=0);
```

結果輸出 10 到 0。

2.13.6　break 語句

break 語句有以下兩種用法：

1）當 break 語句出現在一個迴圈內時，迴圈會立即終止，且程式流將繼續執行緊接著迴圈的下一行語句。

2）它可用於終止 switch 語句中的一個 case。

如果使用者使用的是嵌套迴圈（即一個迴圈內嵌套另一個迴圈），break 語句會停止執行最內層的迴圈，然後開始執行該區塊之後的下一行程式。比如：

```
var i:number = 1
while(i<=10) {
    if (i % 5 == 0) {
        console.log ("Between 1 and 10, the first number divided by 5 is
"+i)
        break      // 找到一個後跳出迴圈
    }
    i++
}  // 輸出 5，然後程式執行結束
```

這段程式輸出 "Between 1 and 10, the first number divided by 5 is 5"。

2.13.7　continue 語句

continue 語句有點像 break 語句，但它不是強制終止，continue 語句會跳過當前迴圈中的程式，強迫開始下一次迴圈。對於 for 迴圈，continue 語句執行後自動增加語句仍然會執行。對於 while 和 do…while 迴圈，continue 語句重新執行條件判斷語句。比如：

```
var num:number = 0
var count:number = 0;

for(num=0;num<=20;num++) {
```

```
    if (num % 2==0) {
        continue
    }
    count++
}
console.log ("The count of odd number between 0 and 20 is "+count)
```

這段程式輸出 "The count of odd number between 0 and 20 is 10"。

2.13.8 無限迴圈

無限迴圈就是一直在執行，不會停止的迴圈。for 和 while 迴圈都可以建立無限迴圈。

for 建立無限迴圈的語法格式如下：

```
for(;;) {
   // 語句
}
```

while 建立無限迴圈的語法格式如下：

```
while(true) {
   // 語句
}
```

2.14 TypeScript 函式

函式是一組一起執行一個任務的語句。使用者可以把程式劃分到不同的函式中。如何劃分程式到不同的函式中是由使用者來決定的，但在邏輯上，劃分通常是根據每個函式執行一個特定的任務來進行的。函式宣告告訴編譯器函式的名稱、傳回類型和參數。函式定義提供了函式的實際主體。

2.14.1 函式定義

函式就是包裹在大括號中的程式區塊，前面使用了關鍵字 function，function 後面跟的是使用者自訂的函式名稱，函式名稱後加一對小括號，根據是否需要傳入參數，小括號內可以為空或者寫參數。這裡我們先不講參數。如果函式不需要傳回值，則稱無類型函式，其語法格式如下：

```
function function_name()    // 定義無類型的函式
{
    // 執行程式
}
```

比如我們定義一個函式：

```
function myfunction_name() {    // 定義無類型的函式
    console.log(" 呼叫函式 ")
}
```

函式如果需要傳回內容，還需要定義函式的類型，這裡我們定義的函式不需要傳回結果，因此無須定義函式的傳回類型，也稱無類型函式。有（傳回）類型的函式語法格式如下：

```
function function_name():return_type {    // 定義有傳回類型的函式
    return value; // 函式傳回
}
```

比如我們定義一個有類型的函式：

```
// 定義一個傳回值是 string 類型的函式
function greet():string { // 傳回一個字串
    return "Hello World"
}
```

2.14.2 呼叫函式

定義函式後就可以呼叫函式了。函式只有透過呼叫才可以執行函式內的程式。語法格式如下：

```
function_name()
```

比如：

```
function test() {    // 函式定義
    console.log("This is a function.")
}
test()                // 呼叫函式
```

2.14.3 函式傳回值

有時，我們會希望函式將執行的結果傳回到呼叫它的地方。透過使用 re-turn 語句就可以實作。在使用 return 語句時，函式會停止執行，並傳回指定的值。如果函式中需要傳回結果，就要在定義函式時指定函式的傳回類型（return_type），語法格式如下：

```
function function_name():return_type {      // 定義有傳回類型的函式
        return value; // 函式傳回
}
```

return_type 是傳回值的類型，return 關鍵字後面跟著要傳回的結果。函式中可以有一筆或多筆 return 語句。傳回值的類型需要與函式定義的傳回類型（return_type）一致。比如：

```
// 定義一個傳回值是 string 類型的函式
function greet():string { // 傳回一個字串
    return "Hello World"
}
// 定義一個無類型的函式
function caller() {
    var msg = greet() // 呼叫 greet() 函式
    console.log(msg)
}
caller()   // 呼叫函式
```

程式中定義了函式 greet，傳回值的類型為 string。greet 函式透過 return 語句傳回給呼叫它的語句處，即變數 msg，之後輸出該傳回值。

2.14.4 含參數函式

在呼叫函式時，可以向其傳遞值，這些值被稱為參數。這些參數可以在函式中使用。可以向函式發送多個參數，每個參數使用逗點 "," 分隔。語法格式如下：

```
function func_name( param1 [:datatype], param2 [:datatype]) {
    // 函式內的語句
}
```

比如：

```
function add(x: number, y: number): number {
    return x + y;
}
console.log(add(1,2))
```

程式中定義了函式 add，傳回值的類型為 number。add 函式中定義了兩個 number 類型的參數，函式內將兩個參數相加並傳回。這段程式最終輸出 3。

2.14.5 可選參數

在 TypeScript 函式中，如果我們定義了參數，則必須傳入這些參數，除非將這些參數設定為可選，可選參數使用問號 "?" 標識。比如我們將 lastName 設定為可選參數：

```
function buildName(firstName: string, lastName?: string) {
    if (lastName)
        return firstName + " " + lastName;
    else
        return firstName;
}

let result1 = buildName("Bob");  // 正確，可以不必傳可選參數
let result2 = buildName("Bob", "Adams", "Sr.");  // 錯誤，參數太多了
let result3 = buildName("Bob", "Adams");  // 正確
```

可選參數必須跟在必需參數後面。如果我們想讓 firstName 可選，last-Name 必選，就要調整它們的位置，把 firstName 放在後面。如果都是可選參數就沒關係。

2.14.6 預設參數

我們也可以設定參數的預設值，這樣在呼叫函式時，如果不傳入該參數的值，則使用預設參數，語法格式如下：

```
function function_name(param1[:type],param2[:type] = default_value) {
}
```

以下範例函式的參數 rate 設定了預設值為 0.50，呼叫該函式時如果未傳入參數，則使用該預設值：

```
function calculate_discount(price:number,rate:number = 0.50) {
    var discount = price * rate;
    console.log("result: ",discount);
}
calculate_discount(1000)
calculate_discount(1000,0.30)
```

結果輸出：

```
result:  500
result:  300
```

2.14.7 剩餘參數

有一種情況，我們不知道要向函式傳入多少個參數，這時就可以使用剩餘參數來定義。剩餘參數語法允許我們將一個不確定數量的參數作為一個陣列傳入。語法格式如下：

```
function buildName(firstName: string, ...restOfName: string[]) {
    return firstName + " " + restOfName.join(" ");
}
let employeeName = buildName("Joseph", "Samuel", "Lucas", "MacKinzie");
```

函式的最後一個具名引數 restOfName 以 "…" 為首碼，它將成為一個由剩餘參數組成的陣列，索引值從 0（包括）到 restOfName.length（不包括）。範例程式如下：

```
function addNumbers(...nums:number[]) {
    var i;
    var sum:number = 0;

    for(i = 0;i<nums.length;i++) {
        sum = sum + nums[i];
    }
    console.log("sum: ",sum)
}
addNumbers(1,2,3)
addNumbers(10,10,10,10,10)
```

輸出結果：

```
sum:    6
sum:    50
```

2.14.8 匿名函式

匿名函式是一個沒有函式名稱的函式。匿名函式在程式執行時期動態宣告，除了沒有函式名稱外，其他的與標準函式一樣。我們可以將匿名函式賦值給一個變數，這種運算式稱為函式運算式。語法格式如下：

```
var res = function( [arguments] ) { ... }
```

比如定義一個不含參數的匿名函式：

```
var msg = function() {
    return "hello world";
```

```
}
console.log(msg())   //hello world
```

比如定義一個含參數的匿名函式：

```
var res = function(a:number,b:number) {
    return a*b;
};
console.log(res(12,2))   //24
```

2.14.9　匿名函式自呼叫

匿名函式自呼叫在函式本體之後使用 () 即可，例如：

```
(function () {
    var x = "Hello!!";
    console.log(x)        // Hello!!
 })()
```

2.14.10　遞迴函式

遞迴函式即在函式內呼叫函式自身，例如：

```
function factorial(number) {
    if (number <= 0) {         // stop
        return 1;
    } else {
        return (number * factorial(number - 1));     // Call itself
    }
};
console.log(factorial(6));       //720
```

2.14.11　箭頭函式

箭頭函式也稱為 Lambda 函式。箭頭函式運算式的語法比函式運算式更短。函式只有一行語句：([param1, parma2,…,param n])=>statement;。以下實例宣告了 Lambda 運算式函式，函式傳回兩個數的和：

```
var foo = (x:number)=>10 + x
console.log(foo(100))      //110
```

函式還可以是一個語句區塊：

```
( [param1, parma2,…param n] )=> {

    // 程式區塊

}
```

以下範例宣告了 Lambda 運算式函式，函式傳回兩個數的和：

```
var foo = (x:number)=> {
    x = 10 + x
    console.log(x)
}
foo(100)   //110
```

另外，我們可以不指定函式參數的具體類型，用 any 類型即可，然後在函式內部來推斷參數類型：

```
var func = (x:any)=> {
    if(typeof x=="number") {
        console.log(x+" is a number.")
    } else if(typeof x=="string") {
        console.log(x+" is a string.")
    }
}
func(12)      // 12 is a number.
func("Tom")   //Tom is a string.
```

無參數時也可以設清空括號：

```
var disp =()=> {
    console.log("Function invoked");
}
disp();   // Function invoked
```

2.15 陣列

陣列是使用單獨的變數名稱來儲存一系列的值。陣列的用途非常廣泛，假如使用者有一組資料（例如網站名字），存在如下單獨變數：

```
var site1="Google";
var site2="Runoob";
var site3="Taobao";
```

如果有 10 個、100 個變數，這種方式就變得很不實用，這時我們可以使用陣列來解決：

```
var sites:string[];
sites = ["Google","Runoob","Taobao"]
```

這樣看起來就簡潔多了。TypeScript 宣告陣列的語法格式如下：

```
var array_name[:datatype];        // 宣告
array_name = [val1,val2,valn..]   // 初始化
```

或者直接在宣告時初始化：

```
var array_name[:data type] = [val1,val2…valn]
```

如果陣列宣告時未設定類型，則會被認為是 any 類型，在初始化時根據第一個元素的類型來推斷陣列的類型。比如建立一個 number 類型的陣列：

```
var numlist:number[] = [2,4,6,8]
```

整個陣列結構如圖 2-32 所示。

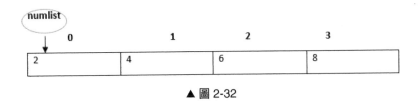

▲ 圖 2-32

索引值第一個為 0，我們可以根據索引值來存取陣列元素：

```
var sites:string[];
sites = ["Google","sina","Taobao"]
console.log(sites[0]);  // Google
console.log(sites[1]);  // sina
```

以下實例在宣告時直接初始化：

```
var nums:number[] = [1,2,3,4]
console.log(nums[0]);  //1
console.log(nums[1]);  //2
console.log(nums[2]);  //3
console.log(nums[3]);  //4
```

2.16 聯合類型

聯合類型（Union Type）可以透過管道（|）將變數設定為多種類型，賦值時可以根據設定的類型來賦值。注意：只能賦值為指定的類型，如果賦值為其他類型就會顯示出錯。建立聯合類型的語法格式如下：

```
Type1|Type2|Type3
```

宣告一個聯合類型：

```
var val:string|number
val = 12
console.log(val)    //12
val = "sina"
console.log(val)    //sina
```

如果賦值為其他類型就會顯示出錯：

```
var val:string|number
val = true    //error
```

也可以將聯合類型作為函式參數使用：

```
function disp(name:string|string[]) {
    if(typeof name == "string") {
            console.log(name)
    } else {
            var i;
            for(i = 0;i<name.length;i++) {
                process.stdout.write(name[i]+",")
            }
    }
}
disp("sina")
disp(["baidu","Google","Taobao","Facebook"])
```

輸出結果如下：

```
sina
baidu,Google,Taobao,Facebook,
```

也可以將陣列宣告為聯合類型：

```
var arr:number[]|string[];
var i:number;
arr = [1,2,4]
console.log("**Numeric array**")

for(i = 0;i<arr.length;i++) {
   console.log(arr[i])
}

arr = ["qq","Google","Taobao"]
console.log("**String array**")

for(i = 0;i<arr.length;i++) {
    process.stdout.write(arr[i]+" ")
```

```
}
```

輸出結果如下：

```
**Numeric array**
1
2
4
**String array**
qq Google Taobao
```

2.17 介面

　　介面是一系列抽象方法的宣告，是一些方法特徵的集合，這些方法都應該是抽象的，需要由具體的類別去實作，然後協力廠商就可以透過這組抽象方法呼叫，讓具體的類別執行具體的方法。在 TypeScript 中，介面的定義如下：

```
interface interface_name {
}
```

　　以下範例中，我們定義了一個介面 IPerson，接著定義了一個變數 customer，它的類型是 IPerson。customer 實作了介面 IPerson 的屬性和方法。

```
interface IPerson {
    firstName:string,
    lastName:string,
    sayHi: ()=>string
}

var customer:IPerson = {
    firstName:"Tom",
    lastName:"Hanks",
    sayHi: ():string =>{return "Hi there"}
}

console.log("Customer ")
console.log(customer.firstName)
console.log(customer.lastName)
console.log(customer.sayHi())

var employee:IPerson = {
    firstName:"Jim",
    lastName:"Blakes",
    sayHi: ():string =>{return "Hello!!!"}
}

console.log("Employee")
```

```
console.log(employee.firstName)
console.log(employee.lastName
```

注意，介面不能轉換為 JavaScript，它只是 TypeScript 的一部分。

```
Customer
Tom
Hanks
Hi there
Employee
Jim
Blakes
```

2.18　類別

TypeScript 是物件導向的語言。類別描述了所建立的物件共同的屬性和方法。TypeScript 支援物件導向的所有特性，比如類別、介面等。在 TypeScript 中，類別的定義如下：

```
class class_name {
    // 類別作用域
}
```

定義類別的關鍵字為 class，後面緊接類別名稱，類別可以包含以下幾個模組（類別的資料成員）：

1）欄位：欄位是類別裡面宣告的變數。欄位表示物件的有關資料。

2）建構函式：類別實例化時呼叫，可以為類別的物件分配記憶體。

3）方法：方法為物件要執行的操作。

比如建立一個 Person 類別：

```
class Person {
}
```

2.18.1　建立類別的資料成員

以下範例中我們宣告了 Car 類別，包含欄位為 engine，建構函式在類別實例化後初始化欄位 engine。this 關鍵字表示當前類別實例化的物件。注意建構函式的參數名稱與欄位名稱相同，this.engine 表示類別的欄位。此外，我們也在類別中定義了一個方法 disp( )。

```
class Car {
    // 欄位
    engine:string;

    // 建構函式
    constructor(engine:string) {
        this.engine = engine
    }

    // 方法
    disp():void {
        console.log("Engine is: "+this.engine)
    }
}
```

2.18.2　實例化物件

可用 new 關鍵字來實例化類別的物件，語法格式如下：

```
var object_name = new class_name([ arguments ])
```

類別實例化時會自動呼叫建構函式，例如：

```
var obj = new Car("Engine 1")
```

類別中的欄位屬性和方法可以使用 "." 來存取：

```
// 存取屬性
obj.field_name

// 存取方法
obj.function_name()
```

以下範例建立了一個 Car 類別，然後透過關鍵字 new 來建立一個物件並存取屬性和方法：

```
class Car {
    engine:string;   // 類別的欄位

    constructor(engine:string) {   // 類別的建構函式
        this.engine = engine
    }

    disp():void {    // 類別的方法
        console.log("The engine model is displayed in the function: "+this.engine)
    }
}
```

```
var obj = new Car("XXSY1")  // 建立一個物件
console.log("Read engine model: "+obj.engine)  // 存取欄位
obj.disp()  // 存取方法
```

輸出結果：

```
Read engine model: XXSY1
The engine model is displayed in the function: XXSY1
```

2.18.3 類別的繼承

TypeScript 支援繼承類別，即我們可以在建立類別的時候繼承一個已存在的類別，這個已存在的類別稱為父類別，繼承它的類別稱為子類別。類繼承使用關鍵字 extends，子類別除了不能繼承父類別的私有成員（方法和屬性）和建構函式外，其他的都可以繼承。TypeScript 一次只能繼承一個類別，不支援繼承多個類別，但 TypeScript 支援多重繼承（A 繼承 B，B 繼承 C）。語法格式如下：

```
class child_class_name extends parent_class_name
```

下面範例中建立了 Shape 類別，Circle 類別繼承了 Shape 類別，Circle 類別可以直接使用 Area 屬性：

```
class Shape {
   Area:number

   constructor(a:number) {
      this.Area = a
   }
}

class Circle extends Shape {
   disp():void {
      console.log("Area of circle: "+this.Area)
   }
}

var obj = new Circle(223);
obj.disp()   // Area of circle: 223
```

需要注意的是，子類別只能繼承一個父類別，TypeScript 不支援繼承多個類別，但支援多重繼承，範例如下：

```
class Root {
    str:string;
}

class Child extends Root {}
class Leaf extends Child {}    // 多重繼承，繼承了 Child 類別和 Root 類別

var obj = new Leaf();
obj.str ="hello"
console.log(obj.str)  // hello
```

2.18.4 繼承類別的方法重寫

類別繼承後，子類別可以對父類別的方法重新定義，這個過程稱為方法的重寫。其中 super 關鍵字是對父類別的直接引用，該關鍵字可以引用父類別的屬性和方法。比如：

```
class PrinterClass {
    doPrint():void {
        console.log("doPrint() method of parent class")
    }
}

class StringPrinter extends PrinterClass {
    doPrint():void {
        super.doPrint()      // 呼叫父類別的函式
        console.log("doPrint() method of subclass")
    }
}
var obj = new StringPrinter();
obj.doPrint();
```

輸出結果：

```
doPrint() method of parent class
doPrint() method of subclass
```

2.18.5 static 關鍵字

static 關鍵字用於定義類別的資料成員（屬性和方法）為靜態，靜態成員可以直接透過類別名稱呼叫。範例程式如下：

```
class StaticMem {
    static num:number;
```

```
    static disp():void {
        console.log("num: "+ StaticMem.num)
    }
}

StaticMem.num = 12        // 初始化靜態變數
StaticMem.disp()          // 呼叫靜態方法，結果：num: 12
```

2.18.6 instanceof 運算子

instanceof 運算子用於判斷物件是不是指定的類型，如果是則傳回 true，否則傳回 false。

```
class Person{ }
var obj = new Person()
var isPerson = obj instanceof Person;  //true
console.log("Is the obj object instantiated from the person class? " +
isPerson);
```

2.18.7 存取控制修飾符號

在 TypeScript 中，可以使用存取控制符號來保護對類別、變數、方法和構造方法的存取。TypeScript 支援 3 種不同的存取權限：

1）public（預設）：公有的，可以在任何地方被存取。

2）protected：受保護，可以被其自身及其子類別存取。

3）private：私有的，只能被其定義所在的類別存取。

以下範例定義了兩個變數 str1 和 str2，str1 為 public，str2 為 private，實例化後可以存取 str1，如果要存取 str2，則編譯會顯示出錯。

```
class Encapsulate {
    str1:string = "hello"
    private str2:string = "world"
}

var obj = new Encapsulate()
console.log(obj.str1)     // 可存取
console.log(obj.str2)     // 編譯顯示出錯，str2 是私有的
```

2.18.8 類別和介面

類別可以實作介面，使用關鍵字 implements，並將 interest 欄位作為類別的屬性使用。以下範例 AgriLoan 類別實作了 ILoan 介面：

```
interface ILoan {
   interest:number
}

class AgriLoan implements ILoan {
   interest:number
   rebate:number

   constructor(interest:number,rebate:number) {
      this.interest = interest
      this.rebate = rebate
   }
}

var obj = new AgriLoan(10,1)
console.log("profit: "+obj.interest+"，Commission: "+obj.rebate )//profit:
10，Commission: 1
```

2.19 命名空間

命名空間一個最明確的目的就是解決名稱重複問題。假設這種情況：當一個班上有兩個名叫小明的學生時，為了明確區分他們，我們在使用名字之外，不得不使用一些額外的資訊，比如他們的姓（王小明、李小明），或者他們父母的名字等。

命名空間定義了識別字的可見範圍，一個識別字可在多個命名空間中定義，它在不同命名空間中的含義是互不相干的。這樣，在一個新的命名空間中可定義任何識別字，它們不會與任何已有的識別字發生衝突，因為已有的定義都處於其他命名空間中。

在 TypeScript 中，命名空間使用 namespace 來定義，語法格式如下：

```
namespace SomeNameSpaceName {
   export interface ISomeInterfaceName {      }
   export class SomeClassName {      }
}
```

以上定義了一個命名空間 SomeNameSpaceName，如果我們需要在外部呼叫 SomeNameSpaceName 中的類別和介面，則需要在類別和介面中增加 export 關鍵字。在另一個命名空間呼叫的語法格式如下：

```
SomeNameSpaceName.SomeClassName;
```

如果一個命名空間在一個單獨的 TypeScript 檔案中，則應使用三斜線 "///" 引用它，語法格式如下：

```
/// <reference path = "SomeFileName.ts" />
```

以下範例演示了命名空間的使用，定義在不同的檔案中。

IShape.ts 檔案程式：

```
namespace Drawing {
    export interface IShape {
        draw();
    }
}
```

Circle.ts 檔案程式：

```
/// <reference path = "IShape.ts" />
namespace Drawing {
    export class Circle implements IShape {
        public draw() {
            console.log("Circle is drawn");
        }
    }
}
```

Triangle.ts 檔案程式：

```
/// <reference path = "IShape.ts" />
namespace Drawing {
    export class Triangle implements IShape {
        public draw() {
            console.log("Triangle is drawn");
        }
    }
}
```

TestShape.ts 檔案程式：

```
/// <reference path = "IShape.ts" />
/// <reference path = "Circle.ts" />
```

```
/// <reference path = "Triangle.ts" />
function drawAllShapes(shape:Drawing.IShape) {
    shape.draw();
}
drawAllShapes(new Drawing.Circle());
drawAllShapes(new Drawing.Triangle());
```

使用 tsc 命令編譯以上程式：

```
tsc --out app.js TestShape.ts
```

輸出結果如下：

```
Circle is drawn
Triangle is drawn
```

2.20　模組

　　TypeScript 模組的設計理念是可以更換的組織程式。模組是在其自身的作用域中執行，並不是在全域作用域，這意味著定義在模組中的變數、函式和類別等在模組外部是不可見的，除非明確地使用 export 匯出它們。類似地，我們必須透過 import 匯入其他模組匯出的變數、函式、類別等。兩個模組之間的關係是透過在檔案等級上使用 import 和 export 建立的。

　　模組使用模組載入器去匯入其他的模組。在執行時期，模組載入器的作用是在執行此模組程式前去查詢並執行這個模組的所有相依。大家熟知的 JavaScript 模組載入器有服務於 Node.js 的 CommonJS 和服務於 Web 應用的 Require.js。此外，還有 SystemJS 和 Webpack。模組匯出使用關鍵字 export，語法格式如下：

```
// 檔案名稱：SomeInterface.ts
export interface SomeInterface {
    // 程式部分
}
```

要在另一個檔案中使用該模組，就需要使用 import 關鍵字來匯入：

```
import someInterfaceRef = require("./SomeInterface");
```

IShape.ts 檔案程式：

```
/// <reference path = "IShape.ts" />
export interface IShape {
    draw();
}
```

Circle.ts 檔案程式：

```
import shape = require("./IShape");
export class Circle implements shape.IShape {
   public draw() {
      console.log("Circle is drawn (external module)");
   }
}
```

Triangle.ts 檔案程式：

```
import shape = require("./IShape");
export class Triangle implements shape.IShape {
   public draw() {
      console.log("Triangle is drawn (external module)");
   }
}
```

TestShape.ts 檔案程式：

```
import shape = require("./IShape");
import circle = require("./Circle");
import triangle = require("./Triangle");

function drawAllShapes(shapeToDraw: shape.IShape) {
   shapeToDraw.draw();
}

drawAllShapes(new circle.Circle());
drawAllShapes(new triangle.Triangle());
```

使用 tsc 命令編譯以上程式：

```
tsc --module amd TestShape.ts
```

輸出結果如下：

```
Circle is drawn (external module)
Triangle is drawn (external module)
```

2.21 TypeScript 物件

一個物件是包含一組鍵值對集合的實例。值可以是純量值或函式，甚至是其他物件的陣列。語法如下：

```
var object_name = {
   key1: "value1", //scalar value
   key2: "value",
```

```
   key3: function() {
      //functions
   },
   key4:["content1", "content2"] //collection
};
```

如上所示，一個物件可以包含純量值、函式和結構（如陣列和元組）。範例程式如下：

```
var person = {
   firstname:"Tom",
   lastname:"Hanks"
};
//access the object values
console.log(person.firstname)  // Tom
console.log(person.lastname)   // Hanks
```

2.22 宣告檔案

在 TypeScript 中以 .d.ts 為副檔名的檔案，我們稱之為 TypeScript 宣告檔案。它的主要作用是描述 JavaScript 模組內所有匯出介面的類型資訊。

TypeScript 作為 JavaScript 的超集合，在開發過程中不可避免要引用其他協力廠商的 JavaScript 的函式庫。雖然透過直接引用可以呼叫函式庫的類別和方法，但是卻無法使用 TypeScript 諸如類型檢查等特性功能。為了解決這個問題，需要將這些函式庫中的函式和方法區塊去掉後只保留匯出型別宣告，而產生一個描述 JavaScript 函式庫和模組資訊的宣告檔案。透過引用這個宣告檔案，就可以借用 TypeScript 的各種特性來使用函式庫檔案了。

如果 JS 的檔案名稱是 xxx.js，那麼型別宣告檔案的檔案名稱副檔名是 xxx.d.ts。

【例 2-10】在 TypeScript 程式中使用 JS 函式庫

本實例將在 TypeScript 程式中使用 JS 函式庫，操作步驟如下：

1）首先建立一個 JS 檔案，儲存在一個空資料夾中，比如 D:\demo，然後在 D:\demo 下建立資料夾 jslib。開啟 VSCode，在 jslib 下新建一個 JS 檔案，檔案名稱是 mylib.js，並輸入如下程式：

```
function sum(a, b) {
    return a + b
}

module.exports = sum
```

程式很簡單，就定義了一個 sum 函式，它傳回參數 a 和 b 的和。module. exports 提供了曝露介面的方法，這裡對外曝露的介面函式是 sum。同時在 jslib 目錄下新建一個型別宣告檔案，並輸入如下程式：

```
declare function sum(a: number, b: number): number

export default sum
```

我們用關鍵字 declare 宣告了一個函式，包括參數的定義和傳回值的定義。export default 用於匯出單一常數、函式、檔案、模組等，這裡匯出的是 sum 函式。至此，我們的 JS 函式庫建立完成。

　　2）下面實作呼叫者 TS 檔案。在 VSCode 中，在 D:\demo 下新建一個 TS 檔案，檔案名稱是 main.ts，然後輸入如下程式：

```
import sum from './jslib/mylib'
console.log(sum(3, 5))
```

預設情況下，import xx from 'xx' 的語法只適用於 ES 6 的 export default 匯出。這裡從 ./jslib/mylib 模組中匯入 sum 函式。然後呼叫 sum 函式，並輸出結果。

　　3）按快速鍵 Ctrl+F5 執行程式，輸出結果如下：

```
8
```

2.23　理解 TypeScript 設定檔

　　TypeScript 程式的編譯命令為 tsc，當我們在命令列中直接輸入 tsc 時，會列印出如圖 2-33 所示的使用說明。

　　如果僅僅是編譯少量的檔案，可以直接使用 tsc，透過其選項來設定編譯設定，例如：

```
tsc --outFile file.js --target es3 --module commonjs file.ts
```

　　如果是編譯整個專案，而且專案包括很多檔案，推薦的做法是使用 tscon-fig.json 檔案，這樣就不用每次編譯時都還得手動設定，而且也便於團隊協作。tsconfig.json 作為 tsc 命令的設定檔，它主要包含兩塊內容：①指定待編譯的檔案，②定義編譯選項。另外，一般來說，tsconfig.json 檔案所處的路徑就是當前 TypeScript 專案的根路徑。

```
C:\Users\Administrator>tsc
Version 4.5.5
tsc: The TypeScript Compiler - Version 4.5.5

COMMON COMMANDS

  tsc
  Compiles the current project (tsconfig.json in

  tsc app.ts util.ts
  Ignoring tsconfig.json, compiles the specified

  tsc -b
  Build a composite project in the working direc

  tsc --init
  Creates a tsconfig.json with the recommended s

  tsc -p ./path/to/tsconfig.json
  Compiles the TypeScript project located at the
```

▲ 圖 2-33

以下是讓 tsc 使用 tsconfig.json 的兩種方式：

1）不顯性指定 tsconfig.json，此時編譯器會從當前路徑開始尋找 tsconfig.json 檔案，如果沒有找到，則繼續往上級路徑逐步尋找，直到找到為止。

2）透過 --project（或縮寫 -p）指定一個包含 tsconfig.json 的路徑，或者包含設定資訊的 .json 檔案路徑。

　　注意，tsc 的命令列選項具有優先順序，會覆蓋 tsconfig.json 中的名稱相同選項。

　　透過命令 tsc --init 可以在目前的目錄下建立檔案 tsconfig.json，如下所示：

```
D:\demo>tsc --init

Created a new tsconfig.json with:
                                                        TS
  target: es2016
  module: commonjs
  strict: true
  esModuleInterop: true
  skipLibCheck: true
```

```
forceConsistentCasingInFileNames: true
```

```
You can learn more at https://aka.ms/tsconfig.json
```

此時在 D:\demo 下就會有 tsconfig.json 檔案了。內容較長，這裡不列出，僅對其常用編譯選項的含義進行說明。

1）target 用於指定編譯之後的版本目錄，例如：

```
"target": "es5"
```

2）module 用來指定要使用的範本標準，例如：

```
"module": "commonjs"
```

3）lib 用於指定要包含在編譯中的函式庫檔案，例如：

```
"lib":[
  "es6",
  "dom"
],
```

4）allowJs 用來指定是否允許編譯 JS 檔案，預設為 false，即不編譯 JS 檔案，例如：

```
"allowJs": true,
```

5）checkJs 用來指定是否檢查和報告 JS 檔案中的錯誤，預設為 false，例如：

```
"checkJs": true,
```

6）指定 JSX 程式使用的開發環境：preserve、react-native 或 React.js，例如：

```
"jsx": "preserve",
```

7）declaration 用來指定是否在編譯的時候生成對應的 d.ts 宣告檔案，如果設為 true，則編譯每個 TS 檔案之後都會生成一個 JS 檔案和一個宣告檔案，但是 declaration 和 allowJs 不能同時設為 true，例如：

```
"declaration": true,
```

8）declarationMap 用來指定編譯時是否生成 .map 檔案，例如：

```
"declarationMap": true,
```

9）sourceMap 用來指定編譯時是否生成 .map 檔案，例如：

```
"sourceMap": true,
```

10）outFile 用於指定輸出檔案合併為一個檔案，只有設定 module 的值為 amd 和 system 模組時才支援這個設定，例如：

```
"outFile": "./",
```

11）outDir 用來指定輸出資料夾，值為一個資料夾路徑字串，輸出的檔案都將放置在這個資料夾，例如：

```
"outDir": "./",
```

12）rootDir 用來指定編譯檔案的根目錄，編譯器會在根目錄查詢入口檔案，例如：

```
"rootDir": "./",
```

13）composite 用來指定是否編譯建構引用專案，例如：

```
"composite": true,
```

14）removeComments 用來指定是否將編譯後的檔案註釋刪除，設為 true 即刪除註釋，預設為 false，例如：

```
"removeComments": true,
```

15）noEmit 用來指定不生成編譯檔案，例如：

```
"noEmit": true,
```

16）importHelpers 用來指定是否匯入 tslib 中的複製工具函式，預設為 false，例如：

```
"importHelpers": true
```

17）當 target 為 ES 5 或 ES 3 時，為 for-of、spread 和 destructuring 中的迭代器提供完全支援，例如：

```
"downlevelIteration": true
```

18）isolatedModules 用來指定是否將每個檔案作為單獨的模組，預設為 true，它不可以和 declaration 同時設定，例如：

```
"isolatedModules": true
```

19）strict 用來指定是否啟動所有類型檢查，如果設為 true，則會同時開啟下面這幾個嚴格檢查，預設為 false，例如：

```
"strict": true
```

20）noImplicitAny 如果沒有為一些值明確設定類型，編譯器會預設這個值為 any 類型，如果將 noImplicitAny 設為 true，則沒有明確設定類型會顯示出錯，預設值為 false，例如：

```
"noImplicitAny": true
```

21）strictNullChecks 設為 true 時，null 和 undefined 不能賦值給非這兩種類型的值，別的類型的值也不能賦給它們，除了 any 類型之外，還有個例外就是 undefined 可以賦值給 void 類型，例如：

```
"strictNullChecks": true
```

22）strictFunctionTypes 用來指定是否使用函式參數雙向協變檢查，例如：

```
"strictFunctionTypes": true
```

23）strictBindCallApply 設為 true 後，對 bind、call 和 apply 綁定的方法的參數的檢測是嚴格檢測，例如：

```
"strictBindCallApply": true
```

24）strictPropertyInitialization 設為 true 後，會檢查類別的非 undefined 屬性是否已經在建構函式中初始化，如果要開啟此項，則需要同時開啟 strictNullChecks，預設為 false，例如：

```
"strictPropertyInitialization": true
```

25）當 this 運算式的值為 any 類型時，生成一個錯誤，例如：

```
"noImplicitThis": true
```

26）alwaysStrict 用來指定始終以嚴格模式檢查每個模組，並且在編譯之後的 JS 檔案中加入 use strict 字串，用來告訴瀏覽器該 JS 檔案為嚴格模式，例如：

```
"alwaysStrict": true
```

27）noUnusedLocals 用來檢查是否有定義了但是沒有使用的變數，對於這一點的檢測，使用 ESLint 可以在書寫程式時進行提示，使用者可以配合使用，它的預設值為 false，例如：

```
"noUnusedLocals": true
```

28）noUnusedParameters 用來檢查是否有在函式中沒有使用的參數，例如：

```
"noUnusedParameters": true
```

29）noImplicitReturns 用來檢查函式是否有傳回值，設為 true 後，如果函式沒有傳回值則會提示，預設為 false，例如：

```
"noImplicitReturns": true
```

30）noFallthroughCasesInSwitch 用來檢查 switch 語句區塊中是否有 case 沒有使用 break 跳出，預設為 false，例如：

```
"noFallthroughCasesInSwitch": true,
```

31）moduleResolution 用來選擇模組解析策略，有 node 和 classic 兩種類型，例如：

```
"moduleResolution": "node",
```

32）baseUrl 用來設定解析非相對模組名稱的基本目錄，相對模組不會受到 baseUrl 的影響，例如：

```
"baseUrl": "./",
```

33）paths 用來設定模組名稱到以 baseUrl 為基礎的路徑映射，例如：

```
  "paths": {
    "*":["./node_modules/@types", "./typings/*"]
  },
```

34）rootDirs 可以指定一個路徑清單，在建構時編譯器會將這個路徑中的內容都放到一個資料夾中，例如：

```
"rootDirs": [],
```

35）typeRoots 用來指定宣告檔案或資料夾的路徑清單，如果指定了此項，則只有在這裡列出的宣告檔案才會被載入，例如：

```
"typeRoots": [],
```

36）types 用來指定需要包含的模組，只有在這裡列出的模組的宣告檔案才會被載入，例如：

```
"types": [],
```

37）allowSyntheticDefaultImports 用來指定允許從沒有預設匯出的模組中預設匯入，例如：

```
"allowSyntheticDefaultImports": true,
```

38）esModuleInterop 透過匯入內容建立命名空間，實作 CommonJS 和 ES 模組之間的互通性，例如：

```
"esModuleInterop": true,
```

39）preserveSymlinks 表示不把符號連結解析為真實路徑，例如：

```
"preserveSymlinks": true,
```

40）sourceRoot 用來指定偵錯器應該找到 TypeScript 檔案而非原始檔案的位置，這個值會被寫進 .map 檔案中，例如：

```
"sourceRoot": "",
```

41）mapRoot 用來指定偵錯器找到映射檔案而非生成檔案的位置，指定 Map 檔案的根路徑，該選項會影響 Map 檔案中的 sources 屬性，例如：

```
"mapRoot": "",
```

42）inlineSourceMap 用來生成單一 sourcemaps 檔案，而非將 sourcemaps 生成不同的檔案，如果設為 true，則 Map 檔案的內容會以 //#source-

MappingURL= 開頭，然後接 base64 字串的形式插入 JS 檔案底部，
例如：

```
"inlineSourceMap": true,
```

43）inlineSources 用來指定是否進一步將 TS 檔案的內容也包含到輸出檔
案中，例如：

```
"inlineSources": true,
```

44）experimentalDecorators 用來指定是否啟用實驗性的裝飾器特性，例
如：

```
"experimentalDecorators": true,
```

45）emitDecoratorMetadata 用來指定是否為裝飾器提供中繼資料支援，
中繼資料是 ES 6 的新標準，可以透過 Reflect 提供的靜態方法獲取中
繼資料，如果需要使用 Reflect 的一些方法，則需要引用 ES2015.Re-
flect 這個函式庫，例如：

```
"emitDecoratorMetadata": true,
```

我們來看一個簡單的設定範例：

```
{
  "compilerOptions": {
    "module": "commonjs",
    "noImplicitAny": true,
    "removeComments": true,
    "preserveConstEnums": true,
    "sourceMap": true
  },
  "files": [
    "app.ts",
    "foo.ts",
  ]
}
```

重要的選項是 files，用來指定待編譯檔案。這裡的待編譯檔案是指入口檔
案，任何被入口檔案相依的檔案，比如 foo.ts 相依 bar.ts，這裡並不需要寫上
bar.ts，編譯器都會自動把所有的相依檔案納為編譯物件。也可以使用 include
和 exclude 來指定和排除待編譯檔案：

```
{
  "compilerOptions": {
    "module": "commonjs",
    "noImplicitAny": true,
    "removeComments": true,
    "preserveConstEnums": true,
    "sourceMap": true
  },
  "include": [
    "src/**/*"
  ],
  "exclude": [
    "node_modules",
    "**/*.spec.ts"
  ]
}
```

指定待編譯檔案有兩種方式：一是使用 files 屬性，二是使用 include 和 exclude 屬性。開發者可以按照自己的喜好使用其中任意一種。但它們不是互斥的，在某些情況下兩者搭配起來使用效果更佳。files 屬性是一個陣列，陣列元素可以是相對檔案路徑和絕對檔案路徑。include 和 exclude 屬性也是一個陣列，但陣列元素是類似 glob 的檔案模式。它支援的 glob 萬用字元包括：

1）＊：比對 0 個或多個字元（注意：不含路徑分隔符號）。

2）？：比對任意單一字元（注意：不含路徑分隔符號）。

3）**/：遞迴比對任何子路徑。

在繼續說明之前，有必要先了解一下在編譯器眼裡什麼樣的檔案才算是 TS 檔案。TS 檔案指副檔名為 .ts、.tsx 或 .d.ts 的檔案。如果開啟了 allowJs 選項，那麼 .js 和 .jsx 檔案也屬於 TS 檔案。如果僅僅包含一個 ＊ 或者 .＊，那麼只有 TS 檔案才會被包含。如果 files 和 include 都未設定，那麼除了 exclude 排除的檔案之外，編譯器會預設包含路徑下的所有 TS 檔案。如果同時設定 files 和 include，那麼編譯器會把兩者指定的檔案都引入。如果未設定 exclude，那麼其預設值為 node_modules、bower_components、jspm_packages 和編譯選項 outDir 指定的路徑。exclude 只對 include 有效，而對 files 無效，即 files 指定的檔案如果同時被 exclude 排除，那麼該檔案仍然會被編譯器引入。前面提到，任何被 files 或 include 引入的檔案的相依都會被自動引入。反過來，如果 B.ts 被 A.ts 相依，那麼 B.ts 不能被 exclude 排除，除非 A.ts 也被排除了。有一點要注意的是，編譯器不會引入疑似為輸出的檔案。比如，如果引入的檔案中包含 index.ts，那麼 index.d.ts 和 index.js 就會被排除。通常來說，只有拓展名稱不一樣的檔案命名法是不推薦的。tsconfig.json 也可以為空檔案，這種情況下會使用預設的編譯選項來編譯所有預設引入的檔案。

第 **3** 章

架設 Vue.js 開發環境

　　Vue.js 應用程式開發方式有兩種：一種是非專案化方式，針對學習和小規模專案比較適合，通常只需要 JS 或 TS 檔案，再搭配 HTML 檔案即可實作，專案檔案結構比較簡單；另一種是使用鷹架（Scaffold，又稱腳手架，本書使用鷹架，是一個 Vue.js 提供的精靈工具）的專案化方式，這種方式主要針對較大規模的專案，這種方式主要使用了一個副檔名為 .vue 的檔案，業務邏輯和展現都在這個檔案中完成，但瀏覽器不認識 Vue.js 檔案，因此還涉及打包的過程，需要把 Vue.js 檔案翻譯成 HTML 檔案。作為初學者，不建議開始就進入專案化的開發，最好先從 Vue.js 的基本語法開始學習，從最簡單、最少量的程式開始，循序漸進，逐步增加功能和難度，然後進入鷹架的專案化開發，那時看到精靈生成的一大堆程式和檔案就不會發慌了。

　　「千里之行，始於足下。」這也是本書的一大特色，對初學者非常友善，學習曲線非常平穩，不會一開始就列出一大堆檔案、工具和術語，打擊學習的熱情。因此，我們先架設非專案化的 Vue.js 開發環境。

3.1 使用 VSCode 開發 JavaScript 程式

　　雖然 Vue.js 3 是用 TypeScript 開發的，但 JavaScript 在 Vue.js 應用專案中廣泛存在，因此 JavaScript 的開發環境也要架設好。這裡，我們依然用 VSCode 來開發 JavaScript 程式。VSCode 的下載安裝在第 2 章已經說明過了，這裡不再贅述。如果僅僅偵錯 JS 檔案，則只需要安裝 Node.js 即可，Node.js 的安裝也已經在第 2 章介紹過了，Node.js 用的版本是 node-v16.13.1-x64.msi。如果在 HTML 網頁檔案中呼叫 JS 檔案，此時偵錯還需要用到瀏覽器，並需要安裝對應瀏覽器的偵錯外掛程式。瀏覽器用 Google Chrome 瀏覽器或 Firefox 瀏覽器都可以，本書使用 Chrome 瀏覽器。

如果要在命令下執行 JS 程式，直接使用 node 命令即可，比如 node test.js，但一般開發偵錯都是在整合式開發環境下。

【例 3.1】偵錯獨立的 JS 檔案

偵錯獨立的 JS 檔案的方法如下：

1）在本機磁碟建立一個目錄，用來存放專案的靜態檔案，筆者這裡建立的是 D:\demo，以後預設用這個目錄。值得注意的是，如果沒有建立專案的目錄就沒辦法偵錯。另外，假設已經安裝了 Node.js。

2）開啟 VSCode，在 D:\demo 下新建一個 JS 檔案，檔案名稱是 test.js，並輸入如下程式：

```
var a=20,b=200;
console.log(a+b);   // 第 2 行，在主控台上輸出 a+b 的和
var a =a*10;
var b=b*10;
console.log(a+b);   // 在主控台上輸出 a+b 的和
```

在第 2 行的左邊開頭點擊，此時會出現紅色圓圈，這個就是中斷點，如圖 3-1 所示。

按 F5 鍵開始偵錯，如果是第一次開啟偵錯，VSCode 會提示我們選擇一個環境，如圖 3-2 所示。

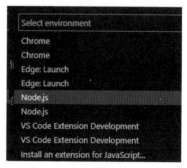

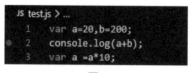

▲ 圖 3-1　　　　　　　　　　　▲ 圖 3-2

我們選擇 Node.js，此時會執行到第 2 行暫停，紅圈外部會出現箭頭，如圖 3-3 所示。

此時可以在左邊的 VARIABLES 視圖中下看到 a 和 b 的值，如圖 3-4 所示。

▲ 圖 3-3 　　　　　　　　　　　　　　▲ 圖 3-4

接著，繼續按 F10 鍵單步執行，直到最後一行結束，此時可以在 VSCode 下方的 DEBUG CONSOLE 視圖下看到兩次輸出的 a+b 的和，如圖 3-5 所示。

▲ 圖 3-5

這說明我們偵錯單獨的 JavaScript 檔案成功了。如果不想偵錯，想全速前進（碰到中斷點也不停下），則可以按快速鍵 Ctrl+F5。下面開始偵錯嵌入 HTML 檔案中的 JavaScript 程式。

此外，我們還可以在 VSCode 中偵錯嵌入 HTML 檔案中的 JavaScript 程式。這個過程可以參考第 2 章的第一個實例，這裡不再贅述。

至此，偵錯功能介紹完了，讀者可以按 F10 鍵讓程式單步執行。VSCode 的偵錯能在一定程度上解決程式設計師偵錯 JavaScript 的難題，VSCode 的功能還是比較強大的。

3.2 Vue.js 的引用方式

Vue.js 是一種 JavaScript 框架，必須在 HTML 檔案中引用後才能使用，通常有 3 種引用方式。

1. 下載 Vue.js 後引用

這種方式的優點是離線使用 Vue.js，只需要第一次下載即可。到目前為止，可以開啟網站 https://unpkg.com/vue@3.2.29/dist/vue.global.js，然後另存為到本機磁碟上，本書中把 vue.global.js 重新命名為 vue.js，然後放到 D 磁碟下，這樣就可以直接使用 script 標籤去引入這個 JS 檔案，例如：

```
<script src= "d:/vue.js"></script>
```

Vue.js 會被註冊為一個全域變數。其實，Vue.js 同樣也相當於 JavaScript 中的一個函式庫，其使用方式和 jQuery 一樣簡單。

2. CDN 方式

CDN（Content Delivery Network，內容分發網路）方式不需要下載 Vue.js 檔案，但需要保持網路線上。常用的 CDN 有 unpkg：https://unpkg.com/vue@next，這樣會保持與 NPM 發佈的新版本一致（推薦使用）。比如：

```
<script src="https://unpkg.com/vue@next"></script>
```

3. NPM 方法

在用 Vue.js 建構大型應用時推薦使用 NPM 安裝方法，NPM 方法能極佳地和諸如 Webpack 或者 Browserify 模組打包器配合使用。Vue.js 也提供配套工具來開發單檔案元件。但不推薦初學者一開始就使用 NPM 方法，尤其是在還不熟悉以 Node.js 為基礎的建構工具時。

3.3 第一個 Vue.js 3 程式

老規矩，先來一個 HelloWorld 程式作為開胃菜。我們這個程式的功能很簡單，就是在網頁上顯示一段文字字串。通常，每個 Vue.js 應用都是透過用 createApp 函式建立一個新的應用實例開始的，然後透過 mount 函式掛載到頁面上某個 dom 元素。總之，Vue.createApp 是用來建立應用實例的，它傳回一個提供應用上下文的應用實例，應用實例掛載的整個元件樹共用同一個上下文，該應用實例提供相關的應用 API 和維護相關的狀態。在應用實例建立的過程中，會建立一個繪製器物件 Renderer，繪製器承擔 Vue.js 3 視圖繪製相關的功能。

當我們使用 Vue.createApp 方法建立了一個 Vue.js 應用時，如何能獲取根元件呢？答案是透過 mount 函式，該函式實作應用實例的掛載並傳回根元件。當我們掛載應用時，該元件被用作繪製的起點。一個應用需要被掛載到一個 dom 元素中。例如，如果我們想把一個 Vue.js 應用掛載到 <div id="app"></div>，應該向 mount 函式傳遞 "#app" 作為參數。

大致了解了這個過程後，我們可以開啟 Vue.js 3 版的 HelloWorld 實例了。

【例 3-2】 第一個 Vue.js 3 程式

建立第一個 Vue.js 3 程式的步驟如下：

1）在本機新建一個目錄，比如 D:\demo，這個目錄以後預設作為我們的專案資料夾。每個範例開始前，都要清空該資料夾。

2）開啟 VSCode，在 D:\demo 下新建一個檔案 index.htm，然後增加如下程式：

```
<!DOCTYPE html>
<html>
<head>
<meta charset="utf-8">
<title>My first vue3 program</title>
<script src="d:/vue.js"></script>
</head>
<body>
<div id="app">
  {{ message }}
</div>

<script>
const HelloVueApp = {
  data() {
    return {
      message: 'Hello world from Vue3 !!'
    }
  }
}
// 每個 Vue 應用都是從用 createApp 函式建立一個新的應用實例開始的
const app = Vue.createApp(HelloVueApp);     // 建立 Vue.js 應用的實例（物件）
const rootComponent = app.mount("#app");    // 掛載 dom 元素，並傳回根元件
</script>
</body>
</html>
```

可以看到，我們透過 Script 標籤引用了 D:/ 下的 vue.js 檔案，注意，vue.js 兩邊的雙引號是英文輸入法下的雙引號。<div> 標籤可以把文件分割為獨立的、不同的部分。它可以用作嚴格的組織工具，並且不使用任何格式與其連結，雙大括號會將資料解釋為普通文字，而非 HTML 程式。

Vue.js 的核心是一個允許採用簡潔的範本語法來宣告式地將資料繪製進 DOM 的系統。{{message}} 兩邊的大括號會被 Vue.js 解析，這種兩個大括號的語法，裡面的內容會被當作類似 JS 的語句來解析，例如 {{1+1}} 的結果是 2，

{{typeof 1}} 的結果是 number。但是太複雜的解析不了，例如 if 語句就會顯示出錯。{{message}} 中的 message 就會去 Vue.js 物件的 data 屬性中查詢，在 Vue.js 中，所有的資料都放在 data 屬性中。

Vue.createApp 函式建立一個新的 Vue.js 實例，每個 Vue.js 應用都是從用 createApp 函式建立一個新的應用實例開始的。Vue.js 就是 Vue.js 這個框架，所以 Vue.createApp 的意思就是用 Vue.js 框架來建立一個 Vue.js 應用實例。傳遞給 createApp 的參數是選項物件，用於設定根元件。createApp 方法接收的參數是根元件的選項物件，並傳回了一個有 mount 方法的應用實例物件。這裡的根元件的選項物件是 HelloVueApp，裡面只定義了 data 選項。

mount 函式用於掛載應用實例到 DOM 元素，每個 Vue.js 應用需要被掛載到一個 DOM 元素中。例如，如果我們想把一個 Vue.js 應用掛載到 <div id="app"></div>，應該向 mount 函式傳遞 #app。mount 掛載之後的傳回值是根元件。

createApp 和 mount 也可以寫成一行：

```
Vue.createApp(HelloVueApp).mount('#app')
```

當我們掛載應用時，該元件被用作繪製的起點。在單一 Web 頁面中，開發者可以增加任意多個 Vue.js 應用。只需要為每個應用建立新的 Vue.js 實例並掛載到不同的 DOM 元素即可。

3）在 VSCode 中按快速鍵 Ctrl+F5 執行程式，此時將自動開啟 Google 瀏覽器，執行結果如圖 3-6 所示。

▲ 圖 3-6

如 果 我 們 把 Script 腳 本 中 的 "d:/vue.js" 改 為 "https://unpkg.com/vue@next"，則效果一樣，只是稍微慢了一些，讀者可以嘗試一下。

兩個 message 是怎麼對應起來的？這就是 Vue.js 背後的預設機制，data 中所有的屬性都是直接綁定到 App 下的，感覺就像是同步一樣。

第4章
Vue.js 基礎入門

從本章開始，我們將正式開始學習 Vue.js 的語法和函式，將從最小的程式開始逐步深入，儘量讓學習曲線變得平緩。

4.1 建立應用實例並掛載

通常，每個 Vue.js 應用都是從用 createApp 函式建立一個新的應用實例開始的，然後透過 mount 函式掛載到頁面上某個 dom 元素，其中傳遞給 createApp 的選項用於設定根元件。當掛載應用時，該元件被用作繪製的起點。createApp 函式宣告如下：

```
const app = createApp({
  data() {   // data() 函式是用於設定根元件的其中之一的選項，此外還有 methods、
computed 等
    return {
      …              // 定義各項資料屬性
    }
  },
  methods: {…},      // 方法 methods 也是根元件選項
    template:{…},    // HTML 範本 template 也是根元件選項
  computed: {…}      // 計算屬性 computed 也是根元件選項
  …
})
```

該函式接收一個根元件選項物件作為最基本的參數，這是一個物件形式的參數 "{}"。這個選項物件就是告訴 Vue.js 應該如何展現我們的根元件，其中選項 data 表示根元件的資料（相當於定義資料）、選項 methods 表示根元件有哪些可供呼叫（相當於定義行為）、選項 template 表示根元件的網頁範本（相當於定義外觀）、選項 computed 表示根元件的計算屬性，這些選項不一定全

部都出現。值得注意的是，該函式傳回一個 Vue.js 應用上下文實例（簡稱應用實例），相當於建立一個上下文。該函式呼叫時，必須由框架 Vue.js 來呼叫，例如：

```
<script>
    const app = Vue.createApp({
        data() {          // data() 函式是用於設定根元件的選項之一
            return {
                message: 'hello'   // 具體定義了一個 message 字串變數
            }
        },
        template: `<h2>{{message}}</h2>` // 根元件的範本選項，用鍵盤上 Tab 鍵
上面的那個鍵的上檔字元作為定界字元，不是用單引號作為定界字元
    })
    app.mount("#box")   //box 是來自 <div id=box>…</div>

//-------------- 更清晰的程式可以這樣寫 -----------------
const RootComponentConfig = {
    // data() 函式是用於設定根元件的選項之一，此外還有 methods()、computed() 等
    data() {
        return {
            message: 'hello'     // 具體定義了一個 message 字串變數
        }
    },
    template: `<h2>{{message}}</h2>`    // 根元件的範本選項
}
// RootComponentConfig 用於設定根元件實例
// 雖然根元件是呼叫 mount() 才傳回的，但是就好像提前占一個位置，預定一樣
const applicationInstance = Vue.createApp(RootComponentConfig)
const rootComponentInstance = applicationInstance.mount('#box')  // box
是來自 <div id=box>…</div>
console.log(rootComponentInstance.message);  // 獲得了根元件實例，就可以透
過它引用根元件的屬性
</script>
```

當應用實例使用 mount 方法（即掛載）時，表明這個應用實例（此時應該是根元件了）被用作繪製的起點。mount 方法不會傳回應用實例，而是會傳回根元件實例。應用實例最終需要掛載到一個 DOM 元素中，如 <div id="box"></div>，於是我們給 mount 傳遞 "#box"。其中，template: "<h2>{{message}}</h2>" 定義了根元件的網頁範本選項，這裡就是在網頁上以 <h2> 的形式來顯示字串變數 message 的值，一對 {{}} 表示文字插值，{{message}} 能獲得變數 message 的值。

Vue.createApp 函式功能就是傳回應用上下文實例物件的，該物件提供應用 API 外，還會有一些內部屬性，我們可以看一下其內部程式：

```
const app = (context.app = {
        _uid: uid$1++,
        _component: rootComponent,
        _props: rootProps,
        _container: null,
        _context: context,
        _instance: null,
    version,
    get config() { return context.config; },
    set config(v) {
        {
                warn(`app.config cannot be replaced. Modify individual
options instead.`);
        }
        },
        // 應用 API
        use(plugin, ...options) {},
        mixin(mixin) {},
        component(name, component) {},        // 全域方式註冊元件的函式
        directive(name, directive) {},
        mount(rootContainer, isHydrate, isSVG) {},
        unmount() {},
        provide(key, value) {}
});
```

　　其中 _context 表示應用上下文實例；_component 表示根元件；_container
表示掛載點容器；_instance 表示根元件實例物件。總之，Vue.createApp 是用
來建立應用實例的，它傳回一個提供應用上下文的應用實例，應用實例掛載的
整個元件樹共用同一個上下文，該應用實例提供相關的應用 API 和維護相關的
狀態。在應用實例建立過程中，會建立一個繪製器物件 Renderer，繪製器承擔
Vue.js 3 視圖繪製相關的功能。

　　當使用 Vue.createApp 方法建立了一個 Vue.js 應用上下文實例，如何能獲
取根元件呢？答案是透過 mount 函式，該函式實作應用實例的掛載並傳回根元
件。當掛載應用時，該元件被用作繪製的起點。這個應用實例用來註冊一個全
域資訊，在整個 Vue.js 應用中的所有元件都可以使用這個全域資訊，應用實例
相當於一個處理程序，而元件就相當於一個執行緒，執行緒之間可以相互合作
並共用處理程序的資訊。

　　一個應用需要被掛載到一個 DOM 元素中，當掛載應用時，根元件被用作
繪製的起點。例如，如果想把一個 Vue.js 應用掛載到 <div id="box"></div>，
應該向 mount 函式傳遞 '#box' 作為參數。

【例 4.1】建立應用實例並掛載

建立應用實例並進行掛載的操作步驟如下：

1）在本機新建一個目錄，比如 D:\demo。開啟 VSCode，在 D:\demo 下
新建一個檔案 index.htm，然後增加如下程式：

```
<!DOCTYPE html>
<html>
<head>
<meta charset="utf-8">
<title>My vue3 program</title>
<script src="d:/vue.js"></script>
</head>
<body>
<div id="hello">
    <p>His name:{{name}}</p>
    <p>His age:{{age}}</p>
    <p>His gender:{{gender}}</p>
    <p>His wife's name:{{wife.name}}</p>
    <p>His wife's age:{{wife.age}}</p>
</div>

<script>
const user = {        // 定義根元件設定物件
    data(){           // 定義資料
      return{
        name:'Tom',
        age:28,
        gender:'man',
        wife:{
          name:'Alice',
          age:25
        }
      }
    }
}
const app = Vue.createApp(user);  // 建立應用實例
const rootComponent = app.mount("#hello");  // 掛載應用實例到DOM元素 ("hello")
console.log(rootComponent.name);  // 獲得了根元件實例後，就可以透過它引用根元
件的屬性
</script>
</body>
</html>
```

該例中，我們在 data 選項定義了多項資料屬性，比如 name、age、gen-
der、wife.name 等，這些都是 data 選項的屬性，每個屬性冒號右邊的內容是屬

性值，比如 'Tom'、28、'man'、'Alice' 等，然後建立應用實例並掛載。掛載後，頁面上透過文字插值（{{...}}）就可以顯示具體的資料，比如 {{name}}、{{age}} 等。另外，獲得了根元件實例後，就可以透過它引用根元件的屬性，比如 root-Component.name、rootComponent.age 等。我們可以在 VSCode 的下方主控台視窗中看到 console.log 的輸出結果，或者在瀏覽器中按 F12 鍵開啟的終端視窗中也可以看到這個輸出結果。

經過 mount 函式的呼叫，根元件就和 div 為 hello 的 dom 元素關聯起來了，這個 dom 元素將作為根元件的外觀，我們可以在這個 div 中寫根元件的外觀表現形式，比如紅色字型、放置按鈕或其他表單元素等。div 中的 HTML 程式是否必須寫在該 div 中呢？也不一定，因為根元件設定選項中還有一個名為 template 的範本選項，這個範本選項中也可以寫 HTML 程式來定義根元件的外觀，這樣頁面上 div 為 hello 的節點中就不需要再寫 HTML 程式了，也就是說，可以把原來 div 為 hello 的節點中的 HTML 程式放到 template 範本選項中，例如：

```
<div id="hello">
</div>

<script>
const user = {
    data(){          // 使用 data 選項
      return{
        name:'Tom',
        age:28,
        gender:'man',
        wife:{
          name:'Alice',
          age:25
        }
      }
    }
    template:`       // 使用範本選項
  <p>His name:{{name}}</p>
   <p>His age:{{age}}</p>
   <p>His gender:{{gender}}</p>
   <p>His wife's name:{{wife.name}}</p>
   <p>His wife's age:{{wife.age}}</p>`
}
```

效果是一樣的。程式檔案儲存為 index2.htm。

2）在 VSCode 中按快速鍵 Ctrl+F5 執行程式，此時將自動開啟 Chrome 瀏覽器，執行結果如圖 4-1 所示。

▲ 圖 4-1

至此，我們應該已經學會在網頁上輸出資料。下面開始學習修改資料，畢竟前端基本的任務就是展現資料，修改資料後再展現資料。

<h2>4.2 資料選擇</h2>

Vue.js 實例中可以透過 data（資料）選項定義資料屬性，這些資料可以在實例對應的範本中進行綁定並使用。當 Vue.js 實例被建立時，它會嘗試獲取在 data 中定義的所有屬性，用於視圖的繪製，並且監視 data 中的屬性變化，data 一旦發生改變，所有相關的視圖都將重新繪製，這就是「響應式」系統。

【例 4.2】在 HTML 頁面中顯示 data 定義的資料

在 HTML 頁面中顯示 data 定義的資料的方法如下：

1）在 VSCode 中開啟目錄（D:\demo），新建一個檔案 index.htm，然後增加程式，程式如下：

```
<!DOCTYPE html>
<html>
    <head>
        <meta charset="utf-8">
        <title></title>
    </head>
    <body>
        <div id="box1">
            {{myname}}
```

```
        </div>
        <div id="box2">
            {{myname}}
        </div>
    </body>
    <script src="d:/vue.js"></script>
    <script>
        const user = {
        data(){              // 定義資料
          return{
            myname:'Tom',
          }
        }
}
const app = Vue.createApp(user);      // 建立應用實例
const rc = app.mount("#box1");        // 把應用實例掛載到 DOM 元素 ("box1")
</script>
</html>>
```

在程式中，我們在 box1 節和 box2 節都引用了 {{myname}}，但是由於 Vue.
js 物件只作用於 box1 節，因此 Tom 只會在 box1 節中顯示，box2 節中只會顯
示 {{myname}}。

2）按 F5 鍵執行程式，執行結果如下：

```
Tom
{{myname}}
```

【例 4.3】監視 data 中的屬性變化

監視 data 中的屬性變化的方法如下：

1）在 VSCode 中開啟目錄（D:\demo），新建一個檔案 index.htm，然後
增加程式，核心程式如下：

```
    <!DOCTYPE html>
<html>
    <head>
        <meta charset="utf-8">
        <title></title>
    </head>
    <body>
        <div id="box1">
            <p>your name：{{name}}</p>
            <p>your age：{{age}}</p>
        </div>
    </body>
    <script src="d:/vue.js"></script>
```

```
<script>
  const user = {
    data(){
      return{
        name:'Tom',
        age:18
      }
    }
}
const app = Vue.createApp(user);
const rc = app.mount("#box1");
</script>
</html>
```

我們透過插值運算式 {{name}} 和 {{age}} 將資料屬性 name 和 age 的屬性值顯示在頁面上。執行後，可以在主控台修改 name 和 age 的屬性值，這樣會同步更新頁面的顯示。

2）按快速鍵 Ctrl+F5 執行程式，執行結果如下：

```
your name：Tom

your age：18
```

此時，在瀏覽器上按 F12，開啟主控台視窗，然後在主控台的命令列提示符號旁輸入 "rc.name='Jack'" 後按確認鍵，然後頁面上 Tom 就變為 Jack 了，如圖 4-2 所示。

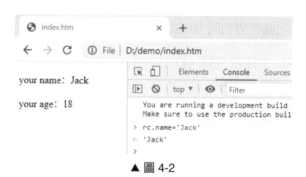

▲ 圖 4-2

"{{ }}" 是 Vue.js 的插值運算式（Mustache 語法），主要作用是進行資料綁定，它會自動將我們雙向綁定的資料即時顯示出來，比如 View 部分中有一個 {{myname}}，Vue.js 物件中定義的變數 myname 發生了改變，插值處的內容就會更新。{{}} 裡面可以是運算式、字串、函式、正規表示法、布林等。

4.3 響應式系統的原理

Vue.js 3 中使用 Proxy（代理）重寫了響應式系統，響應式系統又是 Vue.js 3 的核心。響應式是指當資料改變後，Vue.js 會通知到使用該資料的程式。例如，視圖繪製中使用了資料，資料改變後，視圖也會自動更新。這是 Vue.js 最獨特的特性之一，因此 Vue.js 被稱為響應式系統。資料模型僅僅是普通的 JavaScript 物件，當使用者修改它們時，視圖會更新。

在 Vue.js 2 中，利用 Object.defineProperty 來綁架 data 資料的 getter 和 setter 操作，這使得 data 在被存取或賦值時，會動態更新綁定的 template 模組。每個資料屬性都有一對 getter 和 setter，這些 getter 和 setter 對使用者來說是不可見的，但是在內部它們讓 Vue.js 能夠追蹤到資料屬性，在資料屬性被存取和修改時通知變更，從而網頁得到更新。這種方式有一些缺點，對於物件，會遞迴地去用迴圈遍歷 Vue.js 的每一個屬性，這也是浪費性能的地方，如果有 10000 個屬性，就要迴圈去遍歷，並且要給每個屬性增加一對 getter 和 setter。而且，只有當屬性發生變化的時候才會更新視圖，物件只監控附帶的屬性，新增的屬性不監控，頁面也就不生效。另外，對於陣列，陣列的索引發生變化或者陣列的長度發生變化不會觸發實體更新。對於這些缺點，Vue.js 3 進行了升級。

在 Vue.js 3 中，採用 Proxy 物件重寫了響應式系統，透過 Proxy 可以攔截對 data 任意屬性的任意操作（13 種），包括查（get）、增（add）、改（set）和刪（delete）等。Proxy 消除了之前 Vue.js 2 中以 Object.defineProperty 為基礎的實作所存在的這些限制：無法監聽屬性的增加和刪除、陣列索引和長度的變更，並且可以支援 Map、Set、WeakMap 和 WeakSet。

另外，對被代理物件的屬性進行操作不是直接進行操作，而是透過反射物件 Reflect 來進行，Reflect 是一個內建的物件，它提供攔截 JavaScript 操作的方法。它把事做完後，會傳回一個布林值。

什麼是 Proxy 呢？Proxy 的意思是代理，Proxy 物件的作用是：透過 Proxy 建立一個代理物件，然後透過操作代理物件允許使用者對指定的物件的一些行為進行自訂處理（如屬性查詢、賦值、列舉、函式呼叫等）。其實就是在對目標物件的操作之前提供攔截，可以對外界的操作進行過濾和改寫，修改某些操作的預設行為，這樣可以不直接操作物件本身，而是透過操作物件的代理物件來間接操作原物件。比如例 4-3 中的 user 可以認為是一個目標物件，要修改其內容，可以透過 Proxy 物件來進行，而且不是直接對目標物件進行修改，比如 user.name='Jack'。

Proxy 的用法如下：

```
const p = new Proxy(target, handler)
```

Proxy 建構函式接收兩個物件，第 1 個參數 target 是要處理的物件，即要使用 Proxy 包裝的目標物件（可以是任何類型的物件，包括原生陣列、函式和另一個代理）；第 2 個參數 handler 是要自訂處理的方法的合集（也就是一個物件）。

與 JS 中的 Object.defineProperty 很像，Proxy 也可以對某個屬性的讀寫行為進行控制，而且 Proxy 更靈活和強大，它能做到很多存取器屬性做不到的事情，比如監聽屬性刪除和增加事件等。Proxy 支援攔截的操作一共有 13 種：

1）get(target, propKey, receiver)：攔截物件屬性的讀取，比如 proxy.foo 和 proxy['foo']。

2）set(target,propKey,value,receiver)：攔截物件屬性的設定，比如 proxy. foo = v 或 proxy['foo'] = v，傳回一個布林值。

3）has(target, propKey)：攔截 propKey in proxy 的操作，傳回一個布林值。

4）deleteProperty(target, propKey)：攔截 delete proxy[propKey] 的操作，傳回一個布林值。

5）ownKeys(target)： 攔 截 Object.getOwnPropertyNames(proxy)、Object.getOwnProperty- Symbols(proxy)、Object.keys(proxy)、for…in 迴圈，傳回一個陣列。該方法傳回目標物件所有自身屬性的屬性名稱，而 Object.keys() 的傳回結果僅包括目標物件自身的可遍歷屬性。

6）getOwnPropertyDescriptor(target, propKey)： 攔 截 Object. getOwnPropertyDescriptor(proxy, propKey)，傳回屬性的描述物件。

7）defineProperty(target, propKey, propDesc)： 攔 截 Object.defineProperty(proxy, propKey, propDesc)、Object. defineProperties(proxy, propDescs)，傳回一個布林值。

8）preventExtensions(target)： 攔 截 Object.preventExtensions(proxy)，傳回一個布林值。

9）getPrototypeOf(target)：攔截 Object.getPrototypeOf(proxy)，傳回一

個物件。

10）isExtensible(target)：攔截 Object.isExtensible(proxy)，傳回一個布林值。

11）setPrototypeOf(target, proto)：攔截 Object.setPrototypeOf(proxy, proto)，傳回一個布林值。如果目標物件是函式，那麼還有兩種額外操作可以攔截。

12）apply(target, object, args)：攔截 Proxy 實例作為函式呼叫的操作，比如 proxy(...args)、proxy.call(object, ...args)、proxy.apply(...)。

13）construct(target,args)：攔截 Proxy 實例作為構造函式呼叫的操作，比如 new proxy(...args)。

接下來的範例中，我們把某些屬性變為「私有」，如不允許讀取 id 屬性。然後定義 set 方法，不允許修改 id、name、age 屬性，只允許修改 school 屬性，並且修改時使用 Reflect.set(target, prop, value)。

【例 4.4】Proxy 和 Reflect 的使用

Proxy 和 Reflect 的使用步驟如下：

1）在本機新建一個目錄，比如 D:\demo。開啟 VSCode，在 D:\demo 下新建一個檔案 test.js，然後增加如下程式：

```javascript
var user = {      // 定義被代理物件，也就是目標物件，或稱原物件
    id : 1,
    name : 'Tom',
    age : 10,
    school : 'primary school',
    sister:{    //sister 是 user 的屬性物件
        name:'Alice',
        age:12
    }
}
var handler = {
    // 當讀取目標物件屬性值時，將呼叫 get
    get(target,prop){
        if(prop == 'id'){
            return undefined;
        }
        // return target[prop];  // 如果用這句也可以
        return Reflect.get(target,prop); // 利用反射物件 Reflect 來讀取
    },
```

```
    // 當修改目標物件的屬性值和為目標物件增加新的屬性時，將呼叫 set
    set(target,prop,value){
        if(prop == 'id' || prop == 'name' ){
            console.log(`Property ${prop} modification is not allowed.`)
        }else{
            // target[prop] = value;   // 用這句也可以
            return Reflect.set(target,prop,value);// 利用反射物件 Reflect 來修改
        }
    },
    // 刪除目標物件上的某個屬性時將呼叫 deleteProperty
    deleteProperty(target,prop){
        console.log('deleteProperty is called');
        return Reflect.deleteProperty(target,prop); // 不要寫成 defineProp-
erty

    }
};
var proxyUser = new Proxy(user,handler);   // 實例化代理物件

// 透過代理物件獲取目標物件中的某個屬性值
console.log(proxyUser.id);        //id 獲取不到，因為 get 函式裡面攔截了
console.log(proxyUser.name);      // 可以得到
console.log(proxyUser.age);       // 可以得到
console.log(proxyUser.school);    // 可以得到
console.log(proxyUser.sister.ages);   // 可以得到

// 透過代理物件更新目標物件中的某個屬性值
proxyUser.id = 2;             // 修改不了，因為我們在 set 函式中攔截了
proxyUser.name = 'Jack';      // 修改不了，因為我們在 set 函式中攔截了
proxyUser.age = 9;            // 可以修改成功
proxyUser.sister.age = 13;    // 可以修改成功
console.log(user);

// 透過代理向目標物件中增加一個新的屬性
proxyUser.gender='boy';
console.log(user);

// 透過代理物件刪除目標物件中的某個屬性
delete proxyUser.age;
console.log(user);

// 透過代理物件更新目標物件中的屬性值
proxyUser.sister.age=14;
console.log(user.sister.age);
```

在程式中，我們定義 user 為被代理物件，也就是目標物件或稱原物件，而
proxyUser 為代理物件，現在我們透過代理物件來讀取或修改原物件。在 get
函式中，如果使用者試圖讀取屬性 id（比如 console.log(proxyUser.id);），則

直接傳回 undefined，因此最終列印的 proxyUser.id 為 undefined，這樣就做
到了屬性 id 的私有化，即不允許外部讀取。在 set 函式中，只允許修改 age 和
school 屬性，其他屬性不允許修改，當嘗試對 id 賦值的時候，比如 proxyUser.
id=2，就會呼叫 set 函式，然後 set 函式中的 if 語句進行判斷，如果是 id，則列
印 "Property id modification is not allowed."。隨後，我們透過代理向目標物
件中增加一個新的屬性，再透過代理物件更新目標物件中的屬性物件的屬性值。

2）按快速鍵 Ctrl+F5 執行程式，執行結果如下：

```
undefined
Tom
10
primary school
undefined
Property id modification is not allowed.
Property name modification is not allowed.
{id: 1, name: 'Tom', age: 9, school: 'primary school', sister: {…}}
{id: 1, name: 'Tom', age: 9, school: 'primary school', sister: {…}, …}
deleteProperty is called
{id: 1, name: 'Tom', school: 'primary school', sister: {…}, gender:
'boy'}
14
```

本節的學習目的主要是為了了解 Vue.js 3 響應式系統背後的一些基本原理。

4.3.1　方法選項

Vue.js 實例中除了可以定義資料選項外，也可以定義方法選項，並且
在 Vue.js 的作用範圍內使用。可以透過選項 methods 物件來定義方法，並
且使用 v-on 指令來監聽 DOM 事件。可以使用 v-on 指令（通常縮寫為 @ 符
號）來監聽 DOM 事件，並在觸發事件時執行一些 JavaScript。用法為 v-
on:click="methodName"，或使用捷徑 @click="methodName"。

【例 4-5】監聽頁面按鈕事件

監聽頁面按鈕事件的步驟如下：

1）在 VSCode 中開啟目錄（D:\demo），新建一個檔案 index.htm，然後
　　增加程式，核心程式如下：

```
<!DOCTYPE html>
```

```html
<html>
    <head>
        <meta charset="utf-8">
        <title></title>
    </head>
    <body>
        <div id="box">
            {{name}}
         <br>
         <button v-on:click="onSubmit">submit</button>
        </div>
    </body>
    <script src="d:/vue.js"></script>
    <script>
        const user = {
        data(){
          return{
            name:'Tom',        // 相當於 MVVM 中的 Model 這個角色
          }
        },

        methods:{
            onSubmit(){
                    console.log(this.name+"submit ok.")
// 在 VSCode 的 "DEBUG CONSOLE" 內顯示
                    alert("Hello,"+this.name+",you are welcome.");
// 在頁面上彈出
            }
          }
    }
const app = Vue.createApp(user);
const rc = app.mount("#box");
</script>
</html>
```

在程式中，我們定義了 methods 選項，這個選項專門用來存放函式；定義了 onSubmit 函式，當點擊按鈕時，將呼叫該函式，因為透過 v-on:click="onSubmit" 將按鈕的點擊事件和 onSubmit 函式進行了綁定，v-on 是 Vue.js 中的指令，用於綁定 HTML 事件，v-on:click 縮寫為 @click，下一章會具體講解。

2）按快速鍵 Ctrl+F5 執行程式，當我們點擊 submit 按鈕時，會出現一個資訊方塊，並且 VSCode 下方的 DEBUG CONSOLE 視窗內會顯示 "Tom submit ok."，同時還會彈出一個資訊方塊，執行結果如圖 4-3 所示。

注意，指令 v-on: 可以簡寫為 @。

▲ 圖 4-3

【例 4-6】顯示整數、字串與日期變數的值

本實例將顯示整數、字串與日期變數的值，具體步驟如下：

1）在 VSCode 中開啟目錄（D:\demo），新建一個檔案 index.htm，然後增加如下程式：

```html
<!DOCTYPE html>
<html>
    <head>
        <meta charset="utf-8">
        <title></title>
    </head>
    <body>
        <div id="box">
            {{a}}+{{b}}={{a+b}}<br>
            {{hello + ' World !'}}<br>
            {{hello == 'Hello' ? 'yes' : 'no'}}<br>
            {{ hello.split('ll').reverse().join('-') }}<br>
            {{ mydate }}<br>
            {{ judge(hello) }}
         <br>
        </div>
    </body>
<script src="d:/vue.js"></script>
<script>
    const user = {
    data(){
      return{
        a:5,b:6,
        hello:'Hello',
        mydate: new Date ()

      }
    },
```

```
        methods:{
            judge(str){
                // 判斷 Hello 是否與 World 相等，如果相等，則傳回 true；如果不相等，
則傳回 false
                return str == 'World' ? true : false ;
            }
        }
    }
const app = Vue.createApp(user);
const rc = app.mount("#box");
</script>
</html>
```

在程式中，a 和 b 是整數變數，hello 是字串變數，mydate 是日期變數，judge 是一個方法，傳回 true 或 false，它們都將在頁面中顯示。在 "{{ hello. split('ll').reverse().join('aa') }}" 中，split 方法用於把一個字串分割成字串陣列，reverse 方法用於顛倒陣列中元素的順序，join() 方法用於把陣列中的所有元素組成一個字串的形式輸出，並且每個元素之間以 join 的參數為間隔，所以 "{{ hello.split('ll').reverse().join('-') }}" 先把 "Hello" 以 "ll" 為分割符號，切分成 "He" 和 "o" 兩個元素，然後逆置這兩個元素，變為 {'o','He'}，再呼叫 join('-') 組成一個字串，並且以 "-" 間隔，即 "o-He"。

2）按快速鍵 Ctrl+F5 執行程式，執行結果如下：

```
5+6=11
Hello World !
yes
o-He
Sat Feb 05 2022 22:59:05 GMT+0800 (China Standard Time)
false
```

插值運算式是我們表達資料內容的重要手段。

4.3.2 範本選項

範本選項可以讓原本寫在 HTML 中的程式寫在範本選項 template 中。比如 HTML 中有這樣一段程式：

```
<div id="box">
  {{n}}
  <button @click="add">+1</button>
</div>
```

現在我們將其寫在範本選項中。

【例 4-7】 HTML 程式寫在範本選項中

1）在 VSCode 中開啟目錄（D:\demo），新建一個檔案 index.htm，然後增加如下程式：

```
<!DOCTYPE html>
<html>
    <head>
        <meta charset="utf-8">
        <title></title>
    </head>
    <body>
        <div id="box">{{msg}}
        </div>
        Good！
    </body>
    <script src="d:/vue.js"></script>
    <script>
        const user = {
        data(){
          return{
            msg:'hello',
            n:5,
          }
        },
        // 注意定界範本選項起止的不是單引號，而是鍵盤上 Tab 鍵上面的那個鍵的上檔字元
        template: `
            {{n}}
            <button @click="add">+1</button>
        `,
        methods:{
            add(){    // 定義方法 add
                this.n++;   // 累加
                return this.n;
            }
        }
    }
const app = Vue.createApp(user);
const rc = app.mount("#box");
</script>
</html>
```

在上述程式碼中，我們定義了兩個資料選項，一個是 msg，另一個是 n。如果沒有範本選項 template，頁面上的 {{msg}} 將顯示 "hello"，現在有了範本選項，將覆蓋掉 "hello"，而最終顯示範本選項中的 HTML 程式，即顯示 n

的值，並顯示一個按鈕，按鈕的標題是 "+1"，如果點擊按鈕，將呼叫 add 方法，該方法累加 n，並傳回 n 的值。值得注意的是，範本選項的界定符號號不是一對單引號，而是一對鍵盤上 Tab 鍵上面的那個鍵的上檔字元。另外，我們的掛載點（mount 的參數）是 "#box"，因此只會影響 "<div id="box"></div>"中的範圍，其後面的 "Good ！" 不會受到影響，將正常顯示。

2）按快速鍵 Ctrl+F5 執行程式，點擊幾下按鈕，得到的結果如圖 4-4 所示。

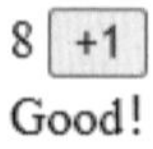

8 +1

Good!

▲ 圖 4-4

由上面的介紹可知，被 mount 掛載的 div 中的內容，既可以直接寫在該 <div> 中，也可以寫在範本選項中，這種寫法比較直觀，但是如果範本中的 HTML 程式太多，不建議這麼寫。我們還可以使用另一種寫法，即把 HTML 程式寫在 <template> 標籤中。<template> 標籤是 HTML 5 提供的新標籤，更加標準和語義化，它能保留頁面載入時隱藏的內容，即該標籤用作容納頁面載入時對使用者隱藏的 HTML 內容的容器。如果使用者有一些需要重複使用的 HTML 程式，則可以使用 <template> 標籤，使用 <template> 標籤的靈活性更大。

【例 4-8】HTML 程式寫在 <template> 標籤中

本實例將 HTML 程式寫在 <template> 標籤中，具體步驟如下：

1）在 VSCode 中開啟目錄（D:\demo），新建一個檔案 index.htm，然後增加如下程式：

```
<!DOCTYPE html>
<html>
    <head>
        <meta charset="utf-8">
        <title></title>
    </head>
    <body>
        <template id="myh">
            {{n}}
            <button @click="add">+1</button>
        </template>
        <div id="box">{{msg}}</div>
```

```
        Good！
    </body>
    <script src="d:/vue.js"></script>
    <script>
        const user = {
        data(){
            return{
              msg:'hello',
              n:5,
            }
        },
        template: '#myh',  // 引用 id 為 myh 的 template 標籤中的 HTML 程式，注
意這裡用單引號包圍
        methods:{
            add(){
                this.n++;
                return this.n;
            }
        }
    }
const app = Vue.createApp(user);
const rc = app.mount("#box");
</script>
</html>
```

在上述程式中，我們定義了 id 為 myh 的 <template> 標籤，以後範本選項 template 可以透過 '#myh' 來引用，在這種場景中，#myh 用一對單引號定界起止。

2）按快速鍵 Ctrl+F5 執行程式，點擊幾下按鈕，得到的結果如圖 4-5 所示。

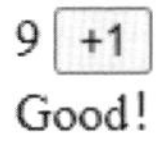

9 +1

Good!

▲ 圖 4-5

如果不想寫在 <template> 標籤中，還可以寫在 <script> 標籤中，只需把 <template> 標籤的內容替換為：

```
<script type="text/x-template" id="myh">
    {{n}}
    <button @click="add">+1</button>
</script>
```

其效果類似，這裡不再贅述。我們已經學習了 template 的三種寫法，以後學習到 vue-cli 時還會學一種 xxx.vue 的寫法，這裡暫不介紹。

4.3.3 生命週期

　　每個 Vue.js 實例在被建立時都要經過一系列的初始化過程，例如需要設定資料監聽、編譯範本、將實例掛載到 DOM 並在資料變化時更新 DOM 等。同時，在這個過程中也會執行一些叫作生命週期鉤子的函式，這給了使用者在不同階段增加自己的程式的機會。Vue.js 比較常用的生命週期鉤子有：

1）created：Vue.js 實例建立完成後呼叫，此時資料尚未掛載，這對於初始化處理一些資料比較有用。

2）mounted：dom 元素掛載到 Vue.js 應用實例上後呼叫，通常這裡可以開始我們的第一個業務邏輯。

3）beforeDestroy：實例銷毀之前呼叫，主要解綁一些使用 addEvent Listener 監聽的事件等。

【例 4-9】在掛載之前執行程式

　　本實例將在掛載之前執行程式，具體步驟如下：

1）在 VSCode 中開啟目錄（D:\demo），新建一個檔案 index.htm，然後增加程式，核心程式如下：

```
created: function () {
        alert('hello,'+this.msg);
        console.log('hello,' + this.msg)  // this 指向 rc 實例
    },
methods:{…}
```

　　其他程式基本與上例一樣。這個 created 鉤子函式不需要寫在 methods 中，我們在 created 鉤子函式中呼叫 alert，從而看到 alert 資訊方塊先出來，等資訊方塊關閉後，才能在頁面上顯示出其他內容。執行 created 函式中的內容時，資料尚未掛載。

　　2）按快速鍵 Ctrl+F5 執行程式，得到的結果如圖 4-6 所示。

▲ 圖 4-6

果然，alert 資訊方塊已經顯示出來了。當掛載 DOM 物件成功後，會自動呼叫 mounted 鉤子函式。

綁定資料

Vue.js 是一個響應式的資料綁定系統，建立綁定後，DOM 將和資料保持同步，這樣就無須手動維護 DOM，使程式更加簡潔易懂，進而提升效率。

4.4.1 了解程式中的 MVVM

既然是 Vue.js 程式，肯定要符合 MVVM 模式，現在我們來為程式寫點註釋，搞清程式中的 Model（模型）、View（視圖）和 ViewModel（視圖模型）。比如，HTML 程式 "<div id="box">{{name}}</div>" 很明顯用來顯示 name 的值，所以它就相當於 View；name 相當於 Model；Vue.js 的應用實例既掛載了 box 節（View），也連結到了 name，因此相當於 ViewModel，起控制（Control）作用。我們在下面的範例中將 Model、View 和 ViewModel 都進行註釋。

【例 4-10】把 MVVM 單獨分出來

本實例將 MVVM 單獨分出來，具體步驟如下：

1）在 VSCode 中開啟目錄（D:\demo），新建一個檔案 index.htm，然後增加程式，程式如下：

```
<!DOCTYPE html>
<html>
    <head>
        <meta charset="utf-8">
        <title></title>
    </head>
    <body>
        <!--View-->
        <div id="box">{{name}}</div>
    </body>
<script src="d:/vue.js"></script>
<script>
    //Model
    const user = {
    data(){
      return{
```

```
            name:'Tom',
          }
        }
    }
    //ViewModel
    const app = Vue.createApp(user);
    const rc = app.mount("#box");
</script>
</html>
```

在上述程式中，首先寫了 "<div id="box">{{name}}</div>"，它相當於 View。接著在腳本中分別定義了資料屬性 name，它相當於 Model。然後呼叫 createApp 建立 Vue.js 應用實例，並呼叫 mount 掛載到 "#box"，這兩個函式相當於 ViewModel。我們對這 3 部分分別寫了註釋，把 Vue.js 相關的程式清晰化，明確各個角色的定位。這樣可以更好地理解 MVVM 模式。

2）按快速鍵 Ctrl+F5 執行程式，執行結果如下：

Tom

透過這個範例，我們知道了 View 和 ViewModel 的位置關係。另外，開啟開發者工具，點擊選單 More tools → Develop tools，然後切換到 Elements，或者直接按快速鍵 Ctrl+Shift+I，也可以直接按 F12 鍵，展開 div，可以看到裡面的內容已經被 Tom 替代了，如圖 4-7 所示。

```
<!--View-->
<div id="box" data-v-app>Tom</div>
<script src="d:/vue.js"></script>
▶ <script>…</script>
```

▲ 圖 4-7

還可以切換到 Console，然後在提示符號下輸入 "rc.name='Peter'"，就可以看到頁面上的輸出變為 Peter，這說明在主控台上修改 Model 可以更新 View。ViewModel 相當於控制的作用，View 如果更新，會影響 Model 更新。Model 如果更新，也會影響 View 更新。橋樑就是 ViewModel。下一節我們來看在主控台上直接修改 Model 來更新 View。

透過這個範例，我們要更新觀念了，以後企圖直接 DOM 的想法要捨棄了，因為 DOM 不是我們該管的，我們要做的就是把所有的東西放在資料中，透過修改資料，前面的 View 會自己更新。也就是說，如果想修改 View 來更新資料，或者想修改資料來更新 View，這些同步更新的事情可以透過 Vue.js 去完成。這

就是 MVVM 的要點所在，MVVM 將其中的 View 的狀態和行為抽象化，讓我
們將視圖 UI 和業務邏輯分開，現在這些事情 ViewModel 已經幫我們做了。

4.4.2 觸發事件更新 View

前面我們在 Console（主控台）上改變了 Model，並且看到 View 發生了
變化。現在我們反著來，在 View 上觸發一個 click 事件來改變 Model，再看
View 是否發生變化，即在 View 上觸發一個 click 事件，然後在該事件處理方法
中修改 Model，View 就自動更新了。我們會在 div 中增加一個按鈕，例如：

```
<button v-on:click="show">Change Name</button>
```

其中 v-on:click 是 Vue.js 的語法，告訴 Vue.js 點擊這個按鈕會觸發 Vue.js
中定義的方法，這裡的方法名稱是 show，這個 show 會在 Vue.js 中定義。除此
之外，也可以寫成：

```
<button @click="show">Change Name</button>
```

即把 "v-on:" 簡寫為 "@"，效果一樣，這兩個是等效的。

【例 4-11】觸發 click 事件更新 View

本實例將觸發 click 事件來更新 View，具體步驟如下：

1）在 VSCode 中開啟目錄（比如 D:\demo），新建一個檔案 index.htm，
然後增加程式，核心程式如下：

```
<!DOCTYPE html>
<html>
    <head>
        <meta charset="utf-8">
        <title></title>
    </head>
    <body>
        <!--View-->
        <div id="box">
          <button @click="change('Peter')">Change Name</button>
          <h3> {{myname}}</h3>  <!--//myname will call  myname-->
        </div>
    </body>
    <script src="d:/vue.js"></script>
    <script>
```

```
        //Model
        const user = {
         data(){
           return{
             myname:'Tom',
           }
         },
         methods:{
             change(x){
                 this.myname=x;
             }
         }
        }
    //ViewModel
    const app = Vue.createApp(user);
    const rc = app.mount("#box");
</script>
</html>
```

在上述程式中，我們在 div 中定義了一個按鈕，按鈕的名稱是 Change Name，按鈕的 click 事件處理方法是 change，該方法在 methods 中定義。在 change 方法中傳入了參數 'Peter'，因此修改 this.myname 為 'Peter'，修改完成後，View 上就會立即更新。

2）按快速鍵 Ctrl+F5 執行程式，當點擊 Change Name 按鈕時，果然 Tom 變成了 Peter，執行結果如圖 4-8 所示。

▲ 圖 4-8

至此，我們已經學會透過 View 上的使用者互動來改變 View 上的顯示了。下面更進一步，傳一個參數給 show 方法，然後把參數在頁面上顯示出來。

再次強調一下，剛開始學的時候，最好還是按照這種程式結構來寫，分清楚哪個是 View，哪個是 Model，哪個是 ViewModel，知道是 ViewModel 在控制著 View 和 Model。

下面我們再看一個範例，根據使用者的輸入來更新 View，既然是根據使用者的輸入，肯定要在介面上提供讓使用者輸入的地方，這裡就用了一個編輯方塊，或許有的讀者心裡已經有思路了，就是透過使用者的輸入值來更新 Model，自然 View 就自動更新了，而且要用到一個新的指令 v-model（後面會詳細說明，這裡只需要了解）。

【例 4-12】根據使用者的輸入來更新 View

本實例將根據使用者的輸入來更新 View，具體步驟如下：

1）在 VSCode 中開啟目錄（比如 D:\demo），新建一個檔案 index.htm，然後增加程式，核心程式如下：

```html
<!DOCTYPE html>
<html>
    <head>
        <meta charset="utf-8">
        <title></title>
    </head>
    <body>
        <!--View-->
        <div id="box">
            <p>Please input your name:<input type="text" v-model="myname"></p>
            <h3>hello, {{myname}}</h3>
        </div>
    </body>
    <script src="d:/vue.js"></script>
    <script>
        //Model
        const user = {
         data(){
           return{
             myname:'Tom',
           }
         }
        }
        //ViewModel
        const app = Vue.createApp(user);
        const rc = app.mount("#box");
    </script>
</html>
```

我們用了一個編輯方塊，並且用 Vue.js 的專用指令 v-model 告訴 Vue.js，編輯方塊輸入的內容和 myname 連結，這樣編輯方塊裡輸入什麼，myname 就顯示什麼，myname 一旦發生變化，則 View 中的 {{ myname}} 也會更新。

2）按 F5 鍵執行程式，結果如圖 4-9 所示。

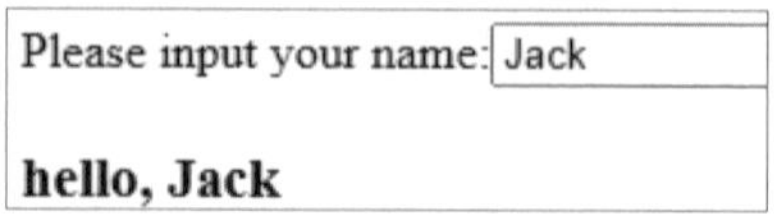

Please input your name: Jack

hello, Jack

▲ 圖 4-9

4.4.3 雙向綁定

撰寫了幾個小範例後，相信讀者有點實戰感覺了。當視圖發生改變時傳遞給 ViewModel，再讓資料得到更新，當資料發生改變時傳給 ViewModel，使得視圖發生改變。MVVM 模式是透過以下三個核心元件組成的，每個元件都有它自己獨特的角色：

1）Model：包含業務和驗證邏輯的資料模型。

2）View：定義螢幕中 View 的結構、版面配置和外觀。

3）ViewModel：扮演 View 和 Model 之間的使者，幫忙處理 View 的全部業務邏輯。

我們再從實踐中出來，一起探究其內部原理，當 Vue.js 實例建立後，內部會形成雙向綁定：DOM Listeners 和 Data Bindings，如圖 4-10 所示。

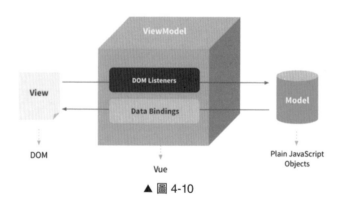

▲ 圖 4-10

從 View 一側看，DOM Listeners 監聽 DOM 的變化，從 Model 一側看，Data Bindings 幫助更新 View，也就是 DOM。Vue.js 採用資料綁架結合發行者 - 訂閱者模式的方式，透過方法 Object.defineProperty 來綁架各個屬性的 setter 和 getter，在資料變動時發佈訊息給訂閱者，觸發對應監聽回呼。當把一個普通 JavaScript 物件傳給 Vue.js 實例來作為它的 data 選項時，Vue.js 將遍歷它的屬性，用 Object.defineProperty 將它們轉為 getter/setter。使用者看不到 getter/setter，但是在內部它們讓 Vue.js 追蹤相依，在屬性被存取和修改時通知變化。即當 Model 中有屬性發生變化時，就會執行 set 方法，如圖 4-11 所示。

▲ 圖 4-11

　　實作資料的雙向綁定，首先要對資料進行綁架監聽，所以我們需要設定一個監聽器 Observer，用來監聽所有屬性。如果屬性發生變化了，就需要告訴訂閱者 Watcher 看是否需要更新。因為訂閱者有很多個，所以我們需要有一個訊息訂閱器 Dep 來專門收集這些訂閱者，然後在監聽器 Observer 和訂閱者 Watcher 之間進行統一管理。接著，我們還需要有一個指令解析器 Compile，對每個節點元素進行掃描和解析，將相關指令對應初始化成一個訂閱者 Watcher，並替換範本資料或者綁定對應的函式，當訂閱者 Watcher 接收到對應屬性的變化，就會執行對應的更新函式，從而更新視圖。接下來將執行以下 3 個步驟，實作資料的雙向綁定：

1）實作一個監聽器 Observer，用來綁架並監聽所有屬性，如果有變動，就通知訂閱者 Watcher。
2）實作一個訂閱者 Watcher，可以收到屬性的變化通知並執行對應的函式，從而更新視圖。
3）實作一個解析器 Compile，可以掃描和解析每個節點的相關指令，並根據初始化範本初始化對應的訂閱器。

資料雙向綁定的流程圖如圖 4-12 所示。

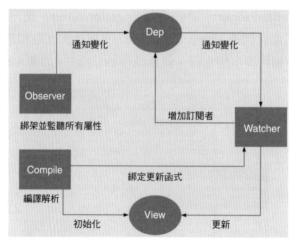

▲ 圖 4-12

4.5 計算屬性

設計計算屬性的主要目的是分離邏輯，比如要對文字 text 去除其首尾空白，然後將其反轉顯示，不使用計算屬性，程式如下：

```
<template>
  <div id="example">
    {{ text.split('').reverse().join('') }}
  </div>
</template>
```

使用計算屬性後，可以把這個邏輯放在計算屬性中：

```
<template>
  <div id="example">
    {{ normalizedText }}
  </div>
</template>

computed: {
    normalizedText() {
      return this.text.split('').reverse().join('')
    }
}
```

顯而易見，使用計算屬性後，相關邏輯放在了 computed 選項內，範本更乾淨了。Vue.js 中不需要在 template 中直接使用 {{ text.split('').reverse().join('') }} 實作該功能，因為在範本中放入太多宣告式的邏輯會讓範本本身過重，尤其當在頁面中使用大量複雜的邏輯運算式處理資料時，會對頁面的可維護性造成很大的影響，而 computed 的設計初衷也正是用於解決這種問題。在一個計算屬性中可以完成各種複雜的邏輯，包括運算、函式呼叫等，只要最終傳回一個結果就可以。另外，如果我們不去改變 text 的值，那麼 normalizedText 就不會重新計算，也就是說，normalizedText 會快取其求值結果，直到其相依 text 發生改變。

當使用者想要的更改相依於另一個屬性時，可以使用 Vue.js 的計算屬性 computed。計算屬性通常相依於其他資料屬性。對於相依屬性的任何改變都會觸發計算屬性的邏輯。計算屬性以它們為基礎的相依關係進行快取，因此只有當相依項發生變化時，它們才會重新執行（例如，傳回 new Date() 的計算屬性將永遠不會重新執行，因為邏輯將不會執行超過一次）。

計算屬性一般就是用來透過其他的資料計算出一個新資料，而且它有一個好處就是，它把新的資料快取下來了，當其他的相依資料沒有發生改變時，它呼叫的是快取的資料，這就極大地提升了程式的性能。

計算屬性就是當其相依屬性的值發生變化時，這個屬性的值會自動更新，與之相關的 DOM 部分也會同步自動更新。範本內的運算式非常便利，但是設計它們的初衷是用於簡單運算，在範本中放入太多的邏輯會讓範本過重且難以維護。例如：

```
<div id="box">
  {{ message.split('').reverse().join('') }}
</div>
```

在這個地方，範本不再是簡單的宣告式邏輯。讀者必須看一段時間才能意識到，這裡是想要顯示變數 message 的翻轉字串。當我們想要在範本中的多處包含此翻轉字串時，就會更加難以處理。因此，對於任何複雜邏輯，應當使用計算屬性。所有的計算屬性都以函式的形式寫在 Vue.js 實例的 computed 選項內，最終傳回計算後的結果。

4.5.1 計算屬性的簡單使用

在一個計算屬性中可以完成各種複雜的邏輯，包括運算、函式呼叫等，只要最終傳回一個結果即可。坐而言不如起而行，下面我們透過幾個範例來體會計算屬性的簡單用法。

【例 4-13】 計算屬性的簡單使用

1）在 VSCode 中開啟目錄（D:\demo），新建一個檔案 index.htm，然後增加程式，核心程式如下：

```
    <!DOCTYPE html>
<html>
    <head>
        <meta charset="utf-8">
        <title></title>
    </head>
    <body>
        <!--View-->
        <div id="box">
          <p>Original message: "{{ myname }}"</p>
          <p>Computed reversed message: "{{ reversedMessage }}"</p>
      </div>

    </body>
    <script src="d:/vue.js"></script>
    <script>
        //Model
        const user = {
         data(){
           return{
             myname:'Tom',
           }
         },
         computed: {                    // computed 是表示計算屬性的選項
             reversedMessage() {
             return this.myname.split('').reverse().join('') // 逆置字串
myname
             }
         }
      }
      //ViewModel
      const app = Vue.createApp(user);
      const rc = app.mount("#box");
    </script>
    </html>
```

在上述程式中，我們透過 computed 定義了一個計算屬性 reversedMessage，它是一個函式，直接傳回 myname 的逆置字串。呼叫時，我們在 div 中只需要寫 {{ reversedMessage }} 即可。注意：computed 也是一個選項，因此要與 data 選項一樣並列寫在選項物件 user 中。

2）按快速鍵 Ctrl+F5 執行程式，結果如下：

```
Original message: "Tom"

Computed reversed message: "moT"
```

該例的計算屬性和 Vue.js 實例中的一個資料連結，我們也可以讓計算屬性和 Vue.js 實例中的多個資料連結，當其中的任意資料發生變化，計算屬性就會重新執行，視圖也會更新，相當「自動化」。

【例 4-14】連結多個資料的計算屬性

本實例將連結多個資料的計算屬性，具體步驟如下：

1）在 VSCode 中開啟目錄（D:\demo），新建一個檔案 index.htm，然後增加程式，核心程式如下：

```
    <!--View-->
    <div id="box">
      <input type="text" v-model="myname">
      <input type="text" v-model="family">
      <br>
      myname={{myname}},family={{family}},mynameFamily={{connectS
tr}}
    </div>

<script>
    //Model
    const user = {
     data(){
       return{
         myname:'Tom',
         family:'family'
       }
     },
     computed: {                          // computed 是表示計算屬性
的選項
       connectStr() {
         return this.myname+this.family    // 拼接兩個字串
       }
     }
    }
    //ViewModel
    const app = Vue.createApp(user);
    const rc = app.mount("#box");
</script>
```

　　Vue.js 中使用 v-model 指令來實作表單元素和資料的雙向綁定。監聽使用者的輸入，然後更新資料。計算屬性 connectStr 連結了兩個資料 myname 和 family，當 myname 和 family 的值發生變化時，mynameFamily 的值會自動更新，並且會自動同步更新頁面上的顯示。

　　2）按快速鍵 Ctrl+F5 執行程式，結果如圖 4-13 所示。

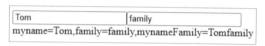

▲ 圖 4-13

　　我們在兩個編輯方塊中輸入不同的內容，下方的 mynameFamily 會同步發生變化。

4.5.2 計算屬性的 get 和 set

　　前面直接將計算屬性寫成了函式形式，其實計算屬性不是函式，而是一個有著一對 get 方法和 set 方法的物件。計算屬性中的每一個屬性對應的都是一個物件，物件中包括 get 方法與 set 方法（注：在物件導向程式設計中方法即傳統程式設計中的函式），分別用來獲取計算屬性和設定計算屬性。當讀取計算屬性的時候，get 將被呼叫；當設定計算屬性的時候，set 將被呼叫。預設情況下只有 get，如果需要 set，要自己增加。絕大多數情況下，計算屬性沒有 set 方法，相當於一個唯讀屬性，此時計算屬性可以簡寫為函式的形式：

```
computed: {                    // computed 是表示計算屬性的選項
        connectStr() {
          return this.myname+this.family    // 拼接兩個字串
        }
```

　　本質上執行的是 connectStr 的 get 函式：

```
computed:{
    connectStr:{            // connectStr 是一個物件
       get(){
          return this.myname+this.family    // 拼接兩個字串
       }
    }
}
```

　　所以讀取 connectStr 的地方寫成 {{connectStr}} 即可，不需要在 connectStr 後加括號，當讀取 connectStr 時將呼叫 connectStr 的 get 方法。

　　如果需要對計算屬性的值進行設定，我們可以定義 set 方法。計算屬性物件既可以讀取，也可以設定，與 data 選項屬性類似，但計算屬性最大的優點是可以在 get 或 set 時進行計算，加入邏輯運算程式。

【例 4-15】使用計算屬性的 get 方法和 set 方法

　　本實例將使用計算屬性的 get 方法和 set 方法，具體步驟如下：

1）在 VSCode 中開啟目錄（D:\demo），新建一個檔案 index.htm，然後增加程式，核心程式如下：

```
<div id="box">{{fullName}}</div>
<script>
    //Model
    const user = {
     data(){
       return{
         firstName: "Jack",
         lastName: "Jobs"   // 賈伯斯
       }
     },
     computed: {
       fullName: {
         get(){            // 定義 get 方法
           return this.firstName + " " + this.lastName;
         },
         set(value) {    // 定義 set 方法
                 console.log("set called.");
                 var arr = value.split(" ");
                 this.firstName = arr[0];
                 this.lastName = arr[1];
         }
       }
     }
    }
```

2）按快速鍵 Ctrl+F5 執行程式，此時頁面上顯示的是 "Jack Jobs"，這是呼叫 get 方法的結果。如果我們按 F12 鍵，在主控台上把 fullName 的值設定為 "Steven Jobs"，則會呼叫 set 方法，從而更新頁面上的內容，如圖 4-14 所示。

▲ 圖 4-14

4.5.3 計算屬性快取

對於計算屬性來說，還有一個很重要的作用就是快取。一般情況下，計算屬性（computed）和方法（method）執行出來的效果是一樣的，不過使用計算屬性的好處是：只有在與它相關或者需要的資料發生改變時才會重新執行計算。相對地，每當觸發重新繪製時，方法總會再次被呼叫和執行。原因是計算屬性是以快取為基礎的，且只有計算屬性相依的資料發生改變時，計算屬性才會重新求值並更新快取的內容，而相依的資料沒有變化時，計算屬性則直接傳回快取的內容，並不會完整地執行 get 方法。

相比之下，每當觸發重新繪製時，方法總會再次被呼叫和執行。為什麼需要快取？假設有一個性能銷耗比較大的計算屬性 A，它需要遍歷一個巨大的陣列並做大量的計算，同時我們可能有其他的計算屬性相依於 A。如果沒有快取，將不可避免地多次呼叫並執行 A 的 get 方法。因此如果不希望有快取，當然是用方法來替代計算屬性。總之，使用計算屬性還是方法取決於是否需要快取。

方法一般用在需要主動觸發的事件上，計算屬性用在回應對某個資料的處理上。計算屬性依靠自己相依的資料進行快取，只要相依變數的值不變，計算屬性傳回的值永遠是原來執行的結果。而方法在每次繪製時被呼叫就會重新執行一次。

如果使用方法，事件觸發後 Vue.js 每次都要重新執行一次被觸發的方法，無論相依的資料值是否發生了變化；如果使用計算屬性，只有當相依的資料發生變化時，計算屬性對應的函式才會被執行。

在下面的範例中，我們點擊按鈕以觸發方法的呼叫，並在方法中呼叫計算屬性。

【例 4-16】證明計算屬性和方法的區別

1）在 VSCode 中開啟目錄（D:\demo），新建一個檔案 index.htm，然後
增加程式，核心程式如下：

```html
<!DOCTYPE html>
<html>
    <head>
        <meta charset="utf-8">
        <title></title>
    </head>
    <body>
        <!--View-->
        <div id="box">
          <input type="text" v-model="myname">
          <input type="text" v-model="family">
          <br>
          <button @click="add">do</button>
          <p>{{ connectStr }}</p>
      </div>
    </body>
    <script src="d:/vue.js"></script>
    <script>
        //Model
        const user = {
          data(){
            return{
              myname:'Tom',
              family:'family'
            }
          },
          methods:{
              add(){
                    this.connectStr; // 呼叫計算屬性
console.log( "do methods")         // 在 VSCode 的 DEBUG CONSOLE 內顯示
                }
          },
          computed: {                    //computed 是表示計算屬性的選項
              connectStr() {
                console.log('------do computed-----');
                return this.myname+this.family    // 拼接兩個字串
              }
          }
        }
        //ViewModel
        const app = Vue.createApp(user);
        const rc = app.mount("#box");
    </script>
</html>
```

在上述程式中，當點擊按鈕時會呼叫方法 add，在方法 add 中呼叫了計算屬性 connectStr。如果 this.myname 與 this.family 兩個資料不變，當多次點擊按鈕時，則會多次完整地執行方法 add，而計算屬性 connectStr 不會多次執行。

2）按快速鍵 Ctrl+F5 執行程式，結果如圖 4-15 所示。

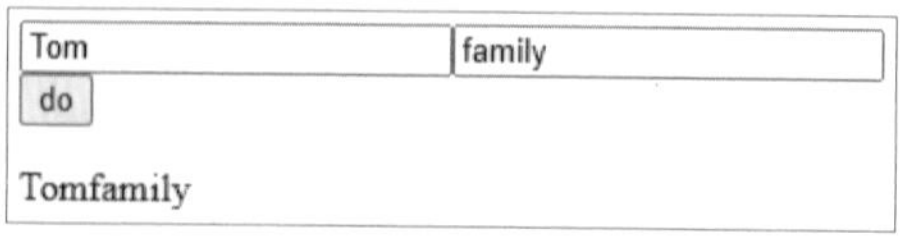

▲ 圖 4-15

多次點擊按鈕，VSCode 的主控台視窗輸出如下：

```
------do computed-----
do methods
do methods
do methods
do methods
```

"------do computed-----" 只列印了一次，而 "do methods" 列印了多次，說明方法執行了多次，而計算屬性只執行了一次，因為 this.myname 與 this.family 沒有變化，所以計算屬性只傳回其快取中的值。如果我們在編輯方塊中修改它們的值，則計算屬性 connectStr 馬上會執行。所以相對於方法來說，計算屬性效率更高，偵錯起來更加方便。

在使用 Vue.js 時可能會有很多方法會被放到這裡，比如事件處理方法、一些操作方法的邏輯等，但是它不能追蹤任何相依資料，而且在每次元件重新載入時都會執行，這就會導致方法執行很多次。如果 UI 操作頻繁，則會導致性能問題，所以在一些銷耗比較大的計算中，我們應該嘗試用其他方案進行最佳化處理。

計算屬性從名字就可以看出，它是相依於其他屬性的，當相依的屬性值（資料）發生變化時，就會觸發計算屬性的邏輯，而且這些相依的屬性值是在快取中的，也就是說只有當相依的屬性值發生變化時才會重新求值。計算屬性的優勢在於不必每次重新執行定義的函式，因此具有很大的性能優勢。

一些簡單的小計算可以直接用範本內的運算式計算，比較複雜一點的就建議使用計算屬性來計算，也方便後期維護。計算屬性可以同時按多個 Vue.js 實例來計算，只要其中任何一個資料發生變化，計算屬性就會重新計算一遍以傳回新的資料，隨後更新視圖中的資料。下面透過範例對比在 JavaScript 中多次呼叫計算屬性和方法,以加深理解。

【例 4-17】在 JavaScript 中多次呼叫計算屬性和方法

在 JavaScript 中多次呼叫計算屬性和方法的步驟如下:

1) 在 VSCode 中開啟目錄(D:\demo),新建一個檔案 index.htm,然後增加程式,核心程式如下:

```
<div id="box">{{fullName}}</div>
<script>
    //Model
    const user = {
     data(){
        return{
          firstName: "Jack",
          lastName: "Jobs"    // 賈伯斯
        }
     },
     methods:{
         show(){
                console.log("do method")
            }
        },
     computed: {
         fullName: {
           get(){
             console.log('---do computed get---')
             return this.firstName + " " + this.lastName;
           },
           set(value) {
                  console.log("computed set called.");
                  var arr = value.split(" ");
                  this.firstName = arr[0];
                  this.lastName = arr[1];
               }
           }
        }
    }
    //ViewModel
    const app = Vue.createApp(user);
    const rc = app.mount("#box");  // 一旦掛載成功,將呼叫 get,頁面顯示
"Jack Jobs"
    rc.fullName='Steven Jobs';  // 更新 fullName,觸發呼叫 set,則頁面顯示
"Steven Jobs"
    // 下面多次呼叫計算屬性 fullName
    rc.fullName;  // 完整執行
    rc.fullName;  // 直接傳回快取值
```

```
        rc.fullName;   // 直接傳回快取值
        // 下面多次呼叫計算屬性 show，每次都會完整執行
        rc.show();
        rc.show();
        rc.show();
</script>
```

2）按快速鍵 Ctrl+F5 執行程式，結果如下：

```
---do computed get---
computed set called.
---do computed get---
do method
do method
do method
```

第5章

指令

　　談到指令，讀者可能會聯想到命令列工具，只要輸入一筆正確的指令，系統就開始工作了。在 Vue.js 中，我們設定一些指令來操作資料屬性，並展示到 DOM 上。Vue.js 指令一般用於直接對 DOM 元素進行操作，指令的首碼是 v-。

　　使用指令的主要目的是實作 JavaScript 和 HTML 的分離。HTML 的結構應該定義在 HTML 檔案中，而非散落在 JavaScript 程式中。JavaScript 程式僅僅是透過 Model 去控制 View，而非定義 View。只有實作分離，程式才能提升可維護性。Vue.js 中已經提供了很多指令，如 v-text、v-html、v-bind、v-on、v-model、v-if、v-show 等。我們前面已經接觸過 v-on 和 v-model 兩個指令。接下來學習更多的常見指令。

5.1　v-text 和 v-html 指令

　　前面我們學過了 {{msg}} 運算式，稱為插值運算式，其格式是 {{ 運算式 }}。插值運算式支援 JavaScript 語法，可以呼叫 JS 內建函式（必須有傳回值），而且插值運算式必須有傳回結果，沒有結果的運算式不允許使用。例如 "1 + 1" 是可以的，但 "var a = 1 + 1" 是不可以的。另外，插值運算式也可以直接獲取 Vue.js 實例中定義的資料或函式。

　　v-text 指令相當於原生 JavaScript 中的 innerText。它用於將資料填充到標籤中，作用與插值運算式（比如 {{msg}}）類似，但是沒有閃動問題（如果資料中有 HTML 標籤，會將 HTML 標籤一併輸出）。

注　意

此處為單向綁定，只要資料物件上的值發生變化，插值就會發生變化，但是插值發生變化並不會影響資料物件的值。

在 HTML 中輸出 data 的值時，我們前面用的是 {{xxx}}，這種方法是有弊端的，就是當網速很慢或者 JavaScript 出錯時，會曝露 {{xxx}}。Vue.js 提供的 v-text 可以解決這個問題。

v-text 指令的作用是以純文字方式顯示資料。v-html 的功能更加強大一些，除了顯示純文字外，還可以辨識 HTML 標籤。

【例 5-1】對比 v-text 和 v-html 的使用

本實例將對比 v-text 和 v-html 的使用，具體步驟如下：

1）在 VSCode 中開啟目錄（D:\demo），新建一個檔案 index.htm，然後增加程式，核心程式如下：

```
<!DOCTYPE html>
<html>
    <head>
        <meta charset="utf-8">
        <title></title>
    </head>
    <body>
        <!--View-->
        <div id="box">
          <p>{{person.name}}</p>
          <p>{{person.age}}</p>
          <span v-text="text"></span>
          <span v-html="html"></span>
        </div>

    </body>
    <script src="d:/vue.js"></script>
    <script>
      //Model
      const user = {
      data(){
        return{
          person:{
                name:'Tom',
                age:38
            },
          text:'hello,text',
          html:'<h1><font color="#FF0000"><a href="https://www.mit.
edu/">Welcome to MIT!</a></font></h1>'
        }
        }
      }
      //ViewModel
```

```
        const app = Vue.createApp(user);
        const rc = app.mount("#box");
</script>
</html>
```

在上述程式中，text 儲存的是純文字字串，顯示時直接把 text 的內容全部以純文字的形式顯示出來。html 的內容中包含 HTML 標籤，標籤符號不會顯示出來，而是對這些標籤符號進行解釋，比如 <font color="#FF0000"> 表示字型為紅色，<a href> 表示一個網址連結。

2）按快速鍵 Ctrl+F5 執行程式，結果如圖 5-1 所示。

為了輸出真正的 HTML，就需要使用 v-html 指令。另外，需要注意的是，在生產環境中，動態繪製 HTML 是非常危險的，因為容易導致 XSS 攻擊。所以只能在可信的內容上使用 v-html，永遠不要在使用者送出和可操作的網頁上使用。

Tom

38

hello,text

Welcome to MIT!

▲ 圖 5-1

5.2　v-model 指令

前面說明的 v-text 和 v-html 指令可以看作是單向綁定，如果我們改變了 v-text 與 v-html 指令的資料內容，則會影響資料頁檢視繪製，但是反過來就不行。下面將要學習的 v-model 指令是雙向綁定，視圖和模型之間會互相影響。我們可以用 v-model 指令在表單的 <input>、<textarea> 及 <select> 元素上建立雙向資料綁定。它會根據控制項類型自動選取正確的方法來更新元素。v-model 負責監聽使用者的輸入事件以更新資料，並對一些極端場景進行特殊處理。

同時，v-model 會忽略所有表單元素的 value、checked、selected 特性的初值，它總是將 Vue.js 實例中的資料作為資料來源。然後當輸入事件發生時，即時更新 Vue.js 實例中的資料。

【例 5-2】v-model 和編輯方塊一起使用

本實例將 v-model 和編輯方塊一起使用，具體步驟如下：

1）在 VSCode 中開啟目錄（D:\demo），新建一個檔案 index.htm，然後增加程式，核心程式如下：

```
<div id="box">
  <input type="text" v-model="message" placeholder="Input:">
  <p>{{message}}</p>
</div>

//Model
const user = {
 data(){
   return{
     message:''
   }
 }
}
```

2）按快速鍵 Ctrl+F5 執行程式，結果如圖 5-2 所示。

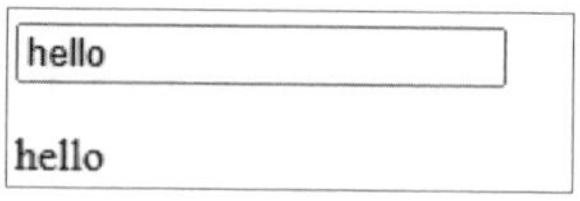

▲ 圖 5-2

　　當在編輯方塊中輸入 hello 時，編輯方塊下面馬上同步更新了。除了與編輯方塊一起使用外，v-model 也可以和其他控制項一起使用，比如選項按鈕和核取方塊等，與核取方塊群組合使用時，v-model 與 value 聯合使用，每個選取都綁定到陣列資料，當某個核取方塊的 value 的值在陣列資料中時，核取方塊就會被選中。這個過程是雙向的，在選中核取方塊時，value 的值也會自動推送（push）到這個陣列資料中。

【例 5-3】v-model 和靜態顯示的核取方塊一起使用

本實例將 v-model 和靜態顯示的核取方塊一起使用，具體步驟如下：

1）在 VSCode 中開啟目錄（D:\demo），新建一個檔案 index.htm，然後增加程式，核心程式如下：

```
<div id='box'>
    <input type="checkbox" v-model="picked" id="html1"
value="html"/>html<br>
    <input type="checkbox" v-model="picked" id="css1"
value="css">css<br>
    <input type="checkbox" v-model="picked" id="js1"
value="js">js<br>
    <p>your choice:{{picked}}</p>
</div>

const user = {
 data(){
   return{
     picked:['css']
       }
   }
}
```

在上述程式中，三個核取方塊的 v-model 綁定一個陣列 picked。picked 開始時有值 'css'，所以網頁剛剛載入時，value 為 'css' 的核取方塊是處於選中狀態的，並且 {{picked}} 的結果是 ['css']。當使用者選取其他兩個核取方塊時，其對應的 value 會推送到陣列 picked 中，所以 {{picked}} 也會發生變化。

2）按快速鍵 Ctrl+F5 執行程式，結果如圖 5-3 所示。

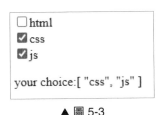

▲ 圖 5-3

同樣的原理，v-model 也可以和選項按鈕一起使用，與核取方塊的區別就是選項按鈕一般用於單選。

【例 5-4】v-model 和靜態顯示的選項按鈕一起使用

本實例將 v-model 和靜態顯示的選項按鈕一起使用，具體步驟如下：

1）在 VSCode 中開啟目錄（D:\demo），新建一個檔案 index.htm，然後增加程式，核心程式如下：

```
<div id='box'>
    radio box：
```

```
        <label>
            <input type="radio" value='css' v-model='picked'>css
            <input type="radio" value='html' v-model='picked'>html
            <input type="radio" value='js' v-model='picked'>js
        </label>
        <br />
        <p>your choice:{{picked}}</p>
    </div>

const user = {
    data(){
      return{
        picked:['css']
          }
        }
    }
```

上述程式執行過程和原理基本上與上例的核取方塊類似，不再贅述。

2）按快速鍵 Ctrl+F5 執行程式，結果如圖 5-4 所示。

▲ 圖 5-4

　　前面的下拉式方塊和選項按鈕都是預先以靜態方式用 HTML 語句寫好後顯示在網頁上，除此之外，還可以值綁定動態方式來實作下拉式方塊，我們可以把下拉式方塊的值放到 data 陣列中，然後用 for 語句來遍歷。如果要在程式執行過程中增加下拉式方塊，只需要在 data 陣列中增加即可，這樣就實作了動態方式。

【例 5-5】v-model 和動態顯示的核取方塊一起使用

　　本實例將 v-model 和動態顯示的核取方塊一起使用，具體步驟如下：

1）在 VSCode 中開啟目錄（D:\demo），新建一個檔案 index.htm，然後增加程式，核心程式如下：

```
    <div id='box'>
        <label v-for="item in originHobbits">
            <input type='checkbox' :value="item" :id="item" v-model='sel'>{{item}}
        </label><br>
```

```
      your choice：<div>{{sel}}</div>
   </div>
 <script>
   //Model
   const user = {
    data(){
      return{
      originHobbits:['VC++','VB++','Java'],
            sel:[]
          }
      }
   }
   //ViewModel
   const app = Vue.createApp(user);
   const rc = app.mount("#box");
   //rc.originHobbits=['VC++','VB++','Java','Vue']; // 也可以在程式中增加
一個 checkbox
</script>
```

在上述程式中，我們把下拉式方塊的值放到了 data 陣列 originHobbits 中，
剛開始定義了 3 個字串（'VC++','VB++','Java'），那麼就會出現 3 個下拉式方
塊。如果我們在程式執行後修改或增加 originHobbits 中的內容，那麼網頁上的
下拉式方塊也會隨之發生變化。這就是值綁定動態方式實作下拉式方塊，橋樑
就是 v-for 指令（label v-for="item in originHobbits"）。v-for 是 Vue.js 的迴圈
指令，後面會講到。而選取和資料的綁定依舊是透過 v-model，只要選取某個
下拉式方塊，那麼 data 陣列 sel 中的值就會增加所選取的下拉式方塊值，同時
網頁上的括號運算式 {{sel}} 也會同步更新。

2）按快速鍵 Ctrl+F5 執行程式，執行後可以在網頁上看到有 3 個下拉式方
塊。下面我們來動態增加一個下拉式方塊，在瀏覽器上按 F12 鍵來開啟
主控台視窗，然後在命令列提示符號旁輸入 "rc.originHobbits=['VC++
','VB++','Java','Delphi']"，並按確認鍵，此時網頁上就會出現 4 個下
拉式方塊。如果對某些下拉式方塊打勾，"your choice："旁邊也會有
對應的值。執行結果如圖 5-5 所示。

```
☐VC++ ☐VB++ ☑Java ☑Delphi
your choice：
[ "Delphi", "Java" ]
```

▲ 圖 5-5

【例 5-6】 v-model 和選項方塊一起使用

本實例將 v-model 和選項方塊一起使用，具體步驟如下：

1）在 VSCode 中開啟目錄（D:\demo），新建一個檔案 index.htm，然後
增加程式，核心程式如下：

```
<div id='box'>
  <select v-model="myselected">
    <option disabled value="">Please select</option>
    <option>C++</option>
    <option>Java</option>
    <option>C#</option>
  </select>
  <span>Single Selected: {{ myselected }}</span>
<br><br><br>
  <select v-model="Mulselected" multiple style="width: 100px;">
    <option>Delphi</option>
    <option>Java</option>
    <option>Html</option>
  </select>
<span>Multi selected: {{ Mulselected }}</span>
</div>

const user = {
 data(){
   return{
     myselected: '',
    Mulselected: []
    }
  }
}
```

在上述程式中，第一個選擇控制項只能單選，透過 v-model 指令綁定到資
料 myselected，它開始的時候是一個空的字串，當使用者選擇某項的時候，
myselected 的值發生變化（其值變為所選的值），同時頁面上的 {{ myselected }}
也隨之更新。第二個 select 控制項可以多選，Mulselected 可以容納多個字串，
相當於字串陣列。

2）按快速鍵 Ctrl+F5 執行程式，結果如圖 5-6 所示。

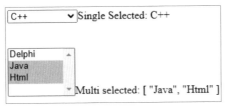

▲ 圖 5-6

5.3　v-on 指令

v-on 指令的作用是為元素綁定事件，例如有一個按鈕，當點擊時執行一些操作：

```
<div class="box">
    <button v-on:click="myclick">click me</button>
</div>
```

在上述程式中，v-on: 後面的值是一個方法，可以寫成 myclick()，沒有參數時可以寫成 myclick。這種事件對應的方法不是定義在 data 選項中，而是定義在 Vue.js 實例的 methods 選項中，其中都是函式，例如：

```
methods:{
    myclick:function(){
        console.log(111111);
    }
}
```

v-on 也可以綁定多個事件，多個事件對應多個 v-on 綁定，例如：

```
<div class="box">
    <button v-on:mouseenter='onenter' v-on:mouseleave='leave'>click me</
button>
</div>
```

也可以使用一個 v-on，裡面用物件的形式書寫，物件的鍵名就是事件名稱，物件的鍵值就是對應事件要執行的方法。多個事件之間透過逗點分開，例如：

```
<div class=" box">
    <button v-on="{mouseenter:onenter,mouseleave:leave}">click me</but-
ton>
</div>
```

當然也可以混合使用，例如：

```
<div class=" box">
    <button v-on="{mouseenter:onenter,mouseleave:leave}" v-
on:click="myclick">click me</button>
</div>
```

需要注意的是，在 Vue.js 實例中，方法一定要有，不然就會顯示出錯。如果想省略 v-on 指令，也可以簡寫如下：

```
<button @click='clickHandler'>click</button>
```

其中 clickHandler 是按鈕事件處理函式。

在 Vue.js 中，v-on 指令支援的常用事件如下：

（1）資源事件

v-on 指令支援的資源事件如表 5-1 所示。

▼ 表 5-1　v-on 指令支援的資源事件及其觸發時機

事件名稱	何時觸發
error	資源載入失敗時
abort	正在載入的資源被中止時
load	資源及其相關資源已完成載入
beforeunload	window、document 及其資源即將被移除
unload	文件或一個相依資源正在被移除

（2）網路事件

v-on 指令支援的網路事件如表 5-2 所示。

▼ 表 5-2　v-on 指令支援的網路事件及其觸發時機

事件名稱	何時觸發
online	瀏覽器已獲得網路存取
offline	瀏覽器已失去網路存取

（3）焦點事件

v-on 指令支援的焦點事件如表 5-3 所示。

▼ 表 5-3　v-on 指令支援的焦點事件及其觸發時機

事件名稱	何時觸發
focus	元素獲得焦點（不會反昇）
blur	元素失去焦點（不會反昇）

（4）WebSocket 事件

v-on 指令支援的 WebSocket 事件如表 5-4 所示。

▼ 表 5-4　v-on 指令支援的 WebSocket 事件及其觸發時機

事件名稱	何時觸發
open	WebSocket 連接已建立
message	透過 WebSocket 接收到一筆訊息
error	WebSocket 連接異常被關閉（比如有些資料無法發送）
close	WebSocket 連接已關閉

（5）階段歷史事件

v-on 指令支援的階段歷史事件如表 5-5 所示。

▼ 表 5-5　v-on 指令支援的階段歷史事件及其觸發時機

事件名稱	何時觸發
pagehide	正從某個階段歷史記錄項目開始遍歷
pageshow	遍歷到階段歷史記錄項項目
popstate	正在導覽到階段歷史記錄項目（在某些情況下）

（6）CSS 動畫事件

v-on 指令支援的 CSS 動畫事件如表 5-6 所示。

▼ 表 5-6　v-on 指令支援的 CSS 動畫事件及其觸發時機

事件名稱	何時觸發
animationstart	某個 CSS 動畫開始時觸發
animationend	某個 CSS 動畫完成時觸發
animationiteration	某個 CSS 動畫完成後重新開始時觸發

（7）表單事件

v-on 指令支援的表單事件如表 5-7 所示。

▼ 表 5-7　v-on 指令支援的表單事件及其觸發時機

事件名稱	何時觸發
reset	點擊「重置」按鈕時
submit	點擊「送出」按鈕時

（8）列印事件

v-on 指令支援的列印事件如表 5-8 所示。

▼ 表 5-8 v-on 指令支援的列印事件及其觸發時機

事件名稱	何時觸發
beforeprint	印表機已經就緒時觸發
afterprint	印表機關閉時觸發

（9）剪貼簿事件

v-on 指令支援的剪貼簿事件如表 5-9 所示。

▼ 表 5-9 v-on 指令支援的剪貼簿事件及其觸發時機

事件名稱	何時觸發
cut	已經把選中的文字內容剪下到了剪貼簿
copy	已經把選中的文字內容複製到了剪貼簿
paste	從剪貼簿複製的文字內容被貼上

（10）鍵盤事件

v-on 指令支援的鍵盤事件如表 5-10 所示。

▼ 表 5-10 v-on 指令支援的鍵盤事件及其觸發時機

事件名稱	何時觸發
keydown	按下任意按鍵
keypress	除 Shift、Fn、CapsLock 外的任意按鍵被按住（連續觸發）
keyup	釋放任意按鍵

（11）滑鼠事件

v-on 指令支援的滑鼠事件如表 5-11 所示。

▼ 表 5-11 v-on 指令支援的滑鼠事件及其觸發時機

事件名稱	何時觸發
auxclick	元素上的定點裝置按鈕（任何非主按鈕）已按下並釋放
click	在元素上按下並釋放任意滑鼠按鍵
contextmenu	按滑鼠右鍵（在快顯功能表顯示前觸發）
dblclick	在元素上按兩下
mousedown	在元素上按下任意滑鼠按鈕

事件名稱	何時觸發
mouseenter	指標移到有事件監聽的元素內
mouseleave	指標移出元素範圍外（不反昇）
mousemove	指標在元素內移動時持續觸發
mouseover	指標移到有事件監聽的元素或者它的子元素內
mouseout	指標移出元素，或者移到它的子元素上
mouseup	在元素上釋放任意滑鼠按鍵
pointerlockchange	滑鼠被鎖定或者解除鎖定發生時
pointerlockerror	可能因為一些技術的原因滑鼠鎖定被禁止時
select	有文字被選中
wheel	滾輪向任意方向捲動

（12）拖曳事件

v-on 指令支援的拖曳事件如表 5-12 所示。

▼ 表 5-12　v-on 指令支援的拖曳事件及其觸發時機

事件名稱	何時觸發
drag	正在拖曳元素或文字選區（在此過程中持續觸發，每 350ms 觸發一次）
dragend	拖曳操作結束（鬆開滑鼠按鈕或按下 Esc 鍵）
dragenter	被拖曳的元素或文字選區移入有效釋放目標區
dragstart	使用者開始拖曳 HTML 元素或選中的文字
dragleave	被拖曳的元素或文字選區移出有效釋放目標區
dragover	被拖曳的元素或文字選區正在目標上被拖曳（在此過程中持續觸發，每 350ms 觸發一次）
drop	元素在有效釋放目標區上釋放

【例 5-7】v-on 指令和按鈕一起使用

本實例將 v-on 指令和按鈕一起使用，具體步驟如下：

1）在 VSCode 中開啟目錄（D:\demo），新建一個檔案 index.htm，然後
增加程式，核心程式如下：

```
<div id=" box">
        <button v-on:click="clickHandler">click</button>
        <button @mouseover='mouseoverHandler(123 ,$event)'>mouse
move</button>
        <button @click="plus"> 增加 </button>    <!-- 使用函式名稱 -->
        <button @click="num--"> 減少 </button>    <!-- 直接寫 js 片段 -->
```

```
      <h2>num = {{num}}</h2>
  </div>
      const user = {
   data(){
     return{
       num:1
         }
     },
     methods: {
             clickHandler() {
                 alert("Hello!");
             },
             mouseoverHandler(num, event) {
                 console.log(num, event);
                 alert(num);
             },
             plus(){
                 this.num++;
             }
         }
     }
```

在上述程式中，頁面中放置了 4 個按鈕，第一個按鈕透過 v-on 指令綁定到方法 clickHandler，該方法中透過 alert 函式顯示一個資訊方塊。如果想省略 v-on 指令，也可以簡寫如下：

```
<button @click='clickHandler'>click</button>
```

第二個按鈕綁定了滑鼠在按鈕上移動的事件，並且事件處理函式 mouseoverHandler 帶有兩個參數：一個是 num，另一個是 event。

第三個和第四個按鈕分別對資料 num 進行累加和累減。其中第三按鈕使用函式 plus，該函式必須要在 Vue.js 實例中定義。第四個按鈕直接寫 JS 片段，引用 num 進行減法運算。

2）按快速鍵 Ctrl+F5 執行程式，然後點擊幾下 increase 按鈕，num 就累加了，結果如圖 5-7 所示。

▲ 圖 5-7

我們再來看一個將 v-html、v-model 和按鈕聯合使用的實例，以此對前面學的幾個指令有更深的理解。

【例 5-8】v-html、v-model 和按鈕聯合使用

本實例將 v-html、v-model 和按鈕聯合使用，具體步驟如下：

1）在 VSCode 中開啟目錄（D:\demo），新建一個檔案 index.htm，然後增加程式，核心程式如下：

```
<div id="box">
    <div class="search-box">
        請輸入您的星座：
        <input type="text" id="xingzuo" v-model="xingzuoming">
        <input type="button" value=" 確定 " @click="query">
    </div>
    <div class="xingzuo-detail" v-html="xingzuodetail"></div>
</div>

const user = {
    data(){
        return{
            xingzuoming:'',
            xingzuodetail:''

        }
    },
    methods:{
        query(){
            switch(this.xingzuoming){
                case ' 水瓶座 ':
                    this.xingzuodetail="<img
src='images/12/shuiping.png'>";
                    break;
                case ' 獅子座 ':
                    this.xingzuodetail="<img
src='images/12/shizi.png'>";
                    break;
                case ' 處女座 ':
                    this.xingzuodetail="<img
src='images/12/chunv.png'>";
                    break;
                case ' 天蠍座 ':
                    this.xingzuodetail="<img
src='images/12/tianxie.png'>";
                    break;
                case ' 白羊座 ':
                    this.xingzuodetail="<img
src='images/12/baiyang.png'>";
                    break;
                case ' 金牛座 ':
                    this.xingzuodetail="<img
src='images/12/ 金牛 .png'>";
                    break;
```

```
                        case '天秤座':
                            this.xingzuodetail="<img
src='images/12/tiancheng.png'>";
                            break;
                        default:
                            this.xingzuodetail = ' 請輸入正確的星座，例如獅子座、
                            天蠍座等 ';
                    }
                }
            }
    });
```

當在文字標籤中輸入內容時，Vue.js 中定義的 data 變數 xingzuoming 將得到更新（因為綁定到了文字標籤）。然後點擊按鈕，將呼叫 query 函式，在該函式中比對字串，將更新 xingzuodetail，從而頁面上顯示對應的影像。

2）按快速鍵 Ctrl+F5 執行程式，結果如圖 5-8 所示。

▲ 圖 5-8

上面都是處理一個按鈕事件，下面我們在一個程式中多處理幾個事件，比如點擊、按兩下、滑鼠移入、滑鼠離開等。

【例 5-8】處理多個事件

本實例將處理多個事件，具體步驟如下：

1）在 VSCode 中開啟目錄（D:\demo），新建一個檔案 index.htm，然後增加程式，核心程式如下：

```
<!DOCTYPE html>
<html>
    <head>
        <meta charset="utf-8">
        <title></title>
        <script src="d:/vue.js"></script>
    </head>

    <style>
```

```
  *{margin:0;padding:0;}
  ul{
    width: 200px;
    border: 1px solid #000;
    margin:100px auto;
    list-style-type:none;
  }
  ul li{
    line-height: 30px;
    text-align: center;
    border: 1px solid #000;
    background-color: #ccc;
    cursor:pointer;
  }
</style>


<body>
    <!--View-->
    <div id="box">
      <li v-on:click="clickme">click event</li>
      <li @dblclick="dblclickme">double click event</li>
      <li v-on:mouseenter="enterme()">mouse in event</li>
      <li @mouseleave="leaveme('parameter')">mouse leave event</li>
    </div>
</body>

<script>
    //Model
    const user = {
     data(){
       return{}
     },
     methods: {
         clickme(){
         console.log('click event comes...');
       },
       dblclickme(){
         console.log('double click event comes...');
       },
       enterme(){
         console.log('mouse in event comes...');
       },
       leaveme(p){
         console.log('mouse leave event...'+ p);
       }
         }
   }

//ViewModel
const app = Vue.createApp(user);
const rc = app.mount("#box");
```

```
</script>
</html>
```

當不同的事件發生時，我們呼叫 console.log 函式在主控台上列印對應的資訊。

2）按快速鍵 Ctrl+F5 執行程式，在瀏覽器上按 F12 鍵開啟瀏覽器的主控台，然後在頁面特定位置點擊或移動滑鼠就可以看到主控台上的列印資訊。也可以在 VSCode 下方的主控台視窗中查看，執行結果如下：

```
mouse leave event...parameter
mouse in event comes...
mouse in event comes...
mouse in event comes...
mouse leave event...parameter
mouse leave event...parameter
mouse in event comes...
```

5.4 v-for 指令

v-for 是 Vue.js 的迴圈指令，作用是遍歷陣列（物件）的每一個值。這裡的陣列既可以是普通陣列，也可以是物件陣列。

1. 迭代普通陣列

通常先在 data 中定義普通陣列，例如：

```
data:{
    list:[10,20,30,40,50,60]
}
```

然後在 HTML 中使用 v-for 指令繪製：

```
<p v-for="(item,i) in list">索引值：{{i}} ，每一項的值：{{item}}</p>
```

索引值 i 從 0 開始，比如上面 list 中有 6 項，那麼 {{i}} 的取值範圍是 0~5。{{item}} 是 list 中每一項的值，即 10,20,30,40,50,60。

2. 迭代物件陣列

通常先在 data 中定義物件陣列：

```
data:{
    listObj:[
        {id:1, name:'zs1'},
```

```
            {id:2, name:'zs2'},
            {id:3, name:'zs3'},
            {id:4, name:'zs4'},
            {id:5, name:'zs5'},
            {id:6, name:'zs6'},
        ]
    }
```

然後在 HTML 中使用 v-for，例如：

```
<p v-for="(user,i) in listObj">--id--{{user.id}}   -- 姓名--{{user.
name}}</p>
```

索引值 i 從 0 開始。透過 user 可以引用 id 和 name。

3. 迭代物件

通常先在 data 中定義物件，例如：

```
data:{
    user:{
        id:1,
        name:'Tom',
        gender:'man'
    }
}
```

然後在 HTML 中使用 v-for 指令繪製，例如：

```
<p v-for="(val,key) in user">-- 物件上的鍵是 --{{key}}-- 鍵值是 --{{val}}</
p>
```

4. 迭代數字

如果使用 v-for 迭代數字，前面 count 的值從 1 開始，例如：

```
<p v-for="count in 10"> 這是第 {{count}} 次迴圈 </p>
```

【例 5-10】v-for 迭代物件陣列

本實例將使用 v-for 迭代物件陣列，具體步驟如下：

1）在 VSCode 中開啟目錄（D:\demo），新建一個檔案 index.htm，然後
增加程式，核心程式如下：

```
        <div id="box">
          <li v-for="(singer,index) in singers">
```

```
            {{singer.no}} {{singer.name}}  (index:{{index}})
        </li>
    </div>

const user = {
    data(){
        return{
            singers:[
                {no:1, name:'Tom'},
                {no:2, name:'Jack'},
                {no:3, name:'Peter'},
                {no:4, name:'Alice'}
            ]
        }
    }
}
```

其中，singers 是 Vue.js 中定義的物件陣列，在頁面上透過 v-for 對其進行迭代，從而輸出每個元素的值。

2）按 F5 鍵執行程式，頁面上輸出的結果如下：

```
1 Tom  (index:0)
2 Jack  (index:1)
3 Peter  (index:2)
4 Alice  (index:3)
```

下面的範例稍微複雜一些，實作了 v-for 迭代的 4 種情況。

【例 5-11】v-for 迭代的 4 種情況

本實例將實作 v-for 迭代的 4 種情況，具體步驟如下：

1）在 VSCode 中開啟目錄（D:\demo），新建一個檔案 index.htm，然後增加程式，核心程式如下：

```
<div id="box">
    <!--v-for 迴圈普通陣列 -->
    <p v-for="(item,i) in list">index:{{i}} , item value:{{item}}</p>
    <br/>
    <!--v-for 迴圈物件陣列 -->
    <p v-for="(user,i) in listObj">id:{{user.id}},name:{{user.
name}}</p>
    <br/>
    <!-- 注意，在遍歷物件的鍵值對時，除了有 val 和 key 外，在第三個位置還有
一個索引 -->
    <p v-for="(val,key) in user">--object's key--{{key}},
```

```
value--{{val}}</p>
        <br/>
        <!-- in 後面可以放陣列、物件陣列、物件，還可以放數字 -->
        <!-- 注意：如果使用 v-for 迭代數字，前面 count 的值從 1 開始 -->
        <p v-for="count in 3">No.{{count}} loop</p>
    </div>

const user = {
    data(){
        return{
        list:['dog','cat','cow'],
    listObj:[
        {id:1, name:'Tom'},
        {id:2, name:'Jack'},
        {id:3, name:'Mike'},
    ],
    user:{
        id:1,
        name:'Tom',
        gender:'man'
    }
        }
    }
}
```

2）按快速鍵 Ctrl+F5 執行程式，頁面上輸出的結果如下：

```
index：0 ， item value：dog

index：1 ， item value：cat

index：2 ， item value：cow


id：1，name:Tom

id：2，name:Jack

id：3，name:Mike


--object's key--id，value--1

--object's key--name，value--Tom

--object's key--gender，value--man


No.1 loop
```

No.2 loop

No.3 loop

v-for 指令用途比較廣，下面再看一個較為綜合的範例（即圖書管理），其表格中的資料顯示用到 v-for。

【例 5-12】圖書管理

1）在 VSCode 中開啟目錄（D:\demo），新建一個檔案 index.htm，然後增加程式，核心程式如下：

```html
<!DOCTYPE html>
<html>
    <head>
        <meta charset="utf-8">
        <title></title>
        <script src="d:/vue.js"></script>
        <style>
          *{margin:0;padding:0}
          table,td{
            border:1px solid #cccccc;
            border-collapse:collapse;
          }
          table{
            width: 1090px;
            margin:20px auto;
          }
          tr{
            line-height: 30px;
          }
          td{
            text-align: center;
          }
          button{
            width: 40px;
            height: 24px;
            border: 1px solid orange;
          }
          fieldset{
            width: 1040px;
            margin:0 auto;
            padding:25px;
          }
          fieldset p{
            line-height: 30px;
          }
```

```
      </style>
  </head>

  <body>
      <!--View-->
      <div id="box">
        <table>
          <tr>
            <th>ID</th>
            <th>book name</th>
            <th>author</th>
            <th>price</th>
            <th>action</th>
          </tr>
          <tr v-for="(book,index) in books">
            <td>{{book.id}}</td>
            <td>{{book.name}}</td>
            <td>{{book.author}}</td>
            <td>{{book.price}}</td>
            <td>
              <button @click="delBook(index)">del</button>
            </td>
          </tr>
        </table>

        <fieldset>
          <legend>Add a new book</legend>
          <p>book name：<input type="text" v-model="newBook.name"></p>
          <p>author：<input type="text" v-model="newBook.author"></p>
          <p>price：<input type="text" v-model="newBook.price"></p>
          <p><button @click="addBook">Add</button></p>
        </fieldset>

      </div>
  </body>

  <script>
      //Model
      const user = {
       data(){
         return{
         books:[
             {id:1, name:'VC++ programming', author:'Jack',
price:'8.88'},
             {id:2, name:'My dog and cat', author:'Peter',
price:'8.80'},
             {id:3, name:'Story of my mother', author:'Alice',
price:'8.08'},
         ],
```

```
        newBook:{
              id:0,
              name:'',
              author:'',
              price:''
          }
        }
        },

    methods:{
      delBook(idx){    // idx 表示要刪除項目的索引
              var r = confirm("Are you sure you want to delete?");
              if(r) this.books.splice(idx, 1);  //1 表示刪除數目是 1
        },
        addBook(){
            var maxId = 0;
            for(var i=0; i<this.books.length; i++){
                if(maxId<this.books[i].id){
                    maxId = this.books[i].id;
                }
            }
            this.newBook.id = maxId+1;
            // console.log(this.newBook);
            //
            // 插入 books 中
            this.books.push(this.newBook);

            // 清空新書
            this.newBook = {};
        }
    }
    }

    //ViewModel
    const app = Vue.createApp(user);
    const rc = app.mount("#box");
</script>
</html>
```

　　在 Vue.js 的 data 中，我們定義了一個名為 books 的陣列，它開始時儲存
了 4 本書的資訊。另外，也定義了一個名為 newBook 的結構，裡面定義了 id、
name、author 和 price 幾個欄位，分別對應頁面上的幾個文字標籤。在網頁中，
我們使用 <table> 來定義一張表格，表格的每一行結尾放置一個「刪除」按鈕，
當使用者點擊「刪除」按鈕時，會呼叫 delBook 函式，該函式的參數表示要刪
除項目的索引，具體刪除的函式是 splice，它的第二個參數 1 表示要刪除的數
目是 1。標籤 <fieldset> 用於組合表單中的相關元素，我們放置了一個增加按

鈕，點擊該按鈕時，將呼叫 addBook 函式，在該函式中透過 push 方法將新書（newBook）增加到陣列中，push 方法向陣列尾端增加新項目，並傳回新長度。最後清空新書（this.newBook）的各個欄位。

2）按快速鍵 Ctrl+F5 執行程式，頁面上輸出的結果如圖 5-9 所示。

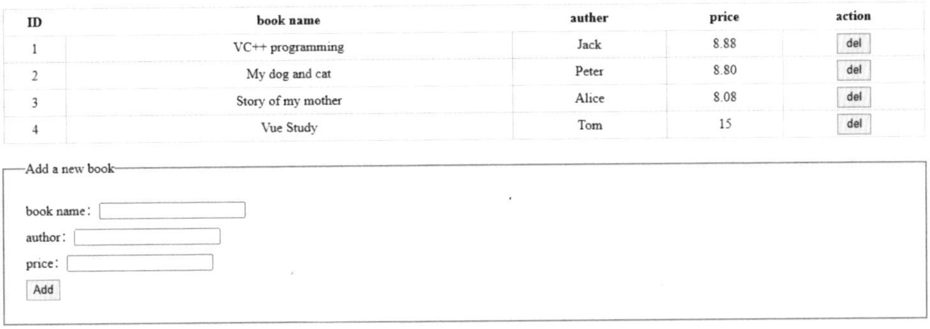

ID	book name	auther	price	action
1	VC++ programming	Jack	8.88	del
2	My dog and cat	Peter	8.80	del
3	Story of my mother	Alice	8.08	del
4	Vue Study	Tom	15	del

Add a new book

book name：

author：

price：

Add

▲ 圖 5-9

ID 為 4 的那一行是我們增加的新書，增加後會顯示在表格中。

5.5　v-if 指令

v-if 指令是條件繪製指令，根據運算式的真假來增加或刪除元素，或者根據運算式的真假來切換元素的顯示狀態。其語法結構是 v-if="expression"，其中 expression 是一個傳回 bool 值的運算式，其結果可以是 true 或 false，也可以是傳回 true 或 false 的運算式。

【例 5-13】v-if 的基本使用

v-if 的基本使用步驟如下：

1）在 VSCode 中開啟目錄（比如 D:\demo），新建一個檔案 index.htm，然後增加程式，核心程式如下：

```
<div id="box">
    <!-- 根據條件運算式的值的真假來繪製元素。在切換時元素及它的資料綁定 / 元件被銷毀並重建 -->
    <p v-if="show">show sth.</p>
    <p v-if="hide">hide sth.</p>
    <!-- 小於 170 的顯示，否則不顯示 -->
```

```
    <p v-if="height<170">Alice's height:{{ height }}CM</p>
</div>

const user = {
    data(){
      return{
        show: true,
        hide: false,
        height: 168
     }
    }
  }
```

在上述程式中，data 中的 show 因為是 true，所以第 1 個 v-if 為 true，然後就執行 show sth.。data 中的 hide 因為是 false，所以第 2 個 v-if 為 false，然後就執行 hide sth.。data 中的 height 值是 168，小於 170，所以會顯示 Alice's height:168CM。

2）按快速鍵 Ctrl+F5 執行程式，結果如下：

```
show sth.

Alice's height:168CM
```

5.6 v-else 指令

相信讀者都學過 C 語言，對 C 語言中的 if-else 語句不陌生，這裡的 v-else 就是充當 else 部分。沒錯，就是若 v-if="expression" 的條件成立，則 v-else 條件不成立。有沒有發現 v-else 離不開 v-if，如果沒有 v-if 的存在，v-else 將變得毫無意義。

【例 5-14】v-if 和 v-else 一起使用

本實例將 v-if 和 v-else 一起使用，具體步驟如下：

1）在 VSCode 中開啟目錄（D:\demo），新建一個檔案 index.htm，然後增加程式，核心程式如下：

```
<div id="box">
    <div v-if="type === 'A'">
      A
    </div>
    <div v-else-if="type === 'B'">
```

```
      B
    </div>
    <div v-else-if="type === 'C'">
      C
    </div>
    <div v-else>
      Not A/B/C
    </div>
  </div>

const user = {
    data(){
        return{
          type: "A"
    }
    }
  }
```

2）按快速鍵 Ctrl+F5 執行程式，結果如下：

B

5.7　v-show 指令

v-show 指令用於控制元素的顯示和隱藏，比如顯示或隱藏頁面上的一塊顏色或一段文字。

【例 5-15】透過 v-show 指令顯示方塊背景色

本實例將透過 v-show 指令顯示方塊背景色，具體步驟如下：

1）在 VSCode 中開啟目錄（D:\demo），新建一個檔案 index.htm，然後增加程式，核心程式如下：

```
<div id="box">
    <input type="button" value="show/hide red" v-on:click="toggle()">
<br />
    <div v-show="isShow" style="width: 100px;height: 100px;background:
red"></div>
    </div>
<script>
      Vue.createApp(
       {
      data(){
```

```
        return{
          isShow:true,
        }
      },
      methods:{
        toggle:function(){
          this.isShow = !this.isShow;
        }
      }
    })).mount("#box");
</script>
```

在這個範例中，我們把 createApp 和 mount 連著寫了。一塊區域是否顯示由 Vue.js 中定義的變數 isShow 來控制，當滑鼠點擊按鈕時，將改變 isShow 的值。

2）按快速鍵 Ctrl+F5 執行程式，結果如圖 5-10 所示。

▲ 圖 5-10

我們再來看一個比較實用的提示資訊的隱藏和顯示的範例，當滑鼠移到某個位置時，就顯示一段提示文字，否則就隱藏這段文字。

【例 5-16】滑鼠移上提醒功能

本實例將滑鼠移到特定位置時就會顯示提醒文字，具體步驟如下：

1）在 VSCode 中開啟目錄（D:\demo），新建一個檔案 index.htm，然後增加程式，核心程式如下：

```
<div id="box">
  <fieldset>
    <form action="">
      <p> 電子郵件：<input type="text"></p>
      <p> 密碼：<input type="password" name="" id=""></p>
      <p id="demo" v-on:mouseenter="visible"
@mouseleave="invisible"><input type="checkbox" id="miandenglu"><label
for="miandenglu"> 十天內免登入 </label>
        <span v-show="seen==true"> 為了您的資訊安全，請不要在網咖或者公
```

```
用電腦上使用此功能！</span>
        <p>
        <input type="button" value=" 登　入 ">
        <input type="button" value=" 去註冊 ">
        </p>
    </form>
</fieldset>
</div>

const user = {
    data(){
        return{
          seen:false
        }
    },
      methods:{
      visible(){
          this.seen = true;
        },
        invisible(){
            this.seen = false;
        }
    }
}
```

　　原理很簡單，seen 是 Vue.js 中定義的 data 變數，用來控制是否顯示提示資訊，當滑鼠移到特定位置時，就呼叫 visible 函式來使得 seen 為 true；當滑鼠離開特定位置時，就呼叫 invisible 函式來使得 seen 為 false。

　　2）按快速鍵 Ctrl+F5 執行程式，結果如圖 5-11 所示。

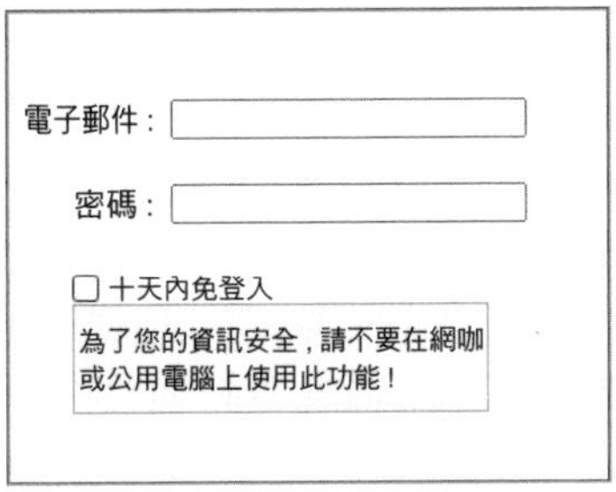

▲ 圖 5-11

5.8 v-bind 指令

v-bind 指令通常用來綁定屬性，動態地綁定一些類別名稱（class）或樣式（style）。操作元素的 class 清單和內聯樣式是資料綁定的一個常見需求。因為它們都是屬性，所以我們可以用 v-bind 處理它們：只需要透過運算式計算出字串結果即可。不過，字串拼接麻煩且易錯。因此，在將 v-bind 用於 class 和 style 時，Vue.js 做了專門的增強。運算式結果的類型除了字串之外，還可以是物件或陣列。

v-bind 主要用於解決 HTML 元素屬性值的綁定問題，用於回應更新 HTML 元素的屬性，將一個或多個屬性或一個元件的 prop 動態繫結到運算式，即 v-bind 用來綁定屬性變數，比如綁定一個網頁連結。v-bind 可以綁定布林值、字串和陣列。

1. 綁定布林值

綁定布林值的方式如下：

```
<div id="demo">
    <span v-bind:class="{class-a:isA, class-b:isB}"></span>
</div>
```

其中 class-a 和 class-b 是兩個屬性名稱。isA 和 isB 是 Vue.js 中定義的 data，當 isA 和 isB 發生變化時，將會影響 class-a 和 class-b。

2. 綁定字串

綁定字串的方式如下：

```
<div id="demo">
    <span :class="classA"></span>
</div>
```

其中字串 classA 是 Vue.js 中定義的資料屬性。

3. 綁定陣列

我們可以把一個陣列傳給 v-bind:class，以應用一個 class 列表，程式如下：

```
<div v-bind:class="[activeClass, errorClass]"></div>

data: {
```

```
activeClass: 'active',
errorClass: 'text-danger'
}
```

class= 後面的引號中的內容要用 [] 定界起止（即括起來）。

【例 5-17】v-bind 綁定連結

本實例將使用 v-bind 綁定連結，具體步驟如下：

1）在 VSCode 中開啟目錄（D:\demo），新建一個檔案 index.htm，然後
增加程式，核心程式如下：

```
<div id="box"><a v-bind:href="qqhref">QQ</a> </div>
  <script>
      const user = {
       data(){
         return{
         qqhref:"http://www.qq.com"
         }
      }
   }
```

點擊 QQ 時將跳躍到 http://www.qq.com。

2）按快速鍵 Ctrl+F5 執行程式，結果如圖 5-12 所示。

QQ

▲ 圖 5-12

我們再來看一個範例，點擊按鈕，改變 v-bind 綁定的 class 屬性，顯示為
字型顏色的改變。class 屬性定義了元素的類別名稱。我們來簡單溫習一下 class
的基本使用。下面來看一個連結影像連結的範例，顯示哪個影像可以根據變數
來設定。

【例 5-18】根據變數綁定不同的影像連結

本實例將根據變數綁定不同的影像連結，具體步驟如下：

1）在 VSCode 中開啟目錄（D:\demo），新建一個檔案 index.htm，然後
增加程式，核心程式如下：

```
<div id="box">
```

```
    <img v-bind:src="'images/'+num+'.jpg'" alt="">
    <p>{{num==1?'sky':'sea'}}</p>
</div>

const user = {
        data(){
          return{
          num:1
          }
        }
    }
```

我們把變數 num 寫在影像的相對路徑中，num 設定不同的值，就可以顯示不同的影像。

2）按快速鍵 Ctrl+F5 執行程式，結果如圖 5-13 所示。

sky

▲ 圖 5-13

如果在主控台下把 num 的值修改為 2，則影像會變為大海。接下來看一個使用 class 屬性的範例。

【例 5-19】在 HTML 文件中使用 class 屬性

本實例將在 HTML 文件中使用 class 屬性，具體操作步驟如下：

1）在 VSCode 中開啟目錄（D:\demo），新建一個檔案 index.htm，然後增加程式，核心程式如下：

```
<html>
<head>
<style type="text/css">
h1.intro {color:blue;}
p.important {color:red;}
</style>
```

```
</head>

<body>
<h1 class="intro">Header 1</h1>
<p>A paragraph.</p>
<p class="important">Note that this is an important paragraph.</p>

</body>
</html>
```

其中 <h1> 標籤可定義標題，而且是定義最大的標題，其實一共有 6 個，即 <h1>~<h6> 標籤都可以定義標題，<h1> 定義最大的標題，<h6> 定義最小的標題。<p> 標籤用來定義段落。它們都可以和 class 一起使用，"intro" 和 "important" 都是類別名稱，並且在 <style> 標籤中對它們進行了賦值，一個是藍色，另一個是紅色。這樣輸出的文字就會有對應的顏色。

2）按快速鍵 Ctrl+F5 執行程式，結果如圖 5-14 所示。

下面將 class 屬性和 Vue.js 結合起來使用。

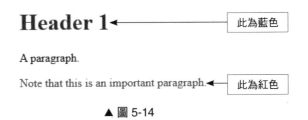

▲ 圖 5-14

【例 5-20】綁定布林值

本實例將綁定布林值，具體步驟如下：

1）在 VSCode 中開啟目錄（D:\demo），新建一個檔案 index.htm，然後增加程式，核心程式如下：

```
<!DOCTYPE html>
<html lang="en">
<head>
    <meta charset="UTF-8">
    <script src="d:/vue.js"></script>
    <style>
        .redtt {color: red;}
        .big { font-size: 50px;}
    </style>
```

```
        </head>
        <body>
          <div id="box">
            <h2 class="redtt">{{message}}</h2>
            <h6 v-bind:class="{redtt: isRed, big: isBig}">{{message}}</h6>
            <button v-on:click="btnClick">Change Color and size</button>

        </div>
          <script>
              const user = {
               data(){
                  return{
                  message:'Hello',
                   isRed:false,
                   isBig:false


                  }
              },
              methods:{
                  btnClick(){
                     this.isRed = !this.isRed
                  this.isBig = !this.isBig
                     }
              }
            }
          const app = Vue.createApp(user);
          const rc = app.mount("#box");
          </script>
        </body>
        </html>
```

　　HTML 中的 class 屬性大多數時候用於指向樣式表中的類別（class）。不過，也可以利用它透過 JavaScript 來改變帶有指定 class 的 HTML 元素。這裡 redtt 和 big 都是 class 定義的屬性類別名稱，其值在 <style> 標籤中定義，分別為紅色和 50 像素的尺寸。並且這兩個類別名稱綁定了 Vue.js 中定義的兩個 data：isRed 和 isBig，這樣當 isRed 和 isBig 發生改變時（透過點擊按鈕來呼叫函式 btnClick）就能控制類別名稱，從而影響頁面上的文字。值得注意的是，v-bind:class 右邊的分號中用大括號把兩個類別名稱括起來，並且用逗點分隔，這是布林值的綁定方式。

　　2）按快速鍵 Ctrl+F5 執行程式，結果如圖 5-15 所示。

▲ 圖 5-15

我們再來看一個稍微複雜一些的 v-bind 範例，在網頁上放置一個導覽列，當使用者點擊其中某個連結時，就在下方顯示該連結的名稱。這個範例把 v-bind 和 @click 聯合起來使用了。

【例 5-21】綁定字串

本實例將綁定字串，具體步驟如下：

1）在 VSCode 中開啟目錄（D:\demo），新建一個檔案 index.htm，然後增加程式，核心程式如下：

```html
<!DOCTYPE html>
<html lang="en">
<head>
    <meta charset="UTF-8">
    <title>test nav</title>
    <style>
        *{margin:0;padding:0}
        .nav{
            margin:100px auto 24px;
            overflow:hidden;
        }
        .nav li{
            background-color: #5597b4;
            padding:18px 30px;
            float: left;
            list-style-type:none;
            color:white;
            font-weight: bold;
            font-size: 20px;
            text-transform:uppercase;
            cursor:pointer;
        }
        .home .home,.news .news,.projects .projects,.services .services,.
contact .contact{
            background-color:skyblue;
        }
```

```html
        </style>
        <script src="d:/vue.js"></script>
    </head>
    <body>
        <div id="box">
            <ul class="nav" v-bind:class="current">
                <li class="home" @click="change('home')">home</li>
                <li class="news" @click="change('news')">news</li>
            <li class="projects" @click="change('projects')">projects</li>
            <li class="services" @click="change('services')">services</li>
            <li class="contact" @click="change('contact')">contact</li>
            </ul>
            <div>current page：{{current}}</div>
        </div>
        <script>
        const user = {
            data(){
                return{
                current:'home'
                }
            },
            methods:{
                change(cur){
                    this.current = cur;
                }
            }
        }
        const app = Vue.createApp(user);
        const rc = app.mount("#box");
        </script>
    </body>
</html>
```

　　<ul> 標籤定義無序列表，將 <ul> 標籤與 <li> 標籤一起使用，經常用於建立一個橫向選單。現在 ul 用 class 定義了兩個類別名稱，一個是 "nav"，其值在標籤 <style> 的 .nav{..} 中定義；另一個類別名稱透過 v-bind:class= 綁定到了字串 "current"，當 current 變為 'home'、'news'、'project' 等值時，將使用 <style> 中定義的背景藍色（background-color:skyblue;）。

　　當使用者點擊某個選單項時將呼叫 change 函式，從而使得變數 current 的值得到改變，頁面上的 {{current}} 的內容變為函式 change 傳入的參數，即 'home'、'news'、'projects' 等。

　　2）按快速鍵 Ctrl+F5 執行程式，結果如圖 5-16 所示。

current page： news

▲ 圖 5-16

我們還可以將 v-bind 和 CSS 的 Style 綁定，可以參看下面的實例。

【例 5-22】綁定 CSS 的 Style

本實例將綁定 CSS 的 Style，具體步驟如下：

1）在 VSCode 中開啟目錄（D:\demo），新建一個檔案 index.htm，然後
增加程式，核心程式如下：

```
<div id="box">
    <div v-bind:style="styles">Hello World</div>
</div>
<script>
    const user = {
     data(){
       return{
       styles:{
          color:'red',
          fontSize:'30px',
          fontWeight:'normal',
          background:'Green'
       }
       }
    }
}
```

其實就是把 styles 作為 data 變數。

2）按快速鍵 Ctrl+F5 執行程式，結果如圖 5-17 所示。

▲ 圖 5-17

同樣，我們可以把影像位址寫在 data 變數中，並實作點擊影像跳躍到網站
的功能。

【例 5-23】點擊影像跳躍到網站

1) 在 VSCode 中開啟目錄（D:\demo），新建一個檔案 index.htm，然後增加程式，核心程式如下：

```
<div id="box">
    <a v-bind:href="hrefvalue">
    <img v-bind:src="srcImg" alt="">
</div>
<script>
    const user = {
  data(){
    return{
            hrefvalue:'http://www.hotmail.com',
            srcImg:'images/1.jpg'
        }
        }
    }
```

連續用了兩個 v-bind，第一個綁定網址連結，點擊影像將跳躍到該網站，第二個連結影像位址。其中，網址連結和影像位址都用變數定義在 data 中。

2) 按快速鍵 Ctrl+F5 執行程式，結果如圖 5-18 所示。

▲ 圖 5-18

5.9　watch 指令

watch 指令的作用是監控一個值的變化，並根據變化呼叫需要執行的方法。可以透過 watch 動態改變連結的狀態。

【例 5-24】監聽資料變化

本實例將監聽資料的變化，具體步驟如下：

1) 在 VSCode 中開啟目錄（D:\demo），新建一個檔案 index.htm，然後增加程式，核心程式如下：

```
<div id="box">
    <input v-model="message">
</div>
<script>
    const user = {
  data(){
    return{
       message:"hello "
    }
    },
    watch:{   // 普通的 watch 監聽
   message(newVal, oldVal){
   console.log("newValue" + newVal + ";oldValue:" + oldVal);
  }
 }
  }
```

在上述程式中，watch 監聽 message 的資料變化，並在主控台上把舊值和新值列印出來。

2）按快速鍵 Ctrl+F5 鍵執行程式，按 F12 鍵開啟主控台視窗，然後在頁面編輯視窗中輸入一些內容，會看到主控台把舊值和新值列印出來了，也可以在 VSCode 的主控台視窗中查看，結果如下：

```
newValuehello f;oldValue:hello
newValuehello ff;oldValue:hello f
newValuehello fff;oldValue:hello ff
newValuehello ffff;oldValue:hello fff
```

第 **6** 章
元件應用與進階

　　元件是 Vue.js 中強大的功能之一。透過元件，開發者可以封裝出重複使用性強、擴充性強的 HTML 元素，並且透過元件的組合可以將複雜的頁面元素拆分成多個獨立的內部元件，方便程式的邏輯分離與管理。本章將介紹元件的應用。

6.1 元件概述

　　如果我們將一個頁面中所有的處理邏輯全部放在一起，處理起來就會變得非常複雜，而且不利於後續的管理以及功能擴充；如果將一個頁面拆分成一個個小的功能區塊，每個功能區塊完成屬於自己這部分獨立的功能，那麼之後整個頁面的管理和維護就變得非常容易；如果將一個個功能區塊拆分，就可以像架設積木那樣來架設我們的專案。

　　在開發大型應用時，頁面可以劃分成很多部分。往往不同的頁面也會有相同的部分，例如可能會有相同的首頁導覽。如果每個頁面都獨自開發，這無疑增加了開發的成本。所以會把頁面的不同部分拆分成獨立的元件，然後在不同頁面就可以共用這些元件，避免重複開發。也就是說，在專案開發中，往往需要使用一些公共元件，比如彈出訊息或者其他的元件，為了使用方便，將其以外掛程式的形式融入 Vue.js 中。

　　現在可以說整個大前端開發都是元件化的天下，無論是三大框架（Vue.js、React.js、Angular.js），還是跨平臺方案的 Flutter，甚至是行動端都在轉向元件化開發，包括小程式的開發也是採用元件化開發的思想。我們可以透過元件化的思想來思考整個應用程式，將一個完整的頁面分成很多個元件，每個元件都用於實作頁面的一個功能區塊，而每個元件又可以進行細分，元件本身又可以在多個地方進行重複使用。

元件是 Vue.js 強大的功能之一。元件可以擴充 HTML 元素，封裝可重用的程式。在較高層面上，元件是自訂元素，Vue.js 的編譯器為它增加特殊功能。

元件化程式設計是現代開發語言的一個重要功能。將開發任務切分成多個模組或元件，就能實作多人同步平行處理開發，從而提升工作效率。Vue.js 3 也支援元件式開發。

Vue.js 元件化的思想大大提升了模組的重複使用性和開發的效率，在使用元件時，一般分為 3 個步驟：定義元件、註冊元件和使用元件。其中，定義元件就是定義元件的屬性、行為和外觀（表現形式）等。註冊元件分為全域註冊和局部註冊兩種方式。使用元件時，只需要把元件的名稱作為標籤寫在需要顯示元件的地方即可，例如：

```
<mycomponent1></mycomponent1>
```

元件中的 template 選項後的 HTML 程式會替換掉這對標籤。

6.2 註冊元件

註冊元件相當於把元件實例化。註冊元件分為全域註冊和局部註冊兩種方式。全域註冊的元件是全域的，這意味著該元件可以在 Vue.js 應用實例的任意位置下使用。如果不需要全域註冊，或者是讓元件的使用範圍在其他元件內，則可以使用局部註冊。不論是哪種方式建立出來的元件，必須只有一個根元件。

6.2.1 全域註冊元件

全域註冊使用應用（上下文）實例（createApp 的傳回值）的成員函式 component 來完成：

```
component(name, {Function|Object})
```

其中第一個參數 name 是自訂的元件名稱；第二個參數是函式物件或選項物件，用來定義元件的屬性、行為和外觀等。

全域註冊的元件之後可以直接在 HTML 中透過元件名稱來使用。

【例 6-1】全域註冊與使用元件

本實例將全域註冊元件並使用元件，具體步驟如下：

1）在 VSCode 中開啟目錄（D:\demo），新建一個檔案 index.htm，然後
　　增加程式，核心程式如下：

```html
<!DOCTYPE html>
<html lang="en">
<head>
    <meta charset="UTF-8">
    <script src="d:/vue.js"></script>
</head>
<body>
    <div id="box">
        <component1></component1>   <!-- 使用通用元件 -->
        <h2>{{msg}}</h2>            <!-- 使用根元件中的資料 -->
        <br>
    </div>
    <script>

    // 定義通用元件的設定選項
    const myCompConfig = {
        data(){
     return {num: 0}
    },
    //  template 選項後的字串的包圍符號不是單引號，而是鍵盤 tab 鍵上方的鍵
    template: `<button @click='num++'>You click {{num}} times.</button>
num={{num}}`,
    };
    // 定義根元件的設定選項
    const RootComponentConfig  = {
    data(){
        return{
        msg:'hello'
        }
    }
    }
    const app = Vue.createApp(RootComponentConfig); // 建立應用（上下文）實
例
    app.component("component1", myCompConfig);    // 全域註冊元件
    const rc = app.mount("#box");  // 掛載應用實例，傳回根元件
    </script>
</body>
</html>
```

　　在上述程式中，myCompConfig 是通用元件的選項物件，用於設定元件，其中定義了 data 選項屬性 num 和 template 選項，然後應用實例 app 的成員 API 函式 component 來全域註冊元件，第一個參數 "component1" 是元件的名稱，第二個參數 myCompConfig 是選項物件。使用元件時，只需要在掛載的 div 節點（<div id="box">）中用元件名稱作為標籤包圍起來即可，即 <component1></component1>，執行後會自動用元件的 template 選項後面的 HTML 程式替換這對標籤。

　　2）按快速鍵 Ctrl+F5 執行程式，然後對按鈕點擊幾次，結果如圖 6-1 所示。

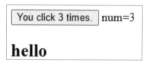

▲ 圖 6-1

　　如果不想把 HTML 程式寫在 template 選項後，也可以在頁面上定義外部 template 元素。

【例 6-2】在頁面上定義外部 template 元素

　　1）在 VSCode 中開啟目錄（D:\demo），新建一個檔案 index.htm，然後增加程式，核心程式如下：

```
<template id="temp">
    <h3> 這是 html 中的 temp</h3>
    <button @click='num++'>You click {{num}} times.</button>
num={{num}}
</template>
```

　　其實就是使用 template 標籤，然後在 JavaScript 程式中這樣定義元件的選項：

```
const myCompConfig = {
    data(){
return {num: 0}
},
    template: `#temp`,
};
```

　　其他程式與上例一樣。

　　2）按快速鍵 Ctrl+F5 執行程式，然後對按鈕點擊幾次，結果如圖 6-2 所示。

▲ 圖 6-2

6.2.2　元件名稱的命名

　　上一節完成了第一個通用元件的實作。看上去似乎不難，要注意的一點是元件名稱的命名。我們先把通用元件的命名改為 myComponent1 試試：

```
app.component("myComponent1", myCompConfig);
```

然後在 DOM 引用的地方也同步修改：

```
<myComponent1></myComponent1>
```

　　此時如果按快速鍵 Ctrl+F5，則發現元件沒有顯示在頁面上，說明 HTML 沒有找到通用元件。這是為什麼呢？由於 HTML 中的特性名稱是不區分字母大小寫的，瀏覽器會把所有大寫字母解釋為小寫字母，進而導致 HTML 找不到通用元件。VSCode 也會提示解析不到元件：Failed to resolve component: my-component1。這是因為 HTML 將 "<myComponent1></myComponent1>" 解釋為 "<mycomponent1></mycomponent1>"，而我們的通用元件名稱卻是 myComponent1，所以找不到通用元件。

　　類似 myComponent1 這樣的命名形式稱為駝峰命名法（camelCase），是指混合使用大小寫字母來組成變數和函式的名字，第一個單字以小寫字母開始，從第二個單字開始，以後的每個單字的字首都採用大寫字母。如果要使用駝峰命名法來命名元件名稱，可以在 dom 中使用烤肉串命名法（kebab-case），這樣 dom 中的標籤寫成 "<my-Component1> </my-Component1>" 即可，此時執行就可以在頁面上看到元件了。另外，如果使用帕斯卡命名法（PascalCase），也要在標籤中使用烤肉串命名法。帕斯卡命名法指當變數名稱和函式名稱是由兩個或兩個以上的單字連接在一起時，每個單字的字首大寫，比如 MyComponent1 這樣的元件命名，標籤中也要使用烤肉串命名法，即 "<My-Component1> </My-Component1>"。如果只是字首大寫，其他小寫，則標籤中可以直接用元件名稱，比如 Mycomponent1。

為了統一起見，建議元件命名和標籤中都用烤肉串命名法，全部小寫或者僅僅第一個字母大寫。

6.2.3 局部註冊

全域註冊所有的元件意味著即使不再使用這個元件，它仍然會包含在最後的建構結果中，造成使用者下載 JavaScript 的無謂增加。所以在日常編碼中，局部註冊較為常用。

局部註冊的元件通常屬於某個元件，註冊也是在該元件中透過選項 components 來定義屬性的，屬性名稱也將在 DOM 中用作元件標籤，屬性值就是局部元件的選項物件。比如下面的實例中，我們在根元件中註冊一個局部元件。

【例 6-3】在根元件中註冊局部元件

1) 在 VSCode 中開啟目錄（D:\demo），新建一個檔案 index.htm，然後增加程式，核心程式如下：

```
<div id="box">
    <mycompoent1></mycompoent1><br>
    <h2>{{msg}}</h2>
</div>
<script>

// 定義局部元件的設定選項
const myCompConfig = {
    data(){
 return {num: 0}
 },
    template: `<button @click='num++'>You clicked {{num}} times.</but-
ton>,
    num={{num}}`,
 };

// 定義根元件的設定選項
const RootComponentConfig  = {
data(){
        return{
        msg:'hello'
        }
    },
    components:{      // components 選項
     mycomponent1:myCompConfig  // mycompoent1 是屬性名稱，myCompConfig
是屬性值
```

```
    }
  }
  const app = Vue.createApp(RootComponentConfig);
  const rc = app.mount("#box"); // 把 App 中的根元件掛載到提供的 DOM 元素上
```

在上述程式中，我們透過選項 components 在根元件的選項物件中註冊了元件 my comPonent1，my comPonent1 是選項 components 的屬性名稱（也是元件名稱），myCompConfig 是屬性值，也就是局部元件的選項物件。

2）按快速鍵 Ctrl+F5 執行程式，然後對按鈕點擊幾次，結果如圖 6-3 所示。

▲ 圖 6-3

6.3 元件之間的關係

在一個 Vue.js 程式中，一般只有一個應用（上下文）實例（物件），但可以擁有多個元件，不同的元件實作不同的功能，最終組合起來形成一個大型網頁應用程式。那麼多個元件是什麼結構關係呢？答案是，它們是樹狀結構關係。其中，根元件是樹根，其他元件相當於樹幹、樹葉等。假設我們現在有 3 個元件，分別是根元件 root_component、component1 和 component2。它們一般可以有兩種包含關係，第一種是 root_component 包含 component1，component1 再包含 component2，如圖 6-4 所示。

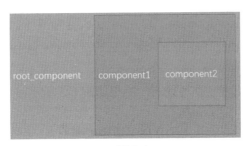

▲ 圖 6-4

其實，局部註冊的元件通常都是這樣的形式，因為通常局部元件的註冊都是在另一個元件中。通用元件的註冊雖然都是獨立註冊的，但是通用元件的使用卻可以被包含在另一個元件的範本中，所以按照顯示範圍來看，也可以是這樣的形式，但是通用元件之間並沒有真正意義的從屬關係，只是元件 2 在元件 1 的範本中顯示而已，其實元件 2 也可以在根元件的 DOM 中顯示。我們先來看下面的實例。

【例 6-4】 在元件範本中顯示通用元件

1）在 VSCode 中開啟目錄（D:\demo），新建一個檔案 index.htm，然後增加程式，核心程式如下：

```
<div id="box">
  <component1></component1>
</div>
<script>
  const app = Vue.createApp({})    // 建立應用（上下文）實例
  // 註冊元件 1
  app.component("component1",{
    template:`
    <h1> I am component1.</h1>
    <component2></component2> `    // 包含元件 2 的顯示
  })
    // 註冊元件 2
  app.component("component2",{
    template:` <h2>I am component2</h2> `    // 注意不是用一對單引號作為界定
符號，而是用鍵盤上 Tab 鍵上面的鍵對應的上檔字元作為界定符號
  }
  const rc = app.mount("#box")    // 應用實例掛載，注意這裡要寫在最後，不然元件
無法生效
</script>>
```

component1 的 template 選項中的 HTML 程式顯示在 "<component1></component1>" 處。component2 的 template 選項中的 HTML 程式顯示在 "<component2></component2>" 處。它們都在 div 為 box 的節點中，這個節點範圍也是根元件的繪製範圍。

2）按快速鍵 Ctrl+F5 執行程式，結果如圖 6-5 所示。

▲ 圖 6-5

第二種包含關係是 root_component 包含 component1 和 component2，但component1 和 component2 的顯示互不包含，如圖 6-6 所示。

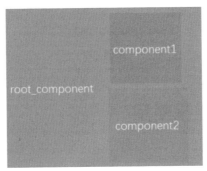

▲ 圖 6-6

此時我們可以看下面的實例。

【例 6-5】在根元件中顯示多個元件

1）在 VSCode 中開啟目錄（D:\demo），新建一個檔案 index.htm，然後增加程式，核心程式如下：

```
<div id="box">
    <component1></component1>
    <component2></component2>
   </div>
  <script>
  const app = Vue.createApp({})    // 建立應用（上下文）實例，不傳根元件選項也
是可以的
   // 註冊元件 1
  app.component("component1",{
   template:`
   <h1> I am component1.</h1>`   // 包含元件 2 的顯示，component2 顯示在元件 1
的範本中
  })
   // 註冊元件 2
  app.component("component_2",{
   template:` <h2>I am component2</h2> `// 注意不是用一對單引號作為界定符號，
而是用鍵盤上 Tab 鍵上面的鍵對應的上檔字元作為界定符號

  })
  const rc = app.mount("#box") // 應用實例掛載，注意這裡要寫在最後，不然元件
無法生效
```

在上述程式中，我們讓 component1 和 component2 都顯示在根元件的 div中。

2）按快速鍵 Ctrl+F5 執行程式，結果如圖 6-7 所示。

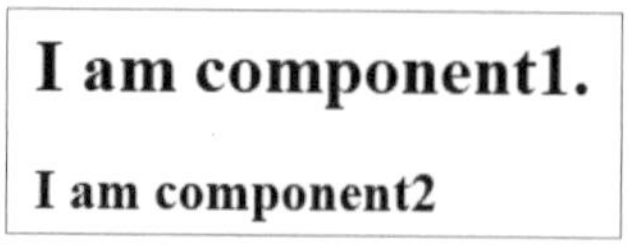

I am component1.

I am component2

▲ 圖 6-7

6.4 元件的重複使用

　　元件存在的主要意義是為了重複使用。如果我們寫一個快顯視窗，快顯視窗中存在關閉按鈕、輸入方塊、發送按鈕等。你可能會問：「這有什麼難的，不就是幾個 div、input 嗎？」好，現在增加難度：這幾個控制項還有別的地方要用到。沒問題，複製貼上即可。如果輸入方塊要含資料驗證，按鈕的圖示支援自訂呢？這樣用 JavaScript 封裝後一起複製。等到專案快結束時，產品經理說，所有使用輸入方塊的地方要改成支援按確認鍵送出。好吧，可以一個一個加上去。上面的需求雖然有點過分，但卻是業務中常見的，所以我們要學會讓程式重複使用。Vue.js 的元件就是為了提升再使用性，讓程式可重複使用，從而輕鬆面對各種業務場景。下面我們撰寫一個元件，讓其多次使用。

【例 6-6】重複使用元件

1）在 VSCode 中開啟目錄（D:\demo），新建一個檔案 index.htm，然後增加程式，核心程式如下：

```
<div id="box">
    <mycomponent1></mycomponent1>
    <mycomponent1></mycomponent1>
    <mycomponent1></mycomponent1>
  </div>
<script>

  // 定義元件選項物件
  const myCompConfig = {
  template: "<button @click='num++'>You clicked {{num}} times.</but-
ton>",
  data(){
  return {num: 0}
  }
  };
```

```
        // 定義根元件的設定選項
    const RootComponentConfig  = {
    data(){
        return{
        msg:'hello'
        }
    },
    components:{        // 透過 components 選項局部註冊元件
        mycomponent1:myCompConfig  // mycomponent1 是屬性名稱
    }
}
const app = Vue.createApp(RootComponentConfig)    // 建立應用（上下文）實
例
    const rc = app.mount("#box")   // 應用實例掛載，注意這裡要寫在最後
```

我們在根元件選項物件中局部註冊了一個元件，並在 DOM 中多次使用。雖然多次使用元件 mycomponent1，但 mycomponent1 的 num 互相之間是不影響的。這個好理解，在 DOM 中每次透過 "<mycomponent1></mycomponent1>" 使用元件，就會用元件 mycomponent1 的範本去繪製，並把 num 的值初始化為 0。我們以後點擊不同的按鈕，num 之間是沒有關係的。

2）按快速鍵 Ctrl+F5 執行程式，我們對左邊的按鈕點擊 3 次，對中間的按鈕點擊 1 次，對右邊的按鈕點擊 2 次，結果如圖 6-8 所示。

▲ 圖 6-8

我們會發現每個元件互不干擾，都有自己的 num 值。一個元件的 data 選項必須是一個函式，因此每個實例可以維護一份被傳回物件的獨立拷貝，如果 Vue.js 沒有這筆規則，點擊一個按鈕就會影響其他所有實例。

6.5 元件通訊

在 Vue.js 中，父子元件的關係可以總結為 props 向下傳遞，事件向上傳遞。父元件透過 props 給子元件下發資料，子元件透過事件給父元件發送訊息。

Vue.js 元件操作避免不了傳值的問題。通常一個單頁應用會以一棵嵌套的元件樹的形式來組織，如圖 6-9 所示。

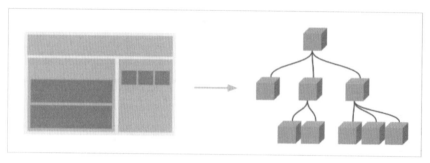

▲ 圖 6-9

　　頁面首先分成了頂部導覽、左側內容區、右側邊欄三部分。左側內容區又分為上下兩個元件。右側邊欄中又包含 3 個子元件。各個元件之間以嵌套的關係組合在一起，這個時候不可避免地會有元件間通訊的需求。

6.5.1 父元件向子元件傳遞資料

　　通常父元件的範本中包含子元件，父元件要正向地向子元件傳遞資料或參數，子元件接收到後根據參數的不同來繪製不同的內容或執行操作。在元件中，可以使用選項 props 來宣告一個或多個自訂屬性，這些屬性稱為 props，以後將父元件中的資料賦值給這些屬性，從而完成父元件向子元件傳遞資料。這些屬性得到父元件的資料後，就可以在子元件的範本中使用，比如使用文字插值方式來引用屬性。props 是單項傳遞，父元件的值改變會影響子元件的值，子元件的值改變不會影響父元件的值。

　　props 的值可以是兩種：字串陣列和物件。注意，這裡所說的物件是包含一組鍵值對的實例，值可以是純量、函式、陣列、物件等，這在學習 TypeScript 的時候已經接觸過了。下面是以字串陣列形式列出的屬性：

```
props: ['title', 'likes', 'isPublished', 'commentIds', 'author']
```

　　其中，'title'、'likes' 等就是一個個屬性。如果希望每個屬性都有指定的數值型別，那麼可以以物件形式列出 props：

```
props: {
  title: String,
  likes: Number,
  isPublished: Boolean,
  commentIds: Array,
```

```
author: Object
}
```

　　這些屬性的名稱和值分別有各自的名稱和類型，比如針對物件定義來講，title 是屬性，其值是 String，而就選項 props 而言，title 是屬性名稱，String 是類型。如果某個屬性有多個類型，則可以使用 type 將其列出，若只有一個類型，則可以省略 type。後面我們會詳述。

　　透過 props 實作正向傳遞資料：父元件向子元件傳遞資料或參數，子元件接收到之後，根據參數的不同來繪製不同的內容或者執行不同的操作。props 使得父子之間形成了單向下行綁定：父級傳遞的資料的更新會向下流動到子元件中，但是反過來則不行。下面我們來看一個基本的範例，根元件向子元件傳遞一個字串。

【例 6-7】根元件向子元件傳遞一個字串

1) 在 VSCode 中開啟目錄（D:\demo），新建一個檔案 index.htm，然後增加程式，核心程式如下：

```
<div id="box">
    <component1 :title="msg"></component1>  <!-- 注意冒號前面要有空格 -->
</div>

<script>
// 定義子元件選項物件
const myCompConfig = {
  template: "<h2>{{title}}</h2>",   // 文字插值方式使用 props
  props:["title"]    // 選項 props 的值是字串陣列形式
  };

  // 定義根元件的設定選項
  const RootComponentConfig  = {
  data(){
        return{
        msg:'hello' //msg 是屬性名稱，在 DOM 中傳給 title 的字串也用這個屬性名稱
        }
     }
  }
const app = Vue.createApp(RootComponentConfig)    // 建立應用（上下文）實例
// 全域註冊元件：參數 1：元件名稱，參數 2：元件
app.component("component1", myCompConfig);
const rc = app.mount("#box") // 應用實例掛載
</script>
```

在上述程式中有關子元件選項物件的定義，是使用選項 props 定義屬性，它是字串陣列形式的屬性，目前這個陣列只有一個元素。在之後的 div 中，要用父元件（這裡是根元件）的資料屬性 msg 來對 title 進行賦值，而 msg 的真正值是 'hello'，所以最終 title 得到的資料是字串 'hello'，因此 "<h2>{{title}}</h2>" 相當於 "<h2>{{msg}}</h2>"，最終就得到 "<h2>hello</h2>"。

2）按快速鍵 Ctrl+F5 執行程式，結果如圖 6-10 所示。

> hello

▲ 圖 6-10

下面的範例稍微複雜一些，我們從父元件傳遞 3 個字串給子元件，並且父元件是非根元件。

【例 6-8】非根元件傳遞 3 個字串給子元件

1）在 VSCode 中開啟目錄（D:\demo），新建一個檔案 index.htm，然後增加程式，核心程式如下：

```
<div id="box">
    <h3>book information:</h3>
    <fathercomponent></fathercomponent>
</div>

<script>
// 定義子元件選項物件
const sonCompConfig = {
    template: `<h1>{{bookName}}, {{price}}, {{author}}</h1> `,
    // 選項 props 的值是字串陣列形式
    props:['bookName','price','author']
};

// 定義父元件的設定選項
const fatherCompConfig  = {
data(){
    return{ name:'c++',  pr:'$100', au:'Tom'}
},
components:{  // components 選項
    mysoncompoent:sonCompConfig // 屬性名稱：屬性值
},
template:`<div>
    <mysoncompoent :bookName="name" :price="pr" :author="au"></mysoncompoent>// 冒號前有空格
    </div>`
```

```
    }
    const app = Vue.createApp({})    // 建立應用（上下文）實例

    // 全域註冊元件：參數1：元件名稱，參數2：元件
    app.component("fathercomponent", fatherCompConfig);
    const rc = app.mount("#box")    // 應用實例掛載
      </script>
```

在上述程式中，我們全域註冊了元件 fathercomponent，在它的選項物件中將局部註冊另一個元件 mysoncomponent，因為 fathercomponent 相當於是父元件，而且這個父元件不是根元件。父元件有 3 個資料屬性：name、pr 和 au，同時在父元件的範本選項中將 3 個資料屬性賦值給子元件，最終這個範本將顯示子元件的範本，即顯示 `<h1>{{bookName}}, {{price}}, {{author}}</h1>`，相當於 `<h1>{{name}}, {{pr}}, {{au}}</h1>`，最終顯示就是 `<h1>c++, $100, Tom</h1>`。

2）按快速鍵 Ctrl+F5 執行程式，結果如圖 6-11 所示。

▲ 圖 6-11

下面的範例傳遞更複雜一點的資料，將父元件中的一個結構陣列傳遞到子元件中並顯示出來。

【例 6-9】傳遞陣列

1）在 VSCode 中開啟目錄（D:\demo），新建一個檔案 index.htm，然後增加程式，核心程式如下：

```
<div id="box">
  <h2>subjects:</h2>
  <!-- 把父元件中的陣列 lessons 賦值給子元件 items-->
  <component1 :items="lessons"></component1>
</div>

<script>
// 定義子元件選項物件
const myCompConfig = {
    // 定義子元件的顯示範本
    template: `
```

```
    <ul>
    <li v-for="item in items" :key="item.id">{{item.id}}--{{item.
name}}</li>
    </ul> `,
    // 選項 props 的值是物件形式
    props: {
      items: {
      type: Array,     // 定義要接收的資料型態為陣列
      default: []      // 預設為空陣列
        }
      }
    };

    // 定義根元件的設定選項
    const RootComponentConfig  = {
    data(){
          return{
          msg:'hello from father',   //msg 是屬性名稱
      lessons:[      // 父元件中的陣列
      {"id":1, "name":"Java"},
      {"id":2, "name":"PHP"},
      {"id":3, "name":"C++"}
      ]
          }
        }
    }
    const app = Vue.createApp(RootComponentConfig)   // 建立應用（上下文）實例
    // 全域註冊元件：參數 1：元件名稱，參數 2：元件
    app.component("component1", myCompConfig);
    const rc = app.mount("#box") // 應用實例掛載
  </script>
```

在上述程式中，子元件可以對 items 進行迭代，並輸出到頁面，但是元件中並未定義 items 屬性。透過選項 props 來定義需要從父元件中接收的屬性。items 是要接收的屬性名稱；type 限定父元件傳遞來的必須是陣列，否則顯示出錯，type 的值可以是 Array 或者 Object（傳遞物件的時候使用）。default 表示預設值。在 DOM 的 div 中，我們把父元件中的陣列 lessons 賦值給子元件 items，這樣子元件的範本中就能使用 for 迴圈顯示 lessons 中的資料了。

2）按快速鍵 Ctrl+F5 執行程式，結果如圖 6-12 所示。

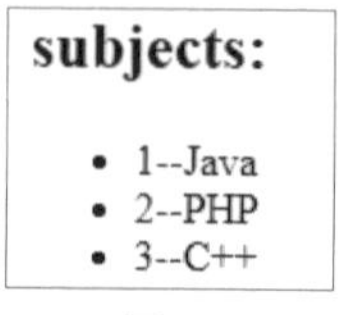

subjects:

- 1--Java
- 2--PHP
- 3--C++

▲ 圖 6-12

　　props 中宣告的資料與元件 data 函式傳回的資料的主要區別是 props 的資料來自父級，而 data 中是元件自己的資料，作用域是元件本身，這兩種資料都可以在範本、計算屬性、方法中使用。

6.5.2　不要在子元件中修改屬性資料

　　props 選項中定義的資料項目簡稱為屬性（prop）。所有的 props 選項都使得父子之間形成了一個資料流程單向下行的綁定：父級數據的更新會向下流動到子元件中，但是反過來則不行。這樣可以防止子元件意外地變更父元件的狀態，從而導致應用的資料流程向難以理解。另外，每次父元件發生變更時，子元件中所有的屬性都將會更新為最新的值。這意味著使用者不應該在一個子元件內部改變屬性，屬性資料應該由父元件來更新，在子元件中只能使用它，而非修改它否則 Vue.js 會在瀏覽器的主控台中發出警告。下面我們來看一個實例，父元件傳過來的價格是 $100，但子元件中想將其價格修改為 $200，隨後主控台上就發出警告了。

【例 6-10】不要在子元件中修改屬性資料

　　1）在 VSCode 中開啟目錄（D:\demo），複製上例的 index.htm 到該目錄下，然後修改程式，核心程式如下：

```
<div id="box">
  <h3>book information from father:</h3>
  <fathercomponent></fathercomponent>
</div>

 // 定義子元件選項物件
const sonCompConfig = {
    template: `<h1>{{bookName}}, {{price}}, {{author}}</h1>
    son want to modify the price:
    <input type="text" v-model="price" placeholder="Input:">`,
    // 定義接收來自父元件的屬性
    props:['bookName','price','author'] ,
};
```

　　在上述程式中，我們定義了一個編輯方塊，並透過指令 v-model 綁定到屬性資料 price，這樣可以測試在編輯方塊中企圖修改 price。其他程式保持不變。

　　2）按快速鍵 Ctrl+F5 執行程式，結果如圖 6-13 所示。

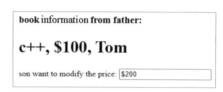

▲ 圖 6-13

如果我們在編輯方塊中輸入 $200，則 VSCode 的主控台視窗就會出現警告：

```
[Vue warn]: Attempting to mutate prop "price". Props are readonly. {uid:
2, vnode: {…}, type: {…}, parent: {…}, appContext: {…}, …}
```

總之，不要在子元件中直接修改屬性資料。

6.5.3 屬性資料的常見應用

前面在子元件中得到父元件傳來的資料後，就是簡單地將其顯示出來，單向資料流程就結束了。而在實際應用中，還可以利用屬性資料來初始化子元件中的 data 屬性，以後對 data 屬性進行修改，就相當於對父元件傳來的資料在子元件中進行加工，即子元件的 data 屬性儲存父元件傳遞過來的值，在子元件的作用域下修改和使用 data 屬性。

【例 6-11】初始化子元件的 data 屬性

1）在 VSCode 中開啟目錄（D:\demo），複製上例的 index.htm 到該目錄下，然後修改程式，核心程式如下：

```
// 定義子元件選項物件
const sonCompConfig = {
    template: `<h1>{{bookName}}, {{price}}, {{author}}</h1>
    son want to modify the price:
    <input type="text" v-model="newPri" placeholder="Input:">
    <br>new price:{{newPri}}`,

    // 定義接收來自父元件的屬性
    props:['bookName','price','author'] ,
    data(){
      return{
        newPri:this.price
      }
    }
};
```

　　我們在子元件選項物件 sonCompConfig 中增加了 data 屬性 newPri，它的初值是 props 屬性 this.price，所以 newPri 將得到父元件傳來的價格資料，然後編輯方塊又綁定了 newPri，當在編輯方塊中修改時，newPri 得到更新。其他程式保持不變。

　　2）按快速鍵 Ctrl+F5 執行程式，當在編輯方塊中輸入資料 \$200 時，new price 後面的資料就發生了同步更新。這樣就實作了一個簡單而常見的應用，即根據父元件傳來的資料決定加工這個資料。結果如圖 6-14 所示。

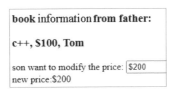

▲ 圖 6-14

　　這個範例對屬性資料進行加工，是在編輯方塊中手工加工的。如果加工演算法是固定的，我們可以把過程放在計算屬性中自動實作，可以參看下面的實例。

【例 6-12】在計算屬性中加工屬性資料

　　1）在 VSCode 中開啟目錄（D:\demo），複製上例的 index.htm 到該目錄下，然後修改程式，核心程式如下：

```
// 定義子元件選項物件
const sonCompConfig = {
    template: `<h3>{{bookName}}, {{price}}, {{author}}</h3>
    <br>Capitalized title:{{normalizedSize}}`,

    // 定義接收來自父元件的屬性
    props:['bookName','price','author'] ,
    data(){
      return{
        newPri:this.price
      }
    },
    computed: {
      normalizedSize: function () {
        return this.bookName.trim().toUpperCase()
      }
    }
};
```

2）按快速鍵 Ctrl+F5 執行程式，結果如圖 6-15 所示。

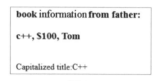

▲ 圖 6-15

6.5.4 不同元件在不同 JavaScript 檔案中的實作

前面的父元件和子元件的程式都寫在一個 HTML 檔案中，這種情況對於學習階段來說問題不大。但在最前線開發中，經常是多人開發，比如父元件由一人開發，子元件由另外一人開發，而 HTML 檔案又由其他人開發。而且最前線開發中的程式規模都不小，如果都放在一個檔案中，檔案程式顯得太多，而且很淩亂，不好維護。這時，就要考慮把不同功能的程式放在不同的檔案中，每個人維護自己的程式即可。

【例 6-13】在不同 JS 檔案中實作

本實例將父元件和子元件放在不同的 JavaScript 檔案中，HTML 檔案只需要引入這兩個檔案即可。

1）在 VSCode 中開啟目錄（D:\demo），新建一個 JavaScript 檔案，該檔案實作父元件，檔案名稱是 fatherComp.js，然後增加如下程式：

```javascript
// 定義父元件的選項物件
const fatherCompConfig  = {
  data(){
          return{ name:'c++',  pr:'$100', au:'Tom'}
  },
  components:{      // components 選項
          mysoncompoent:sonCompConfig   // 屬性名稱：屬性值
  },
  template:`<div>
<mysoncompoent :bookName="name" :price="pr" :author="au"></mysoncom-
poent>
  </div>`
  }
  const app = Vue.createApp({})    // 建立應用（上下文）實例

  // 全域註冊元件：參數 1：元件名稱，參數 2：元件
```

```
app.component("fathercomponent", fatherCompConfig);
const rc = app.mount("#box") // 掛載應用實例
```

在上述程式中，定義了父元件的選項物件，並建立應用（上下文）實例，然後全域註冊元件，最後掛載應用實例。下面新建 JavaScript 檔案，該檔案實作子元件，檔案名稱是 sonComp.js，然後增加如下程式：

```
// 定義子元件選項物件
const sonCompConfig = {
    template: `<h3>{{bookName}}, {{price}}, {{author}}</h3>
      Capitalized title:{{normalizedSize}}`,
    // 定義資料接收項
    props:['bookName','price','author'] ,
    computed: {
      normalizedSize: function () {
          return this.bookName.trim().toUpperCase()
      }
    }
};
```

2）JavaScript 檔案實作完畢後，下面我們將在 HTML 檔案中引入 JavaScript 檔案。新建一個名為 index.htm 的檔案，並輸入如下程式：

```
<!DOCTYPE html>
<html lang="en">
<head>
    <meta charset="UTF-8">
    <script src="d:/vue.js"></script>
</head>
<body>
  <div id="box">
    <h3>book information from father:</h3>
    <fathercomponent></fathercomponent>
  </div>
  <script src="sonComp.js"></script>
  <script src="fatherComp.js"></script>
</body>
</html>
```

把元件實作程式放到 JavaScript 檔案中後，index.htm 就簡潔多了，只需要用 script src 引入即可，並在需要的地方使用父元件 <fathercomponent></fathercomponent>。

3）按快速鍵 Ctrl+F5 執行程式，結果如圖 6-16 所示。

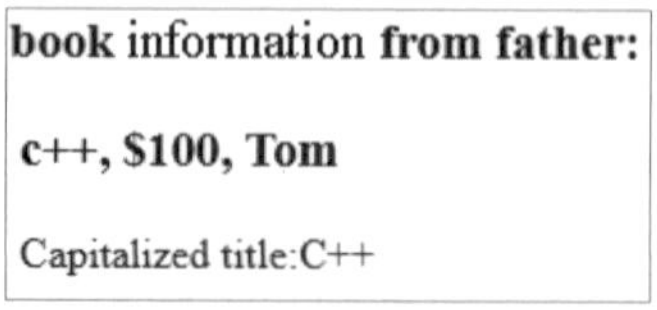

book information from father:

c++, $100, Tom

Capitalized title:C++

▲ 圖 6-16

把元件分開實作能夠方便多人進行開發。但多人開發最大的問題是要確保傳遞資料的類型統一，所以透過選項 props 傳遞資料時，開發者之間最好能知道傳遞資料的類型，這就涉及 props 資料型態和驗證的問題。

6.5.5 屬性的預設值

如果不想給屬性賦值，可以用 default 為屬性設定預設值。比如：

```
props:{
       title:{
            default: "c++"
       } }
```

這樣，如果屬性要使用預設值，就不需要為其賦值了，比如 <component1></component1>。

【例 6-14】使用屬性的預設值

1）在 VSCode 中開啟目錄（D:\demo），新建一個檔案 index.htm，然後增加程式，核心程式如下：

```
<div id="box">
  <component1></component1>        <!-- 全部使用預設值 -->
  <component1 :title="msg"></component1>    <!-- 僅僅 price 使用預設值 -->
  <component1 :price="30"></component1>      <!-- 僅僅 title 使用預設值 -->
</div>

  // 定義子元件選項物件
  const myCompConfig = {
  template: "<h3>{{title}},{{price}}</h3>",    // 使用 props 屬性 title 的
值繪製範本
   props:{
       title:{
            default: "c++"      // 預設值是字串 "c++"
       },
       price: {
          default: 25          // 預設值是整數 25
```

```
            }
        }
    }
    // 定義根元件的選項物件
    const RootComponentConfig  = {
    data(){
            return{
            msg:'java', // msg 是屬性名稱，在 dom 中傳給 title 的字串也用這個屬性
名稱
            }
        }
    }
```

在 div 中，我們使用了 3 次元件：第一次全部使用預設值，第二次僅 price
使用預設值，第三次僅 title 使用預設值。可以看出，想使用屬性的預設值，在
具體使用時不賦值即可。

2）按快速鍵 Ctrl+F5 執行程式，結果如下：

```
c++,25
java,25
c++,30
```

6.5.6　props 資料型態和驗證

一般情況下，當使用者的元件需要提供給別人使用時，推薦都要進行資料
驗證，比如某個資料必須是數字類型，如果傳入字串，就會在主控台彈出警告
資訊。

在前面的不少實例中，父元件傳給子元件的資料都是字串。我們並沒有明
確地指定資料型態，這就要建立在使用者都很遵守約定的情況下。想像一下，
當有一個人透過父元件向子元件傳資料時，他可能對於其要接受的參數有什麼
要求並不是很清楚，因此傳入的參數可能會在開發子元件的人的意料之外，若
是如此，程式就會發生錯誤，就像我們在函式呼叫之前先檢查一下函式一樣，
props 也可以進行預先檢查。

平時呼叫函式的時候在函式開頭的地方都是一堆參數檢查，這種寫法很不
好，所以後來就有了驗證器模式。驗證器模式就是把函式開頭對參數驗證的部
分提取出來作為一個公共的部分來管理，讓這個公共的部分來專門負責驗證，
當資料型態不正確時就拋一個異常，根本不去呼叫這個函式，很多框架設計師
都是這麼設計的（Spring MVC、Struts 2 等）。props 也提供了這個功能。試

想一下，如果沒有這個功能，為了保證正確性，可能需要在每次使用 props 屬性之前都寫一堆程式來檢查資料型態。驗證器最大的好處就是大多數情況下讓驗證器檢查出函式宣告所需的資料型態，再予以提供。

在 Vue.js 中，我們可以為元件的屬性指定驗證要求。如果有一個需求沒有被滿足，Vue.js 就會在瀏覽器主控台中顯示警告資訊。這在開發供其他人使用的元件時尤其有用。可以使用 type 來宣告這個屬性可以接受的資料型態，當屬性資料只有一種類型時 type 可以省略不寫。

【例 6-15】props 資料型態和驗證

1）在 VSCode 中開啟目錄（D:\demo），新建一個檔案 index.htm，然後增加程式，核心程式如下：

```
<div id="box">
  <component1 :props1=100 :props2=59 :props3=false props4="abc"
:props5="{name:'Tom',age:12}" ></component1>
  <component1 :props1=100 props2="hello" :props3=true :props6=15></
component1>
</div>
<script>
 const myCompConfig = {
  template: `<h3>{{props1}},{{props2}},{{props3}},{{props4}},{{props5}
},{{props6}}</h3>
  `,
  props:{
      // type 的值可以是 Number String Boolean Object Array Function
      // 名字要注意，如果是駝峰命名，比如 propsA，在 DOM 中則要用短橫線分隔，即
props-a！
      // 總之，JS 中用駝峰命名，在 HTML 中替換成短橫線分隔式命名
      // 參數類型必須是 Number 類型
      props1: Number,

      // 參數類型必須是 Number 或 String 類型
      props2: [Number, String],

       // 參數必傳
       props3: {
        type: Boolean,
        required: true,
      },

      // 設定參數預設值
      // 第一種情況：參數類型是基本類型
      props4: {
```

```
            type: String,
            default: "111",
        },

        // 第二種情況：參數類型是參考類型
        // 參數類型是陣列或者物件時，需要使用工廠函式的形式傳回預設值
        props5: {
            type:Object,
             default: function () {
                return {name:'Jack',age:11} }
            //default: () => ( {name:'Jack',age:11})    // 或寫成箭頭函式
        },
        // 自訂驗證函式，可過濾傳入的值
        props6: {
        type: Number,
        validator: function (val) {
          return val > 10;
        }
        }
        }
   }
   const RootComponentConfig  = {
   data(){
        return{
        msg:'java',
        }
    },
   }
   const app = Vue.createApp(RootComponentConfig)
   app.component("component1", myCompConfig);
   const rc = app.mount("#box")
</script>
```

在上述程式中，我們定義了 props1~props6，其中，props1 的類型是
Number，因為可以用數字 100 對其賦值，即 :props1=100；props2 的類型
是 Number 或 String，因此可以用 59 或 "hello" 對其賦值，即 :props2=59 或
props2="hello"；參數 props3 的類型是 Boolean，所以賦值 false 或 true，
即 :props3=false 或 :props3=true；props4 的類型是 String，所以賦值一個字串；
props5 的類型是 object，所以賦值一個物件；props6 的驗證器中我們要讓其值
必須大於 10，所以賦值 15 是沒問題的，但如果賦值小於 10，則 Vue.js 會舉出
警告。需要注意的是名字，如果是駝峰命名，比如 propsA，則在 DOM 中要用
短橫線分割，即 props-a。總之，JavaScript 中用駝峰命名，在 HTML 中替換
成烤肉串式命名。另外，所謂工廠函式，是指這些內建函式都是類別物件，當

使用者呼叫它們時，實際上是建立了一個類別的實例。意思就是當使用者呼叫這個函式時，實際上是先利用類別建立了一個物件，然後傳回這個物件。

根據筆者的觀察，對於本節內容，現在市面上很少有書能提供完整實例，且學且珍惜。了解筆者習慣的人知道，要麼不講，要麼就講透徹、講完整，尤其是實例，堅決不能是不完整的專案。

2）按快速鍵 Ctrl+F5 執行程式，結果如圖 6-17 所示。

100,59,false,abc,{ "name": "Tom", "age": 12 },

100,hello,true,111,{ "name": "Jack", "age": 11 },15

▲ 圖 6-17

第 **7** 章

Vue.js 鷹架開發

當前在企業界絕大多數用 Vue.js 開發過專案的讀者，或多或少都會遇到以下兩種情況：

- 使用 vue-cli 工具去架設一個專案。
- 在主管或同事架設好的專案基礎上做業務。

長此以往，會導致你對整個專案的把控度越來越低。面試下一家公司的面試官問你，是否手動架設過 Vue.js 專案的時候，對設定一問三不知。筆者認為，要既能使用 vue-cli 工具去架設和開發專案，也要能脫離 vue-cli 工具去架設和開發專案，這樣可以更多地知道工具背後的一些原理。vue-cli 是一個官方發佈的 Vue.js 專案鷹架，使用 vue-cli 可以快速建立 Vue.js 專案。鷹架就是透過輸入簡單的指令幫助你快速架設一個基本環境的工具，即 vue-cli 可以協助使用者生成 Vue.js 專案範本。

不使用 vue-cli 而手工架設 Vue.js 專案，肯定也要設定環境，比如需要引入 Vue.js，需要 Node.js 的套件管理工具 NPM，以及前端專案化打包工具 Web-pack 等。其中，基本的環境是 Node.js，Node.js 是 JS 後端執行平臺，也是前端專案化的重要支柱之一。

Webpack 在執行專案打包壓縮的時候是相依 Node.js 的，沒有 Node.js 就不能使用 Webpack，就好比你要使用電燈，首先必須得有電流，而電流是需要引擎來發電的，不能說不需要引擎而直接使用電流吧。總之，Webpack 是以 Node.js 實作為基礎的，用 Webpack 打包後的 Web 專案不是非要在 Node.js 環境中執行，比如在 Apache 中也可以執行。

7.1 ▲ Node.js 和 Vue.js 的關係

Node.js 是一個以 Chrome V8 引擎為基礎的 JavaScript 執行環境。Node.js 使用了一個事件驅動、非阻塞式 I/O 的模型。Node.js 是一個讓 JavaScript 執行在服務端的開發平臺，它讓 JavaScript 成為與 PHP、Python、Perl、Ruby 等服務端語言平起平坐的指令碼語言。

Node.js 對一些特殊使用案例進行最佳化，提供替代的 API，使得 V8 在非瀏覽器環境下執行得更好。V8 引擎執行 JavaScript 的速度非常快，性能非常好。Node.js 是一個以 Chrome JavaScript 執行時期建立為基礎的平臺，用於方便地架設回應速度快、易於擴充的網路應用。Node.js 透過使用事件驅動和非阻塞 I/O 模型得以輕量和高效，非常適合在分散式裝置上執行資料密集型的即時應用。

Vue.js 是一套建構使用者介面的框架，只關注視圖層，負責 MVC 中的 V 這一層。Vue.js 是前端的主流框架之一，與 Angular.js、React.js 一起，成為前端三大主流框架。

我們使用 Vue.js 一定要安裝 Node.js 嗎？準確來說是使用 vue-cli 架設專案時需要 Node.js。使用者也可以建立一個 HTML 檔案，然後引入 Vue.js，一樣可以使用 Vue.js。但是這種方式通常針對小專案，如果專案複雜，使用 Node.js 會更方便，透過 Node.js 可以打包部署，解析 Vue.js 單檔案元件，解析每個 Vue.js 模組，並拼在一起等，再啟動測試伺服器，用於管理 vue-router、vue-resource 這些外掛程式。所以通常我們會使用 Vue.js+Node.js 的方式，這樣更加方便省事。Vue.js 推薦的開發環境如下：

1）Node.js：JavaScript 執行環境，不同系統直接執行各種程式設計語言。

2）NPM：Node.js 下的套件管理器。

3）Webpack：它主要的用途是透過 CommonJS 的語法對所有瀏覽器端需要發佈的靜態資源做對應的準備，比如資源的合併和打包。

4）vue-cli：使用者生成 Vue.js 專案範本。

Vue.js 是透過 Webpack 來打包的，而 Webpack 又以 NPM 為基礎，NPM 需要 Node.js 環境。這就是為什麼使用 Vue.js 還需要安裝 Node.js 環境。將目標 dist 資料夾複製到一台未安裝 Node.js 的 Nginx 伺服器上，存取頁面可以正常響應邏輯。這時與 Node.js 沒有任何關係，伺服器不是 Node.js 在擔當，而是

Nginx。如果使用者使用 Node.js 來部署伺服器，則需要在目的機上安裝 Node.
js。

　　總之，可以開發以 Node.js 執行環境為基礎的後端服務程式，也可以用以 Node.js 為基礎的 NPM 和 Webpack 來打包目標前端頁面。Vue.js 使用 Webpack 來打包，故而需要 Node.js 環境。因此，很多書籍介紹 Vue.js 開發環境時，都會把 Node.js 一起安裝。

7.2　設定 Webpack 環境

　　顧名思義，Webpack 是對 Web 資源進行打包收拾（pack）的意思。Webpack 是當前前端最熱門的資源模組化管理和打包工具。使用 Webpack 作為前端建構工具可以實作以下功能：

1）程式轉換：TypeScript 編譯成 JavaScript，SCSS 編譯成 CSS 等。
2）檔案最佳化：壓縮 JavaScript、CSS、HTML 程式，壓縮合併影像等。
3）程式分割：提取多個頁面的公共程式，提取主頁不需要執行部分的程式，讓其非同步載入。
4）模組合併：在採用模組化的專案中會有很多個模組和檔案，需要建構功能把模組分類合併成一個檔案。
5）自動更新：監聽本機原始程式碼的變化，自動重新建構、更新瀏覽器。
6）程式驗證：在程式被送出到倉庫前需要驗證程式是否符合標準，以及單元測試是否通過。
7）自動發佈：更新完程式後，自動建構出線上發佈程式並傳輸給發佈系統。

在 Webpack 應用中有兩個核心：

1）模組轉換器：用於把模組原內容按照需求轉換成新內容，可以載入非 JavaScript 模組。
2）擴充外掛程式：在 Webpack 建構流程中的特定時機注入擴充邏輯來改變建構結果或做想做的事情。

　　Webpack 將根據模組的相依關係進行靜態分析，然後將這些模組按照指定的規則生成對應的靜態資源，如圖 7-1 所示。

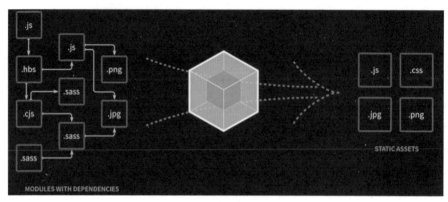

▲ 圖 7-1

可以看出，Webpack 可以將多種靜態資源轉換成一個靜態檔案，比如圖 7-1 左邊有多個 JS 檔案，經過 Webpack 打包後，就變為一個 JS 檔案了，這樣就能減少頁面的請求。Webpack 是一個現代 JavaScript 應用程式的靜態模組打包器。當 Webpack 處理應用程式時，它會遞迴地建構一個相依關係圖，其中包含應用程式需要的每個模組，然後將所有模組打包成一個或多個模組群。Webpack 憑藉強大的功能與良好的使用體驗，已經成為目前流行、社區活躍的打包工具，是現代 Web 開發必須掌握的技能之一。

我們要清楚兩點：

1）一切皆模組：正如 JS 檔案可以是一個模組一樣，其他的（如 CSS、Image 或 HTML）檔案也可以視作模組。因此，既可以用 require('myJSfile.js')，也可以用 require('myCSSfile.css')。這意味著我們可以將事物（業務）分割成更小的易於管理的片段，從而達到重複利用的目的。

2）隨選載入：傳統的模組打包工具最終將所有的模組編譯生成一個龐大的 bundle.js 檔案。但是在真實的 App 中，bundle.js 檔案可能有 10MB~15MB，從而導致應用一直處於載入狀態。因此，Webpack 使用許多特性來分割程式，然後生成多個 bundle.js 檔案，而且非同步載入部分程式以實作隨選載入。

7.2.1 安裝並使用 Webpack

在安裝 Webpack 之前，本機環境需要支援 Node.js，這個前面已經安裝好了。現在可以直接安裝 Webpack。需要注意的是，Webpack 4 官方不再支援 Node.js 4 以下的版本，相依的 Node.js 環境版本在 6.11.5 以上。

在安裝 Webpack 之前，設定一下 Node.js 套件的安裝路徑：

```
npm config set prefix="D:\mynpmsoft"
```

這樣透過 NPM 安裝的軟體套件都會儲存到 D:\mynpmsoft\ 下。

下面開始全域安裝 Webpack（注意 Webpack 在命令列中作為命令時都是小寫字母），在命令列下執行以下命令：

```
npm install webpack -g
```

其中，-g 表示全域安裝。稍等片刻，安裝完成。

從 Webpack 4 開始，若要使用 Webpack 的命令，還需要安裝 Webpack-cli，它相當於 Webpack 的簡易用戶端，以 Webpack 協定連接對應服務，比如 MySQL 也是一樣，有一個用戶端可以省去用程式連接存取。輸入以下命令安裝 Webpack-cli：

```
npm install webpack-cli -g
```

稍等片刻，Webpack-cli 安裝完成。另外，也可以在每個專案中單獨增加 Webpack-cli，這樣可以控制版本，命令如下：

```
npm add -D webpack@<version>
npm add -D webpack-cli
```

這樣有一個缺點，就是專案的資料夾會變大，因此這裡我們透過 -g 來進行全域安裝。

這兩個套件安裝完成後，會在 D:\mynpmsoft\node_modules 下生成兩個資料夾，如圖 7-2 所示。

腳本程式 Webpack 的路徑則為 D:\mynpmsoft\。為了在任何目錄都能使用 Webpack 命令，我們需要把 Webpack 所在路徑設定到環境變數 Path 中去，腳本程式 Webpack 所在的路徑是 D:\mynpmsoft，因此我們把 D:\mynpmsoft 設定到如圖 7-3 所示的位置。

▲ 圖 7-2　　　　　　　　　　　　　▲ 圖 7-3

設定完畢後，可以在命令列下顯示 Webpack 的版本編號。重新開啟一個命令列視窗，然後輸入 Webpack -v，如圖 7-4 所示。

▲ 圖 7-4

這說明 Webpack 命令執行成功了。如果要查看幫助，則可以輸入 Webpack -h，隨後就進入 Webpack 的說明介面。

總之，模組打包機 Webpack 要做的事情就是分析專案結構，找到 JavaScript 模組以及其他的一些瀏覽器不能直接執行的拓展語言（SCSS、TypeScript 等），並將其轉換和打包為合適的格式供瀏覽器使用。

【例 7-1】使用 Webpack 打包

1）假設專案目錄為 D:\demo。首先要初始化生成 package.json 檔案。以
　　管理員身份開啟命令列視窗，在命令列下進入 D:\demo，然後輸入命令
　　npm init -y，如下所示：

```
npm init -y
```

該命令執行初始化操作，其中參數 -y 表示不用不停地輸入 yes，省去了按確認鍵的步驟。此時在 D:\demo 下生成檔案 package.json。在 Node.js 開發中，使用 npm init 命令會生成一個 pakeage.json 檔案，這個檔案定義了這個專案所需要的各種模組，用來記錄這個專案的詳細資訊的，它會將我們在專案開發中所要用到的套件以及專案的詳細資訊等記錄在這個專案中。這樣在以後的版本

迭代和專案移植時會更加方便，也可以防止在後期的專案維護中誤刪除了一個
套件導致項目不能夠正常執行。使用 npm init 初始化專案還有一個好處就是在
進行專案傳遞時不需要將專案相依套件一起發送給對方，對方在接收到你的專
案之後再執行 npm install 就可以將專案相依全部下載到專案中。此時會在同目
錄下自動生成一個名為 package.json 的設定檔，package.json 檔案主要是顯示
專案的名稱、版本、作者、協定等資訊。

2）在 D:\demo 新建子資料夾 src，這個 src 資料夾用來存放 JS 檔案和
HTML 檔案。開啟 VSCode，並在 VSCode 中開啟資料夾 D:\demo，
然後在 EXPLORER 視圖下選中 src，並新建一個名為 index.htm 的檔
案，選中 src 的目的是讓 index.htm 儲存在 src 目錄下。在 index.htm
中輸入如下程式：

```html
<html>
    <head>
        <meta charset="utf-8">
    </head>
    <title>Test Webpack</title>
    <body>
        <script src="../dist/bundle.js"></script>
    </body>
</html>
```

這段程式很簡單，就是呼叫 bundle.js，bundle.js 是透過 Webpack 把 main.
js 打包而來的。資料夾 dist 是輸出最終檔案的目錄。接著在 VSCode 中選中
src，並在 src 下新建一個名為 main.js 的檔案，並輸入如下程式：

```js
document.write("It works.");
function add(a,b){
    return a+b
}
console.log(add(1,2,))
```

document.write 用於在頁面上輸出字串 "It works."。自訂函式 add 傳回
參數 a 和 b 的和。console.log 將在瀏覽器主控台上列印出結果。儲存這個檔案，
注意要確認儲存檔案成功。

3）在 VSCode 中，在 demo 目錄下新建一個 Webpack.config.js 檔案，並
輸入如下內容：

```js
const path = require('path')
```

```
module.exports = {
  entry: path.join(__dirname, './src/main.js'), // 表示要使用 webpack 打包哪
個檔案
  output: { // 輸出檔案相關的設定
    path: path.join(__dirname, './dist'),  // 指定打包好的檔案輸出到哪個目錄
中
    filename: 'bundle.js'    // 這是指定輸出的檔案的名稱
  },
  mode: 'development'
}
```

Webpack.config.js 是一個設定檔，Webpack 在執行時，除了在命令列傳入參數外，還可以透過指定的設定檔來執行。預設會搜尋目前的目錄下的 Webpack.config.js。這個檔案是 Node.js 模組，傳回一個 JSON 格式的設定物件，也透過 --config 選項來指定設定檔。Webpack.config.js 中的 require 會去查詢 package.json 中的 devDependencies，對應的值再去查詢 node_modules 下的資料夾，找到後在資料夾的 package.json 中查詢 main，main 的值就是要載入的內容。

4）開啟命令列視窗，進入 D:\demo，然後輸入命令：

```
webpack
```

這個命令就是打包命令，如果正確，執行後如圖 7-5 所示。

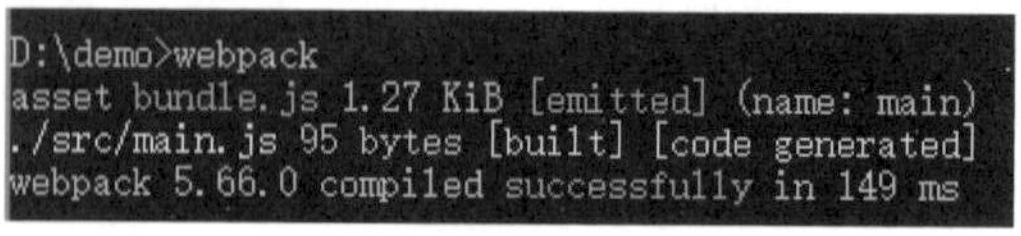

▲ 圖 7-5

至此，說明打包成功後，dist 目錄下會生成 bundle.js 檔案。切換到 VSCode 中，在 EXPLORER 視圖下選中 index.html，然後按 F5 鍵執行，此時將開啟 Google 瀏覽器執行 index.html，在瀏覽器上可以看到 "It works."。然後在瀏覽器上按 F12 鍵，則會看到 3，這個 3 是 console.log(add(1,2,)) 列印的結果，如圖 7-6 所示。

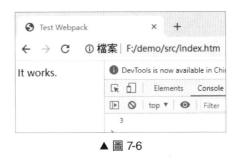

▲ 圖 7-6

我們把 src 下的 index.htm 複製到 dist 目錄中，然後按兩下開啟 index.htm，也可以看到結果。

7.2.2 package.json 檔案

隨著前端由多頁面到單頁面，由零散的檔案到模組化開發，在一個完整的專案中，package.json 檔案無處不在。首先在專案的根目錄會有，其次在 node_modules 中也會頻繁出現。這個檔案到底有什麼作用，我們有必要了解一下。

上例中，透過 npm init 生成了一個 package.json 檔案，現在我們來簡單了解一下 package.json 檔案。這個檔案其實就是對專案或者模組套件的描述，裡面包含許多詮譯資訊。比如專案名稱、專案版本、專案執行入口檔案、專案貢獻者等。npm install 命令會根據這個檔案下載所有相依模組。

建立 package.json 檔案有兩種方式，即手動建立和自動建立。手動建立就是直接在專案根目錄新建一個 package.json 檔案，然後輸入相關的內容。自動建立就是在專案根目錄下執行 npm init 命令，就像上例，然後根據提示一步一步輸入對應的內容即可自動建立。如果 npm init 後帶有 -y，則預設全部為 yes。

我們可以把上例的 package.json 檔案複製一份，然後開啟看看：

```
{
  "name": "demo",
  "version": "1.0.0",
  "description": "",
  "main": "main.js",
  "scripts": {
    "test": "echo \"Error: no test specified\" && exit 1"
  },
  "keywords": [ ],
  "author": "",
```

```
    "license": "ISC"
}
```

每行的冒號左邊是選項，右邊是選項的值。當前這個檔案比較簡單，其實還可以有更多的選項。常用的選項說明如下：

- name：專案 / 模組名稱，長度必須小於等於 214 個字元，不能以 "."（點）或者 "_"（底線）開頭，不能包含大寫字母。在 package.json 中重要的是 name 和 version 欄位。它們都是必需的，如果沒有就無法執行 npm install。name 與 version 一起組成唯一標識。值得注意的是，不要把 node 或者 js 放在名字中。因為你寫了 package.json，它就被假為 JS，不過可以用 engine 欄位指定一個引擎，這個名字會作為 URL 的一部分、命令列的參數或者資料夾的名字。任何 non-url-safe 的字元都是不能用的，這個名字可能會作為參數被傳入 require()，所以它應該比較短，但也要意義清晰。最後，在想正式使用名字之前，最好去 npm registry 查看一下這個名字是否已經被使用了，網址是 http://registry.npmjs.org/。

- version：專案版本，改變套件應該同時改變 version，並且 version 必須能被 node-semver 解析。

- author：專案開發者，它的值是使用者在 https://npmjs.org 網站的有效帳戶名稱，遵循「帳戶名稱 < 郵件 >」的規則。

- description：專案描述，是一個字串。它可以幫助人們在使用 npm search 時找到這個套件。

- keywords：專案關鍵字，是一個字串陣列。它可以幫助人們在使用 npm search 時找到這個套件。

- private：是否私有，設定為 true 時，npm 拒絕發佈。

- license：軟體授權條款，讓使用者知道他們的使用權利和限制。

- bugs：Bug 送出位址。

- contributors：專案貢獻者。

- repository：專案倉庫位址。

- homepage：專案套件的官網 URL。

- dependencies：生產環境下，專案執行所需的相依。

- devDependencies：開發環境下，專案執行所需的相依。

- scripts：執行 npm 指令碼命令簡寫。npm 允許在 package.json 檔案中使用 scripts 欄位定義指令碼命令。Node.js 開發離不開 npm，而腳本功能是 npm 強大、常用的功能之一。比如：

```
{
  "scripts": {
    "build": "node build.js"
  }
}
```

這段程式是 package.json 檔案的一個片段，其中的 scripts 欄位是一個物件。它的每一個屬性對應一段腳本。比如，build 命令對應的腳本是 node build.js。在命令列下執行 npm run 命令，就可以執行這段腳本，即：

```
$npm run build
# 等於
$ node build.js
```

這些定義在 package.json 中的腳本稱為 npm 腳本。它的優點很多。

- bin：內部命令對應的可執行檔的路徑。
- main：專案預設執行檔案，比如 require('Webpack')，就會預設載入 lib 目錄下的 Webpack.js 檔案，如果沒有設定，則預設載入專案根目錄下的 index.js 檔案。
- module：以 ES Module（也就是 ES 6）模組化方式進行載入，因為早期沒有 ES 6 模組化方案時，都是遵循 CommonJS 標準，而 CommonJS 標準的套件是以 main 的方式表示入口檔案的，為了區分就新增了 module 方式，但是 ES 6 模組化方案效率更高，所以會優先查看是否有 module 欄位，沒有才使用 main 欄位。
- eslintConfig：ESLint 檢查檔案設定，自動讀取驗證。
- engines：專案執行的平臺。
- browserslist：供瀏覽器使用的版本列表。
- style：供瀏覽器使用時，樣式檔案所在的位置，透過樣式檔案打包工具 parcelify 知道樣式檔案的打包位置。
- files：被專案套件含的檔案名稱陣列。

7.2.3 開發模式和生產模式

在專案開發階段，通常需要對程式進行偵錯以及其他一些特殊設定。因此，Webpack 提供了開發模式供開發偵錯階段使用。與此對應，當專案正式發佈時，又提供了生產模式供使用，使得專案體積可以壓縮變小，一些偵錯開關可以關閉。有點類似 VC++ 中的 Debug 模式和 Release 模式。在專案中有兩份設定檔是很正常的事了。在開發模式下，預設開啟了 NamedChunksPlugin 和 Named-ModulesPlugin，以方便偵錯，並提供了更完整的錯誤資訊，以及更快的重新編譯的速度。在生產（production）模式下，由於提供了 splitChunks 和 mini-mize，因此基本零設定，程式就會自動分割、壓縮、最佳化，同時 Webpack 也會自動幫使用者進行作用域提升（Scope Hoisting）和搖樹最佳化（Tree-Shaking）。搖樹最佳化是 Webpack 內建的一個最佳化，主要功能是去除沒有用到的程式。

如何設定 Webpack 的開發模式和生產模式呢？答案是在 package.json 檔案中的 scripts 下進行設定。

上例 package.json 的 scripts 選項內容為：

```
"scripts": {
  "test": "echo \"Error: no test specified\" && exit 1"
},
```

test 其實也是一種模式，我們可以增加兩行程式：

```
"scripts": {
    "dev": "webpack --mode development",
    "build": "webpack --mode production"
},
```

dev 表示開發模式，build 表示生產模式。如果我們要執行開發模式，則需要在命令列中透過執行 npm run dev 來執行這段腳本，也就是說 dev 代表 Web-pack --mode development，npm run 執行 dev，其實就是執行 Webpack --mode development，即我們在命令列下直接執行 Webpack --mode development，效果與 npm run dev 是一樣的。總之，指定開發模式就是使用 --mode develop-ment，指定生產模式就是使用 --mode production。

下面我們來簡單感受下兩者的區別。

【例 7-2】感受開發模式和生產模式的區別

1）把上例 demo 資料夾下的內容全部複製到 D:\demo 下，然後修改 pack-age.json 中的 scripts 選項如下：

```
"scripts": {
    "dev": "webpack --mode development",
    "build": "webpack --mode production"
},
```

儲存該檔案。

2）在命令列下進入根目錄（D:\demo）下，然後執行命令：

```
npm run dev
```

執行後如圖 7-7 所示。

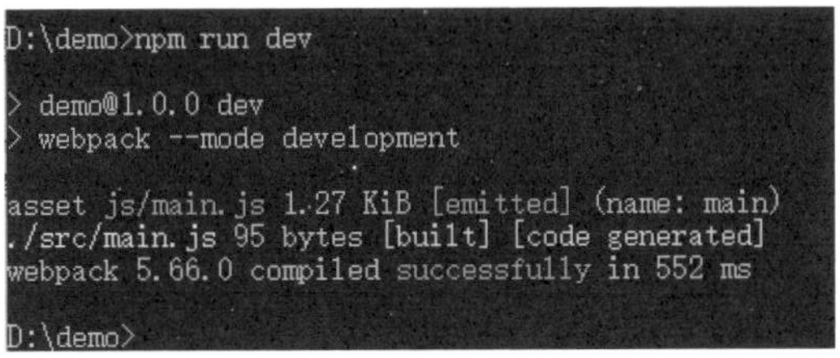

```
D:\demo>npm run dev

> demo@1.0.0 dev
> webpack --mode development

asset js/main.js 1.27 KiB [emitted] (name: main)
./src/main.js 95 bytes [built] [code generated]
webpack 5.66.0 compiled successfully in 552 ms

D:\demo>
```

▲ 圖 7-7

可以看到，執行了 Webpack --mode development，此時 D:\demo\dist\js 下生成了一個新的 main.js，這是一個 bundle（套件）檔案，並沒有壓縮。我們把它命名為 main1.js，然後在命令列下執行：

```
webpack --mode development
```

執行後，此時 D:\demo\dist\js 下也生成了一個新的 main.js，這個檔案與 main1.js 的內容一樣。看來 npm run dev 和 Webpack --mode development 的效果似乎一樣。

3）在命令列下進入根目錄（D:\demo），然後執行命令：

```
npm run build
```

執行後如圖 7-8 所示。

```
D:\demo>npm run build

> demo@1.0.0 build
> webpack --mode production

asset js/main.js 45 bytes [emitted] [minimized] (name: main)
./src/main.js 95 bytes [built] [code generated]
webpack 5.66.0 compiled successfully in 813 ms
```

▲ 圖 7-8

執行後，此時 D:\demo\dist\js 下也生成了一個新的 main.js，可以發現裡面內容變少了很多，檔案大小也變小了很多。這說明 main.js 檔案已經被壓縮了。

總之，開發模式針對速度進行最佳化，僅僅提供了一種不壓縮的套件。生產模式可以進行各種最佳化，包括壓縮、作用域提升和搖樹最佳化等。

7.3 Vue.js 單檔案元件標準

上例並沒有用到 Vue.js。接下來將使用 Webpack 打包含有 Vue.js 的專案，通常在 Webpack 工程中會有一個 Vue.js 檔案。那麼 Vue.js 檔案包含哪些內容呢？我們要從單檔案元件的基本概念講起。實際上，Vue.js 檔案是 Vue.js 的單頁式元件檔案格式，它可以同時包括範本定義、樣式定義和元件模組定義。

7.3.1 基本概念

在很多 Vue.js 專案中，我們使用 Vue.component 來註冊通用元件，緊接著在每個頁面內指定一個容器元素。這種方式在很多中小規模的專案中運作得很好，在這些專案中，JavaScript 只被用來加強特定的視圖。當在更複雜的專案中或者前端完全由 JavaScript 驅動時，下面這些缺點將變得非常明顯：

1）全域定義（Global definition）：強制要求每個元件中的命名不得重複。

2）字串範本（String template）：缺乏語法突顯，在 HTML 有多行時，需要用到反斜線 "\"。

3）不支援 CSS（No CSS support）：意味著當 HTML 和 JavaScript 元件化時，CSS 明顯被遺漏。

4）沒有建構步驟（No build step）：限制只能使用 HTML 和 ES 5 JavaScript，而不能使用前置處理器，如 Pug（formerly Jade）和 Babel。

為此，官方推出了檔案副檔名為 .vue 的單檔案元件為以上所有問題提供了解決方法，並且還可以使用 Webpack 或 Browserify 等建構工具。如果是初次接觸 Vue.js 開發的讀者，可能之前沒有見過這個東西。Vue.js 檔案是一個自訂的檔案類型，用類似 HTML 的語法描述一個 Vue.js 元件。每個 Vue.js 檔案包含三種類型的頂級語言區塊：<template> <script> 和 <style>。這三個部分分別代表 HTML、JS 和 CSS。其中 <template> 和 <style> 支援用預編譯語言來撰寫。總之，一個 Vue.js 檔案是一個封裝的元件，在 Vue.js 檔案中可以寫 HTML、CSS 和 JS。

Vue.js 單檔案元件是一種特殊的檔案格式，它允許將 Vue.js 元件的範本（template）、邏輯（JS 程式）與樣式（Style）封裝在單一檔案中。下面是一個單檔案元件範例。

```
<template>
  <div class="example">{{ msg }}</div>
</template>

<script>
export default {
  data() {
    return {
      msg: 'Hello world!'
    }
  }
}
</script>

<style>
.example {
  color: red;
}
</style>

<custom1>
  這裡可以是，例如：元件的文件
</custom1>
```

正如所見，Vue.js 單檔案元件是 HTML、CSS 與 JavaScript 三個經典組合的自然延伸，這段程式可以儲存為一個 Vue.js 檔案。每一個 Vue.js 檔案都由三種類型的頂層語法區塊所組成：<template>、<script>、<style>，以及可選的附加自訂區塊。

（1）<template> 區塊

每個 Vue.js 檔案最多可同時包含一個頂層 <template> 區塊。其中的內容會被提取出來並傳遞給 @vue/compiler-dom，預編譯為 JavaScript 的繪製函式，並附屬到匯出的元件上作為其 render 選項。

（2）<script> 區塊

每一個 Vue.js 檔案最多可同時包含一個 <script> 區塊（不包括 <script setup>）。該腳本將作為 ES Module 來執行。其預設匯出的內容應該是 Vue.js 元件選項物件，它要麼是一個普通的物件，要麼是 defineComponent 的傳回值。

（3）<script setup> 區塊

每個 Vue.js 檔案最多可同時包含一個 <script setup> 區塊（不包括常規的 <script>）。該腳本會被前置處理並作為元件的 setup() 函式使用，也就是說它會在每個元件實例中執行。<script setup> 的頂層綁定會自動曝露給範本。

（4）<style> 區塊

一個 Vue.js 檔案可以包含多個 <style> 標籤。<style> 標籤可以透過 scoped 或 module attribute 將樣式封裝在當前元件內。多個不同封裝模式的 <style> 標籤可以在同一個元件中混用。單檔案元件中的 <style> 標籤通常在開發過程中作為原生 <style> 標籤注入以支援熱更新。對於生產環境，它們可以被提取併合併到單一 CSS 檔案中。

（5）自訂區塊

為了滿足任何專案特定的需求，Vue.js 檔案中還可以包含額外的自訂區塊，例如 <docs> 區塊。

值得注意的是，瀏覽器本身是無法直接辨識 Vue.js 檔案的，透過需要使用 Webpack 等工具把 Vue.js 檔案翻譯成 HTML 檔案。

7.3.2 為什麼要使用單檔案元件

如果使用先定義通用元件，再建立實例的方式，則耦合性較高，處理複雜專案的能力弱，對於前置處理操作無法實作，並且這種元件名字不能重複，當 HTML 和 JavaScript 元件化時，CSS 會遺漏在外。單檔案元件方式將 template、script 和 style 分開了，寫法更加清晰，耦合性低，容易維護。雖然單檔

案元件需要一個建構步驟,但是益處頗多:

1)使用熟悉的 HTML、CSS 與 JavaScript 語法撰寫模組化元件。

2)預編譯範本。

3)使用 Composition API 時更符合人體工程學的語法。

4)透過交叉分析範本與腳本進行更多編譯時最佳化。

5)IDE 支援範本運算式的自動補全與類型檢查。

6)開箱即用的熱模組更換(HMR)支援。

單檔案元件是 Vue.js 作為框架的定義特性,也是在以下場景中使用 Vue.js 的推薦方法:

1)單頁應用。

2)靜態網站生成。

3)重要的前端。

雖然使用單檔案元件有不少好處,但在某些情況下單檔案元件可能會有些小題大做。這就是 Vue.js 仍然可以透過純 JavaScript 使用而無須建構步驟的原因。

7.3.3 src 引入

一些來自傳統 Web 開發背景的使用者可能會擔心單檔案元件在同一個地方混合了不同的重點,傳統觀點是 HTML、CSS、JS 應該分開。

要回答這個問題,我們必須同意重點分離不等於檔案類型分離。專案原理的最終目標是提升程式庫的可維護性。重點分離,當墨守成規地應用為檔案類型的分離時,並不能幫助我們在日益複雜的前端應用程式的上下文中實作該目標。

在現代 UI 開發中,我們發現與其將程式庫劃分為三個相互交織的巨大層,不如將它們劃分為鬆散耦合的元件並進行組合更有意義。在元件內部,它的範本、邏輯和樣式是內在耦合的,將它們搭配起來實際上可以使元件更具凝聚力和可維護性。

即使不喜歡單檔案元件的想法,仍然可以透過 src 匯入將 JavaScript 與 CSS 分離到單獨的檔案中,來利用其熱多載和預編譯功能。如果傾向於將 Vue.js 元件拆分為多個檔案，可以使用 src attribute 來引入外部的檔案作為語言區塊：

```
<template src="./template.html"></template>
<style src="./style.css"></style>
<script src="./script.js"></script>
```

注意，src 引入所需遵循的路徑解析規則與 Webpack 模組請求一致，即相對路徑需要以 ./ 開頭。src 引入也能用於自訂區塊，例如：

```
<unit-test src="./unit-test.js">
</unit-test>
```

7.3.4 註釋

在每個區塊中，註釋應該使用對應語言（HTML、CSS、JavaScript 等）的語法。對於頂層的註釋而言，使用 HTML 註釋語法：<!-- 這裡是註釋內容 -->。

7.3.5 vue-loader

前面講了，我們透過單檔案元件標準把 HTML、CSS、JavaScript 合在一個檔案中，該檔案以副檔名 .vue 結尾，那麼誰來解析 Vue.js 檔案呢？答案是用 vue-loader 來解析和轉換 Vue.js 檔案，提取出其中的邏輯程式（script）、樣式程式（style）以及 HTML 範本（template），再分別把它們交給其他對應的 Loader 去處理。最後，將它們組裝成一個 CommonJS 模組，透過 module.exports 匯出一個 Vue.js 元件物件。vue-loader 提供了一些非常炫酷的特性：

1）ES 2015 預設可用。

2）在每個 Vue.js 元件內支援其他的 Webpack 載入器，如用於 <style> 的 SASS 和用於 <template> 的 Jade。

3）把 <style> 和 <template> 內引用的靜態資源作為模組相依項對待，並用 Webpack 載入器處理。

4）對每個元件模擬有作用域的 CSS。

5）開發階段支援元件的熱載入。

6）簡單來說，Webpack 和 vue-loader 的組合是使用者創作 Vue.js 應用的一個更先進、更靈巧的極其強大的前端開發模式。

7.4　打包實作含 Vue.js 檔案的專案

既然要打包含有 Vue.js 檔案的專案，肯定要有 Vue.js 檔案的解析器 vue-loader。我們先來安裝它。在命令列下輸入命令：

```
npm install vue-loader@next -g
```

@next 表示要安裝最新版；-g 表示全域安裝，也就是將其安裝到 D:\mynpmsoft\node_modules\ 下，否則將安裝到目前的目錄下，如圖 7-9 所示。

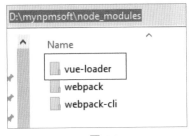

▲ 圖 7-9

其中，D:\mynpmsoft 是前面已經設定的 Node.js 軟體套件安裝的目標路徑。下面我們開始實作專案。專案路徑依舊是 D:\demo 下，如果該目錄下有其他檔案，先清空。

【例 7-3】打包第一個含 Vue.js 檔案的專案

1）選定一個空資料夾作為專案目錄，比如 D:\demo，我們後續把該目錄簡稱為根目錄。接下來初始化專案，開啟命令列視窗，在命令列下進入 D:\demo 目錄，再輸入命令：

```
npm init -y
```

此時在 D:\demo 下生成一個 package.json 檔案。在根目錄下新建一個資料夾 src。

2）開啟 VSCode，並在 VSCode 中開啟資料夾 D:\demo，然後在 src 下新建一個名為 main.js 的檔案，內容我們先不增加。再在專案根目錄（D:\demo）下增加 index.html 和 Webpack.config.js，index.html 中的內容先不增加，在 Webpack.config.js 中增加如下內容：

```
// webpack.config.js
const path = require('path')
```

```
module.exports = {
  mode: 'development',    // 環境模式為開發環境模式
  entry: path.resolve(__dirname, './src/main.js'),  // 打包入口
  output: {
    path: path.resolve(__dirname, 'dist'),  // 打包出口
    filename: 'js/[name].js'   // 打包完的靜態資源檔名
  }
}
```

增加完後結構如圖 7-10 所示。

▲ 圖 7-10

現在修改 package.json 的 scripts 屬性：

```
"scripts": {
  "dev": "webpack --config ./webpack.config.js"
}
```

Webpack 執行時，除了在命令列中傳入參數之外，還可以透過指定的設定檔來執行。預設情況下，會搜尋目前的目錄的 Webpack.config.js 檔案，該檔案是一個 Node.js 模組，傳回一個 JSON 格式的設定資訊物件，可以透過 --config 選項來指定設定檔 Webpack.config.js，路徑與 package.json 在同一路徑。現在我們透過 npm run 來執行 package.json 中的 scripts 腳本：

```
npm run dev
```

如果出現如圖 7-11 所示的資訊，則說明執行正常。

```
D:\demo>npm run dev

> demo@1.0.0 dev
> webpack --config ./webpack.config.js

asset js/main.js 1.17 KiB [emitted] (name: main)
./src/main.js 1 bytes [built] [code generated]
webpack 5.66.0 compiled successfully in 127 ms
```

▲ 圖 7-11

圖 7-11 中的 js/main.js 就是透過 Webpack 將 main.js 打包完後的程式，接下來我們給 index.html 增加內容，然後透過 html-Webpack-plugin 外掛程式將 index.html 作為範本輸出到 dist 資料夾。html-Webpack-plugin 外掛程式主要有兩個作用：

1）為 HTML 檔案中引入的外部資源（如 script、link）動態增加每次編譯後的雜湊值，防止引用快取的外部檔案問題。

2）可以生成 HTML 入口檔案，比如單頁面可以生成一個 HTML 檔案入口，設定 N 個 html-Webpack-plugin 可以生成 N 個頁面入口。

有了這種外掛程式，在專案中遇到類似上面的問題都可以輕鬆解決。下面透過命令安裝 html-Webpack-plugin 外掛程式：

```
npm install html-webpack-plugin -g
```

安裝完畢後，會在 D:\mynpmsoft\node_modules 下看到 html-Webpack-plugin 資料夾。

在 Webpack.config.js 下引入該外掛程式，增加如下內容：

```
// webpack.config.js
const path = require('path')
const HtmlWebpackPlugin = require('D:\\mynpmsoft\\node_modules\\html-webpack-plugin')
module.exports = {
  mode: 'development',    // 環境模式為開發環境模式
  entry: path.resolve(__dirname, './src/main.js'),  // 打包入口
  output: {
    path: path.resolve(__dirname, 'dist'),    // 打包出口
    filename: 'js/[name].js'    // 打包完的靜態資源檔名
  },
  plugins: [
    new HtmlWebpackPlugin({
      template: path.resolve(__dirname, './index.html'),  // 我們要使用的
HTML 範本位址
      filename: 'index.html', // 打包後輸出的檔案名稱
      title: '手搭 Vue 開發環境' // index.html 範本內，透過 <%= htmlWeb-
packPlugin. options.title %> 拿到的變數
    })
  ]
}
```

粗體部分是我們新增加的內容。最後給 index.html 增加如下內容：

```html
<!DOCTYPE html>
<html lang="en">
<head>
  <meta charset="UTF-8">
  <meta name="viewport" content="width=device-width, initial-scale=1.0">
  <title><%= htmlWebpackPlugin.options.title %></title>
</head>
<body>
  <div id="root"></div>
</body>
</html>
```

並給 main.js 增加如下內容：

```javascript
const root = document.getElementById('root')
root.textContent = 'hello,boy'
```

開啟命令列視窗，在命令列下進入 D:\demo 目錄，然後執行打包指令 npm run dev，如果沒有顯示出錯，執行結果如圖 7-12 所示。

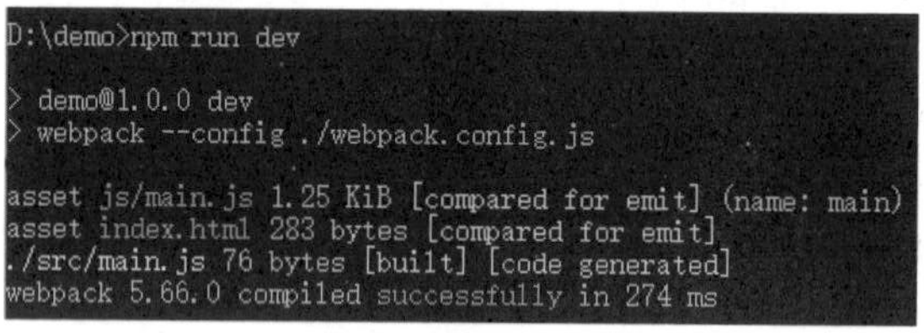

▲ 圖 7-12

現在我們到 dist 目錄下會發現有一個 index.html，按兩下它，在網頁上會輸出如下內容：

```
hello,boy
```

3）全域安裝 Vue.js，在命令列下輸入：

```
npm install vue@next -g
```

安裝後，在 D:\mynpmsoft\node_modules\ 下可以發現有一個 Vue 資料夾。現在我們開始加入 Vue.js 檔案，在 src 目錄下新建 App.vue，內容如下：

```html
<template>
  <div>Today is Friday.</div>
</template>

<script>
```

```
export default {

}
</script>
```

很簡單的一個 Vue.js 檔案，甚至連 style 內容都沒有（後面會增加 style 內容）。export 用來匯出模組，Vue.js 的單檔案元件通常需要匯出一個物件，這個物件是 Vue.js 實例的選項物件，以便於在其他地方可以使用 import 匯入。export 和 export default 的區別在於 export 可以匯出多個命名模組，而 export default 只能匯出一個預設模組，這個模組可以匿名。

現在想把它匯入 root 節點下，開啟 main.js，替換新內容如下：

```
import { createApp } from 'D:\\mynpmsoft\\node_modules\\vue' // Vue.js 3
匯入 Vue.js 的形式
import App from './App.vue' // 匯入 App 頁面組建

const app = createApp(App) // 透過 createApp 初始化 App
app.mount('#root') // 將頁面掛載到 root 節點

//const root = document.getElementById('root')
//root.textContent = 'hello,boy and girl'
```

在命令列下執行 npm run dev，此時顯示出錯了，如圖 7-13 所示。

▲ 圖 7-13

大致意思就是：你可能需要適當的 loader 程式來處理 Vue.js 檔案類型，當前沒有設定任何 loader 來處理此檔案。的確，讓瀏覽器去辨識 .vue 結尾的檔案不太合適。我們必須讓它變成瀏覽器認識的語言，那就是 JavaScript。Vue.js 檔案讓 vue-loader 去解析，於是需要增加下面幾個外掛程式：

第一個外掛程式當然是 vue-loader，其核心的作用就是提取。我們把這個外掛程式安裝到專案目錄下，在命令列下執行：

```
npm add vue-loader@next -D
```

安裝後，在 D:\demo\node_modules 下有一個 vue-loader 資料夾。

第二個外掛程式是 @vue/compiler-sfc，同樣把它增加到專案目錄下，安裝命令如下：

```
npm add @vue/compiler-sfc -D
```

安裝後，我們可以在 D:\demo\node_modules\vue 下發現有一個資料夾 compiler-sfc。最後，更新 Webpack.config.js 的內容如下：

```
const path = require('path')
const HtmlWebpackPlugin = require('D:\\mynpmsoft\\node_modules\\html-
webpack-plugin')
// 最新的 vue-loader 中，VueLoaderPlugin 外掛程式的位置有所改變
const { VueLoaderPlugin } = require('vue-loader/dist/index')

module.exports = {
  mode: 'development',
  entry: path.resolve(__dirname, './src/main.js'),
  output: {
    path: path.resolve(__dirname, 'dist'),
    filename: 'js/[name].js'
  },
  module: {
    rules: [
      {
        test: /\.vue$/,
        use: [
          'vue-loader'
        ]
      }
    ]
  },
  plugins: [
    new HtmlWebpackPlugin({
      template: path.resolve(__dirname, './index.html'),
      filename: 'index.html',
      title: ' 手搭 Vue 開發環境 '
    }),
    // 增加 VueLoaderPlugin 外掛程式
    new VueLoaderPlugin()
  ]
}
```

VueLoaderPlugin 的職責是將使用者定義過的其他規則複製並應用到 Vue.js 檔案中對應語言的區塊。例如，如果有一筆比對 /\.js$/ 的規則，那麼它會應用到 Vue.js 檔案中的 <script> 區塊。

我們再次執行打包命令 npm run dev，也可以在 VSCode 下的 TERMI-
NAL 視窗中直接執行 npm run dev，如圖 7-14 所示。

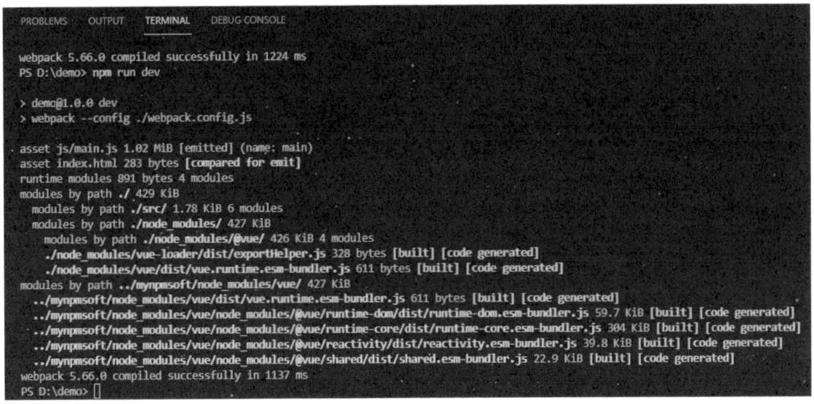

▲ 圖 7-14

沒有顯示出錯說明成功了。使用瀏覽器開啟 dist/index.html，如圖 7-15 所
示。

▲ 圖 7-15

4）這個實例還沒完成。我們的 Vue.js 檔案太簡單了，再增加點內容，在
App.vue 中加入 style 內容，程式如下：

```
<template>
  <div>Today is Friday.</div>
</template>

<script>
export default {
}
</script>
<style>
  div {
    color: yellowgreen;
  }
</style>
```

然後用命令 npm run dev 打包，但顯示出錯了，如圖 7-16 所示。

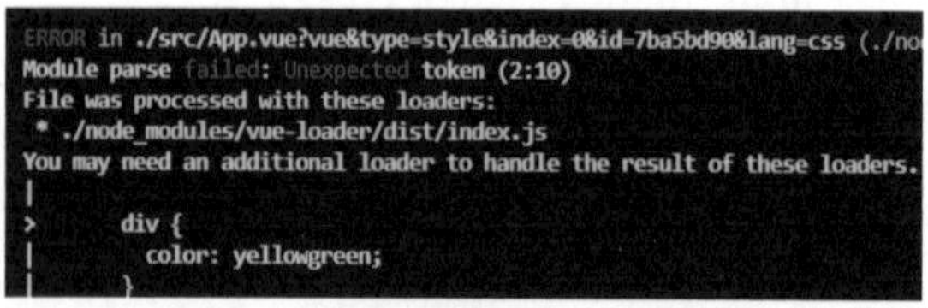

▲ 圖 7-16

意思就是說，又少 loader 了，我們還需要增加下面兩個外掛程式：

1）style-loader：將 CSS 樣式插入頁面的 style 標籤中。

2）css-loader：處理樣式中的 URL，如 url('@/static/img.png')，這時瀏覽
器是無法辨識 @ 符號的。

在命令列下安裝 style-loader 外掛程式：

```
npm install style-loader -g
```

再在命令列下安裝 css-loader 外掛程式：

```
npm install css-loader -g
```

安裝完後，在 Webpack.config.js 下增加如下程式：

```
const path = require('path')
const HtmlWebpackPlugin = require('D:\\mynpmsoft\\node_modules\\html-
webpack-plugin')
// 最新的 vue-loader 中，VueLoaderPlugin 外掛程式的位置有所改變
const { VueLoaderPlugin } = require('vue-loader/dist/index')
// 這個設定檔其實就是一個 JS 檔案，透過 Node.js 中的模組操作向外曝露了一個設定物件
module.exports = {
  mode: 'development',
     // 在設定檔中需要手動指定入口和出口
  entry: path.resolve(__dirname, './src/main.js'),
  output: {
    path: path.resolve(__dirname, 'dist'), // 指定打包好的檔案輸出到哪個目錄
中去
    filename: 'js/[name].js'  // 這是指定輸出檔案的名稱
  },
  module: {
    rules: [
      {
        test: /\.vue$/,
        use: [
```

```
      'vue-loader'
    ]
  },
  {
    test: /\.css$/,
      use: [
        'D:\\mynpmsoft\\node_modules\\style-loader',
        'D:\\mynpmsoft\\node_modules\\css-loader'
      ]
  }
  ]
},
plugins: [
  new HtmlWebpackPlugin({
    template: path.resolve(__dirname, './index.html'),
    filename: 'index.html',
    title: 'Manually build the Vue development environment'
  }),
  // 增加 VueLoaderPlugin 外掛程式
  new VueLoaderPlugin()
]
}
```

粗體部分是我們新增的。此時到 VSCode 的 TERMINAL 視窗中執行 npm run dev，發現成功了。現在用瀏覽器開啟 dist/index.html，我們會發現字型顏色變了，如圖 7-17 所示。

Today is Friday.

▲ 圖 7-17

還有一個小外掛程式是必備的，就是 clean-Webpack-plugin，它的作用就是每次打包時都會把 dist 目錄清空，防止檔案變動後，還有一些殘留的舊檔案，以及避免一些快取問題。在命令列下執行如下命令：

```
npm install clean-webpack-plugin -g
```

安裝完畢後，就可以在 D:\mynpmsoft\node_modules 下看到 clean-Web-pack-plugin 資料夾。再在 Webpack.config.js 的開頭增加 require：

```
const { CleanWebpackPlugin } = require('clean-webpack-plugin')
```

然後在 plugins 區塊的尾端實例化 CleanWebpackPlugin：

```
new CleanWebpackPlugin()
```

此時到 VSCode 的 TERMINAL 視窗中執行 npm run dev，發現依舊是成功的，如圖 7-18 所示。

```
PS D:\demo> npm run dev

> demo@1.0.0 dev
> webpack --config ./webpack.config.js

asset js/main.js 1.04 MiB [emitted] (name: main)
asset index.html 306 bytes [emitted]
runtime modules 1.13 KiB 5 modules
cacheable modules 866 KiB
  modules by path ./ 431 KiB
    modules by path ./src/ 4.15 KiB 9 modules
    modules by path ./node_modules/ 427 KiB
      modules by path ./node_modules/@vue/ 426 KiB 4 modules
      ./node_modules/vue-loader/dist/exportHelper.js 328 bytes [built] [code gene
      ./node_modules/vue/dist/vue.runtime.esm-bundler.js 611 bytes [built] [code
  modules by path ../mynpmsoft/node_modules/ 435 KiB
    modules by path ../mynpmsoft/node_modules/style-loader/dist/runtime/*.js 5.75
    modules by path ../mynpmsoft/node_modules/vue/ 427 KiB 5 modules
    modules by path ../mynpmsoft/node_modules/css-loader/dist/runtime/*.js 2.33 K
    ../mynpmsoft/node_modules/css-loader/dist/runtime/noSourceMaps.js 64 bytes
    ../mynpmsoft/node_modules/css-loader/dist/runtime/api.js 2.26 KiB [built] [
webpack 5.66.0 compiled successfully in 8994 ms
PS D:\demo> 
```

▲ 圖 7-18

至此這個範例基本講完了。

7.5 使用鷹架 vue-cli

vue-cli 是一個官方發佈的 Vue.js 專案鷹架，使用 vue-cli 可以快速建立 Vue.js 專案。鷹架是透過輸入簡單指令幫助使用者快速架設一個基本環境的工具，即 vue-cli 可以協助使用者生成 Vue.js 專案範本。

Vue.js 之所以吸引人，一個主要原因就是因為它的 vue-cli，該工具可以幫助使用者快速地建構一個足以支撐實際專案開發的 Vue.js 環境，並不像 Angular.js 和 React.js 那樣要在 Yoman 上尋找適合自己的協力廠商鷹架。vue-cli 的存在將專案環境的初始化工作與複雜度降到了最低。

7.5.1 安裝 vue-cli

如果之前安裝過 vue-cli，則要先移除之前的，否則直接安裝即可。以管理員身份開啟命令列視窗，然後輸入如下安裝命令：

```
npm install -g @vue/cli
```

稍等片刻，安裝完成，如圖 7-19 所示。

整個過程沒有出現錯誤，說明安裝成功了。此時我們到 D:\mynpmsoft\node_modules\@vue\ 下可以看到有一個資料夾 cli。

```
added 952 packages, and audited 953 packages in 6m

67 packages are looking for funding
  run `npm fund` for details

11 vulnerabilities (4 moderate, 7 high)

Some issues need review, and may require choosing
a different dependency.

Run `npm audit` for details.
npm notice
npm notice New minor version of npm available! 8.1.2 -> 8.3.0
npm notice Changelog: https://github.com/npm/cli/releases/tag/v8.3.0
npm notice Run npm install -g npm@8.3.0 to update!
npm notice

C:\Users\Administrator>
```

▲ 圖 7-19

安裝好之後，在命令列下進入 D:\mynpmsoft，然後輸入 vue -V 就可以查看 cli 版本，如圖 7-20 所示。

```
D:\mynpmsoft>vue -V
@vue/cli 5.0.1
```

▲ 圖 7-20

如果版本不同，不要驚慌，因為這是線上安裝的，一般都是安裝的當前最新的版本。另外，Vue.js 的可執行程式目前在 D:\mynpmsoft 目錄下，為了在任何目錄下都可以使用，可以在系統環境變數 Path 中增加其路徑。增加方法如下：

1）在桌面上按滑鼠右鍵「此電腦」圖示，然後在快顯功能表中選擇「屬性」，開啟「設定」對話方塊。

2）在「設定」對話方塊右邊「關於」的下方點擊「高級系統內容」，開啟「系統內容」對話方塊。

3）在「系統內容」對話方塊中點擊「環境變數」按鈕，然後在「系統環境」下選中 Path，並點擊「編輯」按鈕，此時出現「編輯環境變數」對話方塊，在該對話方塊中點擊「新建」按鈕，並輸入路徑“D:\mynpmsoft”後按確認鍵。最後點擊「確定」按鈕關閉開啟的對話方塊。

現在應該可以在任意路徑下查看版本了。我們重新（必須重新）開啟命令列視窗，輸入 vue -V 查看版本，如圖 7-21 所示。

▲ 圖 7-21

順便提一句，如果想重新安裝或安裝失敗，可以先移除 Vue-cli，移除命令如下：

```
npm uninstall -g vue-cli
```

現在可以透過 vue -V 命令來查看版本，這說明命令列下可以使用 Vue.js 這個命令程式了。這個命令程式具體在哪裡呢？我們可以到 D:\mynpmsoft\node_modules\@vue\cli\bin\ 中查看，發現有一個 Vue.js 檔案，這個就是對應的程式檔案，該檔案中提供了 vue 命令，不信可以把這個檔案改個名字，然後執行 vue -V 就會顯示出錯：

```
C:\Users\Administrator>vue -V
node:internal/modules/cjs/loader:936
  throw err;
  ^

Error: Cannot find module 'D:\mynpmsoft\node_modules\@vue\cli\bin\vue.js'
```

如果檔案改名了，別忘記改回來。知道了 vue 命令的位置，我們心裡就有底了。如果要查看更多選項，可以在 vue 後加 -h，如圖 7-22 所示。

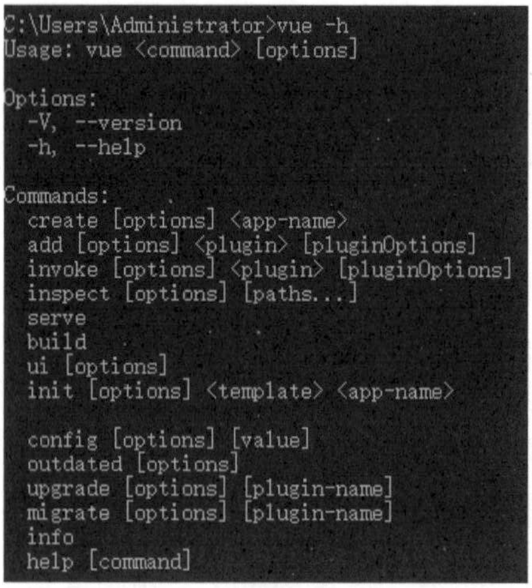

▲ 圖 7-22

其中，create 表示在命令列下建立一個 Vue.js 專案，ui 表示以圖形化方式建立 Vue.js 專案。下面我們來建立專案。

7.5.2 使用 vue create 命令建立專案

鷹架 vue-cli 已經安裝好了，下面可以開始小試牛刀了。老規矩，先建立 HelloWorld 專案。我們全程在命令列視窗下透過命令方式來建立專案。現在，建立專案的命令有兩種：一種是 vue create，另一種是傳統的 vue init。vue create 命令在目前新開發專案時用得比較多，vue init 在維護老舊專案時用得比較多，因此用這兩個命令建立專案都要學會，說不定我們進某個公司要維護老舊專案。

vue create 命令建立專案的格式如下：

```
vue create 專案名稱
```

vue create 是 vue-cli3.x 的初始化方式，目前範本是固定的，範本選項可自由設定，建立出來的是 vue-cli 3 專案，與傳統的 vue init 建立的專案結構不同，設定方法不同。vue init 其實是 vue-cli 2 下建立專案的方式。現在先學 vue create。

【例 7-4】使用 vue create 命令建立專案

1）先在磁碟的某個路徑建立一個目錄（比如 D:\demo），這個目錄作為專案存放的資料夾。

2）透過 vue-cli 建立專案的語法命令為 vue create [prjName]，其中 prjName 是自訂的專案名稱。以管理員身份開啟命令列視窗，進入剛才建立的資料夾，然後輸入命令：

```
vue create helloworld
```

此時出現選項，讓我們選擇採用預設方式（Default）還是手動方式（Manually）建立專案，可以使用鍵盤上的方向鍵進行選擇，如圖 7-23 所示。

```
? Please pick a preset: (Use arrow keys)
> Default ([Vue 3] babel, eslint)
  Default ([Vue 2] babel, eslint)
  Manually select features
```

▲ 圖 7-23

　　當左邊箭頭指向 Default ([Vue 3] babel, eslint) 後，直接按確認鍵（如果按確認鍵沒有反應，可以移動上下鍵再試試）建立專案，Default 就是預設設定 vue/cli 提供的設定，目前只有 babel 和 eslint。babel 的作用是將 ES 6 編譯成 ES 5，eslint 是一個程式標準和錯誤檢查工具。

　　稍等片刻，建立成功，如圖 7-24 所示。

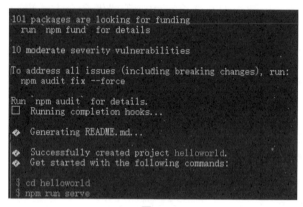

▲ 圖 7-24

　　此時，我們到專案目錄的 helloworld 下可以發現生成了一堆檔案和資料夾，其中 node_modules 資料夾用於存放 Node.js 使用的外掛程式，src 資料夾用於存放為開發者撰寫的程式檔案，src 下面的 assets 子資料夾主要用於存放靜態頁面中的影像或其他靜態資源，src 下的 components 資料夾一般用於存放撰寫的元件程式，現在該檔案中存放的是自動生成的 HelloWorld.vue 檔案。

　　在命令列窗中輸入命令 "cd helloworld"，按確認鍵進入 HelloWorld 專案中，再輸入 "npm run serve"，按確認鍵來啟動服務。稍等片刻啟動成功，如圖 7-25 所示。

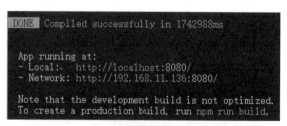

▲ 圖 7-25

3）準備執行網頁程式。我們在本機的網頁瀏覽器上存取 localhost:8080，

就可以開啟專案首頁，也可以在其他網路相連的電腦上存取
192.168.11.136:8080，也可以開啟專案首頁，其中 192.168.11.136 是
Windows 10 所在電腦的 IP 位址。在本機上執行網頁程式，如圖 7-26
所示。

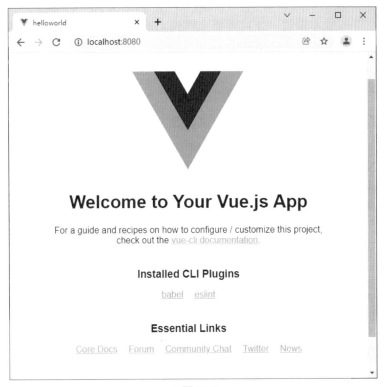

▲ 圖 7-26

此時可以到專案目錄下查看，如圖 7-27 所示。

▲ 圖 7-27

其中，node_modules 資料夾是透過 npm install 安裝的相依程式庫；public 資料夾是部署到生產環境的目錄；src 是原始程式目錄；.gitignore 檔案的作用是告訴 Git 哪些檔案不需要增加到版本管理中；babel.config.js 表示 babel 轉碼設定；package.json 是專案的設定檔，用於描述一個專案，包括我們 init 時的設定及開發環境、生成環境的相依外掛程式和版本等；package-lock.json 是鎖定安裝時套件的版本編號，並且需要上傳到 Git，以保證其他人在透過 npm install 安裝時大家的相依能保證一致。

7.5.3 解析 npm run serve

上一節透過命令 npm run serve 來啟動一個服務，從而使得我們可以在瀏覽器存取 Vue.js 專案的首頁。那麼 npm run serve 執行的到底是什麼呢？其實，npm run XXX 是執行 Vue.js 專案設定檔 package.json 的腳本中的某個選項 XXX。package.json 檔案會描述這個 Vue.js 專案的相關資訊，包括專案名稱、版本、套件相依、建構等資訊，格式是嚴格的 JSON 格式。我們看一下其中的腳本部分：

```
"scripts": {
  "serve": "vue-cli-service serve",
  "build": "vue-cli-service build",
  "lint": "vue-cli-service lint"
},
```

npm run serve 其實執行的是 serve 對應的 vue-cli-service serve。在 package.json 中，script 欄位指定了執行指令碼命令的 npm 行的縮寫。因此，npm run serve/npm run build/npm run lint 命令相當於執行 vue-cli-service serve/vue-cli-service build/vue-cli-service lint。npm run serve 表示開發環境建構，npm run build 表示生產環境建構，npm run lint 表示程式檢測工具（會自動修正）。

那麼 vue-cli-service 執行了怎樣的命令呢？我們需要知道 vue-cli-service 是什麼。其實，vue-cli-service 程式位於 D:\demo\myprj\node_modules\@vue\cli-service\bin\ 下，我們可以在這個目錄下看到有一個檔案 vue-cli-service.js，它就是 vue-cli-service 命令所對應的程式檔案。不信可以將該檔案改個名，然後到 myrpj 下執行 npm run serve，可以發現出錯了：

```
D:\demo\myprj>npm run serve

> myprj@0.1.0 serve
> vue-cli-service serve

node:internal/modules/cjs/loader:936
  throw err;
  ^

Error: Cannot find module 'D:\demo\myprj\node_modules\@vue\cli-service\
bin\vue-cli-service.js'
```

如果改了檔案名稱，記得要改回來。

vue-cli-service serve 命令會啟動一個開發伺服器（以 Webpack-dev-serve）為基礎，並附帶開箱即用的模組熱多載。除了透過命令列外，還可以使用 vue.config.js 中的 devServe 來設定開發伺服器。接下來一起看看 vue-cli-service.js 中主要寫了什麼內容，我們對關鍵點進行了註釋，程式如下：

```
const semver = require('semver')
const { error } = require('@vue/cli-shared-utils')
const requiredVersion = require('../package.json').engines.node

// 檢測 Node.js 版本是否符合 vue-cli 執行的需求，不符合則列印錯誤並退出
if (!semver.satisfies(process.version, requiredVersion)) {
 error(
  `You are using Node ${process.version}, but vue-cli-service ` +
  `requires Node ${requiredVersion}.\nPlease upgrade your Node version.`
 )
 process.exit(1)
}

// cli-service 的核心類別
const Service = require('../lib/Service')
// 新建一個 service 的實例，並將專案路徑傳入。一般在專案根路徑下執行該 cli 命令。
所以 process.cwd() 的結果一般是專案根路徑
const service = new Service(process.env.VUE_CLI_CONTEXT || process.
cwd())

// 參數處理
const rawArgv = process.argv.slice(2)
const args = require('minimist')(rawArgv, {
 boolean: [
  // build
  …
  'verbose'
 ]
})
const command = args._[0]
```

7-35

```
// 將參數傳入 service 這個實例並啟動後續工作。如果我們執行的是 npm run serve，則
command ="serve"
service.run(command, args, rawArgv).catch(err => {
 error(err)
 process.exit(1)
})
```

上述程式的主要功能是實例化一個服務（new Service），並且啟動執行服務（service.run）。服務啟動成功後，就可以在用戶端電腦透過瀏覽器存取服務了。因此，如果要存取 Vue.js 專案的首頁，必須先啟動服務，即執行 npm run serve。

7.5.4 vue init 建立專案

現在與 Vue.js 2.x 相關的舊專案在公司中也經常會碰到，需要有人維護。因此，我們也需要了解這些舊專案的建立方式，即 vue init 的用法。vue init 建立專案的格式如下：

```
vue init webpack 專案名稱
```

這種方式是線上建立專案，必須聯網。如果第一次使用這個命令，則需要全域安裝一個橋接工具，即 @vue/cli-init，安裝命令如下：

```
npm install -g @vue/cli-init
```

安裝完成後，在 D:\mynpmsoft\node_modules\@vue 下會有一個 cli-init 資料夾，然後就可以用 vue init 來建立專案了。

另外，如果要離線建立專案，可以在後面加 --offline，例如：

```
vue init webpack 專案名稱 --offline
```

【例 7-5】vue init 建立專案

1）找一個空的資料夾，比如 D:\demo，然後在命令列下定位到該資料夾，輸入如下命令：

```
vue init webpack mydemo
```

隨後出現一些問題，如果有預設值，比如 Project name（mydemo），則直接按確認鍵即可。所有問題回答完畢後，就開始線上安裝 Webpack 框架中

package.json 所需要的相依，如圖 7-28 所示。

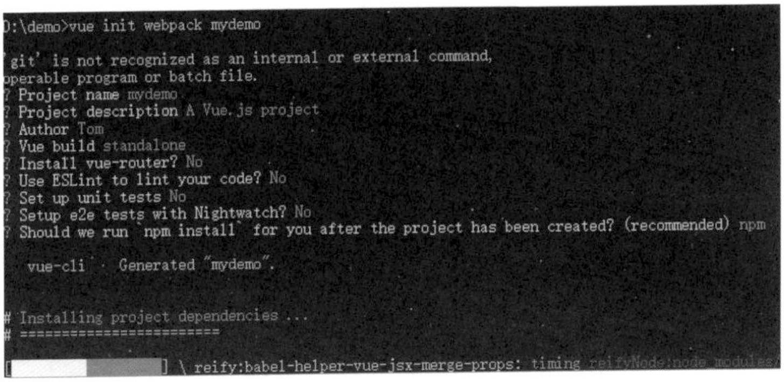

▲ 圖 7-28

稍等片刻安裝完成，如圖 7-29 所示。

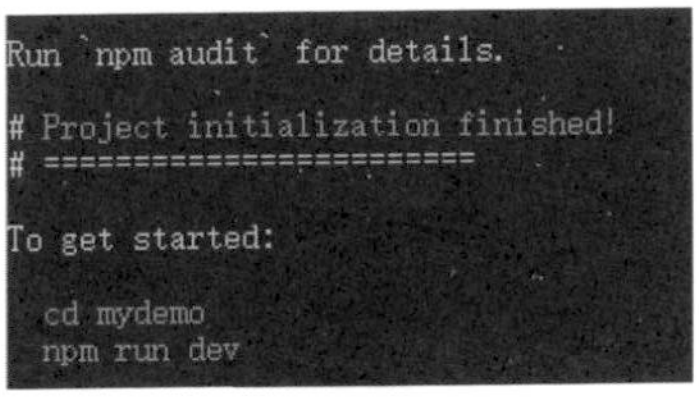

▲ 圖 7-29

此時 D:\demo 下有一個資料夾 mydemo，這個就是專案檔案夾。我們在命令列下進入 mydemo，然後執行 npm run dev，這個命令其實執行了 package.json 中的 script 腳本。我們可以開啟 package.json 查看，找到 scripts，程式如下：

```
"scripts": {
    "dev": "webpack-dev-server --inline --progress --config build/web-pack.dev.conf.js",
    "start": "npm run dev",
    "build": "node build/build.js"
},
```

dev 後面的內容是 Webpack-dev-server --inline --progress --config build/Webpack.dev.conf.js，因此 npm run dev 相當於在命令列下執行 Webpack-dev-server --inline --progress --config build/Webpack.dev.conf.js。

npm run dev 執行結果如圖 7-30 所示。

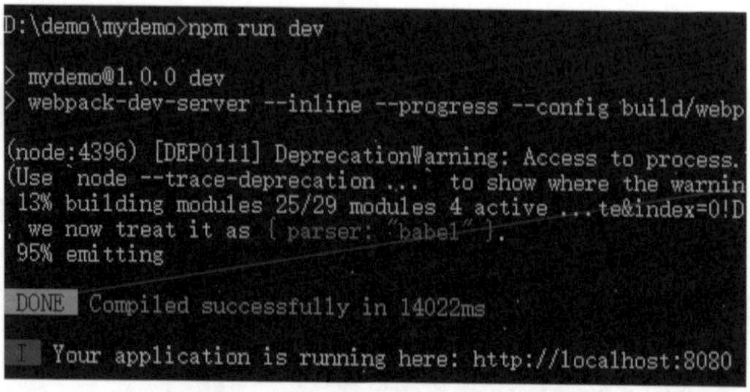

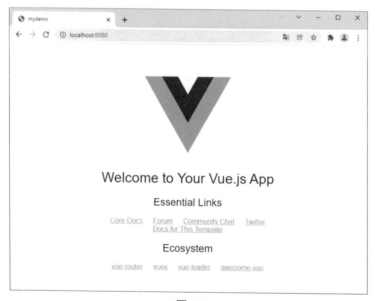

D:\demo\mydemo>npm run dev
> mydemo@1.0.0 dev
> webpack-dev-server --inline --progress --config build/webp
(node:4396) [DEP0111] DeprecationWarning: Access to process.
(Use `node --trace-deprecation ...` to show where the warnin
13% building modules 25/29 modules 4 active ...te&index=0!D
; we now treat it as { parser: "babel" }.
95% emitting
DONE Compiled successfully in 14022ms
I Your application is running here: http://localhost:8080

▲ 圖 7-30

2）開啟網頁瀏覽器，比如 Chrome 瀏覽器，輸入網址 http://localhost:8080/，發現執行成功了，如圖 7-31 所示。

mydemo
localhost:8080
Welcome to Your Vue.js App
Essential Links
Core Docs
Forum
Community Chat
Twitter
Docs for This Template
Ecosystem
vue-router
vuex
vue-loader
awesome-vue

▲ 圖 7-31

另外，我們還可以到 D:\demo\mydemo 下查看各個資料夾或檔案，如圖 7-32 所示。

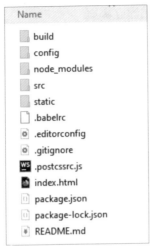

▲ 圖 7-32

　　這個專案的檔案結構和 vue create 建立的專案的結構有所不同，其中資料夾 build 和 config 存放 Webpack 設定相關的內容，資料夾 node_modules 存放透過 npm install 安裝的相依程式庫，資料夾 src 存放專案原始程式。

　　資料夾 static 暫存動態資源；.babelrc 存放 babel 相關設定（因為我們的程式大多都是以 ES 6 為基礎，而大多瀏覽器是不反對 ES 6 的，所以需要 babel 幫我們轉換成 ES 5 語法）；.editorconfig 表示編輯器的設定，能夠在這裡修改編碼、縮排格式等；.eslintignore 設定疏忽語法查看的目錄檔案；.eslintrc.js 是 eslint 的設定檔；.gitignore 的作用是告訴 Git 哪些檔案不需要增加到版本管理中；index.html 是入口 HTML 檔案；package.json 表示專案的設定檔，包含 init 時的設定及開發環境、生成環境的相依外掛程式及版本等；package-lock.json 是鎖定安裝時的套件的版本編號，並且需要上傳到 Git，以保證其他人在 npm install 時大家的相依能保證一致。

　　至此，以 vue-cli 為基礎的命令列建立專案成功了。是不是覺得很簡單？其實，還有更加簡單的方式，那就是圖形化建立專案。

7.5.5　圖形化建立專案

　　上一節全程在命令列視窗下建立了一個專案。除此之外，還可以以圖形化方式建立專案。在執行第二個專案之前，將第一個專案的命令列視窗關閉，網頁瀏覽器也關閉。

【例 7-6】以圖形化可視方式建立專案

1）在磁碟上建立一個存放專案的目錄。

2）開啟命令列視窗，輸入命令 "vue ui"，稍等片刻，就會自動開啟網頁瀏覽器，如圖 7-33 所示。

▲ 圖 7-33

點擊上方的「建立」按鈕，然後點擊下方的「在此建立新專案」按鈕，如圖 7-34 所示。

接下來輸入專案名稱和路徑，如圖 7-35 所示。

▲ 圖 7-34

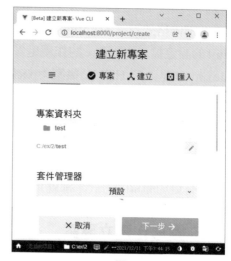

圖 7-35

點擊「下一步」按鈕，在頁面上選中 Default (Vue 3) ([Vue 3] babel, eslint)，如圖 7-36 所示。

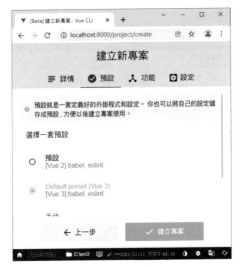

▲ 圖 7-36

最後點擊「建立專案」按鈕。稍等片刻建立完成，出現「儀表板」頁面，我們在左邊選擇「任務」，在右邊的 serve 下點擊「執行」按鈕來啟動服務，如圖 7-37 所示。

▲ 圖 7-37

稍等片刻，服務執行成功（第一次有點慢）。服務執行成功後，在網頁瀏覽器中輸入 http://localhost:8080/，就可以開啟專案首頁了。頁面與上例一樣，我們讓它輸出有點變化，到該專案的路徑（筆者的是 C:\ex\2\test）下進入 src 子資料夾，然後用文字編輯器開啟 App.vue 檔案，把 <template> 下面的 "<HelloWorld msg=" 後面的內容改為 "Hello world，hello vue.js!"，如圖 7-38 所示。

```
<template>
  <img alt="Vue logo" src="./assets/logo.png">
  <HelloWorld msg="Hello world,hello vue.js!"/>
</template>
```

▲ 圖 7-38

　　然後儲存該檔案。重新回到網頁瀏覽器上，在左邊選中「任務」，然後在右邊點擊「停止」，再點擊「執行」，此時時間也稍微有點長，要有耐心，在網頁的右邊可以看到一個大圓圈的進度指示，打勾了就說明服務啟動完成了，如圖 7-39 所示。

Idle (26s)

▲ 圖 7-39

　　接下來更新網頁 http://localhost:8080/，可以發現輸出內容發生變化了，如圖 7-40 所示。

Hello world,hello vue.js!

For a guide and recipes on how to configure / customize this project,
check out the vue-cli documentation.

Installed CLI Plugins

babel eslint

▲ 圖 7-40

7.5.6　使用多個 Vue.js 檔案

正規武器（這裡指 Vue.js 鷹架 vue-cli）已經亮相了，下面就要慢慢地熟悉和使用它了。前面一個專案中的 Vue.js 檔案不多，現在多加入幾個 Vue.js 檔案。

【例 7-7】使用多個 Vue.js 檔案

1）先在磁碟的某個路徑建立一個目錄（比如 D:\demo），這個目錄作為專案存放的資料夾。

2）透過 vue-cli 建立專案的語法命令為 vue create [prjName]，其中 prjName 是自訂的專案名稱。以管理員身份開啟命令列視窗，進入剛才建立的資料夾，然後輸入命令：

```
vue create myprj
```

此時出現選項，讓我們選擇採用預設方式還是手動方式建立專案，使用鍵盤上的方向鍵進行選擇，如圖 7-41 所示。

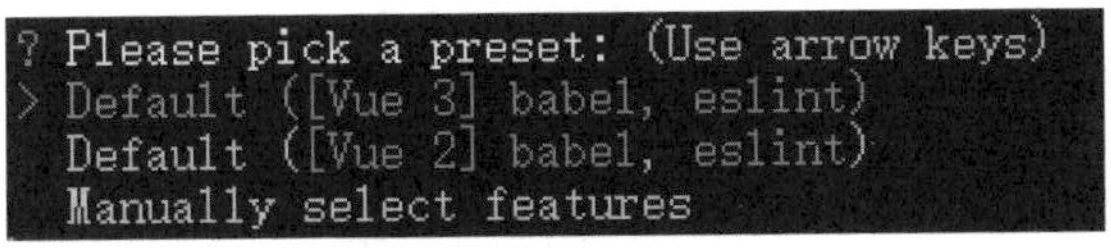

```
? Please pick a preset: (Use arrow keys)
> Default ([Vue 3] babel, eslint)
  Default ([Vue 2] babel, eslint)
  Manually select features
```

▲ 圖 7-41

這裡選擇 Default ([Vue 3] babel, eslint) 後，直接按確認鍵（如果按確認鍵沒反應，可以移動上下鍵再試試）建立專案，稍等片刻建立成功，如圖 7-42 所示。

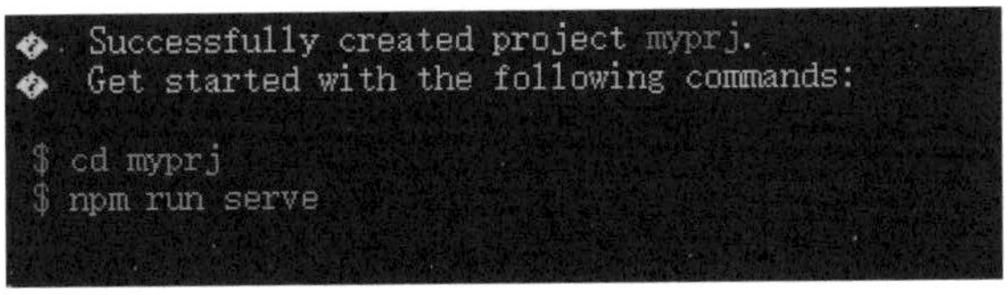

```
 Successfully created project myprj.
 Get started with the following commands:

 $ cd myprj
 $ npm run serve
```

▲ 圖 7-42

隨後在命令列下進入 myprj 並執行 serve：

```
cd myrpj
npm run serve
```

稍等片刻，出現下列提示就成功了：

```
App running at:
- Local:   http://localhost:8080/
- Network: http://192.168.10.199:8080/
```

我們可以在本機瀏覽器下輸入 "http://localhost:8080/" ，從而顯示第一個頁面。

這時，心急的使用者可能會覺得每次建立專案都要如此等待，似乎讓人有點不耐煩。的確如此，因此我們以後可以直接在這個專案上增加所需的檔案和功能，省得每次都要去建立。

3）開啟 VSCode，點擊選單 File → Open folder 來開啟資料夾 D:\demo\myprj，這時該資料夾下的內容都呈現在 VSCode 的 EXPLORER 視圖下，如圖 7-43 所示。

▲ 圖 7-43

感覺檔案蠻多，我們從 index.html 開始看，其實這個檔案目前沒什麼內容，重要的是下面這行程式：

```
<div id="app"></div>
```

這個是 mount 函式掛載的地方。相信大家已經懂了，這個地方會被元件的範本程式所繪製。下面看 main.js，程式如下：

```
import { createApp } from 'vue'
import App from './App.vue'

createApp(App).mount('#app')
```

在程式中，使用 import 匯入模組 vue 的屬性或者方法，這裡匯入的是 createApp 方法，這個方法也是我們的老相識了，其實經過前面的學習，很多方法及其使用方式讀者一看就能明白，比如第三行的 createApp 和 mount，就不用再解釋了吧。我們再看第二行，也是從元件檔案 App.vue 中匯入 App。檔案 App.vue 可以在 main.js 同路徑（src 資料夾）下找到。

4）下面再看 App.vue，它相當於是根元件，檔案的內容就是範本、JS 程式和 Style 三塊。我們來看前兩部分的程式：

```
<template>
  <img alt="Vue logo" src="./assets/logo.png">
  <HelloWorld msg="Welcome to Your Vue.js App"/>
</template>

<script>
import HelloWorld from './components/HelloWorld.vue'        // 匯入子元件
HelloWorld

export default {
  name: 'App',
  components: {
    HelloWorld
  }
}
</script>
```

在範本中，首先載入了一幅影像 logo.png，然後使用了 HelloWorld 元件，並把字串 "Welcome to Your Vue.js App" 傳遞給元件的 props 屬性 msg。在 JavaScript 程式中，首先匯入子元件 HelloWorld，import 後面的 HelloWorld 作為匯入後的元件名稱，這個名稱可以自訂，比如 HelloWorld2 也是可以的，但本檔案中所有地方都要改為 HelloWorld2。名稱可以自訂，也就是說，這裡匯出後的名稱不必和 HelloWorld.vue 中 name 定義的 HelloWorld 一致。這是因為在 HelloWorld.vue 檔案中，元件是透過 export default 匯出的。再回到

App.vue 的 export default 中，透過屬性 name 定義根元件名稱為 App。接著透過選項 components 局部註冊了子元件 HelloWorld。最後透過命令 export default 將大括號範圍的內容作為物件匯出。export default 命令為模組指定預設輸出，這樣使用者在其他地方載入該模組時，import 命令可以為該模組匯入的物件指定任意名字，比如可以起一個有意義的名稱，這樣使用者就不必去願意閱讀說明文檔了，這是比 import 命令優越的地方，因為使用 import 命令時，使用者需要知道所要載入的變數名稱或函式名稱，否則無法載入。顯然，一個模組只能有一個預設輸出，因此命令 export default 只能使用一次，而對應的 import 命令後面不用加大括號，因為只可能唯一對應 export default 命令。

5）下面再看子元件檔案 HelloWorld.vue，其中範本程式是一堆連結，主要就看這一行：

```
<h1>{{ msg }}</h1>
```

用文字插值方式顯示屬性 msg 的值，當 msg 的值發生變化時，頁面就自動更新，這就是綁定的魅力。下面直接看 JavaScript 程式：

```
<script>
export default {
  name: 'HelloWorld',      // 定義元件名稱
  props: {
    msg: String            // 定義字串類型的屬性，這樣可以接收字串
  }
}
</script>
```

內容很簡單，export default 用於匯出一個物件（就是大括號中的內容），其中屬性 name 用來表示元件名稱，其值為 "HelloWorld"。選項 props 用來定義本元件接收的屬性。

6）下面來修改 App.vue 的內容，並即時查看效果。我們來修改傳遞給 msg 的字串內容，修改後程式如下：

```
<HelloWorld msg="hi,boy!Welcome to Your Vue.js App"/>
```

儲存檔案 App.vue，下面再切換到瀏覽器中查看，果然發生變化了，如圖 7-44 所示。

hi,boy!Welcome to Your Vue.js App

▲ 圖 7-44

我們並沒有更新瀏覽器，這就是綁定的魅力，能夠自動更新。不過要注意，如圖 7-45 所示的視窗不要關閉，否則沒有服務。

▲ 圖 7-45

7）到目前為止，專案中的兩個 Vue.js 檔案都是鷹架自動生成的。下面增加一個自訂的 Vue.js 檔案。這裡要注意名稱問題，元件檔案（Vue.js 檔案）的檔案名稱沒有太多要求，比如 aaa.vue 是可以用的。在 components 資料夾下新建一個名為 aaa.vue 的元件檔案，然後增加如下程式：

```
<template>
    <h2>{{ info }}</h2>
</template>

<script>
export default {
  name: 'compWeek',  // 命名元件名稱為 compWeek
  data(){
    return{
        info:'Today is Sunday.'
    }
  }
}
</script>
<!-- Add "scoped" attribute to limit CSS to this component only -->
<style scoped>
</style>
```

非常簡單的元件程式。要注意元件的命名，在 Vue.js 檔案中，對元件的命名需要用多字命名法，即非字首中，要有一個大寫字母，比如 compWeek、aaaBb、aaaBB、aB、HeWo 等都是可以的。如果是 aaa、a1、aa2 都會顯示出錯，我們可以在上面的程式中將 compWeek 改為 a1，再切換到瀏覽器，此時瀏覽器上會出現如下錯誤訊息：

```
error  Component name "a1" should always be multi-word  vue/multi-word-
component-names
```

意思是應該總是使用多字命名。順便提一句，如果我們修改了程式，要看結果，可以在 VSCode 中修改完程式後儲存，然後查看瀏覽器，就會出現修改後的結果或錯誤訊息。另外，我們也可以看出，元件名稱和它所在的檔案名稱稱是沒有關係的，不必一致。接下來我們準備使用這個元件。

8）現在我們在 App.vue 檔案中使用 compWeek 元件，首先匯入檔案，在腳本區塊中增加如下程式：

```
import MyWeek from './components/aaa.vue'
```

可以看出，元件匯出後的名稱不必和元件自己的名稱一致，當然為了方便，一般設定一致比較好，這裡主要讓大家了解不一致也是可以的。然後在 components 中局部註冊 MyWeek，程式如下：

```
components: {
  HelloWorld,
  MyWeek
}
```

註冊完畢後就可以使用了。在範本的 <template> 下增加如下程式：

```
<MyWeek/>
```

這裡使用了自閉合，即沒有使用 <MyWeek></MyWeek>（當然，這個也可以），但在非 DOM 場合中，通常鼓勵將沒有內容的元件作為自閉合元素來使用，這可以明確該元件沒有內容，省略結束標籤，可以使得程式看上去更簡潔。要注意的是，由於 HTML 並不支援自閉合的自訂元素，因此在 DOM 範本中不要把 MyWeek 當作自閉合元素來使用。另外，在非 DOM 範本（比如字串範本和單檔案元件）中是可以使用元件的原始名稱的，即在使用時不必使用短橫線命名法，就像這裡，使用 <MyWeek></MyWeek> 即可，不必使用 <my-week></my-week>。

儲存 App.vue 檔案，一旦檔案有更新，後台服務馬上會重新編譯，我們可以到瀏覽器中查看結果，如圖 7-46 所示。

Today is Sunday.

▲ 圖 7-46

可以發現，影像上多了一行字串 "Today is Sunday." 。看來我們增加 Vue.
js 檔案成功了。

9）有讀者可能會想，要是出錯資訊即時顯示在 VSCode 中就好了。不急，
現在就來實作。趁熱打鐵，我們再增加一個 Vue.js 檔案，在 components 資料
夾下新建一個名為 search.vue 的元件檔案，然後增加如下程式：

```
<template>
    <input type="search" v-model="keywd">
    <button @click="funcSearch">search</button>
</template>

<script>
export default {
  name: 'compSearch',
  data(){
    return{
        keywd:''
    }
  },
  methods:{
      funcSearch()
      {
          alert("search over");
      }
  }
}
</script>
<!-- Add "scoped" attribute to limit CSS to this component only -->
<style scoped>
</style>
```

在這個元件檔案中，我們在範本中放置了一個輸入方塊和按鈕。當點擊按
鈕時，將呼叫 funcSearch 函式，顯示一個資訊方塊。儲存檔案後再開啟 App.
vue，在該檔案的 <script> 中增加匯入 search.vue 的程式：

```
import MySearch from './components/search.vue'
```

並在 components 中註冊元件 MySearch：

```
  components: {
 HelloWorld,
 MyWeek,
 MySearch    // 註冊元件 MySearch
 }
```

最後在範本中使用元件：

```
<MySearch/>
```

儲存 App.vue，然後點擊 VSCode 的選單 Terminal → New Terminal，或者直接按快速鍵 Ctrl+Shift+`，此時會在 VSCode 的底部顯示一個 TERMINAL 視窗，並定位到路徑 D:\demo\myprj>，我們可以在提示符號 "＞" 旁輸入啟動服務命令：

```
npm run serve
```

稍等片刻，啟動完畢。如果成功，將提示 Local 和 Network 兩個網址連結，如圖 7-47 所示。

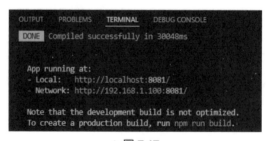

▲ 圖 7-47

按鍵盤上的 Ctrl 鍵，然後點擊 http://localhost:8081/，此時將開啟預設瀏覽器，可以看到頁面上有一個輸入方塊和按鈕，如圖 7-48 所示。

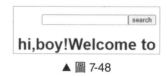

▲ 圖 7-48

　　點擊 search 按鈕，將出現一個資訊方塊。由此看來，直接在 VSCode 的
TERMINAL 視窗中就可以啟動服務和開啟瀏覽器了。其實，我們每次修改程
式，只需要進行儲存，就可以讓 VSCode 自動編譯。

　　10）在 VSCode 中開啟 search.vue 檔案，然後在 funcSearch 函式中修改程
式：

```
funcSearch()
{
    alert(xxx);    // 故意讓這行程式出錯
}
```

　　按快速鍵 Alt+F+S 或者 Ctrl+S 來儲存檔案，還可以點擊選單 File → Save，
此時可以發現在 TERMINAL 視窗中出現了自動編譯的資訊，如圖 7-49 所示。

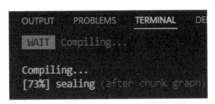

▲ 圖 7-49

　　稍等片刻，編譯完畢，就會出現錯誤訊息，如圖 7-50 所示。

```
OUTPUT    PROBLEMS    TERMINAL    DEBUG CONSOLE
  17:17   error   'xxx' is not defined  no-undef
✗1 problem (1 error, 0 warnings)

You may use special comments to disable some warnings.
Use // eslint-disable-next-line to ignore the next line.
Use /* eslint-disable */ to ignore all warnings in a file.
ERROR in
D:\demo\myprj\src\components\search.vue
  17:17   error   'xxx' is not defined  no-undef
✗1 problem (1 error, 0 warnings)

webpack compiled with 1 error
```

▲ 圖 7-50

　　該提示正是所需要的，提示 "xxx" 沒有定義（'xxx' is not defined）。現在
是不是感覺方便多了，不需要到主控台視窗或瀏覽器中去看錯誤訊息資訊了。
好了，我們把 xxx 再改回 search over 並儲存，然後開始編譯，如果沒錯誤，就

會出現 Local 網址連結，我們可以按 Ctrl 鍵並點擊這個連結到瀏覽器中查看執行結果。

至此，這個實例就結束了。我們學會了在一個專案中增加多個 Vue.js 檔案，並且學會了在 VSCode 中進行編譯（其實就是儲存一下，然後就自動編譯了），如果成功，就可以直接點擊連結來開啟瀏覽器；如果有錯誤，就根據錯誤訊息資訊修改程式。這些過程都可以在 VSCode 中完成，此時 VSCode 就是一個整合式開發環境。

第 8 章

路由應用

Vue.js 路由是用來管理頁面切換或跳躍的一種方式。Vue.js 適合用來建立單頁面應用，即從開發角度上講是一種架構方式，單頁面只有一個主應用入口，透過元件的切換來繪製不同的功能頁面。本章將說明路由的用法。

8.1 路由的概念

在 Web 開發過程中，經常會遇到路由的概念。到底什麼是路由？簡單來說，路由就是 URL 到函式的映射。存取的 URL 會映射到對應的函式中（這個函式是廣義的，既可以是前端的函式，也可以是後端的函式），然後由對應的函式來決定傳回給這個 URL 什麼東西。路由就是在做一個比對的工作。

路由其實就是指向的意思，當我們點擊頁面上的 home 按鈕時，頁面中就要顯示 home 的內容；如果點擊頁面上的 about 按鈕，頁面中就要顯示 about 的內容。home 按鈕 => home 內容，about 按鈕 =>about 內容，也可以說是一種。所以頁面上有兩個部分，一個是點擊部分，另一個是點擊之後顯示內容的部分。點擊之後，怎麼做到正確的對應，比如點擊 home 按鈕，頁面中怎麼正好能夠顯示 home 的內容呢？這就要在 JS 檔案中設定路由。

從傳統意義上說，路由就是定義一系列的造訪網址規則，路由引擎根據這些規則比對並找到對應的處理頁面，然後將請求轉發給頁面進行處理。可以說所有的後端開發都是這樣做的，而前端路由是不存在「請求」一說的。前端路由是直接找到與位址比對的一個元件或物件並將其繪製出來。改變瀏覽器地址而不向伺服器發出請求有兩種做法，一是在位址中加入 # 以欺騙瀏覽器，位址的改變是由於正在進行頁內導覽；二是使用 HTML 5 的 window.history 功能，使用 URL 的 hash 來模擬一個完整的 URL。Vue.js 官方提供了一套專用的路由工具函式庫 vue-router。將單頁程式分割為各自功能合理的元件或者頁面，路由造成了一個非常重要的作用，它就是連接單頁程式中各頁面之間的鏈條。

路由中有三個基本的概念：route、routes 和 router。route 是一條路由，由這個英文單字也可以看出來，它是單數，home 按鈕 => home 內容，這是一條路由；about 按鈕 =>about 內容，這是另一條路由。

routes 是一組路由，可以將上面的每一條路由組合起來，形成一個陣列。例如 [{home 按鈕 =>home 內容 }，{about 按鈕 => about 內容 }]。

router 是一個機制，相當於一個管理者，它來管理路由。因為 routes 只是定義了一組路由，它放在那裡是靜止的，當真正來了請求，怎麼辦？就是當使用者點擊 home 按鈕的時候，怎麼辦？這時 router 就起作用了，它到 routes 中去查詢，找到對應的 home 內容，所以頁面中就會顯示 home 內容。

在 Vue.js 中實作路由還是相對簡單的。因為我們頁面中所有的內容都是元件化的，所以只要把路徑和元件對應起來就可以了，然後在頁面中把元件繪製出來。

8.2 前端路由與服務端繪製

雖然前端繪製有諸多好處，不過 SEO（Search Engine Optimization，搜尋引擎最佳化）的問題還是比較突出的。所以 React.js、Vue.js 等框架後來也在服務端繪製上做著自己的努力。以前端函式庫為基礎的服務端繪製與以前以後端語言為基礎的服務端繪製相比又有所不同。前端框架的服務端繪製大多依然採用的是前端路由，並且由於引入了狀態統一、VNode 等概念，它們的服務端繪製對伺服器的性能要求比 PHP 等語言以字串填充為基礎的範本引擎繪製對伺服器的性能要求高得多。所以在這方面不僅是框架本身在不斷改進演算法、最佳化，服務端的性能也必須要有所提升。

當然，在二者之間也出現了預繪製的概念，即先在服務端建構出一部分靜態的 HTML 檔案，用於彈出瀏覽器，然後剩下的頁面再透過常用的前端繪製來實作。通常我們可以對首頁採用預繪製的方式，這樣做的好處是明顯的，兼顧了 SEO 和伺服器的性能要求。不過它無法做到全站 SEO，生產建構階段耗時也會有所提升，這也是遺憾所在。

關於預繪製，可以考慮使用 prerender-spa-plugin 這個 Webpack 外掛程式，它的 3.x 版本開始使用 puppeteer 來建構 HTML 檔案了。

8.3 後端路由

在 Web 開發早期的「刀耕火種」年代裡，一直是後端路由佔據主導地位。無論是 PHP，還是 JSP、ASP，使用者能透過 URL 存取的頁面，大多都是透過後端路由比對之後再傳回給瀏覽器的。比如有一個網站，伺服器地址是 http://192.168.1.200:8899，在這個網站中提供了三個介面：

```
http://192.168.1.200:8899/index.html          // 首頁
http://192.168.1.200:8899/about/aboutus.html   // 關於我們頁面
http://192.168.1.200:8899/feedback.html         // 回饋介面
```

當我們在瀏覽器輸入 http://192.168.1.200:8899/index.html 來存取介面時，Web 伺服器就會接收到這個請求，然後把 index.html 解析出來，並找到對應的 index.html 並展示出來，這就是路由的分發，路由的分發是透過路由功能來完成的。

在 Web 後端，無論是什麼語言的後端框架，都會有一個專門開關出來的路由模組或者路由區域，用來比對使用者舉出的 URL 位址，以及一些表單送出、Ajax 請求的位址。通常遇到無法符合的路由，後端將會傳回一個 404 狀態碼。這也是我們常說的 404 NOT FOUND 的由來。

隨著 Web 應用的開發越來越複雜，單純服務端繪製的問題開始慢慢地曝露出來，即耦合性太強了，jQuery 時代的頁面不好維護，頁面切換當機嚴重等。耦合性問題雖然能透過良好的程式結構、標準來解決，不過 jQuery 時代的頁面不好維護這是有目共睹的，全域變數滿天飛，程式入侵性太高。後續的維護通常是在給前面的程式系統更新。而頁面切換的當機問題雖然可以透過 Ajax 或者 IFrame 等來解決，但是在實作上就麻煩了——進一步增加了可維護的難度。於是，我們開始進入前端路由的時代。

8.4 前後端分離

得益於前端路由和現代前端框架完整的前後端繪製能力，與頁面繪製、組織、元件相關的東西，後端終於可以不用再參與了。

前後端分離的開發模式逐漸開始普及。前端開始更加注重頁面開發的專案化、自動化，而後端更專注於 API 的提供和資料庫的保障。程式層面上的耦合度也進一步降低，分工也更加明確。我們擺脫了當初「刀耕火種」的 Web 開發年代。

8.5 前端路由

雖然前端路由和後端路由的實作方式不一樣，但是原理是相同的，在 H5 的 History API 出來之前，前端路由的功能都是透過 hash 來實作的，hash 能相容低版本的瀏覽器。後端路由每次存取一個頁面都要向瀏覽器發送請求，然後服務端再回應解析，在這個過程中肯定會存在延遲，但是前端路由中存取一個新介面的時候只是瀏覽器的路徑改變了，沒有和服務端互動（所以不存在延遲），這樣使用者體驗有了大大的提升，如下所示：

```
http://192.168.1.200:8080/#/index.html
http://192.168.1.200:8080/#/about/aboutus.html
http://192.168.1.200:8080/#/feedback.html
```

由於 Web 伺服器不會解析 # 後面的東西（所以透過 hash 能提升性能），但是用戶端的 JavaScript 可以拿到 # 後面的東西，因此可以使用 window.location.hash 來讀取，這個方法可以比對到不同的方法上，配合前端的一些邏輯操作就能完成路由功能，剩下只需要關心介面呼叫。

前端路由，顧名思義，頁面跳躍的 URL 規則比對由前端來控制。前端路由的實作方式有兩種：

一是改變 hash 值，監聽 hashchange 事件，可以相容低版本瀏覽器。

二是透過 H5 的 history API 來監聽 popState 事件，使用 pushState 和 replaceState 實作，優點是 URL 不含 #。

這樣前端路由主要有兩種顯示方式：

1）含 hash 的前端路由，優點是相容性高，缺點是 URL 帶有 #。
2）不含 hash 的前端路由，優點是 URL 不含 #；缺點是既需要瀏覽器支援，又需要後端伺服器支援。

8.5.1　含 hash 的前端路由

hash 即 URL 中 "#" 字元後面的部分。使用瀏覽器存取網頁時，如果網頁 URL 中帶有 hash，頁面就會定位到 id（或 name）與 hash 值一樣的元素的位置。hash 有兩個特點，它的改變不會導致頁面重新載入，而且 hash 值瀏覽器是不會隨請求發送到伺服器端的。透過 window.location.hash 屬性獲取和設定 hash 值。

假設有一個位址：

```
http://www.xxx.com/path/a/b/c.html?key1=Tiger && key2=Chain &&
key3=duck#/path/d/e.html
```

這個位址基本上包含一個複雜位址的所有情況，我們分析一下這個位址：

- http：協定。
- www.xxx.com：域名。
- /path/a/b/c.html：路由，即伺服器上的資源。
- ?key1=Tiger && key2=Chain && key3=duck：Get 請求的參數。
- #/path/d/e.html：hash 也叫雜湊值、雜湊值，或叫錨點。

window.location.hash 值的變化會直接反映到瀏覽器網址列（# 後面的部分會發生變化），同時瀏覽器網址列 hash 值的變化也會觸發 window.location.hash 值的變化，從而觸發 onhashchange 事件。當 URL 的片段識別字更改時，將觸發 hashchange 事件（在 # 後面的 URL 部分，包括 #），hashchange 事件觸發時，事件物件會有 hash 改變前的 URL（oldURL）和 hash 改變後的 URL（newURL）兩個屬性：

```
window.addEventListener('hashchange',function(e)
{ console.log(e.oldURL);  console.log(e.newURL) },false);
```

下面來看一個 hash 路由的範例。透過點擊按鈕讓編輯方塊內容累加。為按鈕增加事件的函式是 addEventListener，宣告如下：

```
element.addEventListener(event, function, useCapture)
```

其中參數 event 是一個字串，表示指定事件名稱；參數 function 指定事件觸發時執行的函式；useCapture 是可選參數，類型是布林，指定事件是否在捕捉或反昇階段執行，如果是 true，則表示事件控制碼在捕捉階段執行；如果是 false（預設值），則表示事件控制碼在反昇階段執行。

【例 8-1】測試函式 addEventListener

1）在 VSCode 中開啟目錄（D:\demo），新建一個檔案 index.html，然後增加程式，核心程式如下：

```
<!DOCTYPE html>
<html>
<head>
<meta charset="utf-8">
<title>test addEventListener</title>
</head>
<body>

<button id="myBtn">click me</button>
<p id="demo">

<script>
document.getElementById("myBtn").addEventListener("click", onClick);
function onClick()
{
    document.getElementById("demo").innerHTML = "Hello World";
}
</script>
</body>
</html>
```

當我們點擊按鈕時，函式 onClick 將得到執行。

2）儲存專案並按 F5 鍵執行程式，點擊按鈕，執行結果如圖 8-1 所示。

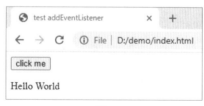

▲ 圖 8-1

下面我們來操作 URL 中的 hash 部分，這裡要用到 window.location.hash 屬性，location 是 JavaScript 中管理網址列的內建物件，比如 location.href 就管理頁面的 URL，用 location.href=url 就可以直接將頁面重新導向 URL。而 location.hash 可以用來獲取或設定頁面的標籤值。比如 http://domain/#admin 的 location.hash="#admin"。利用這個屬性值可以做一個非常有意義的事情。# 代表網頁中的一個位置。其右面的字元，就是該位置的識別字。比如：

```
http://www.example.com/index.html#print
```

代表網頁 index.html 的 print 位置。瀏覽器讀取這個 URL 後，會自動將 print 位置捲動至可視區域。

為網頁位置指定識別字有兩個方法：一是使用錨點，比如 <a name="print"></a>；二是使用 id 屬性，比如 <div id="print" >。

是用來指導瀏覽器操作的，對伺服器端完全無用。所以，HTTP 請求中不包括 #。比如，存取下面的網址：

```
http://www.example.com/index.html#print
```

瀏覽器實際發出的請求是這樣的：

```
GET /index.html HTTP/1.1
Host: www.example.com
```

可以看到，只是請求 index.html，根本沒有 "#print" 的部分。在第一個 # 後面出現的任何字元都會被瀏覽器解讀為位置識別字。這意味著，這些字元都不會被發送到伺服器端。僅改變 # 後的部分，瀏覽器只會捲動到對應位置，不會重新載入網頁。

window.location.hash 這個屬性可讀可寫。讀取時，可以用來判斷網頁狀態是否改變；寫入時，會在不多載網頁的前提下創造一筆存取歷史記錄。

onhashchange 事件是一個 HTML 5 新增的事件，當 # 值發生變化時，它的使用方法有三種：

```
window.onhashchange = func;
<body onhashchange="func();">
window.addEventListener("hashchange", func, false);
```

對於不支援 onhashchange 的瀏覽器，可以用 setInterval 監控 location.hash 的變化。

【例 8-2】寫入 window.location.hash

1）在 VSCode 中開啟目錄（D:\demo），新建一個檔案 index.html，然後增加程式，核心程式如下：

```
<!DOCTYPE html>
<html lang="en">
<head>
```

```
<meta charset="UTF-8">
<title>history 測試</title>
</head>
<body>

<p><input type="text" value="0" id="oTxt" /></p>
<p><input type="button" value="+" id="oBtn" /></p>

<script>
var otxt = document.getElementById("oTxt");
var oBtn = document.getElementById("oBtn");
var n = 0;

oBtn.addEventListener("click",function(){    // 點擊按鈕後執行 function 中的程
式
n++;
add();
},false);

get();

function add(){
if("onhashchange" in window){    // 如果瀏覽器原生支援該事件
window.location.hash = "#"+n;
}
}

function get(){
if("onhashchange" in window){    // 如果瀏覽器原生支援該事件
window.addEventListener("hashchange",function(e){
var hashVal = window.location.hash.substring(1);
if(hashVal){
n = hashVal;
otxt.value = n;    // 更新到編輯方塊中
}
},false);
}
}
</script>
</body>
</html>
```

當我們點擊按鈕時，add 函式將被執行，此時將寫入 window.location.
hash。

2）保持專案並按 F5 鍵執行，我們點擊兩次按鈕後，編輯方塊中就變為 2 了，
網址列中 URL 的 # 後也變為 2 了，執行結果如圖 8-2 所示。

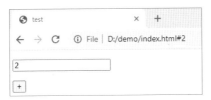

▲ 圖 8-2

透過這兩個基礎範例，下面我們正式開始實戰 hash 路由。

【例 8-3】實戰 hash 路由

1）在 VSCode 中開啟目錄（D:\demo），新建一個檔案 index.html，然後
增加程式，核心程式如下：

```html
<!DOCTYPE html>
<html lang="en">
<head>
  <meta charset="UTF-8">
  <meta name="viewport" content="width=device-width, initial-scale=1.0">
  <meta http-equiv="X-UA-Compatible" content="ie=edge">
  <title>hash 實作前端路由 </title>

  <style>

    #nav {
      margin: 0;
      border:0;
      height: 40px;
      border-top: #060 2px solid;
      margin-top: 10px;
      border-bottom: #060 2px solid;
      background-color: red;
    }
    #nav ul {
      margin: 0;
      border: 0;
      list-style: none;
      line-height: 40px;
    }
    #nav li {
      display: block;
      float: left;
    }

    #nav a {
      display: block;
```

```
        color: #fff;
        text-decoration: none;
        padding: 0 20px;
      }

      #nav a:hover {
        background-color: orange;
      }

  </style>
</head>

<body>
  <h3> 使用 hash 實作前端路由 </h3>
  <hr/>
  <a href="#hash1">#hash1</a>
  <a href="#hash2">#hash2</a>
  <a href="#hash3">#hash3</a>
  <a href="#hash4">#hash4</a>

  <p/>
  <div id = "show-hash-result" style="color:blue">
   點擊上面的連結，並觀察瀏覽器
  </div>
  <h4> 定義一個簡單的 tab 路由頁面 </h4>
  <div id="nav">
    <ul>
      <li><a href="#/index.html"> 首頁 </a></li>
      <li><a href="#/server"> 服務 </a></li>
      <li><a href="#/mine"> 我的 </a></li>
    </ul>
  </div>
  <div id="result"></div>

  <script type="text/javascript">
  window.addEventListener("hashchange", function(){
     // 變化後輸出當前網址列中的值
     document.getElementById("show-hash-result").innerHTML = " 當前的 hash
值是： "+location.hash;
     // 列印出當前 hash 值
     console.log(" 當前的 hash 值是:"+window.location.hash) ;
     });
  </script>

<!-- 定義 router 的 JS 程式區塊 -->
  <script type="text/javascript">
  // 自訂一個路由規則
  function CustomRouter(){
   this.routes = {};
   this.curUrl = '';
```

```
  this.route = function(path, callback){
      this.routes[path] = callback || function(){};
  };

  this.refresh = function(){
      if(location.hash.length !=0){ // 如果 hash 存在
        this.curUrl = location.hash.slice(1) || '/';
        if(this.curUrl.indexOf('/')!=-1){ // 這裡粗略地把 hash 過濾掉
            this.routes[this.curUrl]();
        }
      }
  };

  this.init = function(){
      window.addEventListener('load', this.refresh.bind(this), false);
      window.addEventListener('hashchange', this.refresh.bind(this),
false);
  }
  }

  // 使用路由規則
  var R = new CustomRouter();
  R.init();
  var res = document.getElementById('result');

  R.route('/hash1',function () {
    document.getElementById("show-hash-result").innerHTML = location.
hash;
  })

  R.route('/index.html', function() {
   res.style.height='150px';
   res.style.width='300px';
   res.style.background = 'green';
   res.innerHTML = '<html>我是首頁</html>';
  });

  R.route('/server', function() {
   res.style.height='150px';
   res.style.width='300px';
   res.style.background = 'orange';
   res.innerHTML = ' 我是服務頁面 ';
  });
  R.route('/mine', function() {
   res.style.background = 'red';
   res.style.height='150px';
   res.style.width='300px';
   res.innerHTML = ' 我的介面 ';
  });
```

```
    </script>
  </body>
</html>
```

以上程式只是為了演示前端路由的作用，一般情況下，這種路由我們是不需要自己寫的，使用 react/vue 都會有對應的路由工具類別。

2）儲存專案並按 F5 鍵執行，輸出結果如圖 8-3 所示。

從圖中我們可以看到，使用 hash 並不會導致瀏覽器更新，JavaScript 拿到了 hash 值並且列印出來了。

前端路由應用最廣泛的範例就是當今的 SPA 的 Web 專案。無論是 Vue.js、React.js 還是 Angular.js 的頁面專案，都離不開對應配套的 router 工具。前端路由帶來的最明顯的好處就是，網址列 URL 的跳躍不會當機了，這也得益於前端繪製帶來的好處。

▲ 圖 8-3

講前端路由就不能不講前端繪製。以 Vue.js 專案為例，如果是用官方的 vue-cli 搭配 Webpack 範本建構的專案，有沒有想過瀏覽器獲取的 HTML 是什麼樣的？頁面中有 button 和 form 嗎？在生產模式下，我們來看看建構出來的 index.html 是什麼樣的：

```
<!DOCTYPE html>
<html lang="en">
<head>
  <meta charset="UTF-8">
  <title>Vue</title>
</head>
<body>
```

```
  <div id="app"></div>
  <script type="text/javascript" src="xxxx.xxx.js"></script>
  <script type="text/javascript" src="yyyy.yyy.js"></script>
  <script type="text/javascript" src="zzzz.zzz.js"></script>
</body>
</html>
```

通常是上面這個樣子的。可以看到，這個其實就是瀏覽器從服務端拿到的 HTML。這裡面空蕩蕩的，只有 `<div id="app"></div>` 這個入口的 div 以及下面配套的一系列 JS 檔案。所以我們看到的頁面其實是透過 JS 繪製出來的。這也是我們常說的前端繪製。

前端繪製把繪製的任務交給了瀏覽器，透過用戶端的算力來解決頁面的建構，這個很大程度上緩解了服務端的壓力，而且配合前端路由，無縫的頁面切換體驗自然是對使用者友善的。不過帶來的壞處就是對 SEO 不友善，畢竟搜尋引擎的爬蟲只能爬取上面那樣的 HTML，對瀏覽器的版本也會有對應的要求。

需要明確的是，只要在瀏覽器網址列輸入 URL 再按確認鍵，是一定會去後端伺服器請求一次的。而如果是在頁面中透過點擊按鈕等操作，利用 router 函式庫的 API 來進行 URL 更新，是不會去後端伺服器請求的。

對於 hash 模式，利用的是瀏覽器不會使用 # 後面的路徑對服務端發起路由請求。即在瀏覽器中輸入如下這兩個位址：http://localhost/#/user/1 和 http://localhost/，其實到服務端都是去請求 http://localhost 這個頁面的內容。而前端的 router 函式庫透過捕捉 # 後面的參數、位址來告訴前端函式庫（比如 Vue.js）繪製對應的頁面。這樣，無論是在瀏覽器的網址列輸入，還是頁面中透過 router 的 API 進行跳躍，都是一樣的跳躍邏輯。所以這個模式不需要後端設定其他邏輯，只要給前端傳回 http://localhost 對應的 HTML，剩下具體是哪個頁面，由前端路由去判斷便可。

對於 history 模式，即不含 # 的路由，也就是我們通常能見到的 URL 形式。router 函式庫要實作這個功能一般都是透過 HTML 5 提供的 history 這個 API。比如 history.pushState() 可以向瀏覽器網址列推送一個 URL，而這個 URL 是不會向後端發起請求的。透過這個特性，便能很方便地實作漂亮的 URL。不過需要注意的是，這個 API 對於 IE 9 及其以下版本的瀏覽器是不支援的，從 IE 10 開始支援，所以對於瀏覽器的版本是有要求的。vue-router 會檢測瀏覽器的版本，當無法啟用 history 模式的時候，會自動降級為 hash 模式。

上面講了，頁面中的跳躍通常是透過 router 的 API 去進行的，router 的 API 呼叫的通常是 history.pushState() 這個 API，所以跟後端沒什麼關係。但是一旦在瀏覽器網址列輸入一個位址，比如 http://localhost/user/1，這個 URL 就會向後端發起一個 get 請求。後端路由表中如果沒有設定對應的路由，自然就會傳回一個 404。這也是很多朋友在生產模式遇到 404 頁面的原因。

那麼很多人會問，為什麼在開發模式下沒問題呢？這是因為 vue-cli 在開發模式下啟動的 express 開發伺服器幫我們做了這方面的設定。理論上，在開發模式下本來也是需要設定服務端的，只不過 vue-cli 都幫我們設定好了，所以就不用手動設定了。

那麼該如何設定呢？其實在生產模式下設定很簡單。一個原則就是，在所有後端路由規則的最後設定一個規則，如果前面其他路由規則都不符合，就執行這個規則─把建構好的 index.html 傳回給前端。這樣就解決了後端路由抛出 404 的問題了，因為只要輸入了 http://localhost/user/1 這個位址，那麼由於後端其他路由都不符合，就會傳回給瀏覽器 index.html。

瀏覽器拿到這個 HTML 之後，router 函式庫就開始工作，開始獲取網址列的 URL 資訊，然後告訴前端函式庫（比如 Vue.js）繪製對應的頁面。到這一步就跟 hash 模式是類似的了。

當然，由於後端無法抛出 404 分頁錯誤，404 的 URL 規則自然就交給前端路由來決定了。我們可以自己在前端路由中決定什麼 URL 都不符合的 404 頁面應該顯示什麼。

8.5.2 不含 hash 的前端路由

透過 H5 的 history API 也可以實作前端路由。Windows 的 history 提供了對瀏覽器歷史記錄的存取功能，並且它曝露了一些方法和屬性，讓使用者在歷史記錄中自由地前進和後退，並且在 H5 中還可以操作歷史記錄中的資料。history 的 API 如下：

```
interface History {
    readonly attribute long length;  // history 的屬性，顯示 history 的長度
    readonly attribute any state;
    void go(optional long delta);    // 移動到指定的歷史記錄點
    void back();       // 在歷史記錄中後退
    void forward();   // 在歷史記錄中前進
    // H5 引進了以下兩個方法
```

```
        // 給歷史記錄堆疊頂部增加一筆記錄
    void pushState(any data, DOMString title, optional DOMString? url =
null);
        // 修改當前歷史記錄項目，將其替換為在方法參數中傳遞的 stateObj、title 和
URL
    void replaceState(any data, DOMString title, optional DOMString? url
= null);
};
```

從上面我們了解到，使用 H5 的 history 的 pushState 可以代替 hash，並且
更加優雅。下面直接實戰。

【例 8-4】使用 H5 實作前端路由

1）在 VSCode 中開啟目錄（D:\demo），新建一個檔案 index.html，然後
增加程式，核心程式如下：

```
<!DOCTYPE html>
<html lang="en">
<head>
  <meta charset="UTF-8">
  <meta name="viewport" content="width=device-width, initial-scale=1.0">
  <meta http-equiv="X-UA-Compatible" content="ie=edge">
  <title>hash 實作前端路由 </title>
  <h4> 使用 h5 實作前端路由 </h4>
  <ul>
    <li> <a  onclick="home()"> 首頁 </a></li>
    <li> <a  onclick="message()"> 訊息 </a></li>
    <li> <a  onclick="mine()"> 我的 </a></li>
  </ul>
  <div id="showContent" style="height:240px;width:200px;background-
color:red">
    home
  </div>

  <script type="text/javascript">

    function home() {
      // 增加到歷史記錄堆疊中
      history.pushState({name:'home',id:1},null,"?page=home#index")
      showCard('home')
    };

    function message() {
      history.pushState({name:'message',id:2},null,"?page=message#haha")
      showCard('message')
    }
```

```
function mine(){
  history.pushState({
    id:3,
    name:'mine'
  },null,"?name=tigerchain&&sex=man")
  showCard('mine')
}

// 監聽瀏覽器上一頁並且更新到指定內容
window.addEventListener('popstate',function (event) {
  var content = "";
  if(event.state) {
    content = event.state.name;
  }
  console.log(event.state)
  console.log("history 中的歷史堆疊的 name ："+content)
  showCard(content)
})
// 此方法和上面的方法是一樣的，只是兩種不同的寫法而已
// window.onpopstate = function (event) {
//   var content = "";
//   if(event.state) {
//     content = event.state.name;
//   }
//   showCard(content);
// }

function showCard(name) {
  console.log(" 當前的 hash 值是："+location.hash)
  document.getElementById("showContent").innerHTML = name;
}
</script>
</body>
</html>
```

　　我們可以看到前端路由實作了，點擊各個導覽沒有更新瀏覽器，並且點擊瀏覽器的「上一頁」按鈕，會顯示上一次記錄，這都是使用 H5 history 的 push-State 和監聽 onpopstate 實作的，這就是一個簡單的 SPA，基本上實作了和前面 hash 一樣的功能。

　　2）儲存專案並按快速鍵 Ctrl+F5 執行，結果如圖 8-4 所示。

▲ 圖 8-4

以上就是透過 H5 的 history 實作的一個前端路由。

我們稍微總結一下：

後端路由：每次存取都要向伺服器發送一個請求，伺服器回應解析會有延遲，網路不好更嚴重。

前端路由：只是改變瀏覽器的位址，不更新瀏覽器，不與服務端互動，所以性能大大提升（使用者體驗提升）。前端路由有兩種實作方式：一種方式是實作 hash 並監聽 hashchange 事件來實作，另一種方式是使用 H5 的 history 的 pushState() 監聽 popstate 方法來實作。

至此，我們大概對路由有了一個整體的了解。下面來看 Vue.js 的路由。

8.6 Vue.js 的路由

在現在常用的框架中，其實都是單頁應用，也就是入口都是 index.html，僅此一個 HTML 檔案而已。但是實際在使用過程中，又存在不同的頁面，那麼這是如何實作的呢？這就是路由的功勞了，React.js 有 react-router，Vue.js 有 vue-router。

Vue.js 中的路由推薦使用官方支援的 vue-router 函式庫，當然我們也可以不使用 vue-router 函式庫而使用協力廠商的路由函式庫，或者完全自己寫一個路由函式庫（使用 hash 或 history）。Vue.js 的路由是 Vue.js 的官方路由。它與 Vue.js 核心深度整合，讓用 Vue.js 建構單頁應用變得輕而易舉。Vue.js 路由的主要功能包括：嵌策略由映射、動態路由選擇、以元件為基礎的路由設定、路由參數、展示由 Vue.js 的過渡系統提供的過渡效果、細緻的導覽控制、自動啟動 CSS 類別的連結、H5 history 模式或 hash 模式、可訂製的捲動行為以及 URL 的正確編碼。

8.6.1 在 HTML 中使用路由

1. 引用路由

在一個 HTML 檔案中直接使用路由比較簡單，不需要透過 npm 安裝元件，這時可以透過 CDN 引用路由或者引用路由的 JS 檔案。

（1）透過 CDN 引用路由

如果網速尚可，可以考慮 CDN 方式引用路由，程式如下：

```
<script src="https://unpkg.com/vue@3"></script>
<script src="https://unpkg.com/vue-router@4"></script>
```

第一行程式引入 Vue.js 3，第二行程式引入 vue-router4，vue-router4 目前是較新的版本，也可以不指定具體的版本，而採用最新版：

```
<script src="https://unpkg.com/vue-router@next"></script>
```

（2）引用路由的 JS 檔案

如果網速一般，可以考慮先下載 Vue.js 路由的 JS 檔案到本機磁碟，然後在程式中引用。我們在瀏覽器中輸入 "https://unpkg.com/vue-router"，然後會自動開啟如下網址：

```
https://unpkg.com/vue-router@4.0.12/dist/vue-router.global.js
```

此時可以將其另存到本機，檔案名稱是 vue-router.global.js，我們可以把該檔案存放到 D 磁碟，筆者的 Vue.js 也是存放到 D 磁碟。如果不想下載，筆者已經把該檔案放到原始程式目錄的 someSoftwares 資料夾下，可以直接使用。這樣就可以離線引用了：

```
<script src="d:/vue.js"></script>
<script src="d:/vue-router.global.js"></script>
```

2. 在 HTML 檔案中使用路由

路由的使用有著固定的步驟：

（1）透過 router-link 設定導覽連結

router-link 元件支援使用者在具有路由功能的應用中點擊導覽。透過 to 屬性指定目標位址，預設繪製為帶有正確連接的 \<a\> 標籤，可以透過設定 tag 屬性生成別的標籤。另外，當目標路由成功啟動時，連結元素自動設定一個表示啟動的 CSS 類別名稱。範例程式如下：

```
<!--`<router-link>` 將呈現（繪製）為一個帶有正確 `href` 屬性的 `<a>` 標籤 -->
<router-link to="/">Go to Home</router-link>
<router-link to="/about">Go to About</router-link>
```

（2）透過 router-view 指定繪製的位置

router-view 元件主要是建構單頁應用時，方便繪製指定路由對應的元件。我們可以把 router-view 當作一個容器，它繪製的元件是使用者使用 vue-router 指定的，路由設定完成後，就要使用 router-view 進行繪製了（只要有子路由，就要用它來繪製）。簡單來說，router-view 就是用於繪製視圖的。router-view 將顯示與 URL 對應的元件。使用者可以把它放在任何地方以適應版面配置。

開發時會遇到一種情況，比如點擊這個連結跳躍到其他元件，通常會跳躍到新的頁面，但是我們不想跳躍到新頁面，只在當前頁面切換顯示，那麼就要涉及路由的嵌套了，也可以說是子路由的使用。在開發 Vue.js 專案時經常需要實作在一個頁面中切換展現不同的元件頁面。範例程式如下：

```
<!-- 路由比對到的元件將繪製在這裡 -->
<router-view></router-view>
```

點擊 \<router-link\> 連結時，會在 \<router-view\>\</router-view\> 所在的位置繪製範本的內容。\<router-view\>\</router-view\> 相當於一個預留位置。

（3）定義路由元件

以上兩步都是在 HTML 中完成的，現在要進入 JS 程式區。範例程式如下：

```
const Home = { template: '<div>Home</div>' }
const About = { template: '<div>About</div>' }
```

這裡為了演示，我們僅僅顯示了兩個範本。

（4）設定路由

每個路由都需要映射到一個元件。路由的主要功能是將第（1）步的連結路徑和第（3）步的路由元件關聯起來。範例程式如下：

```
const routes = [
{ path: '/', component: Home },
{ path: '/about', component: About },
]
```

（5）建立路由實例並傳遞選項設定

呼叫函式 createRouter 建立路由實例，並將第（4）步定義的路由設定作為選項傳入。範例程式如下：

```
const router = VueRouter.createRouter({
history: VueRouter.createWebHashHistory(),
routes, // routes: routes 的縮寫，也可以直接寫為 routes: routes
})
```

其中 createWebHashHistory 函式內部提供了 history 模式的實作。為了簡單起見，我們在這裡使用 hash 模式。

（6）呼叫 use 使用路由實例

呼叫函式 use，參數是第（5）步定義的路由實例 router，這樣使整個應用支援路由。範例程式如下：

```
app.use(router)
```

下面透過一個完整的實例來實作這些步驟。

【例 8-5】在 HTML 中使用路由

1）在 VSCode 中開啟目錄（D:\demo），新建一個檔案 index.html，然後增加程式，核心程式如下：

```
<!DOCTYPE html>
<html lang="en">
<head>
    <meta charset="UTF-8">
    <title>Document</title>
</head>
<body>
    <script src="d:/vue.js"></script>
    <script src="d:/vue-router.global.js"></script>
    <div id="box">
    <p>
        <!--1. 使用 router-link 元件進行導覽 -->
```

```
        <!-- 透過傳遞 'to' 來指定連結 -->
        <!--'<router-link>' 將呈現一個附有正確 'href' 屬性的 '<a>' 標籤 -->
        <router-link to="/">Go to Home</router-link><br>
        <router-link to="/about">Go to About</router-link>
    </p>
    <!-- 路由出口 -->
    <!-- 2.路由比對到的元件將繪製在這裡 -->
    <router-view></router-view>
    </div>

    <script>
    // 3.定義路由元件,也可以從其他檔案匯入
    const Home = { template: '<div>Home</div>' }
    const About = { template: '<div>About</div>' }

    // 4.定義一些路由
    // 每個路由都需要映射到一個元件,我們後面再討論嵌策略由
    const routes = [
    { path: '/', component: Home },
    { path: '/about', component: About },
    ]

    // 5.建立路由實例並傳遞 routes 設定,使用者可以在這裡輸入更多的設定,但這裡保
持簡單設定
    const router = VueRouter.createRouter({
    // 內部提供了 history 模式的實作。為了簡單起見,這裡使用 hash 模式
    history: VueRouter.createWebHashHistory(),
    routes, // routes: routes 的縮寫
    })

    // 6.建立並掛載根實例
    const app = Vue.createApp({})
    // 7.呼叫 use,使用路由實例使整個應用支援路由
    app.use(router)
    app.mount('#box')
    // 現在,應用已經啟動了
    </script>
</body>
</html>
```

在程式中,我們對 6 大步驟進行了註釋和說明。

2)按快速鍵 Ctrl+F5 執行,結果如圖 8-5 所示。

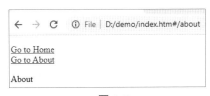

▲ 圖 8-5

點擊兩個連結中的任意一個，可以發現 URL 也隨之變化。

【例 8-6】實作註冊頁

1) 在 VSCode 中開啟目錄（D:\demo），新建一個檔案 index.html，然後增加如下程式：

```html
<!DOCTYPE html>
<html lang="en">
<head>
    <meta charset="UTF-8">
    <title>Document</title>
</head>
<body>
    <script src="d:/vue.js"></script>
    <script src="d:/vue-router.global.js"></script>
    <div id="box">
    <p>
        <!--1. 使用 router-link 元件進行導覽 -->
        <!-- 透過傳遞 'to' 來指定連結 -->
        <!--'<router-link>' 將呈現一個帶有正確 'href' 屬性的 '<a>' 標籤-->
        <router-link to="/">Go to Home</router-link><br>
        <router-link to="/reg">Go to Register</router-link>
    </p>
    <!-- 路由出口 -->
    <!-- 2.路由比對到的元件將繪製在這裡 -->
    <router-view></router-view>
    </div>

    <script>
// 3.定義路由元件，也可以從其他檔案匯入
    const Home = { template: '<div>Home</div>' }
    const myReg = { template:

    <div>
        <p>
            <input  type="text" v-model="name" placeholder=" 使用者名稱 ">

            <input  type="text" v-model="email" placeholder=" 電子郵件 ">
        </p>

        <p> <input type="text" placeholder=" 手機號碼 " ref="userphone"></p>
        <p>
        <input  type="password" v-model="pwd" placeholder=" 密碼 "
id="test">
            <input  type="password" v-model="againpwd" placeholder=" 重複密碼 "
id="test1">
        </p>
```

```
    <button @click="register()"> 註冊 </button>
</div>
    `,
    // data 必須是一個函式
    data() {
            return {
              name:"",
              email:"",
              phone:"",
              pwd:"",
              againpwd:"",
            }
        },
        methods: {
          checkname(){
            if(this.name==""){
            alert(" 使用者名稱不能為空 ");
            return -1;
            }
            return 0;
          },

          checkemail(){
            var regEmail=/^[A-Za-zd]+([-_.][A-Za-zd]+)*@([A-Za-zd]+
[-.])+[A-Za-zd]{2,5}$/;
            if(this.email==''){
                alert(" 電子郵件格式不能為空 ");
                return -1;
            }else if(!regEmail.test(this.email)){
                alert(" 電子郵件格式不正確 ");
                return -2;
                }
                return 0;
          },
        checkphone(ph){
            if(ph.length!=11){
                alert(" 手機號碼的長度不對 ");
                return -1;
            }

            if (isNaN(ph)) {
                alert(" 手機號碼必須全部是數字。");
                return -2;
            }
            return 0;
            },
        checkpwd(){
            if(this.pwd==""){ alert(" 密碼不能為空 ");return -1;}
            else if(this.pwd !=this.againpwd){
```

```
                            alert(" 輸入密碼不一致 ");
                            return -2;
                            }
                        return 0;
                        },

                register(){
                    var r = this.checkname();
                    if(r)    return;
                    r = this.checkemail();
                    if(r)    return;
                    this.phone=this.$refs.userphone.value;
                    r= this.checkphone(this.phone);
                    if(r)    return;
                    r = this.checkpwd();
                    if(r)    return;
                    alert(" 註冊成功 ");
                }
                }

        }

    // 4. 定義一些路由
    // 每個路由都需要映射到一個元件，我們後面再討論嵌策略由
    const routes = [
    { path: '/', component: Home },
    { path: '/reg', component: myReg },
    ]

    // 5. 建立路由實例並傳遞 routes 設定，使用者可以在這裡輸入更多的設定，但這裡保
持簡單設定
    const router = VueRouter.createRouter({
    // 內部提供了 history 模式的實作。為了簡單起見，這裡使用 hash 模式
    history: VueRouter.createWebHashHistory(),
    routes, // `routes: routes` 的縮寫
    })

    // 6. 建立並掛載根實例
    const app = Vue.createApp({})
    // 7. 呼叫 use，使用路由實例使整個應用支援路由
    app.use(router)
    app.mount('#box')
    // 現在，應用已經啟動了
    </script>
</body>
</html>
```

　　路由元件 myReg 的 template 中定義了 HTML 頁面，注意整個 HTML 程式必須用一對 " " 作為界定符號，符號 " " 是鍵盤左上角那個鍵的上檔字元（在 Esc 鍵上面的那個鍵），一對 " " 作為界定符號，HTML 程式才能有多行。當然如果是單行程式，也可以用單引號作為界定符號，比如 '<div>Home</div>'，不過為了防止混亂，建議直接都用 " " 比較穩妥。

　　然後我們又定義了 5 個變數，用來儲存使用者輸入的使用者名稱、電子郵件、手機號碼和兩次密碼。在 methods 中，我們分別定義了檢查使用者名稱、檢查電子郵件、檢查手機號碼和檢查密碼的 4 個函式，最後一個 register 函式是當使用者點擊「註冊」按鈕時呼叫的函式，並且在這個函式中呼叫了另外 4 個檢查函式，如果全部通過則跳出資訊方塊以提示「註冊成功」。由於功能類似，登入頁就簡單處理，直接顯示一段文字。在上述程式中，我們用了兩種方式獲取 input 輸入方塊的值，一種方式是使用 ref 獲取 input 框的值，比如手機號碼；另一種方式是透過 v-model 雙向綁定，完成 input 框值的獲取，除了手機號碼之外，其他使用的都是這種方式。

　　另外，像這樣的元件寫在一個 HTML 檔案中，能否支援單步偵錯呢？我們來試一下。在 register 函式中，在 "r = this.checkemail();" 那一行的左邊開頭點擊，設定一個中斷點，此時出現一個小紅圈，如圖 8-6 所示。

```
63 ∨              checkemail(){
64                var regEmail=/^[A-Za
65 ∨                if(this.email==''){
```

▲ 圖 8-6

　　此時按 F5 鍵，在註冊頁面上輸入使用者名稱和電子郵件，然後點擊「註冊」按鈕，此時在中斷點處停下來了，如圖 8-7 所示。

```
62
63 ∨           checkemail(){
64             var regEmail=▷/^[A-Za-zd]+([-_.][A-Za-zd]+)*
65 ∨             if(this.email==''){
```

▲ 圖 8-7

　　2）在 VSCode 中切換到 index.htm，儲存專案並按快速鍵 Ctrl+F5 執行程式，結果如圖 8-8 所示。

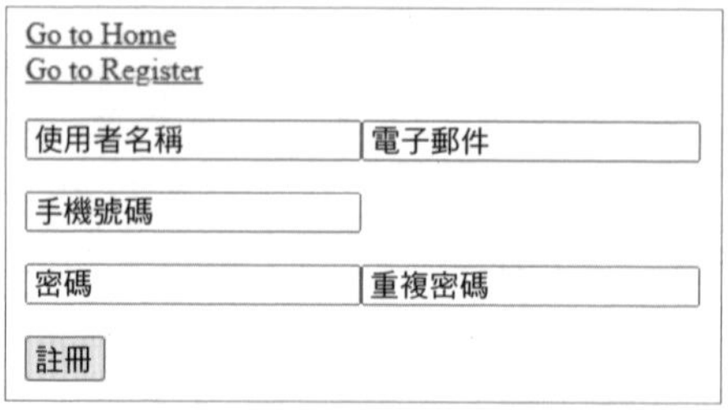

▲ 圖 8-8

至此，這個實例就算完成了。回顧一下上述程式，我們在定義 myReg 元件時，能否把 template: 後的 HTML 程式放在其他地方呢？這樣可以讓 myReg 中的程式長度短一點。答案是肯定的，方法是利用 <script type="text/html">，type 屬性為 text/html 時，在 <script> 片斷中定義被 JS 呼叫的程式，程式不會在頁面上顯示。它既解決了 HTML 範本存放和顯示的問題，又解決了 JS 和 HTML 程式分離的問題，可謂一舉多得。因此，我們可以將註冊頁的 HTML 程式放到 <script type="text/html"> 中，這樣元件定義就看起來簡潔多了。

【例 8-7】讓元件的 template 和程式分離

1）在 VSCode 中開啟目錄（D:\demo），把上例的 index.htm 複製一份到 D:\demo 下，然後在 <body> 中增加如下程式：

```
<script type="text/html" id="tpl">
    <div>
        <p>
            <input  type="text" v-model="name" placeholder=" 使用者名稱 ">
            <input  type="text" v-model="email" placeholder=" 電子郵件 ">
        </p>

        <p>  <input type="text" placeholder=" 手機號碼 "
ref="userphone"></p>
        <p>
        <input  type="password" v-model="pwd" placeholder=" 密碼 "
id="test">
        <input  type="password" v-model="againpwd" placeholder=" 重複
密碼 " id="test1">
        </p>
        <button @click="register()"> 註冊 </button>
    </div>
</script>
```

這些程式實作了註冊頁面，並且設定 id 為 tpl，以後可以直接透過 tpl 來使用這段程式。

2）把 Vue.component 中的 template: 後面的 HTML 程式刪除，換成 #tpl，
修改後變為：

```
const myReg = { template: '#tpl',
```

其他程式不需要改變。

3）在 VSCode 中切換到 index.htm，儲存專案並按快速鍵 Ctrl+F5 執行，
結果與上例一樣，這裡不再說明。

至此，這個範例就算完成了。是不是有點進步？我們可以把定義元件時的
template: 程式拆分了。但這樣拆分，定義元件時簡潔了，所有的程式依舊在一
個 HTML 檔案中，如果要定義的元件的 template: 程式很長，那麼這個入口檔
案（index.htm）是不是變得也很長？能否把 template: 程式分離到另一個檔案
中去呢？筆者覺得，讓 template: 的 HTML 程式分離到其他檔案有點不妥，因
為這樣人為把定義元件的過程分在兩個不同的檔案中，元件的 HTML 程式在一
個檔案中，元件的方法和資料又在另一個檔案中，這樣不大好。更好的方法是
把整個元件全部單獨定義到一個檔案中去。這樣，一個元件對應一個頁面，且
在一個單獨的檔案中，清清爽爽，即使以後有很多元件需要定義也不怕了，來
一個元件，就給它建一個檔案。當然，上例也不是完全一無是處，對於程式不
多的小元件，和入口檔案放在一起也無傷大雅。下面我們把路由的完整定義放
在一個單獨的檔案中。

【例 8-8】路由定義放在單獨的檔案中

1）在 VSCode 中開啟目錄（D:\demo），新建一個檔案 index.htm，並輸
入如下程式：

```html
<!DOCTYPE html>
<html lang="en">
<head>
    <meta charset="UTF-8">
    <title>Document</title>
</head>
<body>
    <script src="d:/vue.js"></script>
 <script src="d:/vue-router.global.js"></script>
    <div id="box">
     <p>
```

```
        <router-link to="/">Go to Login</router-link><br>
        <router-link to="/reg">Go to Register</router-link>
      </p>
      <router-view></router-view>
      </div>
      <script src="./login.js"></script>
      <script src="./reg.js"></script>
</body>
</html>
```

在上述程式中，我們並沒有把元件定義的程式放在該檔案中，而是包含了兩個 JS 檔案：一個是 login.js 檔案，另一個是 reg.js 檔案。下面我們實作這兩個檔案。

2）在 D:\demo 中新建 login.js，該檔案實作登入元件，輸入如下程式：

```
// 1. 定義（路由）元件
const Login = {    template: `
<div>
<p>
<input  type="text" v-model="name" placeholder="username">
<input   type="password" v-model="pwd" placeholder="password" id="test">
</p>

<button @click=" onlogin()">login</button>
</div>`,
// data 必須是一個函式
data() {
    return {
        name:"",
        pwd:"",
    }
},
methods: {
    checkname(){
    if(this.name==""){
        alert(" 使用者名稱不能為空 ");
        return -1;
        }
        return 0;
    },

    checkpwd(){
        if(this.pwd==""){ alert(" 密碼不能為空 ");return -1;}
        return 0;
    },

    onlogin(){
```

```
        var r = this.checkname();
        if(r)      return;
        r = this.checkpwd();
        if(r)      return;
        alert("login ok");
    }
  }
}
```

這段程式邏輯很簡單，點擊「登入」按鈕，則執行函式 onlogin，在這個函式中，呼叫 checkname 函式檢查使用者名稱，呼叫 checkpwd 函式檢查輸入的密碼。

3）在 D:\demo 中新建 reg.js，該檔案實作註冊元件，輸入如下程式：

```
const app = Vue.createApp({})

//= { template: '<div>Home</div>' }
const myReg = { template: `<div>
<p>
    <input   type="text" v-model="name" placeholder=" 使用者名稱 ">
    <input   type="text" v-model="email" placeholder=" 電子郵件 ">
</p>

<p> <input type="text" placeholder=" 手機號碼 " ref="userphone"></p>
<p>
<input type="password" v-model="pwd" placeholder=" 密碼 " id="test">
<input type="password" v-model="againpwd" placeholder=" 重複密碼 "
id="test1">
</p>
    <button @click="register()"> 註冊 </button>
</div>
`,
    data() {
            return {
              name:"",
              email:"",
              phone:"",
              pwd:"",
              againpwd:"",
            }
        },
        methods: {
          checkname(){
            if(this.name==""){
            alert(" 使用者名稱不能為空 ");
            return -1;
            }
```

```
                    return 0;
                },

            checkemail(){
                var regEmail=/^[A-Za-zd]+([-_.][A-Za-zd]+)*@([A-Za-
zd]+[-.])+[A-Za-zd]{2,5}$/;
                    if(this.email==''){
                        alert(" 電子郵件格式不能為空 ");
                        return -1;
                    }else if(!regEmail.test(this.email)){
                        alert(" 電子郵件格式不正確 ");
                        return -2;
                        }
                        return 0;
                },
            checkphone(ph){
                    if(ph.length!=11){
                        alert(" 手機號碼長度不對 ");
                        return -1;
                    }

                    if (isNaN(ph)) {
                        alert(" 手機號碼必須全部是數字。");
                        return -2;
                    }
                    return 0;
                    },
            checkpwd(){
                    if(this.pwd==""){ alert(" 密碼不能為空 ");return -1;}
                    else if(this.pwd !=this.againpwd){
                        alert(" 輸入密碼不一致 ");
                        return -2;
                        }
                    return 0;
                    },

            register(){
                    var r = this.checkname();
                    if(r)    return;
                    r = this.checkemail();
                    if(r)    return;
                    this.phone=this.$refs.userphone.value;
                    r= this.checkphone(this.phone);
                    if(r)    return;
                    r = this.checkpwd();
                    if(r)    return;
                    alert(" 註冊成功 ");
            }
        }
```

```
}

const routes = [
{ path: '/', component: Login },
{ path: '/reg', component: myReg },
]

const router = VueRouter.createRouter({

history: VueRouter.createWebHashHistory(),
routes, // routes: routes 的縮寫
})

app.use(router)
app.mount('#box')
```

　　至此，入口檔案（index.htm）、登入元件（login.js）和註冊元件（reg.js）三者就切分開來了，這樣的結構非常清爽。那麼切分開來能否依舊支援單步偵錯呢？我們馬上來試一下。在 login.js 的 onlogin 函式中的第 2 行設定中斷點，然後切換到 index.htm，按 F5 鍵偵錯執行，在登入頁面輸入使用者名稱和密碼後，點擊「登入」按鈕，此時會停在中斷點處，如圖 8-9 所示。

　　按 F10 鍵會繼續下一步，這說明單步偵錯成功了。

▲ 圖 8-9

　　4）在 VSCode 中切換到 index.htm，儲存專案並按快速鍵 Ctrl+F5 執行，結果如圖 8-10 所示。

Go to Login
Go to Register

| username | password |

login

▲ 圖 8-10

　　透過這個範例，我們降低了檔案之間的藕合度，方便了今後的維護，而且沒有使用 Vue.js 檔案。當然，鷹架專案和 Vue.js 檔案也可以做到這一點，但 Vue.js 檔案需要 Webpack 等工具來打包，比較繁瑣，筆者在網上看到很多人都不喜歡這一點，所以設計了這個實例供讀者參考。但在鷹架專案中也要學會使用路由。

8.6.2　在鷹架專案中使用路由

　　要在鷹架專案中使用路由，需要先安裝路由，使用步驟和 HTML 中使用路由的步驟基本一樣。我們可以透過 npm 在專案目錄下安裝 vue-router，所以通常需要先建立專案，進入專案目錄再執行安裝命令，接著就可以使用 vue-router 了。下面我們來看具體的實例。

【例 8-9】在鷹架專案中使用路由

　　1）在 VSCode 中開啟目錄（D:\demo），然後在命令列視窗中進入該目錄，執行命令 vue create myprj 來新建一個 Vue.js 3 專案。稍等片刻，專案建立完成，D:\demo 下就有一個子資料夾 myprj 了。在命令列下進入 myprj，然後執行 vue-router 的安裝命令：

```
npm install vue-router@next --save
```

　　稍等片刻，安裝完成，此時 D:\demo\myprj\node_modules\ 下多了一個子資料夾 vue-router。我們到該資料夾下可以發現有一個 package.json 檔案，開啟該檔案，可以查看剛才安裝的 vue-router 的版本，在檔案中可以看到版本編號：

```
"name": "vue-router",
"version": "4.0.12",
```

安裝完畢後，我們就可以使用了。

　　2）透過 router-link 設定導覽連結。在 App.vue 的 template 中增加如下程式：

```
<p>
    <!-- 使用 <router-link> 元件定義導覽，to 屬性指定連結，即 URL 路徑 -->
    <router-link to="/">Go to Home</router-link> 
    <router-link to="/news">Go to News</router-link>  
    <router-link to="/about">Go to News</router-link>
</p>
```

3）透過 router-view 指定繪製的位置。在 App.vue 的 template 中增加如下程式：

```
<router-view></router-view>
```

點擊 <router-link> 連結時，會在 <router-view></router-view> 所在的位置繪製範本的內容。

4）定義路由元件，我們在 src 目錄下新建一個資料夾 views，然後在資料夾 views 下新建一個元件檔案，檔案名稱是 myHome.vue，並增加如下程式：

```
<template>
  <div>
    <h1>Home Page</h1>
    <h3>Welcome to our site!</h3>
  </div>
</template>

<script>
export default {};
</script>
```

再在資料夾 views 下新建一個元件檔案，檔案名稱是 myNews.vue，並增加如下程式：

```
<template>
  <div>
    <h1>News Page</h1>
    <h3>No News.</h3>
  </div>
</template>

<script>
export default {};
</script>
```

再在資料夾 views 下新建一個元件檔案，檔案名稱是 myAbout.vue，並增加如下程式：

```
<template>
<div>
    <h1>About Page</h1>
    <h3>About:our site is about vue3 tech.</h3>
  </div>
```

```
</template>

<script>
export default {};
</script>
```

3 個元件的程式都很簡單，就是在頁面中顯示兩行文字。

5）設定路由和建立路由實例。在 src 新建一個子資料夾 router，然後在
　　router 下新建一個檔案，檔案名稱是 index.js，並增加如下程式：

```
import { createRouter, createWebHashHistory } from 'vue-router'
import myHome from '../views/myHome.vue'    // 引用元件 myHome
import myNews from '../views/myNews.vue'    // 引用元件 myNews
import myAbout from '../views/myAbout.vue' // 引用元件 myAbout

// 設定路由，簡單來説就是透過 URL 位址找到元件，一個路徑對應一個元件
const routes = [
  {
    path: '/',            // URL 路徑，稱為根路徑
    component: myHome  // 對應的元件
  },
  {
    path: '/news',       // URL 路徑，稱為根路徑
    component: myNews    // 對應的元件
  },
  {
    path: '/about',       // URL 路徑，稱為根路徑
    component: myAbout  // 對應的元件
  },
]
// 建立路由實例
const router = createRouter({
  history: createWebHashHistory(), // hash 模式
  routes    // 路由設定項，上面設定的 routes
})

// 預設對外提供路由，匯出路由實例
export default router
```

6）呼叫 use 使用路由實例。在 main.js 中增加如下程式：

```
import { createApp } from 'vue'
import App from './App.vue'
import router from './router'  // 匯入路由

const app=createApp(App)
app.use(router)    // 呼叫 use 使用路由實例
app.mount('#app')  // 掛載
```

```
//createApp(App).use(router).mount('#app')      // 上面 3 行寫成一行也可以
```

7）在主控台視窗中執行命令：

```
npm run serve
```

稍等片刻，出現 http://localhost:8080/，按 Ctrl 鍵並點擊它。在瀏覽器中的結果如圖 8-11 所示。

▲ 圖 8-11

8.7　含參數的動態路由比對

　　很多時候，我們需要將給定比對模式的路由映射到同一個元件。例如，我們有一個 User 元件，它應該對所有使用者進行繪製，但使用者 ID 不同。在 Vue.js 路由中，可以在路徑中使用一個動態欄位來實作，我們稱之為路徑參數。另外，很多頁面或者元件要被多次重複利用時，我們的路由都指向同一個元件，這時從不同元件進入一個「共用」的元件，並且還要傳入參數，繪製不同的資料。簡單來講，動態路徑就是根據路徑不同，顯示的內容也有所不同。比如 image 目錄下有 1.jpg、2.jpg 和 3.jpg 三幅影像，那麼影像路徑分別為 image/1.jpg、image/2.jpg、image/3.jpg，其中變化的就是這個數字，根據這個數字的變化會展示不同的影像。

　　我們可以在設定路由的路徑中用一個冒號（:）和 id 來表示動態值，例如：

```
path: '/myItem/:id',
component: myItemComp
```

然後在 router-link 中傳入具體的值，例如：

```
<router-link to="/myItem/100">news100</router-link>
<router-link to="/myItem/200">news200</router-link>
```

現在，/myItem/100 和 /myItem/200 這樣的 URL 會映射到同一個路由。路徑參數用冒號（:）表示。當一個路由被比對時，它的 params 的值將在每個元件中以 this.\$route.params 的形式曝露出來，即在元件 myItemComp 中可以透過 \$route.params.id 收到傳來的值，\$route 表示當前路由物件。透過動態路由，我們可以讓不同的 router-link 指向同一個元件。

【例 8-10】使用動態路徑

1）複製一份上例的專案 myprj 到 D:/demo 下，然後用 VSCode 開啟 my-prj，在 Views 下新建一個檔案，檔案名稱是 myItem.vue，並增加如下程式：

```
<template>
    <div >
        get id: {{ $route.params.id }}
    </div>
</template>
```

這段程式很簡單，透過 \$route.params.id 得到傳進來的路徑 id。這個元件對應的連結在 News 頁面下顯示，所以我們要在 myNews.vue 中增加連結，程式如下：

```
<template>
  <div>
    <h1>News Page</h1>
    <p>
        <!-- 使用 <router-link> 元件定義導覽，to 屬性指定連結，即 URL 路徑 -->
      <router-link to="/myItem/100">news100</router-link><br>
      <router-link to="/myItem/200">news200</router-link><br>
      <router-link to="/myItem/300">news300</router-link>
    </p>
    <!-- 路由比對到的元件將繪製在這裡 -->
    <router-view></router-view>
  </div>
</template>

<script>
export default {};
</script>
```

2）將連結和元件關聯起來。在 router 目錄下的 index.js 中為 routes 增加一條路由：

```
import myItemComp from '../views/myItem.vue'

{
```

```
    path: '/myItem/:id',
    component: myItemComp
}
```

這樣就把路徑和元件對應起來了。

3）儲存檔案並在終端下執行：npm run serve，然後開啟 http://local-
host:8080，並點擊 Go to News 連結，如圖 8-12 所示。

▲ 圖 8-12

我們也可以在同一個路由中設定多個路徑參數，它們會映射到 $route.
params 上的對應欄位，如表 8-1 所示。

▼ 表 8-1 含參數的動態路由比對

比對模式	比對路徑	$route.params
/users/:username	/users/eduardo	{ username: 'eduardo' }
/users/:username/posts/:postId	/users/eduardo/posts/123	{ username: 'eduardo', postId: '123' }

除了 $route.params 之外，$route 物件還公開了其他有用的資訊，如 $route.
query（如果 URL 中存在參數）、$route.hash 等。

8.7.1 查詢參數

在傳統 Web 程式中，經常會因為要查詢某個物件而在 URL 中帶入查詢參
數，比如 pen?id=1，表示查詢 1 號鋼筆。這個需求非常常見，因此 Vue.js 也有
這項功能，在路由中支援查詢參數，查詢參數的使用和傳統 Web 類似，只需要
透過 "?id=" 來引用不同的參數，例如：

```
<router-link to="/pen?id=1">Use pen 1</router-link><br>
<router-link to="/pen?id=2">Use pen 2</router-link><br>
```

我們在元件中，透過 this.$route.query.id 可以獲得 "id=" 後面的數字。

【例 8-11】使用路由查詢參數

在 VSCode 中開啟目錄（D:\demo），新建一個檔案 index.html，然後增加如下程式：

```
<!DOCTYPE html>
<html lang="en">
<head>
    <meta charset="UTF-8">
    <title>Document</title>
</head>
<body>
    <script src="d:/vue.js"></script>
    <script src="d:/vue-router.global.js"></script>
    <div id="box">
    <p>

        <!--1. 使用 router-link 元件進行導覽 -->
        <router-link to="/pen?id=1">Use pen 1</router-link><br>
        <router-link to="/pen?id=2">Use pen 2</router-link><br>

        <router-link to="/pencil?id=1">Use pencil 1</router-link><br>
        <router-link to="/pencil?id=2">Use pencil 2</router-link><br>
    </p>
    <!-- 路由出口 -->
    <!-- 2.路由比對到的元件將繪製在這裡 -->
    <router-view></router-view>

    </div>
    <script>
    // 3.定義路由元件，也可以從其他檔案匯入
    var Pen = {
            template:`
            <div >
                use pen {{ this.$route.query.id }}
            </div>
            `,
        }
    var Pencil = {
        template:`
        <div >
            use pencil: {{ this.$route.query.id }}
        </div>
        `,
    }
    const Home = { template: '<div>Home</div>' }

    // 4.定義一些路由
```

```
// 每個路由都需要映射到一個元件，我們後面再討論嵌策略由
const routes = [
{ path: '/', component: Home },
{ path: '/pen', component: Pen },
{ path: '/pencil', component: Pencil },
]

// 5. 建立路由實例並傳遞 routes 設定，使用者可以在這裡輸入更多的設定，但這裡保
持簡單設定
const router = VueRouter.createRouter({
// 內部提供了 history 模式的實作。為了簡單起見，我們在這裡使用 hash 模式
history: VueRouter.createWebHashHistory(),
routes, // `routes: routes` 的縮寫
})

// 6. 建立並掛載根實例
const app = Vue.createApp({})
// 7. 呼叫 use，使用路由實例使整個應用支援路由
app.use(router)
app.mount('#box')
// 現在，應用已經啟動了
</script>
</body>
</html>
```

8.7.2 捕捉所有路由

常規參數只比對 URL 片段之間的字元用 "/" 分隔。如果我們想比對任意路徑，可以使用自訂的路徑參數正規表示法，在路徑參數後面的括號中加入正規表示法，例如：

```
const routes = [
  // 將比對所有內容並將其放在 $route.params.pathMatch 下
  { path: '/:pathMatch(.*)*', name: 'NotFound', component: NotFound },
  // 將比對以 /user- 開頭的所有內容，並將其放在 $route.params.afterUser 下
  { path: '/user-:afterUser(.*)', component: UserGeneric },
]
```

在這個特定的場景中，我們在括號之間使用了自訂正規表示法，並將 path-Match 參數標記為可選、可重複。這樣做是為了在需要的時候可以透過將 path 拆分成一個陣列直接導覽到路由：

```
this.$router.push({
  name: 'NotFound',
  params: { pathMatch: this.$route.path.split('/') },
})
```

8.8　路由的比對語法

大多數應用都會使用 /about 這樣的靜態路由和 /users/:userId 這樣的動態路由，但是 Vue.js 路由可以提供更多的方式。

8.8.1　在參數中自訂正則

當定義像 :userId 這樣的參數時，我們內部使用正則 [^/]+（至少有一個字元不是斜線"/"）來從 URL 中提取參數。這很好用，除非使用者需要根據參數的內容來區分兩個路由。想像一下，兩個路由 /:orderId 和 /:productName 會比對完全相同的 URL，所以我們需要一種方法來區分它們。最簡單的方法就是在路徑中增加一個靜態部分來區分它們：

```
const routes = [
  // 比對 /o/3549
  { path: '/o/:orderId' },
  // 比對 /p/books
  { path: '/p/:productName' },
]
```

在某些情況下，我們並不想增加靜態的 /o、/p 部分。由於 orderId 總是一個數字，而 productName 可以是任何東西，因此我們可以在括號中為參數指定一個自訂的正規表示法：

```
const routes = [
  // /:orderId -> 僅比對數字
  { path: '/:orderId(\\d+)' },
  // /:productName -> 比對其他任何內容
  { path: '/:productName' },
]
```

現在轉到 /25 將比對 /:orderId，其他情況將會比對 /:productName。routes 陣列的順序並不重要。值得注意的是，確保逸出反斜線"\"，就像我們對 \d（變成 \\d）所做的那樣，在 JavaScript 中實際傳遞字串中的反斜線字元。

8.8.2　可重複的參數

如果使用者需要比對具有多個部分的路由，如 /first/second/third，此時應該用"*"（0 個或多個）和"+"（1 個或多個）將參數標記為可重複的：

```
const routes = [
  // /:chapters ->  比對 /one、/one/two、/one/two/three 等
  { path: '/:chapters+' },
  // /:chapters -> 比對 /、/one、/one/two、/one/two/three 等
  { path: '/:chapters*' },
]
```

這將為我們提供一個參數陣列，而非一個字串，並且在使用命名路由時也需要傳遞一個陣列：

```
// 給定 { path: '/:chapters*', name: 'chapters' },
router.resolve({ name: 'chapters', params: { chapters: [] } }).href
// 產生 /
router.resolve({ name: 'chapters', params: { chapters: ['a', 'b'] }
}).href
// 產生 /a/b

// 給定 { path: '/:chapters+', name: 'chapters' },
router.resolve({ name: 'chapters', params: { chapters: [] } }).href
// 拋出錯誤，因為 chapters 為空
```

還可以透過 "*" 和 "+" 增加到右邊括號後，與自訂正規表示法結合使用：

```
const routes = [
  // 僅比對數字
  // 比對 /1、/1/2 等
  { path: '/:chapters(\\d+)+' },
  // 比對 /、/1、/1/2 等
  { path: '/:chapters(\\d+)*' },
]
```

8.8.3 可選參數

可以透過使用 "?" 修飾符號（0 個或 1 個）將一個參數標記為可選：

```
const routes = [
  // 比對 /users 和 /users/posva
  { path: '/users/:userId?' },
  // 比對 /users 和 /users/42
  { path: '/users/:userId(\\d+)?' },
]
```

注　意
"*" 在技術上也標誌著一個參數是可選的，但是 "?" 參數不能重複。

8.9 ┃ 嵌策略由

　　嵌策略由就是在一個被路由過來的頁面下可以繼續使用路由，嵌策略由也就是路由中的路由。在 Vue.js 中，如果不使用嵌策略由，那麼只有一個 <router-view>，一旦使用，那麼在一個元件中還有 <router-view>，這就組成了嵌套。比如在一個頁面中，在頁面的上半部分有三個按鈕，而下半部分是根據點擊不同的按鈕來顯示不同的內容，我們就可以將這個元件的下半部分看成是一個嵌策略由，也就是說在這個元件的下面需要再來一個 <router-view>，當點擊不同的按鈕時，它們的 router-link 分別所指向的元件就會被繪製到這個 <router-view> 中。

　　在一些應用場景中，一些應用程式的 UI 由多層嵌套的元件組成，如圖 8-13 所示。

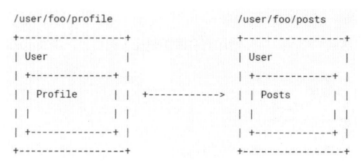

▲ 圖 8-13

　　這就是實際生活中的一個很好的應用介面，通常是由多層嵌套的元件組合而成的。同樣，URL 中各段動態路徑也是按照某種結構對應嵌套的各層元件的。User 表示使用者頁，而 User 就可以看成是 Vue.js 中的一個單頁面，這裡的 foo 就代表了一個使用者，這裡的 Profile 可以視為個人首頁，而 Posts 可以視為這個人所發表的文章，頁面上方的標題通常是不變的，即無論切換到這個人發表的文章，還是切換到這個人的個人首頁，我們都希望在頁面上方顯示同樣的內容，而在切換時只更換下面的部分，這部分可以用 <router-view> 來撰寫，這就是嵌策略由。借助 vue-router，使用嵌策略由設定就可以很簡單地表達這種關係。

【例 8-12】實作嵌策略由

1）在 VSCode 中開啟目錄（D:\demo），新建一個檔案 index.html，然後增加如下程式：

```
<!DOCTYPE html>
<html lang="en">
<head>
    <meta charset="UTF-8">
    <title>Document</title>
</head>
<body>
    <script src="d:/vue.js"></script>
    <script src="d:/vue-router.global.js"></script>
    <div id="box">
    <p>

    <!--'<router-link>' 將呈現一個帶有正確 'href' 屬性的 '<a>' 標籤 -->
        --------<router-link to="/"> Home</router-link>--------
        <router-link to="/user">User Center</router-link>--------
        <hr />

    </p>
    <!-- 路由比對到的元件將繪製在這裡 -->
    <router-view></router-view>
    </div>
    <script>

    // 定義路由元件，也可以從其他檔案匯入
    const User = {
    template: `
        <div class="user">
        <h2>User Center</h2>

        <div class="menu">
        <ul>
        <li><router-link to="/user/profile">profile</router-link></li>
        <li><router-link to="/user/posts">UserPosts</router-link></li>
        </ul>
        </div>
        <div class="content">
        <router-view></router-view>
        </div>

        </div>
    `
    }
    var UserProfile = {
```

```
            template:`
            <div >
                my profile:...
            </div>
                `,
        }
    var UserPosts = {
        template:`
        <div >
            my posts:...
        </div>
            `,
    }
    const Home = { template: '<div>Home</div>' }

    // 定義路由，第二個路由包括嵌策略由
    routes = [
    { path: '/', component: Home },   // 第一個路由
    {   // 第二個路由
        path: '/user',
        component: User,
        children: [              // 嵌策略由開始
        {
          // UserProfile 會被繪製在 User 的 <router-view> 中
          path: 'profile',
          component: UserProfile
        },
        {
          // 當 /user/:id/posts 比對成功
          // UserPosts 會被繪製在 User 的 <router-view> 中
          path: 'posts',
          component: UserPosts
        },
        // 其他子路由
      ]//children
    }// 第二個路由結束
    ]

    // 建立路由實例並傳遞 routes 設定，使用者可以在這裡輸入更多的設定，但這裡保持
簡單設定
    const router = VueRouter.createRouter({
    // 內部提供了 history 模式的實作。為了簡單起見，我們在這裡使用 hash 模式
    history: VueRouter.createWebHashHistory(),
    routes, // `routes: routes` 的縮寫
    })

    // 建立並掛載根實例
    const app = Vue.createApp({})
```

```
    // 呼叫 use，使用路由實例使整個應用支援路由
    app.use(router)
    app.mount('#box')
    // 現在，應用已經啟動了
  </script>
</body>
</html>
```

在上述程式中，children 就是用來定義嵌策略由的。

2）儲存專案並按快速鍵 Ctrl+F5 執行，先點擊上方的 User Center，再點擊 UserPosts，結果如圖 8-14 所示。

▲ 圖 8-14

8.10　命名路由

有時透過一個名稱來標識路由顯得更方便一些，特別是在連結一個路由或者執行一些跳躍的時候。使用者可以在建立路由實例時，在路由設定中給某個路由設定名稱，這就是命名路由。命名路由，顧名思義，就是將生成的路由 URL 透過一個名稱來標識。因此，在 Vue.js 路由中，可以在建立路由實例時透過在路由設定中給某個路由設定名稱，從而方便地呼叫路由。

使用命名路由有以下優點：

1）沒有強制寫入的 URL。

2）params 自動編碼和解碼。

3）防止在 URL 中出現打字錯誤。

4）繞過路徑排序。

命名路由範例如下：

```
{ path: '/ballpen/:color',name:'ballpen_detail', component:Ballpen}
```

使用屬性 name 來指定具體的名稱。當我們使用命名路由之後，需要使用 router-link 標籤進行跳躍時，就可以採取給 router-link 的 to 屬性傳一個物件的方式，跳躍到指定的路由位址，例如：

```
<router-link :to="{ name: 'ballpen_detail',params:{color:'red'}}">Use
red ballpen</router-link>
```

注意 to 前面有一個冒號，後面跟的是一個物件。name 後面就是路由的名稱，params 後面是動態路由的參數。

此外，使用了命名路由，我們還可以讓某個路徑重新導向（redirect）到該命名指定的路由中，例如：

```
{ path: '/', redirect:{name:'pencil_detail'} },
```

【例 8-13】命名路由

1）在 VSCode 中開啟目錄（D:\demo），新建一個檔案 index.html，然後增加如下核心程式：

```
<div id="box">
<p>
    <router-link to="/">Home</router-link><br>
    <router-link to="/pencil?id=1">Use pencil</router-link><br>
    <router-link :to="{ name: 'pencil_detail'}">Use pencil</router-
link><br>
    <router-link :to="{ name: 'pen_detail',params:{id:100}}">Use
pen</router-link><br>
    <router-link :to="{ name: 'ballpen_detail',params:{color:'red'}}
">Use red ballpen</router-link><br>
    <router-link to="/ballpen/blue">Use blue ballpen</router-
link><br>
    <router-link to="/brush/black/10">Use 10cm black brush</router-
link><br>
    <router-link :to="{ name: 'brush_detail',params:{color:'green',l
en:15}}">Use 15cm green brush</router-link><br>
</p>
<router-view></router-view>
</div>
<script>
const Home = { template: '<div>Home</div>' }
var Pen = {
```

```
            template:`
            <div >
                use pen {{ this.$route.params.id }}
            </div>
            `,
        }
    var Pencil = {
        template:`
        <div >
            use pencil: {{ this.$route.query.id }}
        </div>
        `,
    }
    var Ballpen = {
        template:`
        <div >
            use ballpen: {{ this.$route.params.color}}
        </div>
        `,
    }
    var Brush = {
        template:`
        <div >
            use brush: {{ this.$route.params.color}}, {{ this.$route.
params.len}}cm
            <p>{{this.$route.name}}</p>
            <p>{{this.$route.path}}</p>
        </div>
        `,
    }
    const routes = [
    { path: '/', redirect:{name:'pencil_detail'} },  // 重新導向到 'pen-
cil_detail' 對應的路由
    { path: '/pencil',name:'pencil_detail', component: Pencil }, // 沒有
動態路徑
    { path: '/pen/:id', name:'pen_detail',component: Pen },  // 有一個動
態路徑參數
    { path: '/ballpen/:color',name:'ballpen_detail', component:Ballpen},
// 有一個動態路徑參數
    { path: '/brush/:color/:len/',name:'brush_detail', component:Brush},
// 有兩個動態路徑參數
    ]
    const router = VueRouter.createRouter({
    history: VueRouter.createWebHashHistory(),
    routes,
    })
```

在上述程式中，第一個路由重新導向到 pencil_detail 對應的路由，後面
4 個都是命名路由，而且最後 3 個還使用了動態路徑。若使用了動態路徑，則

router-link 中可以讓 name 和 params 配合使用。

在元件實例內部，可以透過 this. Route 存取路由器實例，this.$route 表示全域的路由器物件，每一個路由都有一個 router 物件，可以獲得對應的 name、path、param、squery 等屬性，其中 this.$route.name 可以得到命名路由後的名稱，this.$route.path 可以得到路由的完整路徑。

2）儲存專案並按快速鍵 Ctrl+F5 執行，點擊最後一項，得到結果如圖 8-15所示。

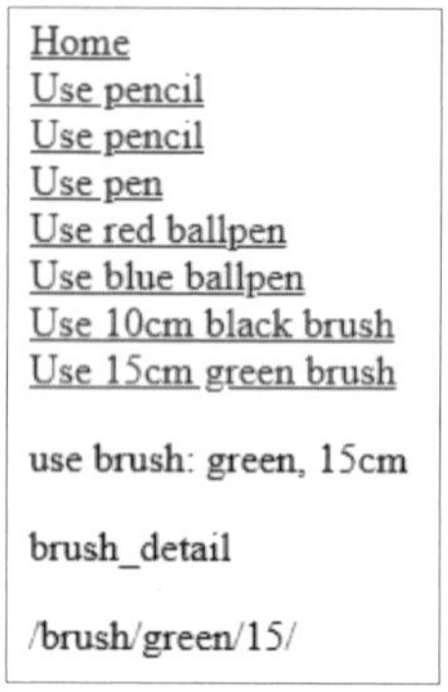

```
Home
Use pencil
Use pencil
Use pen
Use red ballpen
Use blue ballpen
Use 10cm black brush
Use 15cm green brush

use brush: green, 15cm

brush_detail

/brush/green/15/
```

▲ 圖 8-15

8.11 命名視圖

有時想同時（同級）展示多個視圖，而非嵌套展示，例如建立一個版面配置，有 sidebar（側導覽列）和 main（主內容）兩個視圖，這時命名視圖就派上用場了。我們可以在介面中擁有多個單獨命名的視圖，而非只有一個單獨的出口。如果 router-view 沒有設定名字，那麼就是預設視圖。比如：

```html
<div id="box">
    <router-view></router-view>
    <div class="content">
      <router-view name="a"></router-view>
      <router-view name="b"></router-view>
    </div>
</div>
```

第一對 <router-view></router-view> 就是預設視圖。一個視圖使用一個元件繪製，對於同一個路由多個視圖就需要多個元件，而且要使用 components（注意有 s），例如：

```
const routes = [
{
    path: '/', components: {
        default: header,
        a: sidebar,
        b: mainbox
    }
}]
```

　　下面我們透過命名視圖來建構一個經典版面配置，也就是標頭元件、側邊元件和顯示詳細內容的主元件。

【例 8-14】命名視圖建構經典版面配置

1）在 VSCode 中開啟目錄（D:\demo），新建一個檔案 index.html，然後增加如下程式：

```html
<!DOCTYPE html>
<html lang="en">
<head>
    <style>
        .header {
          border: 1px solid red;
        }
        .content{
          display: flex;
        }
        .sidebar {
          flex: 2;
          border: 1px solid green;
          height: 500px;
        }
        .mainbox{
          flex: 8;
          border: 1px solid blue;
          height: 500px;
        }
    </style>

    <meta charset="UTF-8">
    <title>Document</title>
</head>
<body>
    <script src="d:/vue.js"></script>
    <script src="d:/vue-router.global.js"></script>
```

```
<div id="box">
    <router-view></router-view>
    <div class="content">
      <router-view name="a"></router-view>
      <router-view name="b"></router-view>
    </div>
</div>
<script>
const Home = { template: '<div>Home</div>' }
var header = {
        template:`
        <h1 class="header">Header</h1>
        `,
    }
 var sidebar =    {
  template: '<div class="sidebar">sidebar</div>'
    }

var mainbox  = {
    template:`
    <div class="mainbox">mainbox</div>
    `,
}

const routes = [
{
    path: '/', components: {
        default: header,
        a: sidebar,
        b: mainbox
    }
}]

const router = VueRouter.createRouter({
history: VueRouter.createWebHashHistory(),
routes,
})

const app = Vue.createApp({})
app.use(router)
app.mount('#box')

</script>
</body>
</html>
```

2）儲存專案並按快速鍵 Ctrl+F5 執行，結果如圖 8-16 所示。

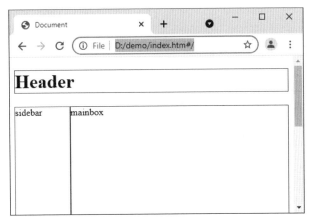

▲ 圖 8-16

以這個經典版面配置為基礎，以後可以在其中增加所需要的內容。

8.12 重新導向

重新導向可以透過 routes 設定來完成，下面的範例是從 /home 重新導向到 /：

```
const routes = [{ path: '/home', redirect: '/' }]
```

當使用者存取 /home 時，URL 會被 / 替換，然後比對成 /。重新導向的目標也可以是一個命名的路由：

```
const routes = [{ path: '/home', redirect: { name: 'homepage' } }]
```

甚至是一個方法，動態傳回重新導向目標：

```
const routes = [
  {
    // /search/screens -> /search?q=screens
    path: '/search/:searchText',
    redirect: to => {
      // 方法接收目標路由作為參數
      // return 重新導向的字串路徑 / 路徑物件
      return { path: '/search', query: { q: to.params.searchText } }
    },
  },
  {
    path: '/search',
    // ...
  },
```

```
]
```

在寫 redirect 時，可以省略 component 設定，因為它從來沒有被直接存取過，所以沒有元件要繪製。唯一的例外是嵌策略由：如果一個路由記錄有 children 和 redirect 屬性，它也應該有 component 屬性。

另外，還可以重新導向到相對位置：

```
const routes = [
  {
    path: '/users/:id/posts',
    redirect: to => {
      // 方法接收目標路由作為參數
      // return 重新導向的字串路徑 / 路徑物件
    },
  },
]
```

8.13 程式設計式導覽

除了使用 <router-link> 建立 a 標籤來定義導覽連結外，我們還可以借助 router 的方法來實作導覽。透過 router 實例的方法來實作導覽的方式通常稱為程式設計式導覽，因為是在 JS 程式中實作導覽，而非透過連結。在 Vue.js 中，router 實例透過 push 和 replace 兩個方法來實作程式設計式導覽。

8.13.1 push 實作程式設計式導覽

push 方法會向 history 堆疊增加一個新的記錄，所以，當使用者點擊瀏覽器後退按鈕時，會回到之前的 URL。其實，當點擊 <router-link> 時，內部會呼叫這個方法，所以點擊 <router-link :to="…"> 相當於呼叫 router.push(…)。<router-link :to="…"> 一般稱為宣告式導覽，router.push(…) 一般稱為程式設計式導覽。

router.push 方法的參數可以是一個字串路徑，或者一個描述位址的物件。例如：

```
router.push('/users/eduardo')   // 字串路徑
router.push({path:'/pencil'})   // 路徑物件
```

注意 path 後面有一個冒號。

對於動態路徑參數要注意，如果提供了 path，params 會被忽略，此時可以提供命名路由或手寫完整的帶有參數的路徑，例如：

```
// 命名的路由，並加上參數，讓路由建立 URL
router.push({ name:'ballpen_detail',params:{color:'red'}})
// 我們可以手動建立 URL
router.push('/pen/'+penNo)
```

對於含查詢參數的路徑，可以用 query，例如：

```
router.push({path:'/pencil',query:{brand:'sky001'}})
```

由於屬性 to 與 router.push 接受的物件種類相同，所以兩者的規則完全相同。router.push 與所有其他導覽方法都會傳回一個 Promise，讓我們可以等到導覽完成後才知道是成功還是失敗。

【例 8-15】push 實作程式設計式導覽

1）在 VSCode 中開啟目錄（D:\demo），新建一個檔案 index.html，然後增加如下程式：

```html
<!DOCTYPE html>
<html lang="en">
<head>
    <meta charset="UTF-8">
</head>
<body>
    <script src="d:/vue.js"></script>
    <script src="d:/vue-router.global.js"></script>
    <div id="box">
      <post-item></post-item>
    </div>

    <script src="router.js"></script>
    <script>
    const app = Vue.createApp({});
    app.component('PostItem', {
      setup() {
      const usePen = (penNo) => {   // 點擊事件處理函式
          router.push('/pen/'+penNo)   // 字串路徑
    }
    const usePencil = (flag) => {
      if(flag==1) router.push({path:'/pencil'})    // 路徑物件
      else if(flag==2)  router.push({path:'/pencil',query:{brand:'sky001'}})
      else router.push({ name:'pencil_detail'})   // 命名的路由
```

```
    }

    const useBallpen = (flag) => {
        if(flag==1)   router.push({ path:'/ballpen/red'})   // 完整路徑
        else router.push({ name:'ballpen_detail',params:{color:'red'}})
// 含一個動態路徑參數的命名路由
    }

    const useBrush = () => {
        router.push({ name:'brush_detail',params:{color:'red',len:20}})
// 含兩個動態路徑參數的命名路由
    }

    return { usePen,usePencil,useBallpen,useBrush }
  },//setup
  template: `
   <button @click="usePen(1,100)">use pen</button>
   <button @click="usePen(2,100)">use pen</button>
   <button @click="usePencil(1)">use pencil</button>
   <button @click="usePencil(2)">use pencil</button>
   <button @click="usePencil(3)">use pencil</button>
   <button @click="useBallpen(2)">use ballpen</button>
   <button @click="useBrush">use brush</button>
   <router-view></router-view>
   `
  });
  app.use(router)
  app.mount('#box')
 </script>
</body>
</html>
```

在上述程式中，我們在頁面上放置了 7 個按鈕，呼叫函式來執行 push 的不同形式。為了讓一個檔案中的程式不至於太長，我們將路由定義的相關程式專門放到一個獨立的檔案 router.js 中，router.js 的程式基本和 8.10 節的範例相同，限於篇幅，這裡不再贅述。

2）儲存專案並按快速鍵 Ctrl+F5 執行程式，結果如圖 8-17 所示。

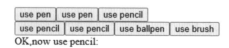

▲ 圖 8-17

8.13.2 replace 實作程式設計式導覽

　　replace 方法的作用類似於 router.push，唯一不同的是，它在導覽時不會向 history 增加新記錄，正如它的名字所暗示的那樣，即它取代了當前的項目。replace 的用法和 push 類似，例如：

```
router.replace(...)
```

　　另外，也可以直接在傳遞給 router.push 的 routeLocation 中增加一個屬性 replace: true，例如：

```
router.push({ path: '/home', replace: true })
// 相當於
router.replace({ path: '/home' })
```

8.13.3 橫跨歷史

　　go 方法採用一個整數作為參數，表示在歷史堆疊中前進或後退多少步，類似於 window.history.go(n)。比如：

```
router.go(1)    // 向前移動一筆記錄，與 router.forward() 相同
router.go(-1)   // 傳回一筆記錄，與 router.back() 相同
router.go(3)    // 前進 3 筆記錄
```

　　讀者可能已經注意到，router.push、router.replace 和 router.go 是 window.history.pushState、window.history.replaceState 和 window.history.go 的翻版，它們確實模仿了 window.history 的 API。因此，如果讀者已經熟悉 Browser History APIs，在使用 Vue.js 路由時，操作歷史記錄就會覺得很熟悉。值得一提的是，無論在建立路由器實例時傳遞什麼樣的 history 設定，Vue.js 路由的導覽方法（push、replace、go）都能始終如一地工作。

8.14　不同的歷史模式

　　在建立路由器實例時，history 設定允許我們在不同的歷史模式中進行選擇。前面的實例都採用的是 hash 模式，hash 模式是用 createWebHashHistory() 建立的：

```
import { createRouter, createWebHashHistory } from 'vue-router'
const router = createRouter({
```

```
    history: createWebHashHistory(),
    routes: [
      //...
    ],
})
```

它在內部傳遞實際 URL 之前使用了一個雜湊字元（#）。由於這部分 URL 從未被發送到伺服器，因此它不需要在伺服器層面進行任何特殊處理。不過，它在 SEO 中確實有不好的影響。如果讀者擔心這個問題，可以使用 HTML5 history 模式，即 HTML 歷史模式。比如：

```
import { createRouter, createWebHistory } from 'vue-router'
const router = createRouter({
  history: createWebHistory(), 函式 createWebHistory() 建立 HTML 5 歷史模式
  routes: [
    //...
  ],
})
```

當使用這種歷史模式時，URL 會看起來很「正常」，例如 https://example.com/user/id，沒有 "#"。不過，問題來了：由於我們的應用是一個單頁的用戶端應用，如果沒有適當的伺服器設定，使用者在瀏覽器中直接存取 https://example.com/user/id，就會得到一個 404 錯誤。要解決這個問題，需要做的是在伺服器上增加一個簡單的恢復路由。如果 URL 不比對任何靜態資源，它應提供與使用者應用程式中 index.html 相同的頁面。

8.15 導覽守衛

導覽守衛就是路由跳躍過程中的一些鉤子函式，路由跳躍是一個大的過程，這個大的過程分為跳躍前、中、後等細小的過程，在每個過程中都有一個函式，我們可以根據需要在這些函式中增加一些功能，這就是導覽守衛，即導覽守衛主要用來透過跳躍或取消的方式守衛導覽。導覽守衛分為：全域的導覽守衛、單一路由獨享的導覽守衛、元件內的導覽守衛三種。

1. 全域的導覽守衛

全域的導覽守衛是指路由實例上直接操作的鉤子函式，它的特點是所有路由設定的元件都會觸發，直白點就是觸發路由就會觸發這些鉤子函式。鉤子函

式按執行順序包括 beforeEach、beforeResolve、afterEach，分別稱為全域前置守衛、全域解析守衛和全域後置守衛。

　　beforeEach 在路由跳躍前觸發，參數包括 to、from 和 next 三個，這個鉤子主要用於登入驗證，也就是路由還沒跳躍前通知，以免跳躍了再通知就為時已晚。

　　beforeResolve 和 beforeEach 類似，也是路由跳躍前觸發，參數也是 to、from 和 next，和 beforeEach 的區別是在導覽被確認之前，同時在所有元件內守衛和非同步路由元件被解析之後，解析守衛就被呼叫，即在 beforeEach 和元件內 beforeRouteEnter（元件內守衛）之後、afterEach 之前呼叫。

　　afterEach 和 beforeEach 相反，它是在路由跳躍完成後觸發，參數包括 to 和 from，沒有了 next（參數會單獨介紹），它發生在 beforeEach 和 beforeResolve 之後，beforeRouteEnter 之前。全域後置守衛在分析、更改頁面標題、發佈頁面等場合經常會用到。

2. 單一路由獨享的導覽守衛

　　單一路由獨享的導覽守衛是指在單一路由設定的時候也可以設定的鉤子函式，其位置就是下面範例中的位置，也就是像 Foo 這樣的元件都存在這樣的鉤子函式。

```
routes: [
  {
    path: '/foo',
    component: Foo,
    beforeEnter: (to, from, next) => {
      // ...
    }
  }
]
```

　　beforeEnter 和 beforeEach 完全相同，如果都設定，則緊隨 beforeEach 之後執行，參數包括 to、from 和 next。

3. 元件內的導覽守衛

　　元件內的導覽守衛是指在元件內執行的鉤子函式，類似於元件內的生命週期，相當於為設定路由的元件增加的生命週期鉤子函式。鉤子函式按執行順序包括 beforeRouteEnter、beforeRouteUpdate、beforeRouteLeave 三個，執行位置如下：

```
<template>
  ...
</template>
export default{
  data(){
    //...
  },
  beforeRouteEnter (to, from, next) {
      // 在繪製該元件的對應路由被 confirm 前呼叫
      // 不能獲取元件實例 this
      // 因為在守衛執行前，元件實例還沒被建立
  },
  beforeRouteUpdate (to, from, next) {
      // 在當前路由改變且該元件被重複使用時呼叫
      // 舉例來說，對於一個帶有動態參數的路徑 /foo/:id，在 /foo/1 和 /foo/2 之間跳躍時，
      // 由於會繪製同樣的 Foo 元件，因此元件實例會被重複使用。而這個鉤子就會在這個情況下被呼叫。
      // 可以存取元件實例 this
  },
  beforeRouteLeave (to, from, next) {
      // 導覽離開該元件的對應路由時呼叫
      // 可以存取元件實例 this
  }
}
<style>
  ...
</style>
```

beforeRouteEnter 在路由進入之前呼叫，參數包括 to、from 和 next。該鉤子函式在全域前置守衛（beforeEach）和獨享守衛（beforeEnter）之後，全域解析守衛（beforeResolve）和全域後置守衛（afterEach）之前呼叫，要注意的是該守衛內存取不到元件的實例，即 this 為 undefined，也就是它在 beforeCreate 生命週期前觸發。在這個鉤子函式中，可以透過傳一個回呼給 next 來存取元件實例。在導覽被確認的時候執行回呼，並且把元件實例作為回呼方法的參數，可以在這個守衛中請求服務端獲取資料，當成功獲取並能進入路由時，呼叫 next 並在回呼中透過 vm 存取元件實例進行賦值等操作（為了確保能對元件實例的完整存取，next 中函式的呼叫在 mounted 之後）。

beforeRouteUpdate 在當前路由改變，並且該元件被重複使用時呼叫，可

以透過 this 存取實例，參數包括 to、from 和 next。對於一個帶有動態參數的路徑 /foo/:id，在 /foo/1 和 /foo/2 之間跳躍的時候，元件實例會被重複使用，該守衛會被呼叫。當前路由 query 變更時，該守衛會被呼叫。

beforeRouteLeave 在導覽離開該元件的對應路由時呼叫，可以存取元件實例 this，參數包括 to、from、next。

下面總結一下：全域路由鉤子函式：beforeEach(to,from,next)、beforeResolve(to,from,next)、afterEach(to,from)；獨享路由鉤子函式：beforeEnter(to,from,next)；元件內路由鉤子函式：beforeRouteEnter(to,from,next)、beforeRouteUpdate(to,from,next)、beforeRouteLeave(to,from, next)。

下面看一個實例來實作登入驗證，只有驗證成功的使用者才能查看「彩券」頁面下面的資訊。

【例 8-16】透過全域守衛實作登入驗證

1）在 VSCode 中開啟目錄（D:\demo），然後在命令列視窗中進入該目錄，並執行命令 vue create myprj 來新建一個 Vue.js 3 專案。稍等片刻，專案建立完成，D:\demo 下就有一個子資料夾 myprj 了。在命令列下進入 myprj，然後執行 vue-router 的安裝命令：

```
npm install vue-router@next --save
```

稍等片刻，安裝完成，此時 D:\demo\myprj\node_modules\ 下多了一個子資料夾 vue-router。我們到該資料夾下可以發現有一個 package.json 檔案，開啟該檔案，可以查看剛才安裝的 vue-router 的版本，在檔案中可以看到版本編號：

```
"name": "vue-router",
"version": "4.0.12",
```

安裝完畢後，我們就可以使用了。

2）透過 router-link 設定導覽連結。在 App.vue 的 template 中增加如下程式：

```
<p>
<router-link to="/"> 首頁 </router-link>---
<router-link :to="{ name: 'ticket'}"> 彩券資訊 </router-link>---
<router-link :to="{ name: 'login'}"> 登入 </router-link>---
</p>
```

3）透過 router-view 指定繪製的位置。在 App.vue 的 template 中增加如下
程式：

```
<router-view></router-view>
```

點擊 <router-link> 連結時，會在 <router-view></router-view> 所在的位置
繪製範本的內容。

4）定義路由元件。在 src 目錄下的子資料夾 components 下新建一個元件
檔案，檔案名稱是 myTicket.vue，並增加如下程式：

```
<template>
    <div> 登入成功！<br> 彩券頁面 </div>
    <div> 彩券號碼：123888</div>
</template>

<script>
export default {
}
</script>
```

元件的程式都很簡單，就是在頁面中顯示幾行文字。

5）設定路由和建立路由實例。在 src 新建一個子資料夾 router，然後在
router 下新建一個檔案，檔案名稱是 index.js，增加如下程式：

```
import {createRouter, createWebHistory} from 'vue-router'
import Ticket from '@/components/myTicket'
import Login from '@/components/myLogin'

const router = createRouter({
  history: createWebHistory(),
  routes: [
    {
      path: '/',
      redirect: {
        name: 'ticket'
      }
    },
    {
      path: '/ticket',
      name: 'ticket',
      component: Ticket,
      meta: {
        title: ' 彩券 '
      }
    },
```

```
      {
        path: '/login',
        name: 'login',
        component: Login,
        meta: {
          title: '登入'
        }
      }
    ]
})
// 在全域前置守衛中實作登入驗證
router.beforeEach(to => {
  // 判斷目標路由是否是 /login，如果是，則直接傳回 true
  if(to.path == '/login'){
    return true;
  }
  else{
    // 否則判斷使用者是否已經登入，注意這裡是字串判斷
    if(sessionStorage.isAuth === "true"){
      return true;
    }
    // 如果使用者存取的是受保護的資源，並且沒有登入，則跳躍到登入頁面
    // 並將當前路由的完整路徑作為查詢參數傳給 Login 元件，以便登入成功後傳回先前的
頁面
    else{
      return {
        path: '/login',
        query: {redirect: to.fullPath}
      }
    }
  }
})

router.afterEach(to => {
  document.title = to.meta.title;
})

export default router
```

在上述程式中，我們在全域前置守衛中實作了登入驗證，預設使用者名稱是 Jack，密碼是 888。

6）呼叫 use 使用路由實例。在 main.js 中增加如下程式：

```
import { createApp } from 'vue'
import App from './App.vue'

import router from './router'
createApp(App).use(router).mount('#app')
```

7）在主控台視窗中執行命令：

```
npm run serve
```

稍等片刻，出現 http://localhost:8080/，按 Ctrl 鍵並點擊它。在瀏覽器中產生如圖 8-18 所示的結果。

當我們輸入使用者名稱 Jack 和密碼 888，再點擊「登入」按鈕時，則會出現彩券頁面，如圖 8-19 所示。

▲ 圖 8-18

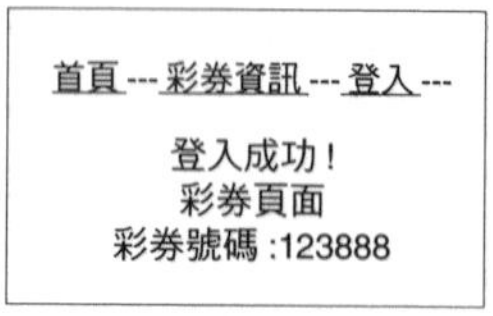

▲ 圖 8-19

這就說明登入成功了。

第 **9** 章
組合式 API

前面我們學習的內容大部分是選項式 API 程式設計，本章將接觸到 Vue.js 3 的新方式——組合式 API 程式設計。當然選項式程式設計是基礎，不建議一開始就學習組合式 API 程式設計。

9.1 組合式 API 概述

組合式 API 這個概念是在 Vue.js 3 中引出的，要了解組合式 API，必須先知道選項式 API 的局限性：

1）程式碎片化：業務程式分散在選項中，不方便維護和管理。當元件變得越來越大時，可讀性變得越來越困難，選項程式冗長、不方便查看等。這種碎片化使得理解和維護複雜元件變得困難，選項的分離掩蓋了潛在的邏輯問題。此外，在處理單一邏輯重點時，我們必須不斷地「跳躍」相關程式的選項區塊。

2）邏輯重複使用的問題：相同的程式邏輯很難在多個元件中進行重複使用。

3）TypeScript 相關問題：對 TypeScript 的支援並不友善。

尤其是一個問題，可以想一下，一個 Vue.js 元件可能涉及多個業務邏輯，比如收藏、按讚、關注等，這些我們平時撰寫的時候一般都是在 data 中定義一些初始化資料，在 method 中再撰寫一些方法，在 watch 中監聽資料變化。這樣業務是不是就分散到各個 option 選項中了？那麼日後想修改程式或者增加某個邏輯的功能時，找程式會非常累（因為很零散）。只是文字描述或許不具體，我們假設一個 Vue.js 元件的程式有好幾千行，如下所示：

```
export default {
  data() {
    return {

      // 一大堆響應式資料 rd
      a, // 處理資料 a 的函式請向下 3000 行

      b, // 處理資料 b 的函式請向下 4000 行

      c, // 處理資料 c 的函式請向下 5000 行

      d, // 處理資料 d 的函式請向下 6000 行
    };
  },
  created() {
      ...
  },
  mounted() {
      ...
  },
  // 第 3000 行
  // methods 選項中定義了一大堆處理響應式資料的函式 rf
  methods: {
    // 處理響應式資料 a 的一堆函式

    // 處理響應式資料 b 的一堆函式

    // 處理響應式資料 c 的一堆函式

    // 處理響應式資料 d 的一堆函式

  },

  // 第 7000 行
  watch: {
...
  },
  // 第 8000 行
  computed: {
...
  },
}
```

可以發現，響應式資料 rd 及其處理函式 rf 被割裂在不同段落中描述，相隔數千行，要相互對照觀察非常麻煩。理想的方式是響應式資料 rd 及其處理函式 rf 連在一起描述，便於相互觀察和對照。

於是 Vue.js 3 提出了組合式 API 的概念，極佳地解決了上面的問題，可以

使得我們的業務邏輯變得集中化、模組化，而非分散在各個 options（data、methods、created、mounted、watch、computed）中。其實從「組合」這個詞語上也可以體會到，就是把零散的東西分門別類地歸整在一起。此外，還可以對集中的模組進行封裝化管理，也就是業務抽離，單獨建立一個資料夾新建 JS 去寫匯出模組，然後在需要使用的地方進行匯入。這樣以後使用者修改業務邏輯、增加功能時，只需要在對應模組進行修改就好了。

為什麼組合式 API 就可以讓程式避免碎片化呢？因為組合式 API 的組合就在於它把變數、函式集中在一起，減少了分離掩蓋的潛在邏輯問題。

9.2 入口函式 setup

現在我們已經知道為什麼要使用組合式 API 了，那麼接下來開始使用組合式 API。在 Vue.js 元件中，我們透過 setup 函式來使用組合式 API，組合式 API 特指 setup 函式。Vue.js 編譯系統一看到函式名稱為 setup，就知道這個函式集中了響應式資料 rd 及其處理函式 rf，會另眼相待進行專門處理。下面我們將分別從函式的呼叫時機、this 指向、函式參數、傳回值 4 個方面來解析 setup 函式。

9.2.1 呼叫時機與 this 指向

setup 函式在建立元件之前被呼叫，所以在 setup 被執行時，元件實例並沒有被建立。因此，在 setup 函式中將沒有辦法獲取到 this。我們來看下面這個實例。

【例 9-1】setup 在建立元件之前被呼叫

1）開啟 VSCode，在 D:\demo 下新建一個檔案，檔案名稱是 index.htm，然後輸入如下程式：

```
<!DOCTYPE html>
<html lang="en">
<head>
    <meta charset="UTF-8">
  <script src="d:/vue.js"></script>
</head>
<body>
 <div id="box"></div>
```

```
    <script>
// 設定物件
const component = {
  template:'<div>hello</div>',
  setup() {
      // 先於 created 執行，此時元件尚未建立，this 指向 window
      console.log('----do setup----');
      console.log(this); // this 指向 window
  },
  beforeCreate() {
      console.log("----do beforeCreate ----"); // proxy 物件 -> 元件實例
      console.log(this);
  },
   created() {
      console.log("----do Created ----");
      console.log(this); // proxy 物件 -> 元件實例
  }
}
// 1. 透過 createApp 方法建立根元件，傳回根元件實例
const app = Vue.createApp(component)
// 2. 透過實例物件的 mount 方法進行掛載
app.mount('#box')
    </script>
</body>
</html>
```

我們分別定義了 setup 函式和 created 函式。在 Vue.js 的生命週期中，鉤子函式的執行次序是 beforeCreate、created、beforeMount 和 mounted 等。created 函式在實例建立完成後被立即呼叫，在這一步，實例已完成以下設定：資料觀測、屬性和方法的運算、watch/event 事件回呼。然而，掛載階段還沒開始，而 setup 函式將先於 beforeCreate 函式執行。

2）按快速鍵 Ctrl+F5 執行程式，主控台視窗的執行結果如下：

```
----do setup----
Window {window: Window, self: Window, document: #document, name: '', lo-
cation: Location, …}
----do beforeCreate ----
Proxy {_: <accessor>, $: <accessor>, $el: <accessor>, $data: <accessor>,
$props: <accessor>, …}
----do Created ----
Proxy {_: <accessor>, $: <accessor>, $el: <accessor>, $data: <accessor>,
$props: <accessor>, …}
```

可以看到 setup 函式先於 beforeCreate 函式執行。這也說明，setup 函式在元件建立之前就被呼叫了。

9.2.2 函式參數

對於 setup 函式來說，它接收兩個可選的參數，分別為 props 和 context。
透過 props 傳遞過來的所有資料，我們都可以在這裡進行接收，並且獲取到的
資料將保持回應性。下面的實例將列印從父元件傳遞過來的資料。

【例 9-2】查看參數 props 的內容

1）開啟 VSCode，在 D:\demo 下新建一個檔案，檔案名稱是 index.htm，
　　然後輸入如下程式：

```
<!DOCTYPE html>
<html lang="en">
<head>
    <meta charset="UTF-8">
  <script src="d:/vue.js"></script>
</head>
<body>
 <div id="box">
  <componentb title="hi,boy"></componentb>
 </div>

    <script>
const componentB = {
    props: {
      title: {
        type: String,
        required: true
      }
    },
    setup(props) {
      console.log(props);
      console.log(props.title);
    },
    template: `
      <div>{{title}}</div>
    `
  }

const root = {
    components:{
          componentb:componentB
      }
  }
  const app = Vue.createApp(root)
  app.mount('#box')
```

```
      </script>
   </body>
</html>
```

在上述程式中，在根元件中局部註冊了一個子元件 componentb，然後在 dom 中將字串 "hi,boy" 傳給子元件，再在子元件的 setup 函式中透過參數 props 將其列印出來。

2）按快速鍵 Ctrl+F5 執行程式，主控台視窗的執行結果如下：

```
Proxy {title: 'hi,boy'}
hi,boy
```

setup 的另一個可選參數 context 是一個 JavaScript 物件，這個物件曝露了三個元件的屬性，可以透過解構的方式來分別獲取這三個元件的屬性。比如：

```
// setup(props, context) {
 setup(props, { attrs, slots, emit }) {
     // Attribute（非響應式物件）非 props 資料
     console.log(attrs)
     // 插槽（非響應式物件）
     console.log(slots);
     // 觸發事件（方法）=== this.$emit
     console.log(emit);
   }
```

其中 attrs 是綁定到元件中的非 props 資料，並且是非響應式的；slots 是元件的插槽，同樣也是非響應式的，插槽在子元件中使用，是為了將父元件中的子元件範本資料正常顯示，如果 <slot></slot> 標籤有內容，就預設顯示裡面的內容，父元件傳了就會覆蓋此預設的內容；emit 是一個方法，它將發出一個事件，在父元件中可以監聽這個事件，相當於 Vue.js 2 中的 this.$emit 方法。

【例 9-3】查看參數 context

1）開啟 VSCode，在 D:\demo 下新建一個檔案，檔案名稱是 index.htm，
   然後輸入如下程式：

```
<!DOCTYPE html>
<html lang="en">
<head>
   <meta charset="UTF-8">
  <script src="d:/vue.js"></script>
</head>
<body>
```

```
<div id="box">
  <componentb title="hi,boy" desc="hi,son" @update="onUpdate">
    <h1>common slot</h1>
  </componentb>
</div>

  <script>
const componentB = {
    props: {
      title: {
        type: String,
        required: true
      }
    },
    setup(props, { attrs, slots, emit }) {
      // Attribute（非響應式物件）
      console.log(attrs.desc)
      // 插槽（非響應式物件）
      console.log(slots.default()); // [{__v_isVNode: true, __v_skip:
true, type: "h1", …}]
      // 觸發事件（方法）
      emit('update', 'hi,dad')    // 發出一個事件，在父元件中監聽這個事件，並
列印輸出
    },
    template: `
      <div>{{title}}</div>
      `
  }

const root = {
    components:{
          componentb:componentB
        },
    methods: {
      onUpdate(para) {
        console.log(para); // 子元件更新的資料
      }
    }
  }
  const app = Vue.createApp(root)
  app.mount('#box')
    </script>
</body>
</html>
```

emit 發出一個事件，在父元件中監聽這個事件，一旦監聽到，就會呼叫
onUpdate 函式，參數 para 儲存 emit 傳來的字串 "hi,dad"，隨後將其列印。
注意，emit 的第一個參數 doupdate 要和 @doupdate 中的 doupdate 對應。

2）按快速鍵 Ctrl+F5 執行程式，主控台視窗的執行結果如下：

```
hi,son
(1) [{…}]
hi,dad
```

9.2.3 傳回值

setup 函式可傳回兩種值：若傳回一個物件，則物件中的屬性、方法在範本中可以直接使用；若傳回一個繪製函式，則可以自訂繪製內容，但這種方式不常用。下面的實例中傳回一個物件，範本中直接使用 setup 函式的傳回物件的屬性和方法，若不是傳回值，則不能直接使用。

【例 9-4】使用 setup 的傳回物件

1）開啟 VSCode，在 D:\demo 下新建一個檔案，檔案名稱是 index.htm，然後輸入如下程式：

```
<!DOCTYPE html>
<html lang="en">
<head>
   <meta charset="UTF-8">
  <script src="d:/vue.js"></script>
</head>
<body>
 <div id="box">
  <componentb title="hi,boy">  </componentb>
 </div>

   <script>
const componentB = {
   props: {
     title: {
       type: String,
       required: true
     }
   },

   setup() {
   let name = "Jack";
   let age = 18;


   function showName() {
```

```
      alert(`name:${name} \nage:${age}`)
    }

    // 傳回一個物件（常用）
    return {
      name,
      age,
      showName
    }
  },
    // 在範本中直接使用 setup 函式的傳回物件的屬性值和方法
    template: `<div>
    {{title}}<br>
    {{name}},{{age}}
    <button @click="showName">show name and age</button>
    </div>
    `
  }

const root = {
    components:{
        componentb:componentB
      },
    methods: {
      onUpdate(para) {
        console.log(para);
      }
    }
  }
  const app = Vue.createApp(root)
  app.mount('#box')
   </script>
</body>
</html>
```

在上述程式中，我們直接在元件 componentb 的範本中使用 setup 函式的傳回物件的屬性值和方法。如果我們把 name 在 return 中刪除，則無法直接在範本中使用，會顯示出錯。

2）按快速鍵 Ctrl+F5 執行程式，結果如圖 9-1 所示。

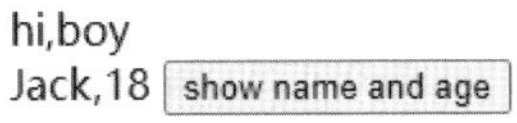

hi,boy
Jack,18 show name and age

▲ 圖 9-1

最後總結一下 setup 函式的所有特性：

1）setup 函式是組合式 API 的入口函式，它在元件建立之前被呼叫，且只會呼叫一次。

2）因為在 setup 執行時元件尚未建立，setup 函式中的 this 不是當前元件的實例。

3）函式接收 props 和 context 兩個參數，context 可以解構為 attrs、slots、emit 函式。

4）函式可以傳回一個物件，物件的屬性可以直接在範本中進行使用，就像之前使用 data 和 methods 一樣。

5）setup 內部的屬性和方法必須透過 return 曝露出來，否則沒有辦法使用。

6）setup 內部不存在 this，不能掛載 this 相關的東西。

7）setup 與鉤子函式並列時，setup 不能呼叫生命週期相關函式，但生命週期可以呼叫 setup 相關的屬性和方法。

8）setup 內部資料不是響應式的。

9.3 響應式函式

回想一下以前 Vue.js 選項式程式設計中是如何建立響應式資料的，看下面的程式：

```
<template>
  <h1>{{ title }}</h1>
</template>

<script>
  export default {
    data() {
      return {
        title: "Hello, Vue!"     // 把資料放入 data 函式，就成為響應式資料
      };
    }
  };
</script>
```

在 Vue.js 選項式程式設計中，我們只需要把資料放入 data 函式，Vue.js 會自動使用 Object.defineProperty 把每個屬性全部轉為 getter/setter，並將屬性記錄為相依。Vue.js 追蹤這些相依，在其被存取和修改時通知變更。Vue.js 中每個元件實例都對應一個 watcher 實例，它會在元件繪製的過程中把「接觸」

過的屬性資料記錄為相依。之後當相依項的 setter 觸發時會通知 watcher，從而使它連結的元件重新繪製，如圖 9-2 所示。

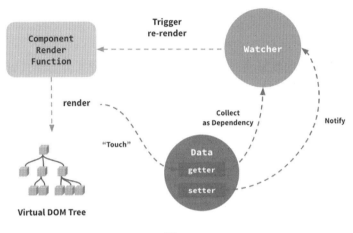

▲ 圖 9-2

然而選項式程式設計的資料響應式其實是一個半完全體，它對於物件上新增的屬性無能為力，對於陣列則需要攔截它的原型方法來實作響應式。

為了解決這些問題，現在 Vue.js 3 中匯入了 ref、toRefs 和 reactive 來建立響應式資料。直接看下面的元件程式：

```
<template>
  <h1>{{ title }}</h1>                          // 直接使用 title
  <h2>{{ data.author }}</h2>
  <h2>{{ age }}</h2>
</template>

<script>
  import { ref, reactive, toRefs } from "vue";

  export default {
    setup() {
      const title = ref("Hello, Vue 3!");
      const data = reactive({
        author: "sheben",
        age: "20"
      });
      const dataAsRefs = toRefs(data)
      const { age } = dataAsRefs

      setTimeout(() => {
```

```
        title.value = "New Title";    // 使用 title.value 來修改其值
      }, 5000);

      return { title, data };
    }
  };
</script>
```

其中，ref 的作用就是將一個原始資料型態轉換成一個響應式資料，原始資料型態共有 7 個，分別是 String、Number、BigInt、Boolean、Symbol、Undefined、Null。當 ref 作為繪製上下文（從 setup 函式中傳回的物件）上的屬性傳回並可以在範本中被存取時，它將自動展開為內部值，不需要在範本中追加（如以上程式中，在 template 中可以直接使用 title，在 setup 函式中使用 title.value 來修改其值）。

reactive 的作用是將一個物件轉換成一個響應式物件。

toRefs 的作用是將一個響應式物件轉換為一個普通物件，把其中每一個屬性轉換為響應式資料。為什麼需要 toRefs？reactive 轉換的響應式物件在銷毀或展開（如解構賦值）時，響應式特徵就會消失。為了在展開的同時保持其屬性的響應式特徵，我們可以使用 toRefs。

在 Vue.js 3 中，setup 預設傳回的普通資料不是響應式的，如果希望資料是響應式的，有 4 種方式：reactive、toRef、toRefs 和 ref，它們都是響應式函式。

9.3.1 reactive 函式

reactive 是一個函式，它可以定義一個複雜資料型態，將普通資料轉換為響應式資料。如果要在鷹架專案中使用 reactive 函式，可以先匯入再使用，例如：

```
import { reactive } from 'vue'
   const obj = reactive({       // 資料響應式
     msg: 'hello'
   })
```

如果不是在鷹架專案，而是在一個單獨的 HTML 檔案中使用，則可以透過 Vue.js 來呼叫：

```
   const obj = Vue.reactive({     // 資料響應式
         msg: 'hello'
       })
```

　　響應式就是資料改變後，視圖也會自動更新。我們先來看一個實例，setup 函式的普通資料是無法響應的。隨後我們設計一個實例，使其變為響應式。

【例 9-5】setup 普通資料無法回應

1）開啟 VSCode，在 D:\demo 下新建一個檔案，檔案名稱是 index.htm，
　然後輸入如下程式：

```
<!DOCTYPE html>
<html lang="en">
<head>
    <meta charset="UTF-8">
  <script src="d:/vue.js"></script>
</head>
<body>
 <div id="box">
  <post-item></post-item>
 </div>
    <script>
    const app = Vue.createApp({});
    app.component('PostItem', {
        setup() {
            let obj ='hello'    // 普通資料
            const hClick = () => {
            obj= 'world'        // 改變資料
            console.log(obj)   // 查看資料是否真的改變
            }
            return { obj, hClick }   // 傳回資料和方法，這樣範本中可以使用它們
        },
        template: `
        <div>
            {{ obj}}
            <button @click="hClick">change</button>
        </div>
        `
    });
    const vm = app.mount('#box');
    </script>
</body>
</html>
```

　　在 setup 函式中定義了普通資料 obj，然後定義了方法 hClick，用於改變資料。在範本中，我們先顯示資料，然後放置一個按鈕，當點擊按鈕時，會呼叫方法 hClick。由於 obj 是普通資料，不具備響應式特性，因此即使 obj 改變了，頁面上也不會更新顯示。

2）按快速鍵 Ctrl+F5 執行程式，結果如圖 9-3 所示。

hello change

▲ 圖 9-3

當我們點擊 change 按鈕時，在 VSCode 的主控台視窗中可以看到 obj 的值已經變為 world 了，但頁面上仍然沒變化。下面的實例讓普通資料變為響應式資料，頁面上就會自動變化了。

【例 9-6】讓 setup 普通資料變為響應式資料

1）開啟 VSCode，在 D:\demo 下新建一個檔案，檔案名稱是 index.htm，然後輸入如下程式：

```
<!DOCTYPE html>
<html lang="en">
<head>
   <meta charset="UTF-8">
  <script src="d:/vue.js"></script>
</head>
<body>
 <div id="box">
  <post-item></post-item>
 </div>
   <script>
    const app = Vue.createApp({});
    app.component('PostItem', {
        setup() {
            const obj = Vue.reactive({  // 資料響應式
            msg: 'hello'
             })
            const hClick = () => {
            obj.msg = 'world'
            console.log(obj.msg)
            }
            return { obj, hClick }
        },
        template: `
        <div>
            {{obj.msg}}
            <button @click="hClick">change</button>
        </div>
        `
    });
    const vm = app.mount('#box');
   </script>
```

```
</body>
</html>
```

這次在 setup 函式中，將普通資料 msg 透過函式 reactive 轉為響應式，這樣 msg 發生變化，頁面上也會隨之更新。

2）按快速鍵 Ctrl+F5 執行程式，然後點擊 change 按鈕，此時會發現 hello 變為 world 了，這就說明資料已經變為響應式資料了，如圖 9-4 所示。

world　change

▲ 圖 9-4

9.3.2　ref 函式

ref 函式可以用於建立一個響應式資料。如果利用 ref 函式將某個物件中的屬性變成響應式資料，修改響應式資料是不會影響到原始資料的。reactive 和 ref 都是用來定義響應式資料的。reactive 更推薦去定義複雜的資料型態，而 ref 更推薦定義基本類型，當然 ref 也可以定義陣列和物件。另外，reactive 適用於多個資料，ref 適用於單一資料。

【例 9-7】透過 ref 建立響應式資料

1）開啟 VSCode，在 D:\demo 下新建一個檔案，檔案名稱是 index.htm，然後輸入如下程式：

```
<!DOCTYPE html>
<html lang="en">
<head>
    <meta charset="UTF-8">
    <script src="d:/vue.js"></script>
</head>
<body>
 <div id="box">
  <post-item></post-item>
 </div>
    <script>
     const app = Vue.createApp({});
     app.component('PostItem', {
         setup(){
      let obj = {name : 'Alice', age : 12};
      let newName = Vue.ref(obj.name);  // 將普通資料轉換為響應式資料
```

```
    function hClick(){
      newName.value = 'Tom';   // 透過 .value 去賦值
      console.log(obj);             // 在主控台視窗列印
      console.log(newName)
    }
    return {newName,obj,hClick}   // 傳回資料和方法
  },
      template: `
      <div>
          {{ newName  }}
          {{ obj }}
          <button @click="hClick">change</button>
      </div>
      `
  });
  const vm = app.mount('#box');
 </script>
</body>
</html>
```

在上述程式中，我們透過 Vue.ref 將普通資料 obj.name 轉換為響應式資料 newName。在方法 hClick 中，對 newName 進行賦值。

2）按快速鍵 Ctrl+F5 執行程式，然後點擊 change 按鈕，此時在頁面上會發現 Alice 變為 Tom 了，這就說明資料已經變為響應式資料了，而原來的 obj 中的 name 依舊沒有變化，如圖 9-5 所示。

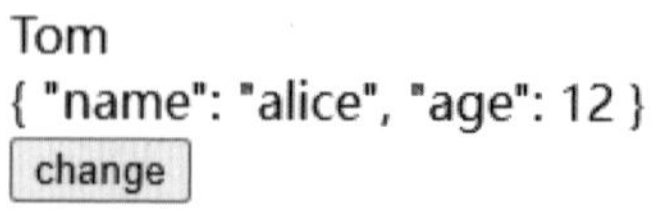

Tom
{ "name": "alice", "age": 12 }
change

▲ 圖 9-5

在上述程式中，當 change 執行時，響應式資料發生改變，而原始資料 obj 並不會改變。原因在於，ref 的本質是複製，與原始資料沒有引用關係。

了解了基本用法後，下面我們再看一個有實際應用場景的實例，透過 ref 函式實作一個電子時鐘，時間的獲取是透過 JS 的 Date 物件來實作的，透過 Date 物件可以呼叫獲得年、月、日、星期等函式，另外，我們還呼叫 JS 內建的 setInterval 函式，該函式可以間隔執行自訂函式，我們設定間隔為 1 秒，也就是每隔 1 秒執行自訂函式。在自訂函式中，獲取當前系統的時間並賦值給響應式資料，從而在頁面上自動更新顯示。

【例 9-8】實作電子時鐘

1）開啟 VSCode，在 D:\demo 下新建一個檔案，檔案名稱是 index.htm，然後輸入如下程式：

```html
<!DOCTYPE html>
<html lang="en">
<head>
    <meta charset="UTF-8">
  <script src="d:/vue.js"></script>
</head>
<body>
 <div id="box">
  <post-item></post-item>
 </div>
    <script>
    const app = Vue.createApp({});
    app.component('PostItem', {
      setup() {
        let msg = Vue.ref('')    // 響應式資料
        const week = ['Sunday', 'Monday', 'Tuesday', 'Wednesday',
'Thursday', 'Friday', 'Saturday']
        // 自訂函式，用來獲取當前系統的時間
        const timeShow = () =>{
            let myTime= new Date()   // 實例化 Date
            msg.value = myTime.getFullYear() + '.'
            msg.value += toTwo(myTime.getMonth()+1) + '.'
            msg.value += toTwo(myTime.getDate()) + ' '
            msg.value += week[myTime.getDay()]
            msg.value += toTwo(myTime.getHours()) + ':'
            msg.value += toTwo(myTime.getMinutes()) + ':'
            msg.value += toTwo(myTime.getSeconds())
        }

        const toTwo = (x) => x>9?x:'0'+x
        setInterval(timeShow,1000)    // JS 內建的計時器函式，間隔 1 秒執行
timeShow
        return {msg}
    },//setup
    template: `<h2>{{ msg }}</h2>`
    });

    const vm = app.mount('#box');
    </script>
</body>
</html>
```

在上述程式中，msg 是響應式資料，timeShow 是自訂函式，用來獲取當前時間，並格式化後存放到 msg 中，最後讓 msg 傳回，這樣範本中就可以使用了。另外，JS 內建函式 setInterval 設定的是每隔 1000 毫秒（即 1 秒）執行自訂函式 timeShow，這樣每隔 1 秒，msg 中的內容就發生一次變化，從而頁面上也是每隔 1 秒就更新一次，從而實作電子鐘的效果。

2）按快速鍵 Ctrl+F5 執行程式，結果如圖 9-6 所示。

2022.03.02 Wednesday15:08:39

▲ 圖 9-6

9.3.3 toRef 函式

toRef 函式的作用是將響應式物件中某個欄位提取出來成為單獨響應式資料，修改這個單獨響應式資料是會影響原始資料的。

toRef 函式可以用來複製 reactive 中的屬性並轉成 ref，而且它既保留了響應式，也保留了引用，也就是從 reactive 複製過來的屬性進行修改後，除了視圖會更新之外，原有 reactive 裡面對應的值也會跟著更新，它複製的其實就是引用 + 響應式 ref。

【例 9-9】將欄位變為單獨響應式資料

1）開啟 VSCode，在 D:\demo 下新建一個檔案，檔案名稱是 index.htm，然後輸入如下程式：

```
<!DOCTYPE html>
<html lang="en">
<head>
    <meta charset="UTF-8">
    <script src="d:/vue.js"></script>
</head>
<body>
 <div id="box">
  <post-item></post-item>
 </div>
    <script>
     const app = Vue.createApp({});
     app.component('PostItem', {
         setup() {
         orgObj={
```

```
              msg: 'hello',
              info: 'hi'
          }
      const obj = Vue.reactive(orgObj)   // 將資料物件轉換為響應式
      const newMsg = Vue.toRef(obj, 'msg')   // 將響應式物件 obj 中的欄位 msg 進
行單獨回應
      const hClick = () => {
       newMsg.value = 'world'
       console.log(orgObj)
       console.log(obj)   // 列印 obj 中的內容
      }
      return { newMsg ,hClick }    // newMsg 可以單獨匯出使用了
  },
  template: `
      <div>
      {{ newMsg}}
      <button @click="hClick">change</button>
      </div>
      `
  });
  const vm = app.mount('#box');
  </script>
</body>
</html>
```

在 setup 函式中，我們將普通物件 orgObj 透過 reactive 函式轉為響應式物件，然後透過 toRef 函式將響應式物件中的欄位 msg 轉為單獨的響應式資料 newMsg，這樣可以單獨匯出（也就是 return 傳回），並可以在範本中使用它。當我們點擊按鈕時，將呼叫 hClick 函式，在該函式中將修改 newMsg 的值，此時頁面上將自動更新。

2）按快速鍵 Ctrl+F5 執行程式，然後點擊 change 按鈕，此時在頁面上會發現 hello 變為 world 了，如圖 9-7 所示。

▲ 圖 9-7

另外，從主控台視窗中可以看到：

```
{msg: 'world', info: 'hi'}
Proxy {msg: 'world', info: 'hi'}
```

第二行是 console.log(obj) 的結果，顯示出 obj 中的 msg 也成為 world 了，這說明更改了 newMsg，同時也更改了原有的 obj. msg 屬性。

9.3.4 toRefs 函式

　　toRefs 函式用來複製 reactive 中的屬性並轉成 ref，而且它既保留了響應式，也保留了引用，也就是從 reactive 複製過來的屬性進行修改後，除了視圖會更新之外，原有 reactive 中對應的值也會跟著更新，它複製的其實就是引用 + 響應式 ref。toRef 和 toRefs 的區別是：toRef 複製 reactive 中的單一屬性並轉成 ref，而 toRefs 複製 reactive 中的所有屬性並轉成 ref。

【例 9-10】toRefs 的基本使用

1）開啟 VSCode，在 D:\demo 下新建一個檔案，檔案名稱是 index.htm，
　　然後輸入如下程式：

```
<!DOCTYPE html>
<html lang="en">
<head>
    <meta charset="UTF-8">
  <script src="d:/vue.js"></script>
</head>
<body>
 <div id="box">
  <post-item></post-item>
 </div>
   <script>
   const app = Vue.createApp({});
   app.component('PostItem', {
       setup() {
       orgObj={
       msg: 'hello',
       info: 'hi'
       }
   const obj = Vue.reactive(orgObj)
   let rObj = Vue.toRefs(obj)
   const hClick = () => {
     rObj.msg.value = 'world'

    console.log(orgObj)
    console.log(obj)
   }
   return { obj,rObj, hClick }
 },
   template: `
       <div>
       {{obj}} <br>
       {{ rObj}}<br>
```

```
      {{ rObj.msg}}<br>
      {{ rObj.msg.value}}<br>
      <button @click="hClick">change</button>
      </div>
      `
   });
   const vm = app.mount('#box');
   </script>
</body>
</html>
```

在上述程式中，我們透過 toRefs 函式將 reactive 中的所有屬性轉成響應式資料。

2）按快速鍵 Ctrl+F5 執行程式，然後點擊 change 按鈕，此時在頁面上會發現所有的 hello 都變為 world 了，如圖 9-8 所示。

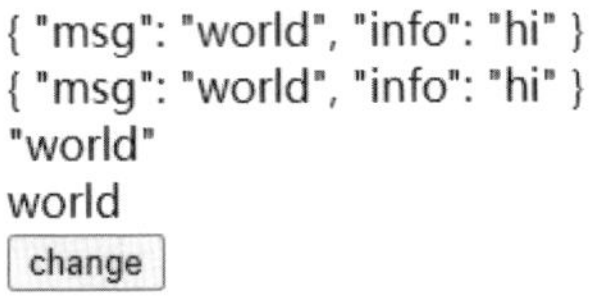

{ "msg": "world", "info": "hi" }
{ "msg": "world", "info": "hi" }
"world"
world
change

▲ 圖 9-8

另外，可以發現 template 要想存取 toRefs 的值，如果不含上 .value，就會出現雙引號，比如圖 9-8 中第三行的 world。而 template 要想存取 toRef 的值，不需要含上 .value。

可能有的讀者會問：這兩個屬性在實際應用場景中有什麼作用呢？這個用處可多了，這裡簡單舉一個封裝獲取滑鼠移動位置的範例。

【例 9-11】獲取滑鼠移動位置

1）開啟 VSCode，在 D:\demo 下新建一個檔案，檔案名稱是 index.htm，然後輸入如下程式：

```
<!DOCTYPE html>
<html lang="en">
<head>
    <meta charset="UTF-8">
    <script src="d:/vue.js"></script>
</head>
<body>
 <div id="box">
```

```
  <post-item></post-item>
</div>
  <script>
  const app = Vue.createApp({});
  app.component('PostItem', {
    setup() {
    // 封裝位置函式
    function usePosition(state, x, y)
    {
      const position = Vue.reactive({
        x: 0,
        y: 0
      })

      // 綁定滑鼠移動事件
      const onMouseMove = (event) => {
        position.x = event.x
        position.y = event.y
      }//onMouseMove

      window.addEventListener('mousemove', onMouseMove)

      // 傳回
      return Vue.toRefs(position)
    } //usePosition

    // 接受 x, y 位置
    const {x, y} = usePosition()
    return {x, y}
  },//setup
  template: `
  <h2>
  x: {{ x }}
  y: {{ y }}
</h2>  `
  });
  const vm = app.mount('#box');
  </script>
</body>
</html>
```

2）按快速鍵 Ctrl+F5 執行程式，然後在頁面上移動滑鼠，就可以看到 x 和 y 的值在不停地變化，如圖 9-9 所示。

x: 148 y: 60

▲ 圖 9-9

我們可以看到，實例中將提前封裝好的 usePosition 函式透過 toRefs 傳回一個響應式的資料，然後直接拿來用。我們還可以將它放到 JS 檔案中，在需要的地方匯入進來即可，無須再去重複宣告。

9.4 watch 監聽

雖然計算屬性在大多數情況下都適用，但是有時也需要一個自訂的監聽器，這就是為什麼 Vue.js 透過 watch 提供了一個更通用的方法來回應資料的變化。當需要在資料變化時執行非同步或銷耗較大的操作時，監聽器方式是最有用的。值得注意的是，計算屬性中不可以做非同步作業，監聽器可以做非同步作業，相當於計算屬性的升級版。監聽器的原理如圖 9-10 所示。

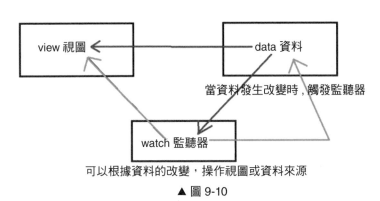

▲ 圖 9-10

如果在鷹架專案的 Vue.js 檔案中使用 watch，可以這樣匯入：

```
import { watch } from 'vue'
```

如果是在非鷹架專案中使用，則直接透過 Vue.js 來呼叫即可，比如 Vue.watch。

watch 可以直接在 setup 中使用，呼叫方式是以回呼函式的方式呈現。

9.4.1 監聽 ref 定義的響應式資料

當響應式資料透過 ref 函式來定義時，watch 接收兩個參數，第一個參數是 ref 定義的響應式資料，第二個參數是一個箭頭函式形式的回呼函式。當響應式資料發生變化時，將呼叫這個回呼函式，嚴格來講，應該是響應式資料變化時，將呼叫 watch 函式中的回呼函式，不過這樣似乎有點繁瑣。範例如下：

```
const count = ref ( 10 )
watch ( count , ( newValue, oldValue ) => {
        // 回呼函式主體部分，當響應式資料 count 發生變化時會呼叫
        }// 回呼函式結束
)//watch 函式結束
```

下面看一個基本的實例，監聽 ref 定義的一個響應式資料。

【例 9-12】監聽 ref 定義的一個響應式資料

1）開啟 VSCode，在 D:\demo 下新建一個檔案，檔案名稱是 index.htm，
   然後輸入如下程式：

```
<!DOCTYPE html>
<html lang="en">
<head>
    <meta charset="UTF-8">
  <script src="d:/vue.js"></script>
</head>
<body>
 <div id="box">
  <post-item></post-item>
 </div>
    <script>
    const app = Vue.createApp({});
    app.component('PostItem', {
      setup() {
        const num = Vue.ref(0)    //num 是響應式資料
    // watch( 要監聽的資料，回呼函式 )
    Vue.watch(num, (v1, v2) => {
      // v1 是改變以後的新值，v2 是改變前的值
      console.log(v1, v2)
      // 注意：監聽普通函式可以獲取修改前後的值，被監聽的資料必須是響應式的
    })

    // 點擊事件處理函式
      const butFn = () => {
      num.value++
    }

     return { butFn, num }
    },//setup
    template: `
     <p>num: {{ num }}</p>
     <button @click="butFn">plus</button>
     `
    });

    const vm = app.mount('#box');
```

```
    </script>
</body>
</html>
```

在上述程式中，透過 ref 定義了一個響應式資料 num，然後在 watch 中監聽 num，當 num 發生變化時，就會觸發 watch 中的回呼函式，我們只是把 num 的前後值進行了主控台列印，讀者可以根據需要增加功能，注意這裡的回呼函式以箭頭函式形式出現。怎麼讓 num 發生變化呢？我們透過點擊按鈕來呼叫 butFn，在 butFn 中進行 num 的累加，在範本中顯示 num 的值。

2）按快速鍵 Ctrl+F5 執行程式，然後點擊兩次 plus 按鈕，此時頁面上的結果如圖 9-11 所示。

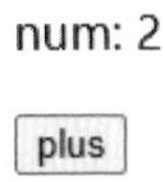

num: 2

plus

▲ 圖 9-11

主控台上的輸出結果如下：

```
1 0
2 1
```

【例 9-13】監聽 ref 定義的多個響應式資料

1）開啟 VSCode，在 D:\demo 下新建一個檔案，檔案名稱是 index.htm，然後輸入如下程式：

```
<!DOCTYPE html>
<html lang="en">
<head>
    <meta charset="UTF-8">
  <script src="d:/vue.js"></script>
</head>
<body>
 <div id="box">
  <post-item></post-item>
 </div>
   <script>
   const app = Vue.createApp({});
   app.component('PostItem', {
     setup() {
       const num = Vue.ref(0)
       const num2 = Vue.ref(20)
```

```
        Vue.watch([num, num2], (v1, v2) => {
          // 存入的結果是一個陣列，傳回的結果也是陣列格式的
          // v1 是最新結果的陣列
          // v2 是舊資料的陣列
          console.log('v1', v1, 'v2', v2)
          // 總結：可以得到更新前後的值，監聽的結果也是陣列資料順序一致
        })

        const butFn = () => {
        num.value++
        num2.value++
      }

       return { butFn, num,num2 }
      },//setup
      template: `
       <p>num: {{ num }},num2:{{num2}}</p>
       <button @click="butFn">plus</button>
      `
      });

       const vm = app.mount('#box');
      </script>
  </body>
  </html>
```

當監聽多個響應式資料時，傳入 watch 的第一個參數是一個陣列，結果傳回的也是一個陣列格式的結果。

2）按快速鍵 Ctrl+F5 執行程式，然後點擊兩次 plus 按鈕，此時頁面上的結果如圖 9-12 所示。

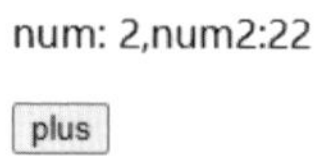

num: 2,num2:22

plus

▲ 圖 9-12

主控台上的輸出結果如下：

```
v1 (2) [1, 21] v2 (2) [0, 20]
v1 (2) [2, 22] v2 (2) [1, 21]
```

我們將在下面的實例中實作篩選功能，就是輸入某個關鍵字，然後從一堆字串中篩選出包含關鍵字的字串。

【例 9-14】篩選字串

1）開啟 VSCode，在 D:\demo 下新建一個檔案，檔案名稱是 index.htm，
然後輸入如下程式：

```html
<!DOCTYPE html>
<html lang="en">
<head>
    <meta charset="UTF-8">
  <script src="d:/vue.js"></script>
</head>
<body>
 <div id="box">
  <post-item></post-item>
 </div>
    <script>
    const app = Vue.createApp({});
    app.component('PostItem', {
      setup() {
        const mytext = Vue.ref('')
        const list = Vue.ref([])
        const caschList = []
        Vue.watch(mytext, () => {
          console.log(mytext.value)
          list.value = caschList.value.filter(item => item.
includes(mytext.value))
        })
        Vue.onMounted(() => {
        caschList.value = [
            "C++",
            "Vue.js",
            "TypeScript",
            "Java",
            "Visual C++",
            "Delphi"
        ];

        })
        return {
          mytext,
          list
        }

    },//setup
    template: `
    Input key words：
  <input type="text" v-model="mytext" /><p></p>
    result：
```

```
    <ul>
      <li v-for="(item, index) in list" :key="index">
        {{item}}
      </li>
    </ul>
    `
      });

      const vm = app.mount('#box');
    </script>
  </body>
</html>
```

2）按快速鍵 Ctrl+F5 執行程式，然後在編輯方塊中輸入 C，就把包含字元 C 的字串篩選出來了，結果如圖 9-13 所示。

Input key words: C

result:

- C++
- Visual C++

▲ 圖 9-13

9.4.2 監聽 reactive 定義的物件

　　相對於 ref 通常定義基本資料，reactive 更多的是定義較複雜的資料，比如物件。當響應式資料透過 reactive 函式來定義時，watch 也是接收兩個參數，第一個參數可以是一個響應式物件或箭頭函式，該箭頭函式傳回 reactive 定義的物件的某個欄位；第二個參數是一個箭頭函式形式的回呼函式。當響應式資料發生變化時，將呼叫這個回呼函式。當第一個參數是響應式物件時，即如果監聽的是物件，那麼監聽器的回呼函式的兩個參數是一樣的結果，表示最新的物件資料，此時可以直接讀取被監聽的物件，得到的值也是最新的；如果監聽的是物件的某個欄位，則回呼函式的兩個參數分別表示前後值。監聽物件範例如下：

```
const son = Vue.reactive(  // 響應式資料物件
      {name:'Tom'})
Vue.watch(son, (v1, v2) => { //v1 和 v2 都是新值
  // 回呼函式主體部分
}// 回呼函式結束
)//watch 函式結束
```

監聽物件的某個欄位的範例如下：

```
const son = Vue.reactive(   // 響應式資料物件
        {name:'Tom',
         age:12})
    Vue.watch(()=>son.name, (new, old) => { // new 是改變以後的新值，old 是改
變前的值
        // 回呼函式主體部分
    }// 回呼函式結束
    )// watch 函式結束
```

可以看出，watch 的兩個參數都是箭頭函式形式。

【例 9-15】監聽 reactive 定義的響應式資料

1）開啟 VSCode，在 D:\demo 下新建一個檔案，檔案名稱是 index.htm，
   然後輸入如下程式：

```
<!DOCTYPE html>
<html lang="en">
<head>
    <meta charset="UTF-8">
    <script src="d:/vue.js"></script>
</head>
<body>
 <div id="box">
  <post-item></post-item>
 </div>
   <script>
   const app = Vue.createApp({});
   app.component('PostItem', {
     setup() {
       const son = Vue.reactive({name:'Tom', age:12})
   // watch (要監聽的資料，回呼函式)
   Vue.watch(son, (v1, v2) => {
     console.log(v1, ',',v2)  //
   } // 箭頭函式結束
   )

     const butFn = () => {
     son.name = 'Jack'
   }

    return { butFn, son }
   },//setup
   template: `
    <p>{{ son.name }}</p>
    <button @click="butFn">plus</button>
```

```
        });

        const vm = app.mount('#box');
      </script>
</body>
</html>
```

在上述程式中，透過 reactive 函式定義了一個響應式物件 son，然後直接把 son 作為第一個參數傳入 watch 函式中，這個時候 watch 的回呼函式的兩個參數的值都將是 son 更新後的值，我們透過主控台上的列印可以看到這一點。

2）按快速鍵 Ctrl+F5 執行程式，然後點擊 plus 按鈕，此時頁面上的結果如圖 9-14 所示。

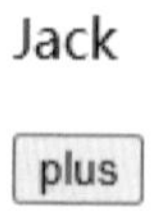

Jack

plus

▲ 圖 9-14

此時，主控台上的輸出結果如下：

```
Proxy {name: 'Jack', age: 12} , Proxy {name: 'Jack', age: 12}
```

由此可見，輸出結果都是更新後的值。

【例 9-16】監聽響應式物件資料的某個屬性

1）開啟 VSCode，在 D:\demo 下新建一個檔案，檔案名稱是 index.htm，然後輸入如下程式：

```
<!DOCTYPE html>
<html lang="en">
<head>
    <meta charset="UTF-8">
    <script src="d:/vue.js"></script>
</head>
<body>
 <div id="box">
  <post-item></post-item>
 </div>
    <script>
    const app = Vue.createApp({});
    app.component('PostItem', {
```

```
   setup() {
     const son = Vue.reactive(
       {name:'Tom',age:12})
// watch ( 要監聽的資料 , 回呼函式 )
Vue.watch(()=>son.name, (v1, v2) => {
   // v1 是改變以後的新值，v2 是改變前的值
   console.log(v1, v2)
} // 箭頭函式結束
) // watch

// 點擊事件處理函式
   const butFn = () => {
   son.name = 'Jack'
}

 return { butFn, son }
},//setup
template: `
 <p> {{ son.name }}</p>
 <button @click="butFn">plus</button>
 `
});

   const vm = app.mount('#box');
  </script>
</body>
</html>
```

在上述程式中，透過函式 reactive 定義了響應式物件 son，然後我們監聽 son 中的 name 屬性，並以箭頭函式的形式傳入 watch 的第一個參數。在 watch 的回呼函式中，只是簡單地列印了 name 變化前後的值。

2）按快速鍵 Ctrl+F5 執行程式，然後點擊 change 按鈕，上方的文字就變成了 Jack，結果如圖 9-15 所示。

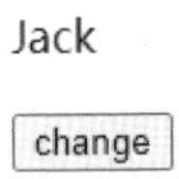

Jack

change

▲ 圖 9-15

9.5 案例：團購購物車

我們運用本章學習的知識綜合起來實作一個簡單的團購購物車，購物車的功能主要是增加商品數量、減少商品數量和去除某種商品。這裡商品定為圖書。為了簡單起見，圖書資料就用一個陣列來定義，每個陣列元素是一個物件，包含 4 個欄位，例如：

```
id: 1,
name: "Linux C 與 C++ 最前線開發實踐 ",
price: 129,
count: 100,
```

其中 name 是書名，price 是書價，count 是數量。增加數量就是對 count 加 1，減少數量就是對 count 減 1。刪除圖書就是把陣列中對應 id 的元素刪除。

【例 9-17】實作團購購物車

1）開啟 VSCode，在 D:\demo 下新建一個檔案，檔案名稱是 index.htm，然後輸入如下程式：

```html
<!DOCTYPE html>
<html lang="en">
<head>
    <meta charset="UTF-8">
    <script src="d:/vue.js"></script>
</head>
<body>
 <div id="box">
  <post-item></post-item>
 </div>
    <script>
    const app = Vue.createApp({});
    app.component('PostItem', {
      setup() {
        const state = Vue.reactive({
      books: [        // 定義圖書物件陣列
        {
          id: 1,
          name: "Linux C 與 C++ 最前線開發實踐 ",
          price: 129,
          count: 100,
        },
        {
          id: 2,
          name: "Visual C++ 2017 從入門到精通 ",
```

```
      price: 149,
      count: 500,
    },
    {
      id: 3,
      name: "Windows C/C++ 加密解密實戰 ",
      price: 130,
      count: 600,
    },
  ],
});
function dec(i){   // 指定圖書數量減 1
  state.books[i].count--;
};
function inc(i){   // 指定圖書數量加 1
  state.books[i].count++;
};
function remove(i){   // 刪除某種圖書
  state.books.splice(i, 1); // 刪除 index 指定的圖書物件
  for (let j = 0; j < state.books.length; j++) {
    state.books[j].id = j + 1;    // 重新排序計算所含資料的 id 值
  }
};

const pr = Vue.computed(() => {   // 計算總價
  let totalPrice = 0; // 初始化總價為 0
  for (let i = 0; i < state.books.length; i++) {
    // 把陣列中的每個元素的價格 * 數量，再相加到 totalPrice
    totalPrice += state.books[i].price * state.books[i].count;
  }
  return totalPrice; // 得到總價
});
return {
  ...Vue.toRefs(state),
  pr,
  dec,
  inc,
  remove,
};

},//setup
template: `
<div id="app">
<div v-if="books.length">
</div>
<h2 v-else>
  購物車為空
</h2>
<table border="1" align="center" width="500">
```

```
        <caption>
          <h2>團購購物車 </h2>
        </caption>
        <thead>
          <tr>
            <th></th>
            <th> 書名 </th>
            <th> 價格 ( 元 ) </th>
            <th> 數量 </th>
            <th> 操作 </th>
          </tr>
        </thead>
        <tbody>
          <tr v-for="(item, index) in books" :key="index" align="center">
            <td>{{ item.id }}</td>
            <td>{{ item.name }}</td>
            <td>{{ item.price}}</td>
            <td>
              <button @click="dec(index)" v-bind:disabled="item.count <= 0">
                -
              </button>
              {{ item.count }}
              <button @click="inc(index)">+</button>
            </td>
            <td>
              <button @click="remove(index)"> 移除 </button>
            </td>
          </tr>
          <tr align="center">
            <td colspan="2"> 合計 </td>
            <td colspan="3">{{ pr}}</td>
          </tr>
        </tbody>
      </table>
    </div>
      `
    });

    const vm = app.mount ('#box');
    </script>
</body>
</html>
```

2）按快速鍵 Ctrl+F5 執行程式，結果如圖 9-16 所示。

團購購物車

	書名	價格 (元)	數量	操作
1	Linux C 與 C++ 最前線開發實踐	129	- 100 +	移除
2	Visual C++ 2017 從入門到精通	149	- 500 +	移除
3	3 Windows C/C++ 加密解密實	130	- 600 +	移除
	合計		165400	

▲ 圖 9-16

第**10**章
使用 UI 框架 Element Plus

　　Element Plus 是由「餓了麼」公司的前端團隊開放原始碼出品的一套為開發者、設計師和產品經理準備的以 Vue.js 3.0 為基礎的 UI（使用者介面）元件函式庫，提供了配套設計資源，幫助使用者的網站快速成型。本章將介紹如何使用 UI 框架 Element Plus。

10.1 概述

　　Element Plus 使用 TypeScript + Composition API 進行了重構，主要特點如下：

1）使用 TypeScript 開發，提供完整的類型定義檔案。

2）使用 Vue.js 3.0 Composition API 降低耦合度，簡化邏輯。

3）使用 Vue.js 3.0 Teleport 新特性重構掛載類別元件。

4）使用 Lerna 維護和管理專案。

5）使用更輕量、更通用的時間日期解決方案 Day.js。

6）升級調配 popper.js、async-validator 等核心相依。

7）完善 52 種國際化語言的支援。

8）一致性。與現實生活的流程、邏輯保持一致，遵循使用者習慣的語言和概念；在介面中一致，所有的元素和結構需保持一致，比如設計樣式、圖示和文字、元素的位置等。

9）回饋佳。控制回饋：透過介面樣式和互動特效讓使用者可以清晰地感知自己的操作；頁面回饋：操作後，透過頁面元素的變化清晰地展現當前狀態。

10）效率高。簡化流程：設計簡潔直觀的操作流程；清晰明確：語言表達清晰且表意明確，讓使用者快速理解進而做出決策；幫助使用者辨識：介面簡單直白，讓使用者快速辨識而非回憶，減少使用者記憶負擔。

11）可控性好。使用者決策：根據場景可給予使用者操作建議或安全提示，但不能代替使用者進行決策；結果可控：使用者可以自由地進行操作，包括撤銷、恢復和終止當前操作等。

10.2 使用 Element Plus 的基本步驟

使用 Element Plus 的基本步驟如下：

1）透過 CDN 方式匯入其 CSS（使用者美化控制項外觀），或者一次性下載並安裝 Element Plus 元件函式庫，以後就可以離線使用了。

2）在 JavaScript 程式中，透過應用實例呼叫 use 函式註冊元件函式庫 Element Plus。

3）在 HTML 程式中透過標籤使用不同的元件，比如按鈕。

值得注意的是，由於 Vue.js 3 不再支援 IE 11，故而 Element Plus 也不支援 IE 11 及之前的版本，但 Firefox 和 Chrome 瀏覽器的最新版都是支援的。

10.2.1 CDN 方式使用 Element Plus

如果不想安裝 Element Plus 外掛程式，我們透過瀏覽器直接匯入 Element Plus 就可以使用了，即透過 CDN 的方式全量匯入 Element Plus。根據不同的 CDN 提供商有不同的匯入方式，這裡以 unpkg 為例，讀者也可以使用其他的 CDN 供應商，比如 jsDelivr。這種方式需要保持網路線上，如果網速慢，就比較困難，需要有耐心。除了匯入 Element Plus 之外，還需要匯入對應的 CSS，否則顯示的按鈕比較醜陋。匯入的程式如下：

```
<!-- import CSS -->
<link rel="stylesheet" href="https://unpkg.com/element-plus/dist/in-
dex.css" rel="external nofollow" target="_blank" >
<!-- import element-plus -->
<script src="https://unpkg.com/element-plus" rel="external nofollow" >
</script>
```

下面我們來看一個簡單的實例，在頁面上顯示一個按鈕，點擊按鈕會跳出一個資訊方塊。

【例 10-1】第一個 Element Plus 程式

1）在 VSCode 中開啟目錄（D:\demo），新建一個檔案 index.htm，然後增加程式，程式如下：

```html
<html>
  <head>
    <meta charset="UTF-8" />
    <script src="d:/vue.js"></script>
    <!-- import CSS -->
    <link rel="stylesheet" href="https://unpkg.com/element-plus/dist/index.css" rel="external nofollow" target="_blank" >
    <!-- import element-plus -->
    <script src="https://unpkg.com/element-plus" rel="external nofollow"></script>
    <title>Element Plus demo</title>
  </head>
  <body>
    <div id="app">
      <el-button  @click="onLogin">{{message}}</el-button>
    </div>
    <script>
      const App = {
        data() {
          return {
            message: "Hello Element Plus",  // 用作按鈕的名稱
          };
        },
        methods: {
          onLogin() {
          alert("login ok");  // 顯示資訊方塊
        },
      },
      };
      const app = Vue.createApp(App);
      app.use(ElementPlus);
      app.mount("#app");
    </script>
  </body>
</html>
```

我們看到 Element Plus 中的按鈕需要用 el-button 標籤來引用，並連結到按鈕點擊事件函式 onLogin，在這個函式中會出現一個訊息方塊。按鈕的名稱由 message 定義。隨後 createApp 函式建立一個 Vue.js 應用（上下文）實例，然後透過 use 函式來註冊元件函式庫 Element Plus。

2）按快速鍵 Ctrl+F5 執行程式，此時在網頁上可以看到一個漂亮的按鈕，如圖 10-1 所示。

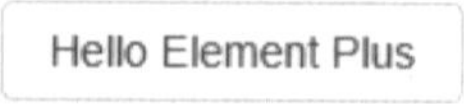

▲ 圖 10-1

如果點擊按鈕，則會出現一個資訊方塊。

10.2.2 離線方式使用 Element Plus

離線方式肯定首先需要安裝 Element Plus。我們推薦使用套件管理器的方式安裝，它能更好地與 Vite、網路包打包工具配合使用。如果要直接安裝在目前的目錄，則使用：

```
npm install element-plus --save
```

如果要安裝在 npm 預先設定好的目錄（這裡用的目錄依舊是 D:\mynpm-soft，設定命令是 npm config set prefix="D:\mynpmsoft"）下，則可以使用全域安裝方式：

```
npm install element-plus -g
```

安裝後，D:\mynpmsoft 下就有一個名為 element-plus 的資料夾了。現在我們就可以在本機匯入 element-plus 了。

【例 10-2】本機匯入 element-plus

1）在 VSCode 中開啟目錄（D:\demo），複製上例的 index.htm 到該目錄，然後修改兩行匯入 element-plus 的程式，程式如下：

```
<!-- import CSS -->
<link rel="stylesheet" href="D:/mynpmsoft/node_modules/element-plus/
dist/index.css">
<!-- import element-plus -->
<script src="D:/mynpmsoft/node_modules/element-plus/dist/index.full.
js"></script>
```

其他程式保持不變。

2）按快速鍵 Ctrl+F5 執行程式，此時在網頁上可以看到有一個漂亮的按鈕了，如圖 10-2 所示。

▲ 圖 10-2

因為是在本機匯入，所以載入速度非常快。至此，我們基本了解了 element-plus 的開發步驟。下面開始學習各個 UI 元件。

10.3 按鈕的使用

基本的 UI 元件應該算是按鈕了。element-plus 提供了不少好看的按鈕，如圖 10-3 所示。

▲ 圖 10-3

不同風格的按鈕都是透過屬性來設定的，常見屬性如圖 10-4 所示。

Attributes

參數	說明	類型	可選值	預設值
size	尺寸	string	medium / small / mini	—
type	類型	string	primary / success / warning / danger / info / text	—
plain	是否樸素按鈕	boolean	—	false
round	是否圓角按鈕	boolean	—	false
circle	是否圓形按鈕	boolean	—	false
loading	是否載入中狀態	boolean	—	false
disabled	是否禁用狀態	boolean	—	false
icon	圖示類別名稱	string	—	—
autofocus	是否預設聚焦	boolean	—	false
native-type	原生 type 屬性	string	button / submit / reset	button

▲ 圖 10-4

1. 按鈕分類

　　type 表示按鈕分類，el-button 按鈕基本是靠顏色區分的。另外還有一種文字按鈕 type="text"，由於比較小，比較適合用於表格每行的操作欄部分。比如：

```
<el-button> 預設 </el-button>
<el-button type="primary">primary</el-button>
<el-button type="success">success</el-button>
<el-button type="info">info</el-button>
<el-button type="warning">warning</el-button>
<el-button type="danger">danger</el-button>
<el-button type="text">text</el-button>
```

2. 按鈕樣式

　　Element 提供了樸素按鈕、圓角按鈕、圓形按鈕，需要注意的是圓形按鈕一般只放一個圖示進去，範例程式如下：

```
<el-button type="primary" plain> 樸素按鈕 </el-button>
<el-button type="primary" round> 圓角按鈕 </el-button>
<el-button type="primary" circle icon="el-icon-search"></el-button>
```

3. 按鈕狀態

　　按鈕狀態其實就是 HTML 標準的功能，透過 disabled 實作禁用即可。比如：

```
<el-button type="primary"> 正常 </el-button>
<el-button type="primary" disabled> 禁用 </el-button>
```

4. 按鈕分組

　　按鈕分組很好用，像常見的分頁按鈕，分成一組的話更加好看，透過 <el-button-group> 將按鈕包裹起來即可實作。比如：

```
  <el-button-group>
   <el-button type="primary" icon="el-icon-arrow-left"> 上一頁 </el-button>
   <el-button type="primary"> 下一頁 <i class="el-icon-arrow-right el-icon--right"></i></el-button>
  </el-button-group>
```

5. 按鈕尺寸

　　Element 提供了預設、中、小、很小 4 種尺寸，範例程式如下：

```
<el-button> 預設 </el-button>
```

```
<el-button type="primary" size="medium ">medium</el-button>
<el-button type="primary" size="small">small</el-button>
<el-button type="primary" size="mini">mini</el-button>
```

6. 按鈕圖示

含圖示的按鈕可以增加辨識度和美觀度，也可以節省顯示空間。有了圖示，文字就不一定需要了，有些圖示一看就知道含義。按鈕圖示如圖 10-5 所示。

▲ 圖 10-5

前面三個圖示的含義分別是編輯、分享和刪除。加圖示就設定 icon 屬性的值。

el-button 提供的功能已經比較完善了，拿來使用即可。注意不推薦自己定義 style 來修改預設樣式，那樣做容易導致外觀不統一。

【例 10-3】使用 el-button

1）在 VSCode 中開啟目錄（D:\demo），複製上例的 index.htm 到該目錄，然後在 div 中增加如下程式：

```
<div id="box">
  <el-row>
    <el-button> 預設按鈕 </el-button>
    <el-button type="primary"> 主要按鈕 </el-button>
    <el-button type="success"> 成功按鈕 </el-button>
    <el-button type="info"> 資訊按鈕 </el-button>
    <el-button type="warning"> 警告按鈕 </el-button>
    <el-button type="danger"> 危險按鈕 </el-button>
  </el-row><br>

  <el-row>
    <el-button plain> 樸素按鈕 </el-button>
    <el-button type="primary" plain> 主要按鈕 </el-button>
    <el-button type="success" plain> 成功按鈕 </el-button>
    <el-button type="info" plain> 資訊按鈕 </el-button>
    <el-button type="warning" plain> 警告按鈕 </el-button>
    <el-button type="danger" plain> 危險按鈕 </el-button>
  </el-row><br>

  <el-row>
    <el-button round> 圓角按鈕 </el-button>
```

```
      <el-button type="primary" round> 主要按鈕 </el-button>
      <el-button type="success" round> 成功按鈕 </el-button>
      <el-button type="info" round> 資訊按鈕 </el-button>
      <el-button type="warning" round> 警告按鈕 </el-button>
      <el-button type="danger" round> 危險按鈕 </el-button>
   </el-row><br>

      <el-button  @click="onLogin">{{message}}</el-button>
   </div>
```

其他程式保持不變。限於篇幅，我們只對最後一個按鈕增加了 click 事件處理。其他按鈕如果要增加事件處理，可以參考最後一個按鈕進行。

2）按快速鍵 Ctrl+F5 執行程式，結果如圖 10-6 所示。

▲ 圖 10-6

10.4 網址連結

網址連結也稱文字超連結。我們對一個文字字串點擊，就會跳到其他網頁上。Element Plus 提供了不同顏色的網址連結，用於區分不同的危險程度或不同連結類型，如圖 10-7 所示。

MIT , Primary link , Successful link , Warning link , Dangerous link ,

▲ 圖 10-7

例如，警告連結是橙色的，危險連結是紅色的。此外，連結還可以增加其他屬性，比如是否禁用、是否有底線等，具體可見表 10-1。

▼ 表 10-1　其他屬性

參數	說明	類型	可選值	預設值
Type	類型	string	primary / success / warning / danger / info	default
Underline	是否有底線	boolean	—	true
Disabled	是否禁用狀態	boolean	—	false
Href	原生 href 屬性	string	—	-
Icon	圖示類別名稱	string	—	-

處於禁用狀態的連結，滑鼠移上去的時候，如圖 10-8 所示。

▲ 圖 10-8

【例 10-4】使用網址連結

1）在 VSCode 中開啟目錄（D:\demo），新建一個名為 index.htm 的檔案，
然後輸入如下核心程式：

```
<div id="box">
    <el-link href="https://web.mit.edu/" rel="external nofollow" tar-
get="_blank"  target="_blank">MIT</el-link> ,
    <el-link href="https://web.mit.edu/" type="primary"
disabled>Primary link</el-link> ,
    <el-link href="https://web.mit.edu/" type="success"
underline=false>Successful link</el-link> ,
    <el-link href="https://web.mit.edu/" type="warning">Warning link</
el-link> ,
    <el-link type="danger">Dangerous link</el-link> ,
    <el-link type="info">Information link</el-link>
</div>
<script>
    const app = Vue.createApp({});
    app.use(ElementPlus);
    app.mount("#box");
</script>
```

上述程式邏輯很簡單，就是標籤 <el-link> 的使用，在這個標籤中，可以透
過 href 設定網址連結（URL），並設定一些屬性，比如禁用 disabled 屬性等。
另外，type 不同，網址文字的顏色也不同。

2）按快速鍵 Ctrl+F5 執行程式，結果如圖 10-9 所示。

MIT，Primary link，Successful link，Warning link，Dangerous link，Information link

▲ 圖 10-9

10.5 選項按鈕

選項按鈕（Radio）用於在一組備選項中進行單選，比如選擇性別。要使用核取方塊，只需要設定 v-model 綁定變數，選中意味著變數的值為對應 Radio label 屬性的值，label 可以是 string、number 或 boolean，當使用 number 或 boolean 時，label 前要有個冒號。也就是說，當 v-model 綁定變數的值等於某個 radio 的 label 屬性值時，表示該 label 被選中，當使用者選中其他 radio 時，v-model 綁定的變數值就是所選 radio 的 label 值。

10.5.1 基礎用法

下面介紹選項按鈕的常用屬性。

（1）label

label 用於存放 radio 的值，當 v-model 綁定的變數的值和 label 值相等時，該 radio 被選中。label 的值可以是 string、number、boolean 三種類型。比如：

```
<el-radio v-model="radio1" label="Mon">Monday</el-radio>
<el-radio v-model="radio1" :label=5>Tuesday</el-radio>
```

注　意
如果將數字或 boolean 值（true 或 false）賦給 label，則 label 前要有個冒號。

（2）disabled

disabled 用於表示選項按鈕是否禁用，當處於禁用狀態時，則使用者無法對其選中或不選中。如果僅僅想禁用，則直接使用 disabled 即可，例如：

```
<el-radio disabled v-model="radio3" label="dis1">op1</el-radio>
<el-radio :disabled=true v-model="radio3" label="dis2">op2</el-radio>
<el-radio :disabled="bDis" v-model="radio3" label="dis3">op3</el-radio>
```

三個選項方塊都綁定到變數 radio3。第一行僅僅有 disabled，說明這個選項按鈕是不可用的。第二行 disabled 被賦值為 true，說明也是不可用的，注意 disabled 前有個冒號。第三行中 bDis 是一個 data 屬性，可以透過對其設定不同的 boolean 值而動態控制選項按鈕的可用性。

其他還有 border、size，其中 border 屬性的類型是 boolean，用來控制是否顯示邊框，size 用來設定選項按鈕的尺寸，可選值有 medium、small、mini。

以上介紹的這些屬性都用於展現不同的外觀，此外還需要知道使用者何時點擊選中了某個選項按鈕，此時就要用到選項按鈕的 change 事件。要注意的是，如果不是使用者點擊而讓選項按鈕綁定值發生變化，則不會觸發該事件，稍後可以在按鈕中用程式改變綁定值，看是否觸發 change 事件。在該事件處理函式中，可以得到當前所選按鈕的 label 值，從而可以根據使用者選擇做出下一步的業務邏輯。比如：

```
<el-radio v-model="radio4" label="r4" border @change="mych">op4</el-radio>
```

mych 是在 methods 中定義的函式，但使用者選中該選項按鈕會呼叫該函式。change 的事件處理函式 mych 可以接收到一個參數，參數值就是當前所選中的選項按鈕的 label 值。

【例 10-5】選項按鈕的基本使用

1）在 VSCode 中開啟目錄（D:\demo），新建一個名為 index.htm 的檔案，然後輸入如下核心程式：

```
<div id="box">
  Today is:
  <div>
    <el-radio v-model="radio1" label="Mon">Monday</el-radio>
    <el-radio v-model="radio1" :label=5>Tuesday</el-radio>
  </div>
  <div>
    <el-radio v-model="radio2" label="Won">Wednesday</el-radio>
    <el-radio v-model="radio2" label="Thu">Thursday</el-radio>
  </div>
  <el-radio disabled v-model="radio3" label="dis1">op1</el-radio>
  <el-radio :disabled=true v-model="radio3" label="dis2">op2</el-radio>
```

```
        <el-radio :disabled="bDis" v-model="radio3" label="dis3">op3</el-
    radio>

        <el-radio v-model="radio4" label="r4" border @change="mych">op4</
    el-radio>
        <el-radio v-model="radio4" label="r5" border @change="mych">op5</
    el-radio>

        <el-button  @click="onbtn">change radio</el-button>
      </div>
      <script>
      const app = Vue.createApp({
          data() {
          return {
            radio1: "mm",    // radio1 初值為字串 "mm"
            radio2:'Won',    // radio2 初值為字串 "Won"
            radio3:'dis2',   // radio3 初值為 "dis2"
            bDis:true,       // 初值為 true，說明不可用；如果設定為 false，則可用
            radio4:"r4"
          }
        },
        methods:{
          mych(val)    // 選項按鈕的 change 事件的處理函式
          {
            alert(val);
          },
          onbtn() {     // 點擊按鈕觸發的事件處理函式
            if(this.radio4=="r4")
                this.radio4 = "r5";  // 程式設定 radio4 的綁定值為字串 "r5"
            else
              this.radio4 = "r4";    // 程式設定 radio4 的綁定值為字串 "r4"
        },
        }
      });
      app.use(ElementPlus);
      rc = app.mount("#box");
      </script>
```

在上述程式中，第 1 個和第 2 個選項按鈕的標題分別是 Monday 和 Tuesday，這兩個選項按鈕都綁定到變數 radio1，radio1 的初值為字串 "mm"，所以這兩個選項按鈕中，處於選擇狀態的那個 radio 是 label 為 "mm" 的那個 radio，當使用者選擇第 2 個選項按鈕時，則 radio1 的值為 5，因為第 2 個選項按鈕的 label 為 5。第 3 個和第 4 個選項按鈕的標題分別是 Wednesday 和 Thursday，這兩個選項按鈕都綁定到變數radio2，radio2的初值是字串 "Won"，因此 label 為 "Won" （標題是 Wednesday）的選項按鈕處於選中狀態，如果

使用者點擊了標題為"Thursday"的選項按鈕，則 radio2 的值為"Thu"。第5 個、第 6 個、第 7 個選項按鈕用於演示禁用狀態，這三個選項按鈕都綁定到變數 radio3。第一行僅僅有 disabled，說明這個選項方塊是不可用的；第二行 disabled 被賦值為 true，說明也是不可用的，注意 disabled 前有個冒號；第三行中 bDis 是一個 data 屬性，其初值為 true，說明不可用；如果設定為 false，則可用。最後兩個選項按鈕帶有邊框，主要演示 change 事件，透過"@change="可以設定事件對應的處理函式，這裡的處理函式是 mych，但使用者點擊其中之一的選項按鈕並使得其狀態由未選中變為選中時，則會觸發該事件的處理函式，注意觸發有兩個條件，一是使用者點擊，二是狀態由未選中變為選中，如果僅僅是改變綁定變數的值，則是不會觸發事件的。為此，我們設計了一個按鈕，在按鈕事件處理函式中，透過程式改變變數 radio4 的值，可以看到，按鈕選擇發生改變了，但是 change 事件沒有發生。

2）按快速鍵 Ctrl+F5 執行程式，結果如圖 10-10 所示。

▲ 圖 10-10

10.5.2　選項按鈕群組

選項按鈕群組適用於在多個互斥的選項中選擇的場景。結合 el-radio-group 元素和子元素 el-radio 可以實作單選組，在 el-radio-group 中綁定 v-model，在 el-radio 中設定好 label 即可，無須再給每一個 el-radio 綁定變數。另外，還提供了 change 事件來回應變化，它會傳入一個參數，參數值就是該選項按鈕的 label 值。

【例 10-6】選項按鈕群組的使用

1）在 VSCode 中開啟目錄（D:\demo），新建一個名為 index.htm 的檔案，然後輸入如下核心程式：

```
<div id="box">
```

```
    Today is:
    <el-radio-group v-model="radio"  @change="mysel">
      <el-radio :label=1>Monday</el-radio>
      <el-radio :label=2>Tuesday</el-radio>
      <el-radio :label=3>Wednesday</el-radio>
    </el-radio-group>
</div>
<script>
    const app = Vue.createApp({
        data() {
      return {
        radio:2
      }
    },
    methods:{
      mysel(val)
      {
       alert(val);
      }
    }
  });
  app.use(ElementPlus);
  rc = app.mount("#box");
</script>
```

我們透過 el-radio-group 定義了選項按鈕群組，其中 3 個選項按鈕都綁定
到變數 radio，radio 的值就是當前處於選中狀態的選項按鈕的 label 值。當點擊
3 個選項按鈕中的任意一個時，如果其狀態由未選中變為選中，則會執行 mysel
函式，該函式的參數 val 就是當前所選按鈕的 label 值。

2）按快速鍵 Ctrl+F5 執行程式，結果如圖 10-11 所示。

▲ 圖 10-11

變數 radio 的初值是 2，所以剛開始是 Tuesday 的選項按鈕處於選中狀態。

10.5.3 按鈕樣式

如果不喜歡選項按鈕的預設樣式，還可以換換口味。只需要把 el-radio 元
素換成 el-radio-button 元素即可。另外，當我們不顯性地在標籤之間設定選項
按鈕的標題時，選項按鈕的標題將採用 label 的值。

【例 10-7】選項按鈕的其他樣式

1）在 VSCode 中開啟目錄（D:\demo），新建一個名為 index.htm 的檔案，然後輸入如下核心程式：

```
<div id="box">
  Today is:
  <el-radio-group v-model="radio2">
    <el-radio-button label="Monday"></el-radio-button>
    <el-radio-button label="Tuesday">Tue</el-radio-button>
  </el-radio-group>
  <el-radio-group v-model="radio4" disabled >
    <el-radio-button label="Wednesday"></el-radio-button>
    <el-radio-button label="Thursday">Thur</el-radio-button>
  </el-radio-group>
</div>
<script>
  const app = Vue.createApp({
      data() {
      return {
        radio2:"Monday"
      }
    }
  });
  app.use(ElementPlus);
  rc = app.mount("#box");
</script>
```

在上述程式中使用了 el-radio-button 來設定選項按鈕的另一種樣式。另外，第一個選項按鈕中沒有顯性地設定標題，因此該選項按鈕的標題就是 "Monday"，而第二個選項按鈕顯性地設定了標題 "Tue"，因此其標題就是 "Tue"。第二組選項按鈕我們用了 disabled，所以是不可用狀態。

2）按快速鍵 Ctrl+F5 執行程式，結果如圖 10-12 所示。

▲ 圖 10-12

10.6　核取方塊

有選項按鈕，就肯定有核取方塊（Checkbox），它透過打勾來實作選中。核取方塊用於在一組備選項中進行多選。點擊核取方塊，當出現一個對勾時，表示選中；如果沒有對勾，則表示未選中。

要使用核取方塊，只需要設定 v-model 綁定變數，我們可以在 el-checkbox 元素中定義 v-model 綁定的變數，綁定變數的類型是 Boolean，如果選中，則變數值為 true；如果未選中，則變數值為 false。

10.6.1　基礎用法

下面介紹 checkbox 的常用屬性。

（1）label

label 用於選中狀態的值，但只有在 checkbox-group 或者綁定物件類型為 array 時才有效。如果不顯性地設定核取方塊的標題，則核取方塊的標題就是 label 的值。在 checkbox-group 中或者綁定物件類型為 array 時，label 用於存放 checkbox 的值，當 v-model 綁定的變數的值和 label 的值相等時，表示該 checkbox 被選中。label 的值可以是 string、number、boolean、object 等類型。比如：

```
<el-checkbox v-model="checked1" label="apple">red apple</el-checkbox>
```

注　意
如果將數字或 boolean 值（true 或 false）賦給 label，則 label 前要有個冒號。

（2）disabled

disabled 用於表示核取方塊是否禁用，當處於禁用狀態時，則使用者無法對其選中或不選中。如果僅僅想禁用，則直接使用 disabled 即可，例如：

```
<el-checkbox disabled v-model="chk1" label="dis1">op1</el-check-
box>
<el-checkbox :disabled=true v-model="chk1" label="dis2">op2</el-
checkbox>
<el-checkbox :disabled="bDis" v-model="chk1" label="dis3">op3</el-
checkbox>
```

三個選項方塊都綁定到變數 radio3。第一行僅僅有 disabled，說明這個核取方塊是不可用的。第二行 disabled 被賦值為 true，說明也是不可用的，注意 disabled 前有個冒號。第三行中 bDis 是一個 data 屬性，可以透過對其設定不同的 boolean 值而動態控制核取方塊的可用性。

　　其他還有 border、size 屬性，其中 border 屬性的類型是 boolean，用來控制是否顯示邊框；size 屬性用來設定核取方塊的尺寸，可選值有 medium、small、mini。

　　以上介紹的這些屬性都用於展現不同的外觀，此外我們還需要知道使用者何時點擊選中了某個核取方塊，此時就要用到核取方塊的 change 事件，但要注意的是，如果不是使用者點擊而讓 checkbox 綁定值發生變化，則不會觸發該事件，稍後我們可以在按鈕中用程式改變綁定值，看是否觸發 change 事件。在該事件處理函式中，可以得到當前核取方塊的綁定變數的值，從而可以根據使用者選擇做出下一步的業務邏輯。比如：

```
<el-checkbox v-model="chk4" label="r4" border @change="mych">op4</el-
checkbox>
```

　　chk4 是綁定到變數，mych 是在 methods 中定義的函式，使用者選中該 checkbox，則會呼叫該函式。change 的事件處理函式 mych 可以接收到一個參數，參數值就是當前選中的 checkbox 的狀態值，如果選中就是 true，未選中就是 false。

【例 10-8】核取方塊的基本使用

　　1）在 VSCode 中開啟目錄（D:\demo），新建一個名為 index.htm 的檔案，然後輸入如下核心程式：

```
 <div id="box">
What fruits do you like to eat?<br>
<el-checkbox v-model="checked1" label="apple">red apple</el-check-
box>
<el-checkbox v-model="checked2" label="watermelon"></el-
checkbox><br>
<el-checkbox disabled v-model="chk1" label="dis1">op1</el-check-
box>
<el-checkbox :disabled=true v-model="chk1" label="dis2">op2</el-
checkbox>
<el-checkbox :disabled="bDis" v-model="chk1" label="dis3">op3</el-
checkbox><br>
<el-checkbox v-model="chk4" label="r4" border @change="mych">op4</
el-checkbox>
</div>
<script>
const app = Vue.createApp({
    data()
    {
```

```
                return {
                checked1: true,   // 第 1 個核取方塊綁定的變數的初值是 true
                checked2: false,// 第 2 個核取方塊綁定的變數的初值是 false
                chk1:false,   // 第 3 個、第 4 個、第 5 個核取方塊綁定的變數的初值是
        false
                bDis:true,    // bDis 為 true 表示第 5 個核取方塊不可用
                chk4:true     // 第 6 個核取方塊綁定的變數的初值是 true，說明選中
                }
            },
        methods:{
          mych(val)   // 點擊核取方塊的事件處理函式
          {
            alert(val);   // 彈出一個資訊方塊
          }
        }
      });
      app.use(ElementPlus);
      rc = app.mount("#box");
    </script>
```

在上述程式中，第 1 個和第 2 個核取方塊的標題分別是 red apple 和 water-melon，這兩個核取方塊分別綁定到變數 checked1 和 checked2，checked1 的初值為 true，所以第 1 個核取方塊處於選中狀態，checked2 的初值為 false，所以第 2 個核取方塊開始未選中；當使用者選擇第 2 個核取方塊時，checked2 的值變為 true，從第 2 個核取方塊中可以看出，如果沒有顯性地設定標題，即沒有在 "><" 之間設定文字，標題就用 label 的值，即 watermelon。第 3 個、第 4 個、第 5 個核取方塊用於演示禁用狀態，這三個核取方塊都綁定到變數 chk1。這三行中的第一行僅僅有 disabled，說明這個核取方塊是不可用的；第二行 disabled 被賦值為 true，說明也是不可用的，注意 disabled 前有個冒號；第三行中 bDis 是一個 data 屬性，其初值為 true，說明也是不可用的，如果設定為 false，則可用。最後一個核取方塊帶有邊框，主要演示 change 事件，透過 "@change=" 可以設定事件對應的處理函式，這裡的處理函式是 mych，使用者點擊其中之一的核取方塊則會觸發該事件的處理函式，只要點擊核取方塊，核取方塊的選中狀態肯定發生改變，從而會觸發該事件，並執行事件處理函式，我們在事件處理函式 mych 中顯示一個資訊方塊，展現該核取方塊點擊後的狀態值，即 true 或 false。

2）按快速鍵 Ctrl+F5 執行程式，結果如圖 10-13 所示。

▲ 圖 10-13

10.6.2 核取方塊群組

核取方塊群組適用於多個核取方塊綁定到同一個陣列的場景,透過是否選取來表示這一組選項中的項是否選中。checkbox-group 元素能把多個 checkbox 管理為一組,只需要在 Group 中使用 v-model 綁定 Array 類型的變數即可。el-checkbox 的 label 屬性是該 checkbox 對應的值,若該標籤中無內容,則該屬性也充當 checkbox 按鈕後的介紹。label 與陣列中的元素值相對應,如果存在指定的值,則為選中狀態,否則為不選中狀態。

【例 10-9】核取方塊群組的使用

1)在 VSCode 中開啟目錄(D:\demo),新建一個名為 index.htm 的檔案,
   然後輸入如下核心程式:

```
<div id="box">
    <el-checkbox-group v-model="checkList" @change="mysel">
      <el-checkbox label=" 核取方塊 A"></el-checkbox>
      <el-checkbox label=" 核取方塊 B"></el-checkbox>
      <el-checkbox label=" 核取方塊 C"></el-checkbox>
      <el-checkbox label=" 禁用 " disabled></el-checkbox>
      <el-checkbox label=" 選中且禁用 " disabled></el-checkbox>
    </el-checkbox-group>
</div>
<script>
    const app = Vue.createApp({
         data() {
          return {
           checkList: [' 選中且禁用 ', ' 核取方塊 A'],// 開始的時候有 2 個元素,
則 2 個選中
          }
         },
         methods:{
          mysel(val)
          {
           alert(val);
```

```
            }
          }
        });
        app.use(ElementPlus);
        rc = app.mount("#box");
    </script>
```

我們透過 el-checkbox-group 定義了核取方塊群組，裡面包含 5 個核取方塊，都綁定到變數 checkList，checkList 的值就是當前處於選中狀態的核取方塊的 label 值，因為可能有多個核取方塊處於選中狀態，所以 checkList 應該對應一個陣列，陣列中存放當前所有處於選中狀態的核取方塊的 label 值，開始時 checkList 有兩個元素值，所以 label 值和陣列元素值相等的核取方塊處於選中狀態。另外，我們還定義了 change 事件的處理函式 mysel，該函式的參數 val 就是陣列 checkList。我們可以透過選中或不選中某個核取方塊，看到 check-List 陣列中的內容增加或減少。選中就會在陣列中增加這個核取方塊的 label 值，不選中則在陣列中去掉該核取方塊的 label 值。

2）按快速鍵 Ctrl+F5 執行程式，結果如圖 10-14 所示。

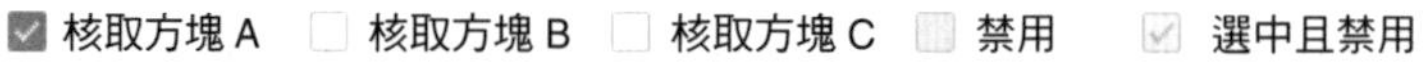

☑ 核取方塊 A ☐ 核取方塊 B ☐ 核取方塊 C ☐ 禁用 ☑ 選中且禁用

▲ 圖 10-14

10.6.3 可選項目數量的限制

使用 min 和 max 屬性能夠限制可以被選取的項目的數量。一旦當前處於選中狀態的核取方塊的個數是 min，那個處於選中狀態的核取方塊就變為灰色不可用了，這是為了防止使用者把它（處於選中狀態的核取方塊）的對勾也去掉。一旦當前處於選中狀態的核取方塊的個數是 max，則處於未選中狀態的核取方塊都會變為灰色不可用，這是為了防止使用者去選取它們，從而讓選中的核取方塊的個數大於 max。

【例 10-10】設定選擇數量的限制

1）在 VSCode 中開啟目錄（D:\demo），新建一個名為 index.htm 的檔案，然後輸入如下核心程式：

```
    <div id="box">
    <el-checkbox-group v-model="checkedCities" :min="1" :max="2">
```

```
          <el-checkbox v-for="city in cities" :label="city"
    :key="city">{{city}} </el-checkbox>
        </el-checkbox-group>
      </div>
      <script>
         const cityOptions = ['Shanghai', 'London', 'New York', 'Paris']
         const app = Vue.createApp({
             data() {
           return {
             checkedCities: ['Shanghai', 'London'],
             cities: cityOptions,
           }
         }
        });
        app.use(ElementPlus);
        rc = app.mount("#box");
      </script>
```

在上述程式中,核取方塊群組綁定到陣列 checkedCities,剛開始陣列中有兩個元素:"Shanghai"和"London",所以對應的這兩個核取方塊是處於選中狀態的。因為我們設定的 max 屬性為 2,只允許最大選中 2 個,所以執行後,另外兩個核取方塊就不可用了,直到當前選中的核取方塊個數少於 2,才變得可用。當選中的核取方塊個數為 1 時,那個選中的核取方塊將變得不可用,這就使得處於選中狀態的核取方塊至少為 1 個。

2)按快速鍵 Ctrl+F5 執行程式,結果如圖 10-15 所示。

▲ 圖 10-15

10.6.4 按鈕樣式

只需要把 el-checkbox 元素替換為 el-checkbox-button 元素即可。

【例 10-11】設定核取方塊其他樣式

1)在 VSCode 中開啟目錄(D:\demo),新建一個名為 index.htm 的檔案,然後輸入如下核心程式:

```
<div id="box">
  <el-checkbox-group v-model="checkedCities" :min="0" :max="2">
    <el-checkbox-button v-for="city in cities" :label="city"
:key="city"> {{city}} </el-checkbox-button>
```

```
    </el-checkbox-group>
  </div>
  <script>
    const cityOptions = ['Shanghai', 'London', 'New York', 'Paris']
    const app = Vue.createApp({
        data() {
      return {
        checkedCities: ['Shanghai', 'London'],
        cities: cityOptions,
      }
    }
  });
  app.use(ElementPlus);
  rc = app.mount("#box");
</script>
```

在上述程式中，我們使用了一個 for 迴圈來顯示各個核取方塊，這樣可以使程式更加簡潔。同時設定了最大選中核取方塊數量是 2，最小選中數量是 0。

2）按快速鍵 Ctrl+F5 執行程式，結果如圖 10-16 所示。

▲ 圖 10-16

10.7 輸入方塊

輸入方塊（Input）也稱編輯方塊，可以透過鍵盤輸入字元或者透過滑鼠貼上字元。大部分的情況下，應當處理 input 事件，並更新元件的綁定值（或使用 v-model），否則輸入方塊內顯示的值將不會改變。透過 el-input 標籤就可以展現一個輸入方塊。比如：

```
<el-input v-model="myinput" placeholder="input content"></el-input>
```

placeholder 屬性工作表示當輸入方塊中沒有內容時，將會在輸入方塊中出現一行淡色的提示 "input content" 。

下面介紹輸入方塊的常用屬性。

1. 禁用狀態

透過 disabled 屬性可以指定是否禁用 input 元件。禁用後的輸入方塊將變為灰色，且不可對其輸入內容。當 disabled 為 true 時，則表示禁用，例如：

```
<el-input placeholder="input content" v-model="myinput" :disabled=true>
</el-input>
```

注 意
不要忘記 disabled 前面有個冒號。

2. 密碼框

輸入方塊經常會用作一個密碼框，使用者輸入密碼時，所輸入的字元一般用 * 來代替顯示，從而旁人看不見所輸的具體內容。使用 show-password 屬性即可得到一個可切換顯示 / 隱藏的密碼框。比如：

```
<el-input placeholder="input password" v-model="myinput"
show-password></el-input>
```

3. 多行文字

如果要輸入多行文字，將 type 屬性的值指定為 textarea，並且文字標籤的高度可以用 rows 屬性來控制，當 rows 為 1 時，文字標籤的高度是一行文字的高度，當 rows 為 2 時，文字標籤的高度是 2 行文字的高度，當 rows 為 3 時，文字標籤的高度是 3 行文字的高度，依此類推。當我們輸入的內容超過文字標籤高度時，右邊將自動出現捲軸。另外，輸入多行文字時，綁定的資料屬性將用 "\n" 作為換行字元。比如：

```
<el-input type="textarea" :rows=3   v-model="textarea">
```

【例 10-12】輸入方塊的使用

1）在 VSCode 中開啟目錄（D:\demo），新建一個名為 index.htm 的檔案，然後輸入如下核心程式：

```
<div id="box">
    <el-input v-model="myinput" placeholder="input content"></el-in-
put>
    <el-input placeholder="input content" v-model="myinput"
:disabled=true> </el-input>
    <el-input placeholder="input password" v-model="myinput" show-
password></el-input><br><br>
    <el-input type="textarea" :rows=3   v-model="textarea">
</div>
<script>
    const app = Vue.createApp({
        data() {
```

```
      return {
        myinput:"",   // 單行文字輸入方塊綁定到變數，開始為空
        textarea:""   // 多行文字輸入方塊綁定到變數，開始為空
      }
    }
  });
  app.use(ElementPlus);
  rc = app.mount("#box");
</script>
```

在上述程式中一共顯示了 4 個文字輸入方塊。第一個文字輸入方塊是正常的單行輸入方塊，第二個文字輸入方塊被禁用了，第三個文字輸入方塊是密碼框，第四個文字輸入方塊可以輸入多行文字。

2）按快速鍵 Ctrl+F5 執行程式，結果如圖 10-17 所示。

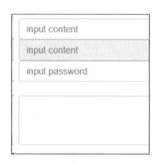

▲ 圖 10-17

當我們在文字標籤中輸入如圖 10-18 所示的資料時，透過主控台可以查看綁定的變數 textarea 的值，如圖 10-19 所示。

▲ 圖 1-018   ▲ 圖 10-19

10.8 InputNumber 計數器

InputNumber 計數器僅允許輸入標準的數字值，並可以定義範圍，如圖 10-20 所示。

▲ 圖 10-20

中間是一個編輯方塊，當點擊左邊的減號按鈕時，編輯方塊中的數字減 1，該過程也稱減一步；當點擊右邊的加號按鈕時，編輯方塊中的數字加 1，該過程也稱加一步。通常一步對應的數值是 1，這個數值稱為步進值（step），即一步的距離。我們可以設定步進值，比如設定步進值為 2，則點擊一次加號按鈕，編輯方塊中的數字就遞增 2，點擊一次減號按鈕，編輯方塊中的數字就遞減 2。

要使用 InputNumber，只需要在 el-input-number 元素中使用 v-model 綁定變數即可，變數的初值就是計數器剛開始顯示在編輯方塊中的數字。另外，與其他元件類似，當數字發生改變時，可以觸發 change 事件，我們可以定義該事件的處理函式，例如：

```
<el-input-number v-model="num"  @change="handleChange"></el-input-number>
```

其中 handleChange 是定義在 methods 中的函式。

對於 InputNumber 計數器，最重要的還是對屬性的掌握。下面介紹 Input-Number 計數器的常見屬性。

1. 禁用

disabled 屬性接收一個 Boolean，設定為 true 即可禁用整個元件。

2. 範圍

如果使用者只需要控制數值在某一範圍內，可以設定 min 和 max 屬性，不設定 min 和 max 屬性時，最小值為 0。比如：

```
<el-input-number v-model="num"   :min="1"  :max="10"  ></el-input-number>
```

3. 步進值

透過設定 step 屬性可以設定步進值，該屬性接收一個 Number 類型的數字，可以是整數，也可以是小數。比如：

```
<el-input-number v-model="num" :step="2"></el-input-number>
<el-input-number v-model="num" :step="0.5"></el-input-number>
```

4. 嚴格步進值

step-strictly 屬性接收一個 Boolean。如果這個屬性被設定為 true，則只能輸入步進值的倍數。比如：

```
<el-input-number v-model="num" :step="2" step-strictly></el-input-num-
ber>
```

5. 精度

設定 precision 屬性可以控制數值精度，接收一個 Number。

```
<el-input-number v-model="num4" :precision=2 :step=0.1 step-strictly> </
el-input-number>
```

若 precision 為 2，則小數點後取 2 位。

6. 按鈕位置

透過設定 controls-position 屬性可以控制按鈕位置。比如，加減按鈕都在右邊：

```
<el-input-number v-model="num4" controls-position="right" step-strictly>
</el-input-number>
```

【例 10-13】計數器的使用

1) 在 VSCode 中開啟目錄（D:\demo），新建一個名為 index.htm 的檔案，然後輸入如下核心程式：

```
  <div id="box">
    <el-input-number v-model="num"  @change="handleChange"> </el-in-
put-number>
     <el-input-number v-model="num2" :step=0.5 :min=1  :max=10 > </el-
input-number>
      <el-input-number v-model="num3" :step=2 step-strictly> </el-input-
number>
      <el-input-number v-model="num4" :precision=2 :step=0.1 step-
strictly> </el-input-number>
      <el-input-number v-model="num4" controls-position="right" step-
strictly> </el-input-number>
   </div>
   <script>
   const app = Vue.createApp({
        data() {
       return {
```

```
          num:8,
          num2:9,
          num3:6,
          num4:9
        }
      },//data
      methods: {
        handleChange(val) {
                alert(val);   // 顯示更新後的值
      },
    },
      });
      app.use(ElementPlus);
      rc = app.mount("#box");
</script>
```

在上述程式中，我們定義了 5 個計數器，第 1 個計數器處理了 change 事件，處理函式是 handleChange，該函式有一個參數 val，它的內容是點擊按鈕後的值，即更新後的值；第 2 個計數器設定了步進值為 0.5，範圍是 1~10，如果超過 10，則無法再遞增；第 3 個計數器設定了步進值為 2；第 4 個計數器設定了步進值為 0.1，並且精度是 2；第 5 個計數器把按鈕都放在右邊。

2）按快速鍵 Ctrl+F5 執行程式，結果如圖 10-21 所示。

▲ 圖 10-21

10.9　選取器

當選項過多時，使用選取器（Selector）的下拉式功能表來展示並選擇內容。選取器既可以用於單選，也可以用於多選。透過標籤元素 el-select 和 el-option 即可顯示選取器，同時透過 v-model 綁定變數，並且 v-model 的值為當前被選中項的 value 屬性值。每個選擇項都有一個 label 和 value，label 用於顯示在下拉式功能表中，即該選擇項的顯示內容，value 表示該選擇項的值，方便在程式設計中使用。下面介紹選取器的常用屬性。

1. 禁用

如果為 el-select 設定 disabled 屬性，則整個選取器不可用。比如：

```
<el-select v-model="value" disabled placeholder="please select:">
```

2. 多選

如果為 el-select 設定 multiple 屬性，則可啟用多選，此時 v-model 的值為當前選中值所組成的陣列。預設情況下，選中值會以 Tag 的形式展現，使用者也可以設定 collapse-tags 屬性將它們合併為一段文字。比如：

```
<el-select v-model="myv2" multiple placeholder="select please:">
```

3. 可搜尋

可以利用搜尋功能快速查詢選項，比如輸入某個選項的第一個字，那麼就會自動搜到完整的選項名稱，從而方便使用者，可以少輸文字。為 el-select 增加 filterable 屬性即可啟用搜尋功能。預設情況下，selector 會找出所有 label 屬性包含輸入值的選項。如果希望使用其他的搜尋邏輯，可以透過傳入一個 filter-method 來實作。filter-method 為一個 Function，它會在輸入值發生變化時呼叫，參數為當前輸入值。比如：

```
<el-select v-model="value" filterable placeholder="please select">
```

【例 10-14】選取器的使用

1）在 VSCode 中開啟目錄（D:\demo），新建一個名為 index.htm 的檔案，然後輸入如下核心程式：

```
<div id="box">
    <el-select v-model="myv" placeholder="please select:">
      <el-option
      v-for="item in options"
      :key="item.value"
      :label="item.label"
      :value="item.value"
      >
      </el-option>
    </el-select>

    <el-select v-model="myv2" multiple placeholder="select please:">
      <el-option
        v-for="item in cities"
        :key="item.value"
        :label="item.label"
        :value="item.value"
      >
```

```
    </el-option>
  </el-select>

  <el-select v-model="myv3" filterable placeholder="select">
    <el-option
      v-for="item in foods"
      :key="item.value"
      :label="item.label"
      :value="item.value"
    >
    </el-option>
  </el-select>

</div>
<script>
  const app = Vue.createApp({
      data() {
      return {
       options: [
      {
       value: 'op1',
       label: '12',
      },
      {
       value: 'op2',
       label: '13',
      },
      {
       value: 'op3',
       label: '11',
      }
      ],
      cities: [
      {
       value: 'op1',
       label: 'Shanghai',
      },
      {
       value: 'op2',
       label: 'New York',
      },
      {
       value: 'op3',
       label: 'Paris',
      }
    ],
    foods: [
      {
        value: ' 選項 1',
```

```
            label: ' 餛飩 ',
          },
          {
            value: ' 選項 2 ',
            label: ' 龍鬚麵 ',
          },
          {
            value: ' 選項 3 ',
            label: ' 北京烤鴨 ',
          },
        ],
          myv: '',
          myv2:'',
          myv3:''
          }
        },//data
        methods: {
          handleChange(val) {
                  alert(val);
        },
      },
        });
        app.use(ElementPlus);
        rc = app.mount("#box");
</script>
```

在上述程式中，我們定義了 3 個選取器，每個選取器中透過 v-for 來迴圈展現所有的選擇項。第一個選取器只能單選。第二個選取器可以實作多選，多選的值將全部顯示出來。第三選取器可以實作搜尋功能，當輸入選擇項名稱的第一個字時，如果該選擇項存在，則可以完整地搜尋出來，直接選擇即可。

2）按快速鍵 Ctrl+F5 執行程式，結果如圖 10-22 所示。

▲ 圖 10-22

10.10 開關

開關（Switch）也是網頁中經常會出現的介面元素。它表示兩種相互對立的狀態間的切換，多用於觸發「開 / 關」。這個元件的使用相對簡單，透過 v-model 綁定到一個 Boolean 類型的變數，可以使用 active-color 屬性與 inactive-color

屬性來設定開關的背景色。

下面介紹開關元件的常用屬性。

1. 禁用

透過設定 disabled 屬性，接收一個 Boolean，設定為 true 即可禁用。比如：

```
<el-switch v-model="value1" disabled> </el-switch>
```

2. 文字描述

使用 active-text 屬性與 inactive-text 屬性來設定開關的文字描述。比如：

```
<el-switch v-model="value1" active-text="Monthly payment" inactive-
text=" Annual payment ">
```

3. 載入中

載入中就是指示一種狀態正在進行中，需要稍等一會。貼心的開關元件居然還提供了這個非常棒的功能，如果設定了「載入中」屬性，則開關元件中的小圓圈內會有一個輪子在捲動的動畫效果。設定 loading 屬性，接收一個 Boolean，設定為 true 即為載入中狀態。比如：

```
<el-switch v-model="value1" loading> </el-switch>
```

【例 10-15】 開關元件的使用

1）在 VSCode 中開啟目錄（D:\demo），新建一個名為 index.htm 的檔案，然後輸入如下核心程式：

```
  <div id="box">
  <el-switch v-model="value1" active-color="#13ce66" inactive-
color="#ff4949"></el-switch>
  <el-switch v-model="value2" disabled> </el-switch>
  <el-switch v-model="value3" loading> </el-switch><br>
  <el-switch v-model="value4" active-text="Monthly payment" inac-
tive-text=" Annual payment "></el-switch>
  </div>
  <script>
  const app = Vue.createApp({
      data() {
    return {
      value1: true,
      value2:false,
      value3:true,
```

```
            value4:false
          }
        },//data
        methods: {
          handleChange(val) {
                alert(val);
        },
      },
        });
      app.use(ElementPlus);
      rc = app.mount("#box");
    </script>
```

在上述程式中，我們定義了 4 個開關元件，第一個開關元件是正常的，第二個開關元件是不可用的，第三個開關元件處於載入中，第四個開關元件有文字描述。

2）按快速鍵 Ctrl+F5 執行程式，結果如圖 10-23 所示。

Annual payment　　Monthly payment

▲ 圖 10-23

10.11　滑桿

透過拖曳滑桿（Slider）可以在一個固定區間內進行選擇，比如在拖曳滑桿時顯示當前值。圖 10-24 就是一個簡單的滑桿元件。

預設

▲ 圖 10-24

當我們拖曳圓圈向左右移動時會顯示數字。滑桿元件的標籤是 el-slider，例如：

```
<el-slider v-model="value" range :marks="marks"> </el-slider>
```

滑桿元件的常用屬性如表 10-2 所示。

▼ 表 10-2　滑桿元件的常用屬性

參數	說明	類型	可選值	預設值
model-value/v-model	綁定值	number	—	0
min	最小值	number	—	0
max	最大值	number	—	100
disabled	是否禁用	boolean	—	false
step	步進值	number	—	1
show-input	是否顯示輸入方塊	boolean	—	false
show-input-controls	在顯示輸入方塊的情況下，是否顯示輸入方塊的控制按鈕	boolean	—	true
input-size	輸入方塊的尺寸	string	large/medium/small/mini	small
show-stops	是否顯示間斷點	boolean	—	false
show-tooltip	是否顯示 tooltip	boolean	—	true
format-tooltip	格式化 tooltip message	function(value)	—	—
range	是否為範圍選擇	boolean	—	false
vertical	是否為垂直模式	boolean	—	false
height	Slider 的高度，垂直模式時必填	string	—	—
label	螢幕閱讀器標籤	string	—	—
debounce	輸入時的去抖延遲，單位為毫秒，僅在 show-input 等於 true 時有效	number	—	300
tooltip-class	tooltip 的自訂類別名稱	string	—	—
marks	標記，key 的類型必須為 number 且取值在閉區間 [min, max] 內，每個標記可以單獨設定樣式	object	—	—

滑桿元件的事件如表 10-3 所示。

▼ 表 10-3　滑桿元件的事件

事件名稱	說明	回呼參數
Change	值改變時觸發（使用滑鼠拖曳時，只在鬆開滑鼠後觸發）	改變後的值
Input	資料改變時觸發（使用滑鼠拖曳時，活動過程即時觸發）	改變後的值

【例 10-16】滑桿元件的基本使用

1）在 VSCode 中開啟目錄（D:\demo），新建一個名為 index.htm 的檔案，然後輸入如下核心程式：

```
<div id="box">
    <div class="block">
      <span class="demonstration"> 預設 </span>
      <el-slider v-model="value1"></el-slider>
    </div>
    <div class="block">
      <span class="demonstration"> 自訂初值 </span>
      <el-slider v-model="value2"></el-slider>
    </div>
    <div class="block">
      <span class="demonstration">隱藏 Tooltip</span>
      <el-slider v-model="value3" :show-tooltip="false"></el-slider>
    </div>
    <div class="block">
      <span class="demonstration">格式化 Tooltip</span>
      <el-slider v-model="value4" :format-tooltip="formatTooltip"> </
el-slider>
    </div>
    <div class="block">
      <span class="demonstration"> 禁用 </span>
      <el-slider v-model="value5" disabled></el-slider>
    </div>
</div>

<script>
  const app = Vue.createApp({
    data() {
  return {
    value1: 0,
    value2: 50,
    value3: 36,
    value4: 48,
    value5: 42,
  }
},
methods: {
  formatTooltip(val) {
    return val / 100
  },
},
  });
  app.use(ElementPlus);
  rc = app.mount("#box");
</script>
```

2）按快速鍵 Ctrl+F5 執行程式，結果如圖 10-25 所示。

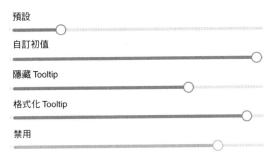

▲ 圖 10-25

另外，可以設定 marks 屬性展示標記，比如攝氏溫度。

【例 10-17】在滑桿上展示標記

1）在 VSCode 中開啟目錄（D:\demo），新建一個名為 index.htm 的檔案，
然後輸入如下核心程式：

```
<div id="box">
    <div class="block">
      <el-slider v-model="value" range :marks="marks"> </el-slider>
    </div>
  </div>

  <script>
    const app = Vue.createApp({
      data() {
      return {
      value: [30, 60],
      marks: {
        0: '0°C',
        8: '8°C',
        37: '37°C',
        50: {
          style: {
            color: '#1989FA',
          },
          label: '50%',
        },
      },
    }
  },
    });
```

```
    app.use(ElementPlus);
    rc = app.mount("#box");
</script>
```

2）按快速鍵 Ctrl+F5 執行程式，結果如圖 10-26 所示。

37°C

▲ 圖 10-26

另外，如果設定 vertical，可使 Slider 變成垂直模式，此時必須設定高度（height）屬性。範例程式如下：

```
<el-slider v-model="value" vertical height="200px"> </el-slider>
```

10.12 時間選擇器

時間選擇器（TimePicker）用於選擇或輸入時間，在實際應用程式開發中經常會用到。時間選擇器的標籤是 el-time-picker，透過 disabledHours disabledMinutes 和 disabledSeconds 限制可選時間範圍。該元件有兩種對話模式：預設情況下透過滑鼠滾輪進行選擇，開啟 arrow-control 屬性則透過介面上的箭頭進行選擇。此外，增加 is-range 屬性即可選擇時間範圍，同樣支援 arrow-control 屬性。

TimePicker 的常用屬性如表 10-4 所示。

▼ 表 10-4 TimePicker 的常用屬性

參數	說明	類型	可選值	預設值
model-value / v-model	綁定值	date	—	—
readonly	完全唯讀	boolean	—	false
disabled	禁用	boolean	—	false
editable	文字標籤可輸入	boolean	—	true
clearable	是否顯示清除按鈕	boolean	—	true
size	輸入方塊尺寸	string	medium / small / mini	—
placeholder	非範圍選擇時的占位內容	string	—	—
start-placeholder	範圍選擇時開始日期的占位內容	string	—	—

參數	說明	類型	可選值	預設值
end-placeholder	範圍選擇時開始日期的占位內容	string	—	—
is-range	是否為時間範圍選擇	boolean	—	false
arrow-control	是否使用箭頭進行時間選擇	boolean	—	false
align	對齊方式	string	left / center / right	left
popper-class	TimePicker 下拉清單的類別名稱	string	—	—
range-separator	選擇範圍時的分隔符號	string	—	'-'
format	顯示在輸入方塊中的格式	string		HH:mm:ss

TimePicker 的相關事件如表 10-5 所示。

▼ 表 10-5 TimePicker 的相關事件

事件名稱	說明	參數
change	使用者確認選定的值時觸發	元件綁定值
blur	當 input 失去焦點時觸發	元件實例
focus	當 input 獲得焦點時觸發	元件實例

TimePicker 的相關方法如表 10-6 所示。

▼ 表 10-6 TimePicker 的相關方法

方法名稱	說明	參數
focus	使 input 獲取焦點	—
blur	使 input 失去焦點	—

【例 10-18】TimePicker 的基本使用

本實例將演示 TimePicker 的基本使用，具體步驟如下：

1) 在 VSCode 中開啟目錄（D:\demo），新建一個名為 index.htm 的檔案，然後輸入如下核心程式：

```
<div id="box">
  <el-time-picker
  v-model="value1"
  :disabled-hours="disabledHours"
  :disabled-minutes="disabledMinutes"
  :disabled-seconds="disabledSeconds"
```

```
      placeholder=" 任意時間點 "
    >
    </el-time-picker>
    <el-time-picker
      arrow-control
      v-model="value2"
      :disabled-hours="disabledHours"
      :disabled-minutes="disabledMinutes"
      :disabled-seconds="disabledSeconds"
      placeholder=" 任意時間點 "
    >
    </el-time-picker>
    </div>

    <script>
const makeRange = (start, end) => {
    const result = []
    for (let i = start; i <= end; i++) {
      result.push(i)
    }
    return result
  }

      const app = Vue.createApp({
        data() {
          return {
        value1: new Date(2016, 9, 10, 18, 40),
        value2: new Date(2016, 9, 10, 18, 40),
        }
      },
    methods: {
      // 如允許 17:30:00 - 18:30:00
      disabledHours() {
        return makeRange(0, 16).concat(makeRange(19, 23))
      },
      disabledMinutes(hour) {
        if (hour === 17) {
          return makeRange(0, 29)
        }
        if (hour === 18) {
          return makeRange(31, 59)
        }
      },
      disabledSeconds(hour, minute) {
        if (hour === 18 && minute === 30) {
          return makeRange(1, 59)
        }
      },
```

```
    },
    });
  app.use(ElementPlus);
  rc = app.mount("#box");
</script>\
```

2）按快速鍵 Ctrl+F5 執行程式，結果如圖 10-27 所示。

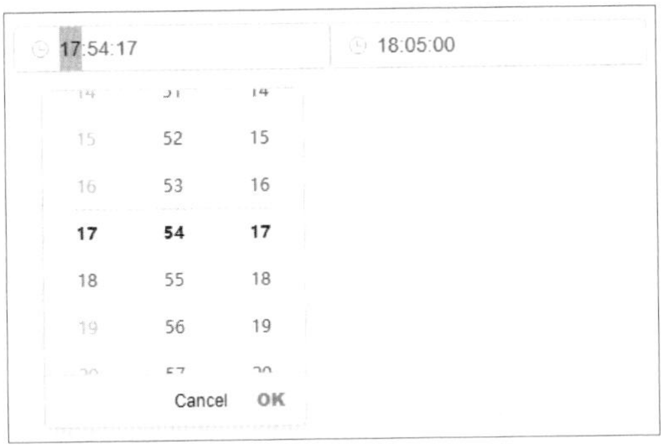

▲ 圖 10-27

10.13 時間選取器

時間選取器（TimeSelect）沒有 TimePicker 那麼精確，通常用於對固定預設好的幾個時間進行選擇，但使用起來更方便。TimeSelect 使用 el-time-select 標籤，分別透過 star、end 和 step 指定可選的起始時間、結束時間和步進值。

TimeSelect 的常用屬性如表 10-7 所示。

▼ 表 10-7 TimeSelect 的常用屬性

參數	說明	類型	可選值	預設值
readonly	完全唯讀	boolean	—	false
disabled	禁用	boolean	—	false
editable	文字標籤可輸入	boolean	—	true
clearable	是否顯示清除按鈕	boolean	—	true
size	輸入方塊尺寸	string	medium / small / mini	—
Placeholder	非範圍選擇時的占位內容	string	—	—
start-placeholder	範圍選擇時開始日期的占位內容	string	—	—

參數	說明	類型	可選值	預設值
end-placeholder	範圍選擇時結束日期的占位內容	string	—	—
is-range	是否為時間範圍選擇	boolean	—	false
arrow-control	是否使用箭頭進行時間選擇	boolean	—	false
value	綁定值	date(TimePicker) / string(TimeSelect)	—	—
align	對齊方式	string	left / center / right	left
popper-class	TimePicker 下拉清單的類別名稱	string	—	—
picker-options	當前時間日期選取器特有的選項	object	—	{}
range-separator	選擇範圍時的分隔符號	string	-	'-'

TimeSelect 的相關事件如表 10-8 所示。

▼ 表 10-8 TimeSelect 的相關事件

事件名稱	說明	參數
change	使用者確認選定的值時觸發	元件綁定值
blur	當 input 失去焦點時觸發	元件實例
focus	當 input 獲得焦點時觸發	元件實例

TimeSelect 的相關方法如表 10-9 所示。

▼ 表 10-9 TimeSelect 的相關方法

方法名稱	說明	參數
focus	使 input 獲取焦點	—
blur	使 input 失去焦點	—

【例 10-19】TimeSelect 的基本使用

本實例將演示 TimeSelect 的基本使用，具體步驟如下：

1）在 VSCode 中開啟目錄（D:\demo），新建一個名為 index.htm 的檔案，然後輸入如下核心程式：

```
<div id="box">
  <el-time-select
```

```
    v-model="value1"
    :picker-options="{
      start: '08:30',
      step: '00:15',
      end: '18:30'
    }"
    placeholder="please select time">
  </el-time-select>
</div>

<script>
  const app = Vue.createApp({
    data() {
    return {
      value1: ''
    }
  },
  });
  app.use(ElementPlus);
  rc = app.mount("#box");
</script>
```

2）按快速鍵 Ctrl+F5 執行程式，結果如圖 10-28 所示。

▲ 圖 10-28

10.14 日期選擇器

日期選擇器（DatePicker）用於精確獲取一個日期，透過 DatePicker 可以選擇或輸入一個日期。DatePicker 的常用屬性如表 10-10 所示。

▼ 表 10-10 DatePicker 的常用屬性

參數	說明	類型	可選值	預設值
model-value / v-model	綁定值	date(DatePicker) / array(DateRangePicker)	—	—

readonly	完全唯讀	boolean	—	false
Disabled	禁用	boolean	—	false
editable	文字標籤可輸入	boolean	—	true
clearable	是否顯示清除按鈕	boolean	—	true
size	輸入方塊尺寸	string	large/medium/small/mini	large
Placeholder	非範圍選擇時的占位內容	string	—	—
start-placeholder	範圍選擇時開始日期的占位內容	string	—	—
end-placeholder	範圍選擇時結束日期的占位內容	string	—	—
type	顯示類型	string	year/month/date/dates/ week/ datetime/ datetimerange/ daterange/ monthrange	date
format	顯示在輸入方塊中的格式	string		YYYY-MM-DD

DatePicker 的相關事件如表 10-11 所示。

▼ 表 10-11 DatePicker 的相關事件

事件名稱	說明	回呼參數
change	使用者確認選定的值時觸發	元件綁定值
blur	當 input 失去焦點時觸發	元件實例
focus	當 input 獲得焦點時觸發	元件實例
calendar-change	選中日曆日期後會執行的回呼，只有當 daterange 時才生效	[Date, Date]

DatePicker 的相關方法如表 10-12 所示。

▼ 表 10-12 DatePicker 的相關方法

方法名稱	說明	參數
focus	使 input 獲取焦點	—

【例 10-20】DatePicker 的基本使用

本實例將演示 DatePicker 的基本使用，具體步驟如下：

1）在 VSCode 中開啟目錄（D:\demo），新建一個名為 index.htm 的檔案，
　然後輸入如下核心程式：

```
<div id="box">
    <div class="block">
      <span class="demonstration"> 預設 </span>
      <el-date-picker v-model="value1" type="date" placeholder=" 選擇日期 ">
      </el-date-picker>
    </div>
    <div class="block">
      <span class="demonstration"> 含快捷選項 </span>
      <el-date-picker
        v-model="value2"
        type="date"
        placeholder=" 選擇日期 "
        :disabled-date="disabledDate"
        :shortcuts="shortcuts"
      >
      </el-date-picker>
    </div>
    </div>

    <script>
    const app = Vue.createApp({
      data() {
        return {
      disabledDate(time) {
        return time.getTime() > Date.now()
      },
      shortcuts: [
        {
          text: 'Today',
          value: new Date(),
        },
        {
          text: 'Yesterday',
          value: () => {
            const date = new Date()
            date.setTime(date.getTime() - 3600 * 1000 * 24)
            return date
          },
        },
        {
          text: 'A week ago',
```

```
          value: () => {
            const date = new Date()
            date.setTime(date.getTime() - 3600 * 1000 * 24 * 7)
            return date
          },
        },
      ],
      value1: '',
      value2: '',
    }
  },
    });
    app.use(ElementPlus);
    rc = app.mount("#box");
</script>
```

2）按快速鍵 Ctrl+F5 執行程式，結果如圖 10-29 所示。

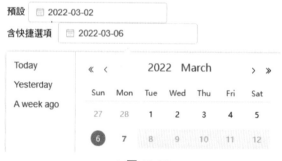

▲ 圖 10-29

10.15 日期時間選擇器

　　日期時間選擇器（DateTimePicker）不但可以選取日期，還可以選取時間，即在同一個選擇器中選取日期和時間，DateTimePicker 由 DatePicker 和 TimePicker 衍生而來，相關屬性可以參照 DatePicker 和 TimePicker。

【例 10-21】DateTimePicker 的基本使用

　　本實例將演示 DateTimePicker 的基本使用，具體步驟如下：

　　1）在 VSCode 中開啟目錄（D:\demo），新建一個名為 index.htm 的檔案，
　　　　然後輸入如下核心程式：

```
<div id="box">
  <div class="block">
    <span class="demonstration"> 預設 </span>
    <el-date-picker v-model="value1" type="datetime" placeholder=" 選
擇日期時間 ">
    </el-date-picker>
  </div>
  <div class="block">
    <span class="demonstration"> 含快捷選項 </span>
    <el-date-picker
      v-model="value2"
      type="datetime"
      placeholder=" 選擇日期時間 "
      :shortcuts="shortcuts"
    >
    </el-date-picker>
  </div>
  <div class="block">
    <span class="demonstration"> 設定預設時間 </span>
    <el-date-picker
      v-model="value3"
      type="datetime"
      placeholder=" 選擇日期時間 "
      :default-time="defaultTime"
    >
    </el-date-picker>
  </div>
</div>

<script>
  const app = Vue.createApp({
    data() {
      return {
    shortcuts: [
      {
        text: ' 今天 ',
        value: new Date(),
      },
      {
        text: ' 昨天 ',
        value: () => {
          const date = new Date()
          date.setTime(date.getTime() - 3600 * 1000 * 24)
          return date
        },
      },
      {
        text: ' 一周前 ',
        value: () => {
```

```
                const date = new Date()
                date.setTime(date.getTime() - 3600 * 1000 * 24 * 7)
                return date
            },
          },
        ],
        value1: '',
        value2: '',
        value3: '',
        defaultTime: new Date(2000, 1, 1, 12, 0, 0), // '12:00:00'
      }
    },
    });
    app.use(ElementPlus);
    rc = app.mount("#box");
</script>
```

2）按快速鍵 Ctrl+F5 執行程式，結果如圖 10-30 所示。

▲ 圖 10-30

10.16 上傳

以上傳（Upload）元件為基礎，可以透過點擊或者拖曳上傳檔案。上傳元件使用的標籤是 el-upload。透過屬性 slot 可以傳入自訂的上傳按鈕類型和文字

提示。可以透過設定屬性 limit 和 on-exceed 來限制上傳檔案的個數和定義超出
限制時的行為。可以透過設定屬性 before-remove 來阻止檔案的移除操作。

【例 10-22】上傳元件的基本使用

本實例將演示上傳元件的基本使用，具體步驟如下：

1）在 VSCode 中開啟目錄（D:\demo），新建一個名為 index.htm 的檔案，
然後輸入如下核心程式：

```
<div id="box">
  <el-upload
  class="upload-demo"
  action="https://jsonplaceholder.typicode.com/posts/"
  :on-preview="handlePreview"
  :on-remove="handleRemove"
  :before-remove="beforeRemove"
  multiple
  :limit="3"
  :on-exceed="handleExceed"
  :file-list="fileList"
>
    <el-button size="small" type="primary">點擊上傳 </el-button>
    <template #tip>
      <div class="el-upload__tip">只能上傳 jpg/png 檔案，且不超過 500kb</div>
    </template>
  </el-upload>

</div>

<script>
  const app = Vue.createApp({
    data() {
    return {
      fileList: [
        {
          name: 'food.jpeg',
          url: 'https://fuss10.elemecdn.com/3/63/ 4e7f3a15429bfda99b-
ce42a18cdd1jpeg.jpeg?imageMogr2/thumbnail/360x360/format/webp/qual-
ity/100',
        },
        {
          name: 'food2.jpeg',
          url: 'https://fuss10.elemecdn.com/3/63/ 4e7f3a15429bfda99b-
ce42a18cdd1jpeg.jpeg?imageMogr2/thumbnail/360x360/format/webp/qual-
ity/100',
```

```
        },
      ],
    }
  },
  methods: {
    handleRemove(file, fileList) {
      console.log(file, fileList)
    },
    handlePreview(file) {
      console.log(file)
    },
    handleExceed(files, fileList) {
      this.$message.warning(
        `當前限制選擇 3 個檔案,本次選擇了 ${files.length} 個檔案,共選擇了 ${
          files.length + fileList.length
        } 個檔案`
      )
    },
    beforeRemove(file, fileList) {
      return this.$confirm(`確定移除 ${file.name} ?`)
    },
  },

    });
    app.use(ElementPlus);
    rc = app.mount("#box");
</script>
```

2)按快速鍵 Ctrl+F5 執行程式,結果如圖 10-31 所示。

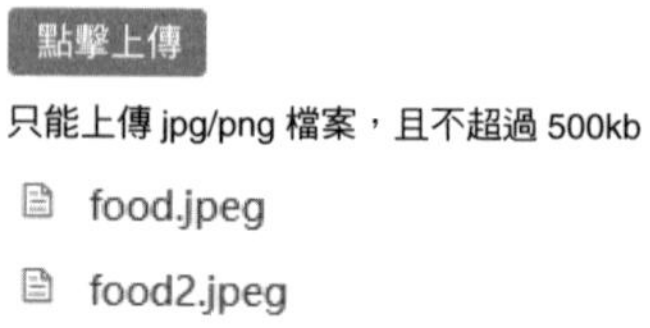

點擊上傳

只能上傳 jpg/png 檔案,且不超過 500kb

▤ food.jpeg

▤ food2.jpeg

▲ 圖 10-31

10.17 評分

相信大家點外賣後,經常會對服務進行評分。此時評分(Rate)元件可以派上用場了。評分元件的標籤是 el-rate。比如:

```
<el-rate v-model="value1"></el-rate>
```

評分預設被分為三個等級，可以利用顏色陣列對分數及情感傾向進行分級（預設情況下不區分顏色）。三個等級所對應的顏色用 colors 屬性設定，而它們對應的兩個設定值則透過 low-threshold 和 high-threshold 設定。使用者也可以透過傳入的顏色物件來自訂分段，鍵名為分段的界限值，鍵值為對應的顏色。

【例 10-23】Rate 元件的基本使用

本實例將演示 Rate 元件的基本使用，具體步驟如下：

1）在 VSCode 中開啟目錄（D:\demo），新建一個名為 index.htm 的檔案，然後輸入如下核心程式：

```
<div id="box">
  <div class="block">
    <span class="demonstration"> 預設不區分顏色 </span>
    <el-rate v-model="value1"></el-rate>
  </div>
  <div class="block">
    <span class="demonstration"> 區分顏色 </span>
    <el-rate v-model="value2" :colors="colors"> </el-rate>
  </div>

</div>

<script>
  const app = Vue.createApp({
    data() {
      return {
      value1: null,
      value2: null,
      colors: ['#99A9BF', '#F7BA2A', '#FF9900'],
    }
  },
});
  app.use(ElementPlus);
  rc = app.mount("#box");
</script>
```

2）按快速鍵 Ctrl+F5 執行程式，結果如圖 10-32 所示。

預設不區分顏色 ★ ★ ★ ★ ☆

區分顏色 ★ ★ ★ ☆ ☆

▲ 圖 10-32

10.18 顏色選擇器

顏色選擇器（ColorPicker）用於顏色選擇，支援多種格式。ColorPicker 元件使用的標籤是 el-color-picker，例如：

```
<el-color-picker v-model="color1"></el-color-picker>
```

【例 10-24】ColorPicker 的基本使用

本實例將演示 ColorPicker 的基本使用，具體步驟如下：

1）在 VSCode 中開啟目錄（D:\demo），新建一個名為 index.htm 的檔案，然後輸入如下核心程式：

```
<div id="box">
  <div class="block">
    <span class="demonstration"> 有預設值 </span>
    <el-color-picker v-model="color1"></el-color-picker>
  </div>
  <div class="block">
    <span class="demonstration"> 無預設值 </span>
    <el-color-picker v-model="color2"></el-color-picker>
  </div>
</div>

<script>
  const app = Vue.createApp({
    data() {
      return {
      color1: '#409EFF',
      color2: null,
    }
  },
  });
    app.use(ElementPlus);
    rc = app.mount("#box");
</script>
```

2）按快速鍵 Ctrl+F5 執行程式，結果如圖 10-33 所示。

▲ 圖 10-33

10.19　傳輸器

傳輸器（Transfer）元件用於將一個列表中選擇的資料移動到另一個清單（目標清單）中。Transfer 元件使用的標籤是 el-transfer，例如：

```
<el-transfer v-model="value" :data="data" />
```

Transfer 的資料透過 data 屬性傳入。資料需要是一個物件陣列，每個物件有以下屬性：key 為資料的唯一性標識，label 為顯示文字，disabled 表示該項資料是否禁止轉移。目標清單中的資料項目會同步綁定至 v-model 的變數，值為資料項目的 key 所組成的陣列。當然，如果希望在初始狀態時目標清單不為空，則可以像本例一樣為 v-model 綁定的變數指定一個初值。

【例 10-25】Transfer 的基本使用

本實例將演示 Transfer 的基本使用，具體步驟如下：

1）在 VSCode 中開啟目錄（D:\demo），新建一個名為 index.htm 的檔案，然後輸入如下核心程式：

```
<div id="box">
    <el-transfer v-model="value" :data="data" />
    </div>
    <script>
    const app = Vue.createApp({
      data() {
```

```
    const generateData = (_) => {
  const data = []
  for (let i = 1; i <= 15; i++) {
    data.push({
      key: i,
      label: `備選項 ${i}`,
      disabled: i % 4 === 0,
    })
  }
  return data
}
return {
  data: generateData(),
  value: [1, 4],
}
},
});
  app.use(ElementPlus);
  rc = app.mount("#box");
</script>
```

2）按快速鍵 Ctrl+F5 執行程式，結果如圖 10-34 所示。

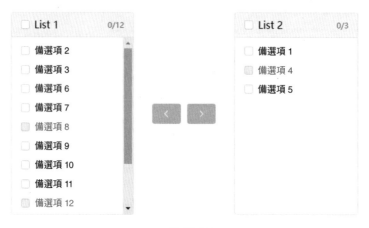

▲ 圖 10-34

10.20 表單

表單（Form）由輸入方塊、選取器、選項按鈕、核取方塊等控制群組成，用以收集、驗證、送出資料。在 Form 元件中，每一個表單欄位由一個 Form-Item 元件組成，表單欄位中可以放置各種類型的表單控制項，包括 Input、

Select、Checkbox、Radio、Switch、DatePicker、TimePicker 等。Form 元件使用的標籤通常是 el-form 和 el-form-item 聯合起來使用，前者用於標記整個表單元件，後者用於標記某個單獨子元件。

【例 10-26】Form 元件的基本使用

本實例將演示 Form 元件的基本使用，具體步驟如下：

1）在 VSCode 中開啟目錄（D:\demo），新建一個名為 index.htm 的檔案，然後輸入如下核心程式：

```
<div id="box">
  <el-form ref="form" :model="form" label-width="80px">
    <el-form-item label=" 活動名稱 ">
      <el-input v-model="form.name"></el-input>
    </el-form-item>
    <el-form-item label=" 活動區域 ">
      <el-select v-model="form.region" placeholder=" 請選擇活動區域 ">
        <el-option label=" 區域一 " value="shanghai"></el-option>
        <el-option label=" 區域二 " value="beijing"></el-option>
      </el-select>
    </el-form-item>
    <el-form-item label=" 活動時間 ">
      <el-col :span="11">
        <el-date-picker
          type="date"
          placeholder=" 選擇日期 "
          v-model="form.date1"
          style="width: 100%;"
        ></el-date-picker>
      </el-col>
      <el-col class="line" :span="2">-</el-col>
      <el-col :span="11">
        <el-time-picker
          placeholder=" 選擇時間 "
          v-model="form.date2"xx`
          style="width: 100%;"
        ></el-time-picker>
      </el-col>
    </el-form-item>
    <el-form-item label=" 即時配送 ">
      <el-switch v-model="form.delivery"></el-switch>
    </el-form-item>
    <el-form-item label=" 活動性質 ">
      <el-checkbox-group v-model="form.type">
        <el-checkbox label=" 美食 / 餐廳線上活動 " name="type"></el-
```

```
checkbox>
            <el-checkbox label=" 地推活動 " name="type"></el-checkbox>
            <el-checkbox label=" 線下主題活動 " name="type"></el-checkbox>
            <el-checkbox label=" 單純品牌曝光 " name="type"></el-checkbox>
          </el-checkbox-group>
        </el-form-item>
        <el-form-item label=" 特殊資源 ">
          <el-radio-group v-model="form.resource">
            <el-radio label=" 線上品牌商贊助 "></el-radio>
            <el-radio label=" 線下場地免費 "></el-radio>
          </el-radio-group>
        </el-form-item>
        <el-form-item label=" 活動形式 ">
          <el-input type="textarea" v-model="form.desc"></el-input>
        </el-form-item>
        <el-form-item>
          <el-button type="primary" @click="onSubmit"> 立即建立 </el-but-
ton>
          <el-button> 取消 </el-button>
        </el-form-item>
      </el-form>
    </div>
    <script>
      const app = Vue.createApp({
        data() {
          return {
        form: {
          name: '',
          region: '',
          date1: '',
          date2: '',
          delivery: false,
          type: [],
          resource: '',
          desc: '',
        },
      }
    },
    methods: {
      onSubmit() {
        alert("submit ok")
      },
    },
    });
      app.use(ElementPlus);
      rc = app.mount("#box");
    </script>
```

2）按快速鍵 Ctrl+F5 執行程式，如圖 10-35 所示。

▲ 圖 10-35

10.21 表格

表格（Table）元件用於展示多筆結構類似的資料，可對資料進行排序、篩選、對比或其他自訂操作。Table 元件針對整個表格使用的標籤是 el-table，針對列所使用的標籤是 el-table-column，例如：

```
<el-table :data="tableData" style="width: 100%">
    <el-table-column prop="date" label="join date" width="180"> </el-
table-column>
</el-table>
```

【例 10-27】Table 元件的基本使用

本實例將演示 Table 元件的基本使用，具體步驟如下：

1）在 VSCode 中開啟目錄（D:\demo），新建一個名為 index.htm 的檔案，然後輸入如下核心程式：

```
<div id="box">
    <el-table :data="tableData" style="width: 100%">
      <el-table-column prop="date" label=" 日期 " width="180"> </el-
table-column>
      <el-table-column prop="name" label=" 姓名 " width="180"> </el-
table-column>
```

```
      <el-table-column prop="address" label=" 位址 "> </el-table-column>
    </el-table>
  </div>
  <script>
    const app = Vue.createApp({
      data() {
        return {
        tableData: [
          {
            date: '2022-05-02',
            name: ' 唐僧 ',
            address: ' 北京朝陽區 100 號 ',
          },
          {
            date: '2022-05-04',
            name: ' 孫悟空 ',
            address: ' 北京朝陽區 101 號 ',
          },
          {
            date: '2022-05-01',
            name: ' 豬八戒 ',
            address: ' 北京朝陽區 102 號 ',
          },
          {
            date: '2022-05-03',
            name: ' 沙和尚 ',
            address: ' 北京朝陽區 103 號 ',
          },
        ],
      }
    },

  });
    app.use(ElementPlus);
    rc = app.mount("#box");
  </script>
```

tableData 是一個陣列，每一項元素對應表格的一行。

2）按快速鍵 Ctrl+F5 執行程式，結果如圖 10-36 所示。

此外，使用含斑馬紋的表格更容易區分不同行的資料。透過 stripe 屬性可以建立含斑馬紋的表格。它接收一個 Boolean，預設為 false，設定為 true 即為啟用。

日期	姓名	地址
2022-05-02	唐僧	北京朝陽區 100 號
2022-05-04	孫悟空	北京朝陽區 101 號
2022-05-01	豬八戒	北京朝陽區 102 號
2022-05-03	沙和尚	北京朝陽區 103 號

▲ 圖 10-36

【例 10-28】建立含斑馬紋的表格

1）在 VSCode 中開啟目錄（D:\demo），新建一個名為 index.htm 的檔案，然後輸入如下核心程式：

```
<div id="box">
    <el-table :data="tableData" stripe style="width: 100%">
      <el-table-column prop="date" label=" 日期 " width="180"> </el-
table-column>
        <el-table-column prop="name" label=" 姓名 " width="180"> </el-
table-column>
        <el-table-column prop="address" label=" 位址 "> </el-table-col-
umn>
    </el-table>
</div>
```

其他程式和上例相同，不再贅述。

2）按快速鍵 Ctrl+F5 執行程式，結果如圖 10-37 所示。

日期	姓名	地址
2022-05-02	唐僧	北京朝陽區 100 號
2022-05-04	孫悟空	北京朝陽區 101 號
2022-05-01	豬八戒	北京朝陽區 102 號
2022-05-03	沙和尚	北京朝陽區 103 號

▲ 圖 10-37

10.22 標籤

標籤（Tag）可以用於標記和選擇。Tag 元件所使用的標籤是 el-tag，它透過 type 屬性來選擇 tag 的類型，也可以透過 color 屬性來自訂背景色。比如：

```
<el-tag type="success"> 標籤二 </el-tag>
```

設定 closable 屬性可以定義一個標籤是否有關閉符號，它接收一個 Boolean，true 為顯示關閉符號。比如：

```
<el-tag v-for="tag in tags" :key="tag.name" :closable=true :type="tag.
type">
    {{tag.name}}
  </el-tag>
```

值得注意的是，少了事件處理的方法，只寫 closable 是沒有用的，只是多了一個關閉符號的框。預設的標籤移除會附帶漸變動畫，如果不想使用，可以設定 disable-transitions 屬性。

Tag 元件的常用屬性如表 10-13 所示。

▼ 表 10-13 Tag 元件的常用屬性

參數	說明	類型	可選值	預設值
type	類型	string	success/info/warning/danger	—
closable	是否顯示關閉符號	boolean	—	false
disable-transitions	是否禁用漸變動畫	boolean	—	false
hit	是否有邊框描邊	boolean	—	false
color	背景色	string	—	—
size	尺寸	string	medium / small / mini	—
effect	主題	string	dark / light / plain	light

Tag 元件的相關事件如表 10-14 所示。

▼ 表 10-14 Tag 元件的相關事件

事件名稱	說明	回呼參數
click	點擊 Tag 時觸發的事件	—
close	關閉 Tag 時觸發的事件	—

【例 10-29】Tag 元件的基本使用

本實例將演示 Tag 元件的基本使用，操作步驟如下：

1）在 VSCode 中開啟目錄（D:\demo），新建一個名為 index.htm 的檔案，然後輸入如下核心程式：

```
<div id="box">
  <el-tag  @close="handleClose(tag)" v-for="tag in tags" :key="tag.
name" :closable=true :type="tag.type">
     {{tag.name}}
  </el-tag>
</div>
<script>
  const app = Vue.createApp({
    data() {
      return {
      tags: [
        { name: '標籤一', type: '' },
        { name: '標籤二', type: 'success' },
        { name: '標籤三', type: 'info' },
        { name: '標籤四', type: 'warning' },
        { name: '標籤五', type: 'danger' },
      ],
    }
  },
  methods:{
    handleClose(tag){
     this.tags.splice( this.tags.indexOf(tag), 1);
  }
  }
});
  app.use(ElementPlus);
  rc = app.mount("#box");
</script>
```

2）按快速鍵 Ctrl+F5 執行程式，結果如圖 10-38 所示。

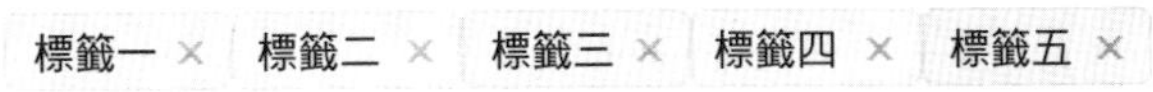

標籤一 ×　標籤二 ×　標籤三 ×　標籤四 ×　標籤五 ×

▲ 圖 10-38

點擊某標籤上的關閉符號，可以讓該標籤消失。

10.23 進度指示器

進度指示器（Progress）元件用於展示操作進度，告知使用者當前的狀態和預期。Progress 元件所使用的標籤是 el-progress，例如：

```
<el-progress :percentage="50"></el-progress>
```

Progress 元件設定 percentage 屬性即可，表示進度指示器對應的百分比，必填，其值必須為 0~100。透過 format 屬性來指定進度指示器的文字內容。

Progress 元件可透過 stroke-width 屬性更改進度指示器的高度，並可透過 text-inside 屬性來將進度指示器描述置於進度指示器內部。

另外，Progress 元件可以透過 type 屬性來指定使用環狀進度指示器，在環狀進度指示器中，還可以透過 width 屬性來設定其大小。

Progress 元件的常用屬性如表 10-15 所示。

▼ 表 10-15 Progress 元件的常用屬性

參數	說明	類型	可選值	預設值
percentage	百分比（必填）	number	0-100	0
type	進度指示器類型	string	line/circle/dashboard	line
stroke-width	進度指示器的寬度，單位為 px	number	—	6
text-inside	進度指示器顯示的文字內建在進度指示器內（只在 type=line 時可用）	boolean	—	false
status	進度指示器當前狀態	string	success/exception/warning	—
indeterminate	是否為動畫進度指示器	boolean	—	false
duration	控制動畫進度指示器的速度	number	—	3
color	進度指示器背景色（會覆蓋 status 狀態顏色）	string/function/array	—	''
width	環狀進度指示器畫布寬度（只在 type 為 circle 或 dashboard 時可用）	number	—	126

參數	說明	類型	可選值	預設值
show-text	是否顯示進度指示器文字內容	boolean	—	true
stroke-linecap	circle/dashboard 類型路徑兩端的形狀	string	butt/round/square	round
format	指定進度指示器文字內容	function(percentage)	—	—

【例 10-30】進度指示器的基本使用

本實例將演示進度指示器的基本使用，具體步驟如下：

1) 在 VSCode 中開啟目錄（D:\demo），新建一個名為 index.htm 的檔案，然後輸入如下核心程式：

```
<div id="box">
  <el-progress     :text-inside="true" :stroke-width= "26":percent-
age="50"></el-progress>
    <el-progress :stroke-width="14" :percentage="100" :format="format">
</el-progress>
    <el-progress type="circle" :percentage="90" status="success"> </
el-progress>
    <el-progress type="dashboard" :percentage="100" status="warning">
</el-progress>
    <el-progress :percentage="50" status="exception"></el-progress>

  <el-progress
    type="dashboard"
    :percentage="percentage"
    :color="colors"
  ></el-progress>
  <el-progress
    type="dashboard"
    :percentage="percentage2"
    :color="colors"
  ></el-progress>

  <el-button-group>
    <el-button icon="el-icon-minus" @click="decrease">-</el-button>
    <el-button icon="el-icon-plus" @click="increase">+</el-button>
  </el-button-group>

</div>
<script>
  const app = Vue.createApp({
```

```
      data() {
    return {
      percentage: 10,
      percentage2: 0,
      colors: [
        { color: '#f56c6c', percentage: 20 },
        { color: '#e6a23c', percentage: 40 },
        { color: '#5cb87a', percentage: 60 },
        { color: '#1989fa', percentage: 80 },
        { color: '#6f7ad3', percentage: 100 },
      ],
    }
  },
  methods: {
    increase() {
      this.percentage += 10
      if (this.percentage > 100) {
        this.percentage = 100
      }
    },
    decrease() {
      this.percentage -= 10
      if (this.percentage < 0) {
        this.percentage = 0
      }
    }
  },
  mounted() {
    setInterval(() => {
      this.percentage2 = (this.percentage2 % 100) + 10
    }, 500)
  },

});
app.use(ElementPlus);
rc = app.mount("#box");
</script>
```

在上述程式中，我們還定義了兩個按鈕，當點擊帶有減號的按鈕時，左下角的圓形進度指示器會減少進度；當點擊含加號的按鈕時，左下角的圓形進度指示器會增加進度。

2）按快速鍵 Ctrl+F5 執行程式，結果如圖 10-39 所示。

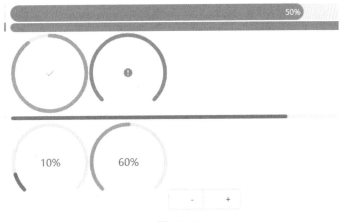

▲ 圖 10-39

10.24 樹形

樹形（Tree）元件用清晰的層級結構展示資訊，可展開或折疊。樹形元件使用的標籤是 el-tree，例如：

```
<el-tree :data="data" :props="defaultProps"
@node-click="handleNodeClick"></el-tree>
```

可以使用 show-checkbox 來決定是否在每個節點前顯示下拉式方塊。此外，可以分別透過 default-expanded-keys 和 default-checked-keys 設定預設展開和預設選中的節點。需要注意的是，此時必須設定 node-key，其值為節點資料中的一個欄位名稱，該欄位在整棵樹中是唯一的。

如果想讓樹的某些節點設定為禁用狀態，則可以透過 disabled 設定禁用狀態。樹形元件常用的屬性如表 10-16 所示。

▼ 表 10-16 樹形元件常用的屬性

參數	說明	類型	可選值	預設值
data	展示資料	array	—	—
empty-text	內容為空的時候展示的文字	string	—	—
node-key	每個樹節點用來作為唯一標識的屬性，整棵樹應該是唯一的	string	—	—
props	設定選項	object	—	—

參數	說明	類型	可選值	預設值
render-after-expand	是否在第一次展開某個樹節點後才繪製其子節點	boolean	—	true
load	載入子樹資料的方法，僅當 lazy 屬性為 true 時才生效	function(node, resolve)	—	—
render-content	樹節點的內容區的繪製 Function	Function(h, { node, data, store })	—	—
highlight-current	是否突顯顯示當前選中節點，預設值是 false	boolean	—	false
default-expand-all	是否預設展開所有節點	boolean	—	false
expand-on-click-node	是否在點擊節點的時候展開或者收縮節點，預設值為 true，如果為 false，則只有點箭頭圖示的時候才會展開或者收縮節點	boolean	—	true
check-on-click-node	是否在點擊節點的時候選中節點，預設值為 false，即只有在點擊核取方塊時才會選中節點	boolean	—	false
auto-expand-parent	展開子節點的時候是否自動展開父節點	boolean	—	true
default-expanded-keys	預設展開的節點的 key 的陣列	array	—	—
show-checkbox	節點是否可被選擇	boolean	—	false
check-strictly	在顯示核取方塊的情況下，是否嚴格地遵循父子不互相關聯的做法，預設為 false	boolean	—	false
default-checked-keys	預設選取的節點的 key 的陣列	array	—	—
current-node-key	當前選中的節點	string, number	—	—
filter-node-method	對樹節點進行篩選時執行的方法，傳回 true 表示這個節點可以顯示，傳回 false 則表示這個節點會被隱藏	function(value, data, node)	—	—

參數	說明	類型	可選值	預設值
accordion	是否每次只開啟一個同級樹節點展開	boolean	—	false
indent	相鄰級節點間的水平縮排,單位為像素	number	—	16
icon-class	自訂樹節點的圖示	string	—	—
lazy	是否延遲載入子節點,需要與 load 方法結合使用	Boolean	—	false
draggable	是否開啟拖曳節點功能	boolean	—	false
allow-drag	判斷節點能否被拖曳	function(node)	—	—
allow-drop	拖曳時判定目標節點能否被放置。type 參數有三種情況:'prev'、'inner' 和 'next',分別表示放置在目標節點前、插入至目標節點和放置在目標節點後	function(draggingNode, dropNode, type)	—	—

　　樹形元件內部使用了 Node 類型的物件來包裝使用者傳入的資料,用來儲存目前節點的狀態。樹形元件擁有的方法如表 10-17 所示。

▼ 表 10-17　樹形元件擁有的方法

方法名稱	說明	參數
filter	對樹節點進行篩選操作	接收一個任意類型的參數,該參數會在 filter-node-method 中作為第一個參數
updateKeyChildren	透過 keys 設定節點子元素,使用此方法必須設定 node-key 屬性	(key, data) 接收兩個參數:①節點 key;②節點資料的陣列
getCheckedNodes	若節點可被選擇(即 show-checkbox 為 true),則傳回目前被選中的節點所組成的陣列	(leafOnly,includeHalfChecked) 接收兩個 boolean 類型的參數:①是否只是葉子節點,預設值為 false;②是否包含半選節點,預設值為 false
setCheckedNodes	設定目前選取的節點,使用此方法必須設定 node-key 屬性	(nodes) 接收選取節點資料的陣列
getCheckedKeys	若節點可被選擇(即 show-checkbox 為 true),則傳回目前被選中的節點的 key 所組成的陣列	(leafOnly) 接收一個 boolean 類型的參數,若為 true,則僅傳回被選中的葉子節點的 keys,預設值為 false

方法名稱	說明	參數
setCheckedKeys	透過 keys 設定目前選取的節點，使用此方法必須設定 node-key 屬性	(keys, leafOnly) 接收兩個參數：①選取節點的 key 的陣列；② boolean 類型的參數，若為 true，則僅設定葉子節點的選中狀態，預設值為 false
setChecked	透過 key/data 設定某個節點的選取狀態，使用此方法必須設定 node-key 屬性	(key/data, checked, deep) 接收三個參數：①選取節點的 key 或者 data；② boolean 類型，節點是否選中；③ boolean 類型，是否設定子節點，預設為 false
getHalfCheckedNodes	若節點可被選擇（即 show-checkbox 為 true），則傳回目前半選中的節點所組成的陣列	—
getHalfCheckedKeys	若節點可被選擇（即 show-checkbox 為 true），則傳回目前半選中的節點的 key 所組成的陣列	—
getCurrentKey	獲取當前被選中的節點的 key，使用此方法必須設定 node-key 屬性，若沒有節點被選中，則傳回 null	—
getCurrentNode	獲取當前被選中的節點的 data，若沒有節點被選中，則傳回 null	—
setCurrentKey	透過 key 設定某個節點的當前選中狀態，使用此方法必須設定 node-key 屬性	(key,shouldAutoExpandParent=true) 接收兩個參數：①待被選節點的 key，若為 null，則取消當前突顯的節點；②是否擴充父節點
setCurrentNode	透過 node 設定某個節點的當前選中狀態，使用此方法必須設定 node-key 屬性	(node,shouldAutoExpandParent=true) 接收兩個參數：①待被選節點的 node；② 是否擴充父節點
getNode	根據 data 或者 key 拿到 Tree 元件中的 node	(data) 要獲得 node 的 key 或者 data
remove	刪除 Tree 中的一個節點，使用此方法必須設定 node-key 屬性	(data) 要刪除的節點的 data 或者 node
append	為樹中的一個節點追加一個子節點	(data, parentNode) 接收兩個參數：①要追加的子節點的 data；②子節點的 parent 的 data、key 或者 node
insertBefore	在樹的一個節點的前面增加一個節點	(data, refNode) 接收兩個參數：①要增加的節點的 data；②要增加的節點的後一個節點的 data、key 或者 node

方法名稱	說明	參數
insertAfter	在樹的一個節點的後面增加一個節點	(data, refNode) 接收兩個參數：①要增加的節點的 data；②要增加的節點的前一個節點的 data、key 或者 node

樹形元件相關的事件如表 10-18 所示。

▼ 表 10-18 樹形元件相關的事件

事件名稱	說明	回呼參數
node-click	節點被點擊時的回呼	共 3 個參數，依次為：傳遞給 data 屬性的陣列中該節點所對應的物件、節點對應的 node、節點元件本身
node-contextmenu	當某一節點被按滑鼠右鍵時會觸發該事件	共 4 個參數，依次為：event、傳遞給 data 屬性的陣列中該節點所對應的物件、節點對應的 node、節點元件本身
check-change	節點選中狀態發生變化時的回呼	共 3 個參數，依次為：傳遞給 data 屬性的陣列中該節點所對應的物件、節點本身是否被選中、節點的子樹中是否有被選中的節點
check	當核取方塊被點擊的時候觸發	共 2 個參數，依次為：傳遞給 data 屬性的陣列中該節點所對應的物件、樹目前的選中狀態物件，包含 checkedNodes、checkedKeys、halfCheckedNodes、halfCheckedKeys 共 4 個屬性
current-change	當前選中節點變化時觸發的事件	共 2 個參數，依次為：當前節點的資料、當前節點的 node 物件
node-expand	節點被展開時觸發的事件	共 3 個參數，依次為：傳遞給 data 屬性的陣列中該節點所對應的物件、節點對應的 node、節點元件本身
node-collapse	節點被關閉時觸發的事件	共 3 個參數，依次為：傳遞給 data 屬性的陣列中該節點所對應的物件、節點對應的 node、節點元件本身
node-drag-start	節點開始拖曳時觸發的事件	共 2 個參數，依次為：被拖曳節點對應的 node、event
node-drag-enter	拖曳進入其他節點時觸發的事件	共 3 個參數，依次為：被拖曳節點對應的 node，以及所進入節點對應的 node、event
node-drag-leave	拖曳離開某個節點時觸發的事件	共 3 個參數，依次為：被拖曳節點對應的 node，以及所離開節點對應的 node、event
node-drag-over	在拖曳節點時觸發的事件（類似於瀏覽器的 mouseover 事件）	共 3 個參數，依次為：被拖曳節點對應的 node，以及當前進入節點對應的 node、event

事件名稱	說明	回呼參數
node-drag-end	拖曳結束時（可能未成功）觸發的事件	共 4 個參數，依次為：被拖曳節點對應的 node、結束拖曳時最後進入的節點（可能為空），以及被拖曳節點放置的位置（before、after、inner）、event
node-drop	拖曳成功完成時觸發的事件	共 4 個參數，依次為：被拖曳節點對應的 node、結束拖曳時最後進入的節點，以及被拖曳節點放置的位置（before、after、inner）、event

【例 10-31】樹形元件的基本使用

本實例將演示樹形元件的基本使用，具體步驟如下：

1）在 VSCode 中開啟目錄（D:\demo），新建一個名為 index.htm 的檔案，然後輸入如下核心程式：

```
<div id="box">
    <el-tree
    :props="props"
    :load="loadNode"
    lazy
    show-checkbox
    @check-change="handleCheckChange"
    >
    </el-tree>

    </div>
    <script>
      const app = Vue.createApp({
        data() {
      return {
        props: {
          label: 'name',
          children: 'zones',
        },
        count: 1,
      }
    },
    methods: {
      handleCheckChange(data, checked, indeterminate) {
        console.log(data, checked, indeterminate)
      },
      handleNodeClick(data) {
        console.log(data)
      },
      loadNode(node, resolve) {
        if (node.level === 0) {
```

```
          return resolve([{ name: 'region1' }, { name: 'region2' }])
        }
        if (node.level > 3) return resolve([])

        var hasChild
        if (node.data.name === 'region1') {
          hasChild = true
        } else if (node.data.name === 'region2') {
          hasChild = false
        } else {
          hasChild = Math.random() > 0.5
        }

        setTimeout(() => {
          var data
          if (hasChild) {
            data = [
              {
                name: 'zone' + this.count++,
              },
              {
                name: 'zone' + this.count++,
              },
            ]
          } else {
            data = []
          }
          resolve(data)
        }, 100)   // 做一個 100 毫秒的延遲
      },
    },

    });
    app.use(ElementPlus);
    rc = app.mount("#box");
    </script>
  </body>
```

在上述程式中,為了增加顯示效果,在展開節點時做了一個 100 毫秒的延遲(見函式 setTimeout)。另外,當使用者選中某個節點時,會在主控台上列印該節點名稱等。

2)按快速鍵 Ctrl+F5 執行程式,結果如圖 10-40 所示。

▲ 圖 10-40

10.25 分頁

當資料量過多時，使用分頁（Pagination）元件來分頁顯示資料。分頁元件所使用的標籤是 el-pagination。比如：

```
<el-pagination layout="prev, pager, next" :total="50"> </el-pagination>
```

透過設定 layout，表示需要顯示的內容，用逗點分隔，版面配置元素會依次顯示。prev 表示上一頁，next 表示下一頁，pager 表示頁碼列表。除此之外，還提供了 jumper 和 total，size 和特殊的版面配置符號 ->，-> 後的元素會靠右顯示，jumper 表示跳頁元素，total 表示總項目數，size 用於設定每分頁顯示的頁碼數量。預設情況下，當總分頁數超過 7 頁時，pagination 會折疊多餘的頁碼按鈕。透過 pager-count 屬性可以設定最大頁碼按鈕數。

設定 background 屬性可以為分頁按鈕增加背景色，例如：

```
<el-pagination background layout="prev, pager, next" :total="1000">
```

分頁元件的常見屬性如表 10-19 所示。

▼ 表 10-19 分頁元件的常見屬性

參數	說明	類型	可選值	預設值
small	是否使用小型分頁樣式	boolean	—	false
background	是否為分頁按鈕增加背景色	boolean	—	false
page-size	每分頁顯示項目個數，支援 v-model 雙向綁定	number	—	10
default-page-size	每分頁顯示項目數的初值	number	-	-
total	總項目數	number	—	—

參數	說明	類型	可選值	預設值
page-count	總分頁數，total 和 page-count 設定任意一個就可以達到顯示頁碼的功能，如果要支援 page-sizes 的更改，則需要使用 total 屬性	number	—	—
pager-count	頁碼按鈕的數量，當總分頁數超過該值時會折疊	number	大於等於 5 且小於等於 21 的奇數	7
current-page	當前分頁數，支援v-model 雙向綁定	number	—	1
default-current-page	當前分頁數的初值	number	-	-
layout	元件版面配置，子元件名稱用逗點分隔	String	sizes, prev, pager, next, jumper, ->, total, slot	'prev, pager, next, jumper, ->, total'
page-sizes	每分頁顯示個數選取器的選項設定	number[]	—	[10, 20, 30, 40, 50, 100]
popper-class	每分頁顯示個數選取器的下拉清單類別名稱	string	—	—
prev-text	替代圖示顯示的上一頁文字	string	—	—
next-text	替代圖示顯示的下一頁文字	string	—	—
disabled	是否禁用	boolean	—	false
hide-on-single-page	只有一頁時是否隱藏	boolean	—	-

分頁元件的相關事件如表 10-20 所示。

▼ 表 10-20 分頁元件的相關事件

事件名稱	說明	回呼參數
size-change	pageSize 改變時會觸發	每分頁筆數
current-change	currentPage 改變時會觸發	當前分頁
prev-click	使用者點擊上一頁按鈕改變當前分頁後觸發	當前分頁
next-click	使用者點擊下一頁按鈕改變當前分頁後觸發	當前分頁

【例 10-32】分頁元件的使用

本實例將演示分頁元件的使用，具體步驟如下：

1）在 VSCode 中開啟目錄（D:\demo），新建一個名為 index.htm 的檔案，
然後輸入如下核心程式：

```
<div id="box">
    <div class="block">
        <span class="demonstration"> 顯示總數 </span>
        <el-pagination
          @size-change="handleSizeChange"
          @current-change="handleCurrentChange"
          v-model:currentPage="currentPage1"
          :page-size="100"
          layout="total, prev, pager, next"
          :total="1000"
        >
        </el-pagination>
    </div>
    <div class="block">
        <span class="demonstration"> 調整每分頁顯示筆數 </span>
        <el-pagination
          @size-change="handleSizeChange"
          @current-change="handleCurrentChange"
          v-model:currentPage="currentPage2"
          :page-sizes="[100, 200, 300, 400]"
          :page-size="100"
          layout="sizes, prev, pager, next"
          :total="1000"
        >
        </el-pagination>
    </div>
    <div class="block">
        <span class="demonstration"> 直接前往 </span>
        <el-pagination
          @size-change="handleSizeChange"
          @current-change="handleCurrentChange"
          v-model:currentPage="currentPage3"
          :page-size="100"
          layout="prev, pager, next, jumper"
          :total="1000"
        >
        </el-pagination>
    </div>
    <div class="block">
        <span class="demonstration"> 完整功能 </span>
        <el-pagination
```

```
        @size-change="handleSizeChange"
        @current-change="handleCurrentChange"
        :current-page="currentPage4"
        :page-sizes="[100, 200, 300, 400]"
        :page-size="100"
        layout="total, sizes, prev, pager, next, jumper"
        :total="400"
    >
    </el-pagination>
  </div>
</div>
<script>
  const app = Vue.createApp({
    methods: {
  handleSizeChange(val) {
    console.log(`每分頁 ${val} 筆`)
  },
  handleCurrentChange(val) {
    console.log(`當前分頁：${val}`)
  },
},
data() {
  return {
    currentPage1: 5,
    currentPage2: 5,
    currentPage3: 5,
    currentPage4: 4,
  }
},
});
app.use(ElementPlus);
rc = app.mount("#box");
</script>
```

當我們選中某一頁時，可以在主控台視窗中顯示所選分頁的名稱。

2）按快速鍵 Ctrl+F5 執行程式，結果如圖 10-41 所示。

▲ 圖 10-41

10.26 頭像

頭像（Avatar）元件透過圖示、影像或者字元的形式展示使用者或事物資訊。頭像元件所使用的標籤是 el-avatar，例如：

```
<el-avatar :size="50" :src="circleUrl"></el-avatar>
```

當展示類型為影像時，使用 fit 屬性定義影像如何適應容器框。比如：

```
<div class="demo-fit">
  <div class="block" v-for="fit in fits" :key="fit">
    <span class="title">{{ fit }}</span>
    <el-avatar shape="square" :size="100" :fit="fit" :src="url"></el-avatar>
  </div>
</div>
```

頭像元件的常用屬性如表 10-21 所示。

▼ 表 10-21 頭像元件的常用屬性

參數	說明	類型	可選值	預設值
icon	設定圖示的圖示類型，參考 Icon 元件	string		
size	設定頭像的大小	number/string	number/large/medium/small	large
shape	設定頭像的形狀	string	circle/square	circle
src	影像頭像的資源位址	string		
srcSet	以逗點分隔的一個或多個字串清單表明一系列使用者代理使用的可能的影像	string		
alt	描述影像的替換文字	string		
fit	當展示類型為影像的時候，設定影像如何適應容器框	string	fill/contain/cover/none/scale-down	cov

頭像元件的相關事件只有一個，如表 10-22 所示。

▼ 表 10-22 頭像元件的相關事件

事件名稱	說明	回呼參數
error	影像類別頭像載入失敗的回呼，傳回 false 會關閉元件預設的 fallback 行為	(e: Event)

【例 10-33】頭像元件的基本使用

本實例將演示頭像元件的基本使用，具體步驟如下：

1）在 VSCode 中開啟目錄（D:\demo），新建一個名為 index.htm 的檔案，
然後輸入如下核心程式：

```
<div id="box">
  <div class="demo-type">
    <div>
      <el-avatar icon="el-icon-user-solid"></el-avatar>
    </div>
    <div>
      <el-avatar
        src="https://cube.elemecdn.com/0/88/
03b0d39583f48206768a7534e55bcpng.png" rel="external nofollow"
        ></el-avatar>
    </div>
    <div>
      <el-avatar> user </el-avatar>
    </div>
  </div>

  <div class="demo-fit">
    <div class="block" v-for="fit in fits" :key="fit">
      <span class="title">{{ fit }}</span>
      <el-avatar shape="square" :size="100" :fit="fit" :src="url"> </
el-avatar>
    </div>
  </div>

</div>
<script>
  const app = Vue.createApp({
    data() {
    return {
      fits: ['fill', 'contain', 'cover', 'none', 'scale-down'],
      url: 'https://fuss10.elemecdn.com/e/5d/
4a731a90594a4af544c0c25941171jpeg.jpeg',
      }
  },
    });
  app.use(ElementPlus);
  rc = app.mount("#box");
</script>
```

2）按快速鍵 Ctrl+F5 執行程式，結果如圖 10-42 所示。

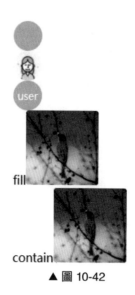

▲ 圖 10-42

10.27 描述列表

描述列表（Descriptions）元件以列表形式展示多個欄位。描述列表元件使用的標籤是 el-descriptions，例如：

```
<el-descriptions-item label=" 手機號碼 ">18100000000</el-descriptions-
item>
```

描述列表元件可以含邊框或不含邊框，其常見的屬性如表 10-23 所示。

▼ 表 10-23　描述清單元件常見的屬性

參數	說明	類型	可選值	預設值
border	是否有邊框	boolean	—	false
column	一行描述項（Descriptions Item）的數量	number	—	3
direction	排列的方向	string	vertical/horizontal	horizontal
size	列表的尺寸	string	medium/small/mini	—
title	標題文字，顯示在左上方	string	—	—
extra	操作區文字，顯示在右上方	string	—	—

【例 10-34】描述列表的基本使用

1）在 VSCode 中開啟目錄（D:\demo），新建一個名為 index.htm 的檔案，
然後輸入如下核心程式：

```
<div id="box">
  <el-descriptions
    class="margin-top"
    title=" 含邊框列表 "
    :column="3"
    border
  >
    <el-descriptions-item>
      <template #label>
        <i class="el-icon-user"></i>
        使用者名稱
      </template>
      張三豐
    </el-descriptions-item>
    <el-descriptions-item>
      <template #label>
        <i class="el-icon-mobile-phone"></i>
        手機號碼
      </template>
      18100000000
    </el-descriptions-item>
    <el-descriptions-item>
      <template #label>
        <i class="el-icon-location-outline"></i>
        居住地
      </template>
      杭州市
    </el-descriptions-item>
    <el-descriptions-item>
      <template #label>
        <i class="el-icon-tickets"></i>
        備註
      </template>
      <el-tag size="small"> 學校 </el-tag>
    </el-descriptions-item>
    <el-descriptions-item>
      <template #label>
        <i class="el-icon-office-building"></i>
        聯絡地址
      </template>
      浙江省杭州市西湖區文一西路 100 號
    </el-descriptions-item>
  </el-descriptions>
```

```
  <br>
  <el-descriptions
    class="margin-top"
    title=" 無邊框列表 "
    :column="3"
  >
      <el-descriptions-item label=" 使用者名稱 "> 李紳 </el-descriptions-
item>
      <el-descriptions-item label=" 手機號碼 ">18100000000</el-descrip-
tions-item>
      <el-descriptions-item label=" 居住地 "> 無錫市 </el-descriptions-
item>
      <el-descriptions-item label=" 備註 ">
        <el-tag size="small"> 學校 </el-tag>
      </el-descriptions-item>
      <el-descriptions-item label=" 聯絡地址 "
        >江蘇省市無錫市濱湖區蠡湖大道 1000 號 </el-descriptions-item
      >
  </el-descriptions>
</div>
<script>
  const app = Vue.createApp({});
app.use(ElementPlus);
rc = app.mount("#box");
</script>
```

在上述程式中，我們定義了邊框的描述列表元件和無邊框的描述列表元件。

2）按快速鍵 Ctrl+F5 執行程式，結果如圖 10-43 所示。

▲ 圖 10-43

10.28 訊息方塊

訊息方塊（MessageBox）元件是為模擬系統的訊息提示方塊而實作的一套模態對話方塊元件，用於訊息提示、確認訊息和送出內容。從場景上說，MessageBox 元件的作用是美化系統附帶的 alert、confirm 和 prompt，因此適合展示較為簡單的內容。如果需要彈出較為複雜的內容，則可以自己設計對話方塊。

10.28.1　訊息提示方塊

當使用者進行操作時會被觸發，該對話方塊會中斷使用者的操作，直到使用者確認知曉後才可以關閉。呼叫 $alert 方法即可開啟訊息提示方塊，它模擬了系統的 alert，無法透過按 Esc 鍵或點擊框外關閉。此例中接收了兩個參數：message 和 title。值得一提的是，視窗被關閉後，它預設會傳回一個 Promise 物件以便於進行後續操作的處理。

【例 10-35】訊息提示方塊的使用

本實例將演示訊息提示方塊的使用，具體步驟如下：

1）在 VSCode 中開啟目錄（D:\demo），新建一個名為 index.htm 的檔案，然後輸入如下核心程式：

```
<div id="box">
  <el-button type="text" @click="open">顯示訊息提示方塊 </el-button>
</div>
<script>
  const app = Vue.createApp({
      methods:{
        open() {
    this.$alert('這是一段內容 ', '標題名稱 ', {
      confirmButtonText: '確定 ',
      callback: (action) => {
        this.$message({
          type: 'info',
          message: `user action: ${action}`,
        })
      },
    })
      },
    }
  });
app.use(ElementPlus);
rc = app.mount("#box");
</script>
```

當使用者點擊「確定」按鈕後，會呼叫回呼函式 callback，從而在頁面顯示一段文字。

2）按快速鍵 Ctrl+F5 執行程式，結果如圖 10-44 所示。

▲ 圖 10-44

10.28.2 訊息確認方塊

訊息確認方塊提示使用者確認其已經觸發的操作，並詢問是否進行此操作時會用到此對話方塊，也就是說，它通常用於讓使用者確認並選擇某個操作，這是與提示方塊最大的區別，提示方塊通常不需要使用者選擇，只是通知一下使用者，而確認方塊通常需要讓使用者進行確認和選擇。呼叫 $confirm 方法即可開啟訊息確認方塊，它模擬了系統的 confirm。MessageBox 元件也擁有極高的訂製性，可以傳入 options 作為第三個參數，它是一個字面量物件。type 欄位表明訊息類型，可以為 success、error、info 和 warning，無效的設定將會被忽略。注意，第二個參數 title 必須定義為 string 類型，如果是 object，則會被理解為 options。在這裡用了 Promise 物件來處理後續的回應。

【例 10-36】訊息確認方塊的使用

本實例將演示訊息確認方塊的使用，具體步驟如下：

1）在 VSCode 中開啟目錄（D:\demo），新建一個名為 index.htm 的檔案，然後輸入如下核心程式：

```
<div id="box">
  <el-button type="text" @click="open">顯示訊息確認方塊</el-button>
</div>
<script>
  const app = Vue.createApp({
    methods: {
    open() {
      this.$confirm('此操作將永久刪除該檔案,是否繼續?', '請確認', {
        confirmButtonText: '確定',
        cancelButtonText: '取消',
```

```
      type: 'warning',
    })
    .then(() => {
      this.$message({
        type: 'success',
        message: ' 刪除成功！',
      })
    })
    .catch(() => {
      this.$message({
        type: 'info',
        message: ' 已取消刪除 ',
      })
    })
  },
},
  });
app.use(ElementPlus);
rc = app.mount("#box");
</script>
```

2）按快速鍵 Ctrl+F5 執行程式，結果如圖 10-45 所示。

▲ 圖 10-45

當使用者點擊「確定」按鈕時，則會出現一段提示文字「刪除成功」；當使用者點擊「取消」按鈕時，則會出現一段提示文字「已取消刪除」。

10.28.3　送出內容方塊

送出內容方塊是用於讓使用者進行輸入的對話方塊。呼叫 $prompt 方法即可開啟送出內容方塊，它模擬了系統的 prompt。可以用 inputPattern 欄位自己規定比對模式，或者用 inputValidator 規定驗證函式，可以傳回 boolean 或 string，傳回 false 或字串時均表示驗證未通過，同時傳回的字串相當於定義了 inputErrorMessage 欄位。此外，可以用 inputPlaceholder 欄位來定義輸入方塊的預留位置。

【例 10-37】送出內容方塊的使用

本實例將演示送出內容方塊的使用，具體步驟如下：

1）在 VSCode 中開啟目錄（D:\demo），新建一個名為 index.htm 的檔案，
然後輸入如下核心程式：

```
<div id="box">
    <el-button type="text" @click="open"> 顯示送出內容方塊 </el-button>
  </div>
  <script>
    const app = Vue.createApp({
      methods: {
      open() {
        this.$prompt(' 請輸入電子郵件 ', ' 提示 ', {
          confirmButtonText: ' 確定 ',
          cancelButtonText: ' 取消 ',
          inputPattern:
            /[\w!#$%&'*+/=?^_`{|}~-]+(?:\.[\w!#$%&'*+/=?^_`{|}~-
]+)*@(?:[\w] (?:[\w-]*[\w])?\.)+[\w](?:[\w-]*[\w])?/,
          inputErrorMessage: ' 電子郵件格式不正確 ',
        })
          .then(({ value }) => {
            this.$message({
              type: 'success',
              message: ' 你的電子郵件是： ' + value,
            })
          })
          .catch(() => {
            this.$message({
              type: 'info',
              message: ' 取消輸入 ',
            })
          })
      },
    },
      });
    app.use(ElementPlus);
    rc = app.mount("#box");
  </script>
```

上述程式中的 inputPattern 可以用於驗證電子郵件格式。

2）按快速鍵 Ctrl+F5 執行程式，結果如圖 10-46 所示。

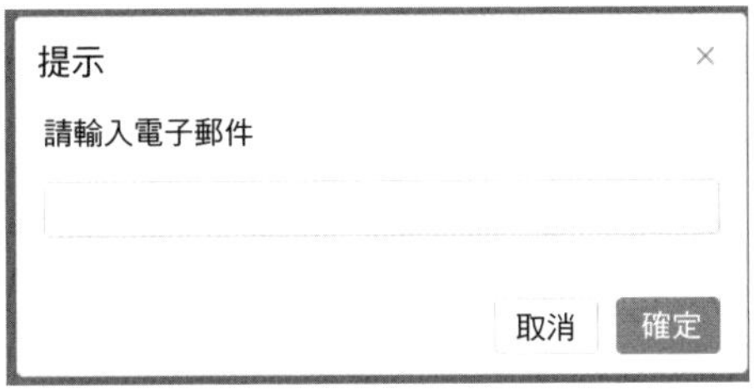

提示　　　　　　　　　×

請輸入電子郵件

取消　確定

▲ 圖 10-46

10.29 對話方塊

　　對話方塊（Dialog）元件在保留當前頁面狀態的情況下，彈出一個對話方塊，告知使用者一些資訊。對話方塊元件使用的標籤是 el-dialog。透過設定 model-value/v-model 屬性可以控制對話方塊顯示與否，該屬性接收 boolean 類型的值，當為 true 時則顯示 Dialog，當為 false 時則不顯示。

　　對話方塊元件的常用屬性如表 10-24 所示。

▼ 表 10-24 對話方塊元件的常用屬性

參數	說明	類型	預設值
model-value/v-model	是否顯示對話方塊	boolean	—
title	對話方塊的標題	string	—
width	對話方塊的寬度	string/number	50%
fullscreen	是否為全螢幕對話方塊	boolean	false
top	對話方塊 CSS 中的 margin-top 值	string	15vh
modal	是否需要遮罩層	boolean	true
append-to-body	對話方塊自身是否插入至 body 元素上。嵌套的對話方塊必須指定該屬性並賦值為 true	boolean	false
lock-scroll	是否在對話方塊出現時將 body 捲動鎖定	boolean	true
custom-class	對話方塊的自訂類別名稱	string	—
open-delay	對話方塊開啟的延遲時間時間，單位為毫秒	number	0
close-delay	對話方塊關閉的延遲時間時間，單位為毫秒	number	0

參數	說明	類型	預設值
close-on-click-modal	是否可以透過點擊 modal 關閉對話方塊	boolean	true
close-on-press-escape	是否可以透過按 Esc 鍵關閉對話方塊	boolean	true
show-close	是否顯示關閉按鈕	boolean	true
before-close	關閉前的回呼，會暫停對話方塊的關閉	function(done)，done 用於關閉 Dialog	—
center	是否對標頭和底部採用置中版面配置	boolean	false
destroy-on-close	關閉時銷毀對話方塊中的元素	boolean	false

對話方塊元件的相關事件如表 10-25 所示。

▼ 表 10-25 對話方塊元件的相關事件

事件名稱	說明	回呼參數
open	對話方塊開啟的回呼	—
opened	對話方塊開啟動畫結束時的回呼	—
close	對話方塊關閉的回呼	—
closed	對話方塊關閉動畫結束時的回呼	—

【例 10-38】對話方塊元件的基本使用

本實例將演示對話方塊元件的基本使用，具體步驟如下：

1）在 VSCode 中開啟目錄（D:\demo），新建一個名為 index.htm 的檔案，然後輸入如下核心程式：

```
<div id="box">
    <el-button type="text" @click="dialogVisible = true">點擊開啟對話方塊 </el-button>
    <el-dialog
      title=" 提示 "
      v-model="dialogVisible"
      width="30%"
      :before-close="handleClose"
    >
    <span> 這是一段資訊 </span>
    <template #footer>
      <span class="dialog-footer">
```

```
            <el-button @click="dialogVisible = false">取 消</el-button>
            <el-button type="primary" @click="dialogVisible = false">確
定</el-button>
          </span>
        </template>
      </el-dialog>
    </div>
    <script>
      const app = Vue.createApp({
        data() {
        return {
          dialogVisible: false,
        }
      },
      methods: {
        handleClose(done) {
          this.$confirm('確認關閉？')
            .then((_) => {
              done()
            })
            .catch((_) => {})
        },
      },
      });
      app.use(ElementPlus);
      rc = app.mount("#box");
    </script>
```

before-close 僅當使用者透過點擊關閉頭像或遮罩關閉對話方塊時生效。我
們可以在按鈕的點擊回呼函式中加入 before-close 的相關邏輯函式，比如本例
中的 handleClose 函式。

2）按快速鍵 Ctrl+F5 執行程式，結果如圖 10-47 所示。

▲ 圖 10-47

10.30 影像

影像（Image）元件相當於一個影像容器，在保留原生 IMG 的特性下，支援延遲載入、自訂占位、載入失敗等。可以透過 fit 確定影像如何適應到容器框。Image 元件所使用的標籤是 el-image。

【例 10-39】影像元件的基本使用

本實例將演示影像元件的基本使用，具體步驟如下：

1）在 VSCode 中開啟目錄（D:\demo），新建一個名為 index.htm 的檔案，然後輸入如下核心程式：

```
<div id="box">
  <div class="demo-image">
    <div class="block" v-for="fit in fits" :key="fit">
      <span class="demonstration">{{ fit }}</span>
      <el-image
        style="width: 100px; height: 100px"
        :src="url"
        :fit="fit"
      ></el-image>
    </div>
  </div>
</div>
<script>
  const app = Vue.createApp({
    data() {
    return {
      fits: ['fill', 'contain', 'cover', 'none', 'scale-down'],
      url: 'https://fuss10.elemecdn.com/e/5d/
4a731a90594a4af544c0c25941171jpeg.jpeg',
      }
  },
    });
  app.use(ElementPlus);
  rc = app.mount("#box");
</script>
```

2）按快速鍵 Ctrl+F5 執行程式，結果如圖 10-48 所示。

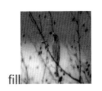

fill

contain

▲ 圖 10-48

10.31 浮動切換

　　現在大型網站的首頁通常會循環播放一組影像或文字，這其實用到了浮動切換（Carousel）元件。它在有限的空間內循環播放同一類型的影像、文字等內容。結合使用 el-carousel 和 el-carousel-item 標籤就獲得了一個浮動切換。幻燈片的內容是任意的，需要放在 el-carousel-item 標籤中。預設情況下，當滑鼠懸停在底部的指示器上時就會觸發切換。透過設定 trigger 屬性為 click 可以達到點擊觸發的效果。

【例 10-40】浮動切換元件實作輪播文字

　　本實例將演示浮動切換元件實作輪播文字的效果，具體步驟如下：

1）在 VSCode 中開啟目錄（D:\demo），新建一個名為 index.htm 的檔案，然後輸入如下核心程式：

```
<div id="box">
    <div class="block">
      <span class="demonstration"> 預設 Hover 指示器觸發 </span>
      <el-carousel height="150px">
        <el-carousel-item v-for="item in 4" :key="item">
          <h3 class="small">{{ item }}</h3>
        </el-carousel-item>
      </el-carousel>
    </div>
    <div class="block">
      <span class="demonstration">Click 指示器觸發 </span>
      <el-carousel trigger="click" height="150px">
        <el-carousel-item v-for="item in 4" :key="item">
          <h3 class="small">{{ item }}</h3>
        </el-carousel-item>
```

```
      </el-carousel>
    </div>
  </div>
  <script>
    const app = Vue.createApp({ });
  app.use(ElementPlus);
  rc = app.mount("#box");
  </script>
```

2）按快速鍵 Ctrl+F5 執行程式，結果如圖 10-49 所示。

▲ 圖 10-49

【例 10-41】浮動切換元件實作輪播圖

本實例將使用浮動切換元件實作輪播圖的效果，具體步驟如下：

1）在 VSCode 中開啟目錄（D:\demo），新建一個名為 index.htm 的檔案，
　　然後輸入如下核心程式：

```
    <div id="box">
      <div>
        <el-carousel trigger="click" height="164px" :interval="3000"
arrow="always" style="width:500px">
          <el-carousel-item v-for="item in imgList" :key="item.name">
            <img :src="item.src" style="height:100%;width:100%;" alt="影
像遺失了 " :title="item.title" />
          </el-carousel-item>
        </el-carousel>
      </div>
    </div>
    <script>
      const app = Vue.createApp({
        data() {
```

```
return {
  imgList: [
    {
      name: "a",
      src:  "./assets/a.png",
      title: "This is a.png."
    },
    {
      name: "b",
      src: "./assets/b.png",
      title: "This is b.png."
    },
    {
      name: "c",
      src: "./assets/c.png",
      title: "This is c.png."
    }
  ]
}
}
    });
  app.use(ElementPlus);
  rc = app.mount("#box");
</script>
```

在上述程式中，透過 src 去讀取資料夾 assets 下的影像檔案，需要預先把影像都放在目前的目錄下的 assets 子目錄下。

2）按快速鍵 Ctrl+F5 執行程式，結果如圖 10-50 所示。

▲ 圖 10-50

10.32 在鷹架專案中使用 Element Plus

前面我們都是在單一 HTML 中使用 Element Plus，學習起來非常舒服，學習曲線非常平緩。現在是時候離開舒適區了。我們現在要在鷹架專案中使用 Element Plus，畢竟最前線開發專案中碰到的場景更多的是在鷹架中使用。不建議初學者一開始就學習鷹架。這樣的安排也表現了本書的重要特點，學習曲線平緩，對讀者友善。

【例 10-42】在鷹架專案中使用 Element Plus

本實例將演示在鷹架專案中使用 Element Plus，具體步驟如下：

1）建立專案。準備一個空的資料夾路徑（比如 D:\demo），開啟命令列視窗並進入這個路徑，然後輸入專案建立命令：vue ui，稍等片刻將自動開啟瀏覽器，並出現「Vue 專案管理器」頁面，如圖 10-51 所示。

點擊「建立」按鈕，在下一個頁面上保持路徑是 D:\demo，如圖 10-52 所示。

▲ 圖 10-51　　　　　　　　　　　　▲ 圖 10-52

然後在本頁下方點擊「在此建立新專案」按鈕，此時出現「建立新專案」頁面，輸入專案檔案夾 mymgr，如圖 10-53 所示。

然後點擊本頁下方的「下一步」按鈕，此時出現「選擇一套預設」頁面，我們選擇「手動」，然後點擊「下一步」按鈕，此時出現「選擇功能」頁面，我 們 需 要 選 中 "Babel" "Router" "Vuex" "CSS Pre-process" "Linter/Formatter" 和「使用設定檔」這幾項，然後點擊「下一步」按鈕，在下一個頁面上選擇如圖 10-54 所示的 3 項。

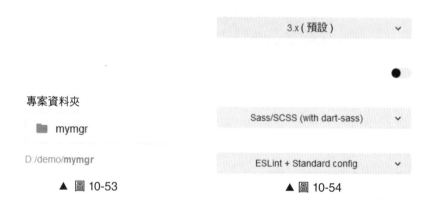

▲ 圖 10-53　　　　　　　　　　　　▲ 圖 10-54

最後點擊「建立專案」按鈕。隨後出現資訊方塊，提示輸入預設名稱，這裡不儲存預設，所以在資訊方塊上點擊「建立專案，不儲存預設」按鈕，此時將正式建立專案。稍等片刻，建立完成，出現歡迎頁，如圖 10-55 所示。

▲ 圖 10-55

這時，我們還要安裝相依 axios，點擊左邊的「相依」，然後點擊右上角的「安裝相依」按鈕，此時出現查詢輸入方塊，可以輸入 "axios"，將自動搜尋出 axios 相依，我們選中 axios 0.26.0，如圖 10-56 所示。

▲ 圖 10-56

點擊右下角的「安裝 axios」按鈕，此時將開始安裝 axios。安裝完畢後，就可以用 VSCode 開啟資料夾 D:\demo\mymgr，可以在 package.json 中查看各個相依的版本：

```
"dependencies": {
  "axios": "^0.26.0",
  "core-js": "^3.8.3",
  "vue": "^3.2.13",
  "vue-router": "^4.0.3",
  "vuex": "^4.0.0"
},
```

在 VSCode 下開啟 TERMINAL 視窗，然後輸入命令：npm run serve。稍等片刻，按 Ctrl 鍵，並點擊 http://localhost:8080/，此時將出現首頁。至此，專案建立成功。

2）隨選匯入 Element Plus 元件。

開啟命令列視窗，進入 D:\demo，然後輸入安裝命令：

```
npm install element-plus --save
```

　　然後安裝額外的外掛程式，這些外掛程式用來隨選匯入要使用的元件，輸入命令：

```
npm install -D unplugin-vue-components unplugin-auto-import
```

　　隨選匯入元件有一個好處，就是可以減少最終軟體專案的體積。安裝完畢後，開啟 VSCode，然後在 vue.config.js 中輸入如下程式：

```
const AutoImport = require('unplugin-auto-import/webpack')
const Components = require('unplugin-vue-components/webpack')
const { ElementPlusResolver } = require('unplugin-vue-components/resolvers')

const path = require('path')
function resolve(dir) {
  return path.join(__dirname, dir)
}
const webpack = require('webpack')
module.exports = {
  configureWebpack: (config) => {
    config.plugins.push(
      AutoImport({
        resolvers: [ElementPlusResolver()]
      })
    )
    config.plugins.push(
      Components({
        resolvers: [ElementPlusResolver()]
      })
    )
  },
}
```

　　接著在 app.vue 的範本中輸入如下程式：

```
<el-button type="primary">Primary</el-button>
```

　　這行程式用來顯示 Element Plus 按鈕。最後在 TERMINAL 視窗中執行程式：npm run serve。打包完畢後，開啟 http://localhost:8080/，可以發現 Element Plus 按鈕顯示出來了，如圖 10-57 所示。

▲ 圖 10-57

　　這就說明我們在鷹架專案中隨選匯入 Element Plus 元件成功了。

第 11 章

Axios 和伺服器開發

Axios 是一個以 Promise 為基礎的 HTTP（Hyper Text Transfer Protocol，超文字傳輸協定）函式庫，可以用在瀏覽器和 Node.js 中。在服務端，Node.js 使用原生 HTTP 模組，而在用戶端（瀏覽端）使用 XMLHttpRequests。Axios 本質上也是對原生 XHR 的封裝，只不過它是 Promise 的實作版本，符合最新的 ES 標準。

11.1 概述

什麼是 Promise ？在程式設計過程中會出現非同步程式和同步程式，簡單地說，Promise 的出現就是為了解決非同步程式設計的問題，讓非同步程式設計程式變得更加優雅。解決方案有很多種，Promise 是一種，還有async + await（終極解決方案，讓寫非同步程式就像寫同步程式那麼簡單）。Promise 是最早由社區提出和實作的一種解決非同步程式設計的方案，比其他傳統的解決方案（回呼函式和事件）更合理和更強大。ES 6 將其寫進了語言標準，統一了用法，原生提供了 Promise 物件。ES 6 規定，Promise 物件是一個建構函式，用來生成 Promise 實例。什麼是 HTTP ？ HTTP 是一個簡單的請求－回應協定，它通常執行在 TCP 之上。它指定了用戶端可能發送給伺服器什麼樣的訊息以及得到什麼樣的回應。請求和回應訊息的頭以 ASCII 形式舉出，而訊息內容具有一個類似 MIME 的格式。HTTP 是以客戶／伺服器模式且連線導向為基礎的。典型的 HTTP 交易處理的過程如下：

1）客戶與伺服器建立連接。

2）客戶向伺服器提出請求。

3）伺服器接受請求，並根據請求傳回對應的檔案作為應答。

4）客戶與伺服器關閉連接。

客戶與伺服器之間的 HTTP 連接是一種一次性連接，它限制每次連接只處理一個請求，當伺服器傳回本次請求的應答後便立即關閉連接，下次請求再重新建立連接。這種一次性連接主要考慮到 WWW 伺服器面對的是網際網路中成千上萬個使用者，且只能提供有限個連接，故伺服器不會讓一個連接處於等候狀態，即時地釋放連接可以大大提升伺服器的執行效率。HTTP 是一種無狀態協定，即伺服器不保留與客戶交易時的任何狀態。這就大大減輕了伺服器記憶負擔，從而保持較快的回應速度。HTTP 是一種物件導向的協定，允許傳送任意類型的資料物件。它透過資料型態和長度來標識所傳送的資料內容和大小，並允許對資料進行壓縮傳送。當使用者在一個 HTML 文件中定義了一個超文字鏈後，瀏覽器將透過 TCP/IP 與指定的伺服器建立連接。HTTP 函式庫封裝了該協定的相關操作，以方便使用者使用。

11.2 Axios 的特點

Axios 作為後起之秀，肯定有其特別之處。其主要特點如下：

1）從瀏覽器中建立 XMLHttpRequests。

2）從 Node.js 建立 HTTP 請求。

3）支援 Promise API。

4）攔截請求和回應。

5）轉換請求資料和回應資料。

6）取消請求。

7）自動轉換 JSON 資料。

8）用戶端支援防禦 XSRF。

11.3 Express 架設服務端

為了建立實驗環境，我們必須先架設一個服務端，然後才能演示在用戶端使用 Axios。這裡服務端採用 Express。Express 是一個簡潔而靈活的 Node.js Web 應用框架，提供了一系列強大的特性幫助使用者建立各種 Web 應用和豐

富的 HTTP 工具。使用 Express 可以快速地架設一個功能完整的網站。Express
框架有以下核心特性：

1）可以設定中介軟體來回應 HTTP 請求。

2）定義了路由表用於執行不同的 HTTP 請求操作。

3）可以透過向範本傳遞參數來動態繪製 HTML 頁面。

下面開始安裝 Express，全域安裝命令如下：

```
npm install express -g
```

安裝完畢後，D:\mynpmsoft\node_modules 下就有一個子資料夾 express。
下面還要安裝 Express 應用生成器，命令如下：

```
npm install express-generator -g
```

安裝完畢後，D:\mynpmsoft\node_modules 下就有一個子資料夾 express-
generator。安裝完畢後，就可以使用了。

【例 11-43】使用 Express 應用

1）在任意一個路徑下建立 Express 應用，筆者準備的路徑是 D:\demo\。

2）開啟命令列視窗，進入 D:\demo，然後執行命令初始化 Express 應用：

```
express myexp
```

執行完畢後，會在 D:\demo 下生成一個名為 myexp 的目錄，其中的內容如
圖 11-1 所示。

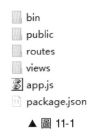

▲ 圖 11-1

其中，bin 資料夾用來存放啟動應用（伺服器）的程式；public 資料夾用來
存放靜態資源；routes 資料夾用來存放路由，用於確定應用程式如何回應對特
定端點的用戶端請求，包含一個 URI（或路徑）和一個特定的 HTTP 請求方法

（GET、POST 等），每個路由可以具有一個或多個處理常式函式，這些函式在路由比對時執行；views 資料夾用來存放範本檔案；app.js 是這個伺服器啟動的入口。

3）在命令列下進入該資料夾，然後安裝相依：

```
npm install
```

安裝完畢後，會在 D:\demo\myexp 下生成一個名為 node_modules 的資料夾。

4）啟動服務。在命令列下的 D:\demo\myexp 路徑下輸入命令：

```
npm start
```

如果沒有顯示出錯，說明啟動成功了，如圖 11-2 所示。

此時，可以開啟瀏覽器，然後在瀏覽器中輸入：http://localhost:3000/，若出現如圖 11-3 所示的介面，則表示啟動成功。

▲ 圖 11-2

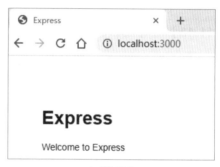

▲ 圖 11-3

5）用 VSCode 開啟資料夾 D:\demo\myexp。當我們在瀏覽器中存取 http://localhost:3000/ 時，呼叫的是 index 中的介面，開啟 routers 下的 index.js 就可以看到該介面的定義：

```
var express = require('express');
var router = express.Router();

/* GET home page. */
router.get('/', function(req, res, next) {
  res.render('index', { title: 'Express' });
});

module.exports = router;
```

如果有興趣，可以修改標題字串 "Express" ，然後按快速鍵 Ctrl+C 停止原來的服務，再啟動服務 npm start，就可以在瀏覽器上看到更新後的結果了。

6）下面實作一個獲取使用者資訊的介面。在 routes 資料夾下新建一個 user.js 檔案，並在其中定義一個 User 模型，程式如下：

```
function User(){
    this.name;
    this.city;
    this.age;
  }
  module.exports = User;
```

然後回到 users.js 檔案，在頭部增加：

```
var URL = require('url');

var express = require('express');
var router = express.Router();
var URL = require('url');
var User = require('./user')

/* GET users listing. */
router.get('/', function(req, res, next) {
  res.send('respond with a resource');
});
router.get('/getUserInfo', function(req,res,next){
  var user = new User();
  var params = URL.parse(req.url,true).query; // 獲取 URL 參數，使用需要引入
require('url');
  if(params.id == '1'){
    user.name = "ligh";
    user.age = "1";
    user.city = "Shanghai";
  }else{
      user.name = "SPTING";
      user.age = "1";
    user.city = "Beijing";
  }

  var response = {status:1,data:user};
  res.send(JSON.stringify(response));
})
module.exports = router;
```

7）在 VSCode 的主控台視窗中執行啟動服務的命令：

```
npm start
```

然後在瀏覽器中輸入：http://localhost:3000/users/getUserInfo?id=1，執行結果如圖 11-4 所示。

▲ 圖 11-4

如果輸入：http://localhost:3000/users/getUserInfo?id=2，則結果如圖 11-5 所示。

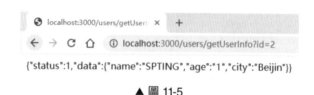

▲ 圖 11-5

11.4 支援跨域問題

當前端頁面與後台執行在不同的伺服器時，就必定會出現跨域這一問題。跨域問題的出現是因為瀏覽器的相同來源策略問題。所謂同源，就是兩個頁面具有相同的協定（protocol）、主機（host）和通訊埠編號（port），這是瀏覽器的核心，也是基本的功能，如果沒有相同來源策略，則瀏覽器將會不安全，隨時都可能受到攻擊。當我們請求一個介面時，出現諸如：Access-Control-Allow-Origin 字眼時，說明請求跨域了。

跨域指瀏覽器不允許當前頁面所在的來源去請求另一個來源的資料。協定、通訊埠、域名中只要有一個不同就是跨域。這裡舉一個經典的範例：

```
# 協定跨域
http://a.baidu.com 存取 https://a.baidu.com；
# 通訊埠跨域
http://a.baidu.com:8080 存取 http://a.baidu.com:80；
# 域名跨域
http://a.baidu.com 存取 http://b.baidu.com；
```

為了允許跨域存取，需要在 app.js 中增加如下程式：

```
// 設定允許跨域存取該服務
app.all('*', function (req, res, next) {
  res.header('Access-Control-Allow-Origin', '*');
  // Access-Control-Allow-Headers，可在瀏覽器中按 F12 功能鍵來查看
  res.header('Access-Control-Allow-Headers', 'Content-Type');
  res.header('Access-Control-Allow-Methods', '*');
  res.header('Content-Type', 'application/json;charset=utf-8');
  next();
});
```

然後儲存，重新啟動服務（按快速鍵 Ctrl+C 關閉當前服務，再執行 npm start）。至此，就完成獲取使用者資訊介面了。下面在 Vue.js 程式中驗證一下。

11.5 在 Vue.js 程式中存取 Express 伺服器資料

要透過 Axios 來存取 Express 伺服器上的資料，首先要安裝 Axios 函式庫，然後在 Vue.js 程式中透過 Axios 提供的函式來存取 Express 伺服器上的資料。

11.5.1 安裝和匯入 Axios

我們可以在命令列下全域安裝 Axios。開啟命令列視窗，然後輸入命令：

```
npm install axios --save -g
```

安裝完畢後，可以在 D:\mynpmsoft\node_modules\ 下看到資料夾 axios。我們把該資料夾下的子資料夾 dist 複製到 D 磁碟下，以後在單一 HTML 中就可以直接引用 D:/dist/axios.js 了。

如果是在鷹架專案中使用，則可以直接安裝在專案目錄下，即執行命令：

```
npm install axios --save
```

然後在需要的地方匯入：

```
import axios from 'axios'
```

11.5.2 Axios 常用的 API 函式

下面介紹 Axios 常用的 API 函式。

1. get：查詢資料

函式原型如下：

```
axios.get(url[, config])    // 查詢資料
```

比如透過 URL 傳遞參數：

```
    // 前端
axios.get('/path?id=123').then(function(ret){
    // ret 是物件
    console.log(ret.data)
  })
// 伺服器
app.get('/path',(req,res)=>{
    res.send('axios get 傳遞參數 '+req.query.id)
  })
// 前端
axios.get('/path/123').then(function(ret){
    // ret 是物件
    console.log(ret.data)
  })
// 伺服器
app.get('/path/:id',(req,res)=>{
    res.send('axios get (Restful) 傳遞參數 '+req.params.id)
  }
```

比如透過 params 選項傳遞參數：

```
// 前端
axios.get('/path',{
  params:{
    id:123
  }
}).then(function(ret){
  console.log(ret.data)
})
 // 伺服器
app.get('/path',(req,res)=>{
    res.send('axios get 傳遞參數 '+req.query.id)
})
```

2. post：增加資料

函式原型如下：

```
axios.post(url[, data[, config]])   // 增加資料
```

比如透過選項傳遞參數（預設傳遞的是 JSON 格式的資料）：

```
// 前端
axios.post('/path',{
    name:'ming',
    pwd:123
}).then(function(ret){
    console.log(ret.data)
})
// 伺服器
app.post('/path',(req,res)=>{
    res.send('axios post 傳遞參數 ' + req.body.name + '----' +
req.body.pwd);
})
```

比如透過 URLSearchParams 傳遞參數（application/x-www-form-urlen-coded）：

```
// 用戶端
var params = new URLSearchParams();
params.append('name','xiang');
params.append('pwd','123');
axios.post('/path',params),then(function(ret){
    console.log(ret.data)
})
// 伺服器
app.post('/path',(req,res)=>{
    res.send('axios post 傳遞參數 ' + req.body.name + '----' +
req.body.pwd);
})
```

3. put：修改資料

函式原型如下：

```
axios.put(url[, data[, config]])

// 前端
axios.put('/path/123',{
    name:'ming',
    pwd:123
}).then(function(ret){
    console.log(ret.data)
})
// 伺服器
app.put('/path/:id',(req,res)=>{
    res.send('axios post 傳遞參數 ' + req.params.id + '----' + req.
body.name + '----' +     req.body.pwd);
```

4. delete：刪除資料

函式原型如下：

```
axios.delete(url[, config])   // 刪除資料
```

比如透過 URL 傳遞參數：

```
// 前端
    axios.delete('/path?id=123').then(function(ret){
            // ret 是物件
            console.log(ret.data)
        })
    // 伺服器
    app.delete('/path',(req,res)=>{
            res.send('axios get 傳遞參數 '+req.query.id)
        })
    // 前端
    axios.delete('/path/123').then(function(ret){
            // ret 是物件
            console.log(ret.data)
        })
    // 伺服器
```

比如透過 params 選項傳遞參數：

```
        // 前端
        axios.delete('/path',{
            params:{
                id:123
            }
        }).then(function(ret){
            console.log(ret.data)
        })
         // 伺服器
        app.delete('/path',(req,res)=>{
                res.send('axios get 傳遞參數 '+req.query.id)
            })
```

還有一些不常用的 API 函式：

```
axios.request(config)
axios.head(url[, config])
axios.options(url[, config])
axios.patch(url[, data[, config]])
axios.[method]([url], {params:{[query]} & body});
```

【例 11-2】在 Vue.js 程式中存取 Express 伺服器資料

本實例將在 Vue.js 程式中存取 Express 伺服器資料，操作步驟如下：

1）開啟 VSCode，在 D:\demo 下新建一個檔案 index.htm，然後輸入如下程式：

```
<!DOCTYPE html>
<html lang="en">
<head>
    <meta charset="UTF-8">
  <script src="d:/vue.js"></script>
  <script src="d:/dist/axios.js"></script>

</head>
<body>
 <div id="box">
  <post-item></post-item>
 </div>
   <script>
   const app = Vue.createApp({});
   app.component('PostItem', {
     setup() {
     const username = Vue.reactive( {msg: 'hello'})
     orgObj={
       name: '',
       age: '',
       height:''
       }
   const obj = Vue.reactive(orgObj)   // 響應式資料物件
   const handleClick = () => {
     const url = 'http://localhost:3000/users/getUserInfo?id=1'
       this.axios.get(url).then(function(response) {
         this.username=response.data.data.name;
         obj.name=response.data.data.name;
         obj.age = response.data.data.age;
         obj.height = response.data.data.height;
         console.log(obj)
         }
     )
   }
   return {
     handleClick,
     obj,
   }
   },//setup
   template: `
   <button @click="handleClick">Visit server</button>
```

```
    <table border="1" width="500" align="center">
     <caption><h2>Information</h2></caption>
     <tr align="center">
       <td>name</td>
       <td>age</td>
       <td>height</td>
     </tr>
     <tr align="center">
       <td>{{obj.name}}</td>
       <td>{{obj.age}}</td>
       <td>{{obj.height}}</td>
     </tr>
   </table>
     `
     });
     const vm = app.mount('#box');
     </script>
</body>
</html>
```

　　在上述程式中，我們首先定義了一個物件 orgObj，然後呼叫 reactive 對其資料進行回應。隨後在按鈕事件處理函式 handleClick 中，透過 axios 物件的 get 方法存取 http://localhost:3000/users/getUserInfo?id=1，然後就可以得到各項資料並存於 obj 中。最終，在範本上顯示出 obj 各個屬性。

　　2）按快速鍵 Ctrl+F5 執行程式，然後點擊頁面上的 Visit server 按鈕，此時表格中就會出現獲取到的資料，如圖 11-6 所示。

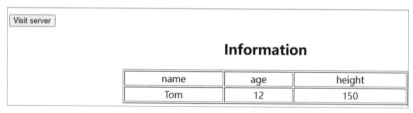

▲ 圖 11-6

第 **12** 章
Vuex 與案例實戰

　　Vuex 是一個專為 Vue.js 應用程式開發的狀態管理模式庫。它採用集中式儲存管理應用所有元件的狀態，並以對應的規則保證狀態以一種可預測的方式發生變化。例如，使用者有幾個資料、幾個操作在多個元件上都需要使用，如果每個元件都要撰寫，程式變得很長，也很麻煩。當然，如果沒有大量的操作和資料需要在多個元件內使用，也可以不用這個 Vuex。

12.1　了解「狀態管理模式」

　　狀態管理模式、集中式儲存管理這些名詞一聽就很「高大上」。在筆者看來，Vuex 就是把需要共用的變數全部儲存在一個物件中，然後將這個物件放在頂層元件中供其他元件使用。我們將 Vue.js 想像成一個 JS 檔案，元件是函式，那麼 Vuex 就是一個全域變數，只是這個「全域變數」包含一些特定的規則而已。

　　在 Vue.js 的元件化開發中，經常會遇到需要將當前元件的狀態傳遞給其他元件。當通訊雙方不是父子元件，甚至壓根不存在相關關聯，或者一個狀態需要共用給多個元件時，就會非常麻煩，資料也會相當難維護，這對我們開發來說就很不友善。Vuex 這個時候就很實用，不過在使用 Vuex 之後也帶來了更多的概念和框架，需慎重。Vuex 包含 5 個基本的物件：

1）state：儲存狀態，也就是變數。
2）getters：衍生狀態，也就是 set 和 get 中的 get，有兩個可選參數：state、getters，分別可以獲取 state 中的變數和其他的 getters。外部呼叫方式為 store.getters.personInfo()。其和 Vue.js 的 computed 差不多。

3）mutations：送出狀態修改，也就是 set、get 中的 set，這是 Vuex 中唯一修改 state 的方式，但不支援非同步作業。第一個參數預設是 state。外部呼叫方式為 store.commit('SET_AGE', 18)。其和 Vue.js 中的 methods 類似。

4）actions：和 mutations 類似，不過 actions 支援非同步作業。第一個參數預設是和 store 具有相同參數屬性的物件。外部呼叫方式為 store.dispatch('nameAsyn')。

5）modules：store 的子模組，內容就相當於 store 的一個實例。呼叫方式和前面介紹的相似，只是要加上當前子模組名稱，如 store.a.getters.xxx()。

讓我們從一個簡單的 Vue.js 計數應用開始，程式如下：

```
const Counter = {
  // 狀態
  data () {
    return {
      count: 0
    }
  },
  // 視圖
  template: `
    <div>{{ count }}</div>
  `,
  // 操作
  methods: {
    increment () {
      this.count++
    }
  }
}

createApp(Counter).mount('#app')
```

這個狀態自管理應用包含以下幾個部分：①狀態，驅動應用的資料來源；②視圖，以宣告方式將狀態映射到視圖；③操作，回應在視圖上的使用者輸入導致的狀態變化。圖 12-1 是一個表示「單向資料流程」理念的簡單示意圖。

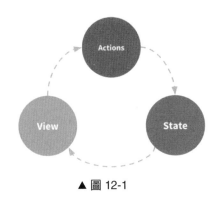

▲ 圖 12-1

　　但是，當我們的應用遇到多個元件共用狀態時，單向資料流程的簡潔性很容易被破壞：①多個視圖相依於同一狀態，②來自不同視圖的行為需要變更為同一狀態。

　　對於問題①，傳參的方法對於多層嵌套的元件將會非常繁瑣，並且對於兄弟元件間的狀態傳遞無能為力。對於問題②，我們經常會採用父子元件直接引用或者透過事件來變更和同步狀態的多份拷貝。

　　以上這些模式非常脆弱，通常會導致程式無法維護。因此，我們為什麼不把元件的共用狀態取出出來，以一個全域單例模式管理呢？在這種模式下，我們的元件樹組成了一個巨大的「視圖」，無論在樹的哪個位置，任何元件都能獲取狀態或者觸發行為。透過定義和隔離狀態管理中的各種概念並透過強制規則維持視圖和狀態間的獨立性，我們的程式將會變得更結構化且易維護。這就是 Vuex 背後的基本思想，參考了 Flux、Redux 和 The Elm Architecture。與其他模式不同的是，Vuex 是專門為 Vue.js 設計的狀態管理函式庫，以利用 Vue.js 的細微性資料回應機制來進行高效的狀態更新。

12.2　使用 Vuex 的情形

　　Vuex 可以幫助我們管理共用狀態，並附帶了更多的概念和框架，這需要對短期和長期效益進行權衡。

　　如果不打算開發大型單頁應用，使用 Vuex 可能是繁瑣容錯的。如果應用足夠簡單，最好不要使用 Vuex，一個簡單的 store 模式就足夠使用了。但是，如果需要建構一個中大型單頁應用，很可能會考慮如何更好地在元件外部管理狀態，Vuex 將會成為自然而然的選擇。

12.3 安裝或引用 Vuex

如果在鷹架專案中使用 Vuex，則可以在當前專案目錄下透過 npm 命令來線上安裝：

```
npm install vuex@next --save-dev
```

如果不想安裝，也可以透過線上 CDN 方式來引用：

```
<script src="https://unpkg.com/vuex@next"></script>    <!-- 最新版 -->
<script src="https://unpkg.com/vuex@4.0.0-rc.2"></script>    <!-- 指定版
本 -->
```

如果想離線使用，可以開啟 URL：

```
https://unpkg.com/vuex@4.0.0-rc.2/dist/vuex.global.js
```

然後把 vuex.global.js 另存到本機磁碟的某個資料夾下，比如 D 磁碟。

如果不想下載，也沒關係，筆者已經在原始程式目錄的子資料夾 somesofts 下放置了一份，可以直接使用，這時就要這樣引用：

```
<script src="d:/vuex.global.js"></script>
```

安裝或引用之後，還需要在專案中透過 createStore 函式建立 store 實例，然後透過 Vue.js 應用程式實例的 use 函式將該 store 實例作為外掛程式進行載入，例如：

```
<script src="d:/vuex.global.js"></script>
const store = Vuex.createStore({
    state(){
        return {
            count:1
        }
    }
})
…
app.use(store)
```

如果是透過 npm 安裝 Vuex，則在鷹架專案中可以這樣使用：

```
import {createStore} from 'vuex'
    const store = createStore({… })
…
app.use(store)
```

　　下面我們來看一個基本的實例，兩個沒有關係的子元件都能對 store 實例中的資料進行修改。我們力求把實例做得簡潔，不使用鷹架專案。

【例 12-1】使用兩個元件修改 Vuex 管理中的資料

　　本實例將使用兩個元件修改 Vuex 管理中的資料，具體步驟如下：

　　1）在 VSCode 中開啟目錄（D:\demo），新建一個檔案 index.htm，然後增加程式，核心程式如下：

```
<!DOCTYPE html>
<html lang="en">
<head>
    <meta charset="UTF-8">
    <script src="d:/vue.js"></script>
    <script src="d:/vuex.global.js"></script>
</head>
<body>
    <div id="box">
        <mycompoent1></mycompoent1>
        <mycompoent2></mycompoent2>
      </div>
  <script>

    // 元件 1
    const myCompConfig1 = {
    template: `
<div>
      <h3> 我是元件 1</h3>
      <span>store.state.count</span>
      <button @click="add"> 元件 1- 自動增加 </button>
      {{store.state.count}}
</div>
    `,
    data(){
      return {
              title: ' 元件 1-title'
            }
        },
    setup:function(){
            const store = new Vuex.useStore();
            return {
                store
            }
        },
        methods:{
            add:function () {
                this.store.state.count++;
```

```
                }
            }
        };

        // 元件 2
        const myCompConfig2 = {
        template: `
<div>
        <h3> 我是元件 2</h3>
        <span>store.state.count</span>
        <button @click="add"> 元件 2- 自動增加 </button>
        {{store.state.count}}
</div>
`,
        data(){
            return {
                    title: ' 元件 2-title'
                }
        },
        setup:function(){
                const store = new Vuex.useStore();
                return {
                    store
                }
            },
            methods:{
                add:function () {
                    this.store.state.count++;   // 對 count 進行累加
                }
            }
        };
        // 建立一個新的 store 實例
        const store = Vuex.createStore({
            state(){
                return {
                    count:1
                }
            }
        })

    // 定義根元件的設定選項
        const RootComponentConfig  = {
            components:{
                mycompoent1:myCompConfig1,
                mycompoent2:myCompConfig2
            }
        }
    const app = Vue.createApp(RootComponentConfig)    // 建立應用（上下文）實
例
    app.use(store)
```

```
   const rc = app.mount("#box") // 應用實例掛載，注意這裡要寫在最後，不然元件
無法生效
   </script>
</body>
</html>
```

在上述程式中，我們首先建立了兩個子元件，然後建立了一個新的 store 實例，在 store 中定義了一個 count，它的初值是 1，並且在兩個子元件中分別定義了 add 方法，在該方法中對 count 進行累加。

2）按快速鍵 Ctrl+F5 執行程式，並分別點擊兩個按鈕，可以看到按鈕旁邊的資料在同時累加，說明兩個元件都成功修改了資料 count，結果如圖 12-2 所示。

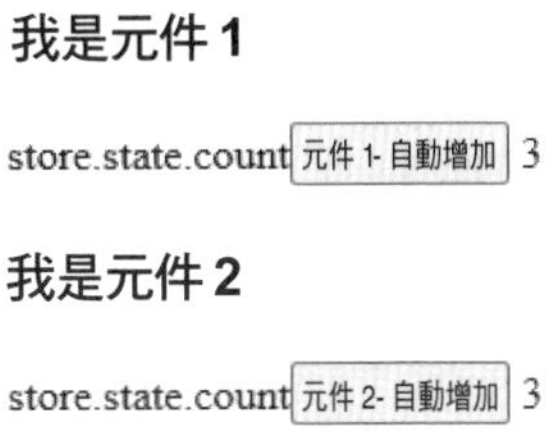

我是元件 1

store.state.count 元件 1- 自動增加 3

我是元件 2

store.state.count 元件 2- 自動增加 3

▲ 圖 12-2

12.4 專案實戰

下面看一個待辦事項列表（Todo List）的案例，可以增加待辦事項項目，並且可以查看詳情，也可以刪除待辦事項項目。最後還設計了簡單的登入功能。

【例 12-2】含登入的 Todo List 案例

1）準備建立專案。在命令列下輸入命令：vue create myprj，然後選擇 Manually select features，隨後用鍵盤上的空白鍵選中如圖 12-3 所示的這些選項。

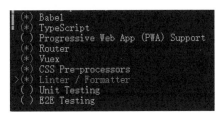

▲ 圖 12-3

其中，Babel 用於將 ES 6 編譯成 ES 5；TypeScript 表示支援 TypeScript 語言，TypeScript 是 JS 的超集合，主要包含類型檢查；Router 表示支援路由功能；Vuex 表示支援狀態管理；CSS Pre-processors 表示 CSS 預編譯；Linter/ Formatter 表示程式檢查工具。

選完後，按確認鍵繼續下一步，並選擇 3.x；隨後提問 Use class-style component syntax? (Y/n)，我們選擇 n，表示不選擇類別風格的元件句法；隨後提問 Use Babel alongside TypeScript (required for modern mode, auto-detected polyfills, transpiling JSX)? (y/n)，含義是使用 Babel 與 TypeScript 一起進行自動檢測的填充，我們選擇 y；隨後提問 Use history mode for router? (Requires proper server setup for index fallback in production) (y/n)，意思是路由是否使用歷史模式，這種模式充分利用 history.pushState API 來完成 URL 跳躍，而無須重新載入頁面，我們選擇 y；隨後要求 Pick a CSS pre-processor，意思是選擇一個 CSS 預編譯器，這裡選擇 Less；然後要求 Pick a linter / formatter config:，意思是選擇一個格式化工具的設定，我們選擇 ESLint with error prevention only，即只進行顯示出錯提醒；然後提示 Pick additional lint features:，意思是選擇程式檢查方式，這裡選擇 Lint on save，即儲存時檢查；隨後提示 Where do you prefer placing config for Babel, ESLint, etc.?，意思是詢問我們想把設定存放在哪裡，vue-cli 一般來講是將所有的相依目錄放在 package.json 檔案中，所以選擇 In package.json；隨後提示 Save this as a preset for future projects? (y/n)，意思是是否在以後的專案中使用以上設定，選擇 n。此時，將正式開始建立專案，這時可以去喝杯茶。建立完成後，我們進入目錄 myprj，然後執行服務程式：

```
cd myprj
npm run serve
```

服務啟動完畢，就可以在瀏覽器中存取 http://localhost:8080/ 了，此時將出現預設的專案首頁。用 VSCode 開啟目錄 myprj，在 EXPLORER 視圖中可以看到各個檔案和資料夾，其中 store 目錄用來維護以 Vuex 開發為基礎的狀態倉庫；router 目錄用來維護以 vue-router 開發為基礎的路由設定；main.ts 是專案的入口檔案，並已經將 Router 和 Vuex 載入專案中：

```
createApp(App).use(store).use(router).mount('#app')
```

2）準備標頭導覽。首先需要建立標頭導覽 <header> 元件，header 屬於公
　　共元件，可以放到 components 目錄下，在 components 下新建一個名
　　為 header.vue 的檔案，並輸入如下核心程式：

```
<template>
  <div class="header">
    <div class="logo cp" @click="routeToHome">My Todo List</div>
    <div class="nav-wrapper">
      <!-- 導覽 -->
      <router-link
        class="nav cp"
        v-for="(val, index) of navs"
        :key="`nav-${val.path}-${index}`"
        :to="val.path"
      >{{val.name}}</router-link>
    </div>
    <!-- 使用者名稱 -->
    <span
      v-if="userInfo.user"
      class="nav-user"
    >Hello, {{userInfo.user}}</span>
    <!-- 登入按鈕 -->
    <button
      v-else
      class="button nav-button"
      @click="() => { visible = true }"
    >Sign In</button>
  </div>
  <!-- 登入快顯視窗 -->
  <modal
    v-model="visible"
    width="400px"
  >
    <template v-slot:header>
      <div class="sign-in-header">
        <div class="sign-in-header_title">
          —<span>登 入</span>—
        </div>
        <p class="sign-in-header_sub">Let's Enjoy Vue 3</p>
      </div>
    </template>
    <sign-in-form ref="signInForm" />
    <template v-slot:footer>
      <div class="sign-in-footer">
        <button class="button primary" @click="handleSubmit">確認</button>
        <button class="button" @click="closeModal">取消</button>
      </div>
    </template>
```

```ts
    </modal>
  </template>

<script lang="ts">
import { defineComponent } from 'vue';
import { mapState, mapMutations } from 'vuex';
import Modal from './modal.vue';
import SignInForm from './sign-in-form.vue';

export default defineComponent({
  name: 'HeaderItem',
  components: {
    Modal,
    SignInForm,
  },
  props: {
    text: String,
  },
  data: () => ({
    navs: [
      { name: 'Home', path: '/' },
      { name: 'About', path: '/about' },
    ],
    // 是否顯示註冊快顯視窗
    visible: false,
  }),
  methods: {
    routeToHome() {
      this.$router.push('/');
    },
    // 登入
    handleSubmit() {
      const data = (this.$refs.signInForm as any).getValue();
      this.updateUserInfo({ ...data });
      this.closeModal();
    },
    // 關閉快顯視窗
    closeModal() {
      this.visible = false;
    },
    ...mapMutations([
      'updateUserInfo',
    ]),
  },
  computed: {
    ...mapState([
      'userInfo',
    ]),
  },
```

```
});
</script>
```

限於篇幅，我們沒有將 CSS 的相關程式列出。header 上有 Home 和
About 兩個頁面的導覽入口，點擊導覽可以跳躍到對應的頁面。程式中，
<router-link> 是經過封裝的 <a> 標籤，它需要接收一個路由位址 to，類似於
<a> 標籤的 href。

在 App.vue 中增加如下核心程式：

```
<template>
  <header-component />        <!-在 App.vue 中使用 header 元件 -->
  <div class="main">
    <router-view/>            <!-- 路由位址對應的元件會繪製在這裡 -->
  </div>
</template>

<script lang="ts">
import { defineComponent } from 'vue';
import HeaderComponent from './components/header.vue';

export default defineComponent({
  name: 'Root',
  components: {
    HeaderComponent,
  },
  methods: {},
});
</script>
```

同樣，這裡的 CSS 部分沒有列出。如果目標路由位址設定了元件，就能
在父元件的 <router-view> 中繪製對應元件。路由的設定檔是 src/router/index.
ts，可以設定路由資訊，包括路由位址和對應的元件，index.ts 的程式如下：

```
import { createRouter, createWebHistory, RouteRecordRaw } from 'vue-
router';
import Home from '../views/Home/index.vue';

const routes: Array<RouteRecordRaw> = [
  {
    path: '/',              // 路由位址
    name: 'Home',           // 路由名稱
    component: Home,        // 繪製元件
  },
  {
    path: '/about/:item',
```

```
    alias: '/about',
    name: 'About',
    component: () => import(/* webpackChunkName: "about" */ '../views/
About/index.vue'),
  },
];

const router = createRouter({    // 建立路由實例
  history: createWebHistory(process.env.BASE_URL),
  routes,
});

export default router;
```

3）準備實作登入框快顯視窗。首先來完成快顯視窗元件 <modal>，從業務
上來講，這個快顯視窗元件是在 <header> 上開啟的，也就是說 <header> 會是
<modal> 的父元件。如果按照傳統開發元件的方式，<modal> 會繪製到父元件
<header> 的 DOM 節點下，但從互動的層面來說，快顯視窗是一個全域性的強
互動，元件應該繪製到外部，比如 body 標籤。在 Vue.js 3 中提供了一個新的解
決方案 teleport，在元件中用 <teleport> 元件包裹需要繪製到外部的範本，然
後透過 to 指定繪製的 DOM 節點。在 components 下新建檔案 modal.vue，核
心程式如下：

```
<template>
  <teleport to="body">    <!-- teleport 讓當前範本可以繪製到元件外的地方 -->
    <div v-if="modelValue" class="modal">
      <div class="modal-wrapper" :style="styleWidth">
        <div class="modal-header" v-show="showHeader">
          <slot name="header">
            <span class="modal-title">{{title || 'wisewrong'}}</span>
            <button class="modal-close">X</button>
          </slot>
        </div>
        <div class="modal-body">
          <slot></slot>      <!-- slot 插槽允許父元件在當前位置插入自訂內容 -->
        </div>
        <div class="modal-footer" v-show="showFooter">
          <slot name="footer"></slot>
        </div>
      </div>
      <div class="modal-bg" @click="close"></div>
    </div>
  </teleport>
</template>

<script lang="ts">
```

```
import { defineComponent } from 'vue';

export default defineComponent({
  name: 'Modal',
  props: {
    // 是否顯示快顯視窗
    modelValue: Boolean,
    // 快顯視窗寬度
    width: {
      type: [Number, String],
      default: '60%',
    },
    // 快顯視窗標題
    title: String,
    // 是否顯示標頭
    showHeader: {
      type: Boolean,
      default: true,
    },
    // 是否顯示底部
    showFooter: {
      type: Boolean,
      default: true,
    },
  },
  methods: {
    close() {
      this.$emit('update:modelValue', false);
    },
  },
  computed: {
    styleWidth() {
      const width: string = typeof this.width === 'number' ? `${this.
width}px` : this.width;
      return { width };
    },
  },
});
</script>
```

這裡將 modal 元件繪製到了 body 標籤。上面的程式還用到了插槽
<slot>，這個標籤允許父元件向子元件插入自訂的範本內容，在 <modal> 元件
中可以讓父元件編輯快顯視窗的內容。程式中，<teleport to="body"> 中的 to
接收一個可以被 querySelector 辨識的字串參數，用於查詢目標 DOM 節點，該
DOM 節點必須在元件外部。最終的登入框效果如圖 12-4 所示。

▲ 圖 12-4

4）準備完成快顯視窗表單（$refs + Vuex）。接下來開發登入窗的表單元件 <sign-in-form>，元件的內容十分簡單，就是兩個輸入方塊 <input />，不多介紹，重點在於獲取表單數據。由於這個 <form> 元件是 <header> 的子元件，因此我們需要在 <header> 中獲取 <form> 的資料並送出。我們可以在 header. vue 中看這段程式：

```
<sign-in-form ref="signInForm" />    <!-- 插入表單元件，並指定 ref-->
    <template v-slot:footer>
      <div class="sign-in-footer">
        <button class="button primary" @click="handleSubmit"> 確認 </but-
ton>
        <button class="button" @click="closeModal"> 取消 </button>
      </div>
    </template>
```

@click="handleSubmit 就是向父元件送出資料。在 Vue.js 中可以透過 ref 屬性獲取自定義元件的實例，比如上面的程式就在 <sign-in-form> 元件上指定了 ref="signInForm"。然後就能在 header 元件中透過 this.$refs.signinForm 獲取到表單元件的實例，並直接使用它的 methods 或者 data，參見 header.vue 中的這段程式：

```
    handleSubmit() {    // 登入
// getValue 是 signInForm 元件中的 methods
    const data = (this.$refs.signInForm as any).getValue();
    this.updateUserInfo({ ...data });
    this.closeModal();
    },
```

這裡因為沒有找到適合 $ref 的類型判斷提示，只好用 any。現在獲取到了登入資訊，正常來說需要用登入資訊請求登入介面，如果使用者名稱和密碼正

確，介面會傳回使用者資訊。這裡我們跳過請求介面的過程，直接把登入資訊
當作使用者資訊。使用者資訊對於整個專案來說是一個共用資訊，我們可以選
擇暫存在 localStorage 或 sessionStorage 中，也可以使用 Vuex 來管理。如果在
使用 Vue-CLI 建立專案時選取了 Vuex，就能在 src/store/index.ts 中維護公開
變數和方法，然後在元件中透過 this.$store 來使用 Vuex 提供的 API。Vuex 中
有 State、Getter、Mutation、Action、Module 五個核心屬性，其中 State 就
像是 Vue.js 元件中的對應資料 data，Getter 類似於計算屬性 computed，然後
Mutation 和 Action 都可以看作 methods，區別在於：Mutation 是同步函式，
用來更新 state（在嚴格模式下只能透過 mutation 來更新 state）。由於我們用
的是 TypeScript，因此需要提前定義 state 的類型，建立 state.ts 和 mutations.
ts，其中 state.ts 的程式如下：

```
// state.ts
import { RootState } from '../types/store';
import { TodoItem } from '../types/todo-list';      // 稍後會實作

const state: RootState = {
  userInfo: {
    user: '',
    password: '',
  },
  todoList: [] as Array<TodoItem>,
  todoListMap: {},
};

export default state;
```

mutations.ts 的程式如下：

```
import { RootState, UserState } from '../types/store';
import { TodoItem } from '../types/todo-list';

export default {
  updateUserInfo(state: RootState, payload: UserState) {
    state.userInfo = payload;
  },
  addTodoListItem(state: RootState, payload: TodoItem) {
    const { key } = payload;
    state.todoList.push(payload);
    // 新增項目時，以 key 建立一個字典項，用於快速查詢對應項目
    state.todoListMap[key] = payload;
  },
  removeTodoListItem(state: RootState, index: number) {
```

```
    const { key } = state.todoList[index];
    state.todoListMap[key] = null;
    state.todoList.splice(index, 1);
  },
};
```

　　輔助內容介紹完畢，現在讓我們完成登入表單，在 components 下新建檔案 sign-in-form.vue，並輸入如下程式：

```
<template>
  <div class="form sign-in-form">
    <div class="form-item">
      <div class="form-item_input">
        <input
          class="form-item_input__inner"
          type="text"
          placeholder=" 使用者名稱 "
          v-model="form.user"
        />
      </div>
    </div>
    <div class="form-item">
      <div class="form-item_input">
        <input
          class="form-item_input__inner"
          type="password"
          placeholder=" 密碼 "
          v-model="form.password"
        />
      </div>
    </div>
  </div>
</template>

<script lang="ts">
import { defineComponent } from 'vue';

export default defineComponent({
  name: 'SignInForm',
  data: () => ({
    form: {
      user: '',
      password: '',
    },
  }),
  methods: {
    getValue() {
      return this.form;
```

```
    },
  },
});
</script>

<style lang="less">
.sign-in-form {
  padding: 0 16px;
  .form-item:not(:last-child) {
    margin-bottom: 20px;
  }
}
</style>
```

至此,已經具備了一個包含登入的 Vue.js 專案的雛形,接下來會打造一個綜合性的 Todo List,並真正用上組合式 API。

5)準備輸入方塊與列表。

首先準備輸入方塊,輸入方塊將在首頁上顯示,並在 index.vue 中實作。在 Views/Home 下新建檔案 index.vue,程式如下:

```
<template>
  <div class="home">
    <h1 class="title">Todo List</h1>
    <div class="todo-list">
      <div class="input">
        <input
          class="input__inner"
          type="text"
          v-model="value"
          :placeholder="placeholder"
          @keydown.enter="handleAdd"
        >
      </div>
      <ul class="list">
        <template v-if="showList">
          <list-item
            v-for="(item, index) of list"
            :key="`li-${index}-${item.key}`"
            :item-id="item.key"
            @remove="removeItem(index)"
            @view="viewItem"
          >{{item.text}}</list-item>
        </template>
        <div v-else class="empty">{{emptyText}}</div>
      </ul>
    </div>
  </div>
```

```ts
</template>

<script lang="ts">
import { defineComponent, computed } from 'vue';
import { mapMutations, useStore } from 'vuex';
import { useRouter } from 'vue-router';
import ListItem from '../../components/list-item.vue';
import { getHash, dateFormat } from '../../utils';

export default defineComponent({
  name: 'Home',
  components: {
    ListItem,
  },
  data: () => ({
    value: '',
    placeholder: '請輸入內容，以確認鍵確認',
    emptyText: '您貴姓？',
  }),
  setup() {
    const router = useRouter();
    const store = useStore();
    const {
      addTodoListItem,
      removeTodoListItem,
    } = mapMutations(['addTodoListItem', 'removeTodoListItem']);
    const viewItem = (id: string) => {
      router.push(`/about/${id}`);
    };
    return {
      list: computed(() => store.state.todoList),
      addItem: addTodoListItem,
      removeItem: removeTodoListItem,
      viewItem,
    };
  },
  methods: {
    // 增加項目
    handleAdd() {
      if (!this.value) { return; }
      const item = {
        text: this.value,
        key: getHash(8),
        time: dateFormat(new Date()),
      };
      this.addItem(item);
      this.value = '';
      console.log('listlistlist', this.list);
    },
```

```
  },
  computed: {
    showList(): boolean {     // 在 TS 專案中，計算屬性需要宣告類型
      return !!(this.list && this.list.length);
    },
  },
});
</script>

<style lang="less">
@import url('./todo-list.less');
</style>
```

在串列部分（見 `<template v-if="showList">`），需要判斷當前串列是否為空，如果為空，則展示空狀態。這裡使用 v-if 和 v-else 來做條件判斷，而其判斷條件 showList 是一個計算屬性 computed。在 TypeScript 的專案中，如果像 JS 專案一樣增加計算屬性，則無法進行類型推斷。

由於需要支援確認鍵送出，因此需要監聽 keydown 事件。如果是傳統的按鍵處理，則需要在事件物件中根據 keyCode 來判斷按鍵。Vue.js 提供了一些常用的按鍵修飾符號，不用在事件處理函式中再做判斷，比如這裡就使用了 enter 修飾符號，直接監聽 enter 鍵的 keydown 事件。

6）增加、刪除項目（在 setup 中使用 Vuex）。

建立的項目需要儲存到 store 中，首先需要定義項目類型，在 src/types/ 下新建 todo-list.ts，並輸入如下程式：

```
// todo-list-item
export interface TodoItem {
  text: string;
  key: string;
  time: string;
}
```

這時再看到 store 目錄下的 state.ts 就關聯起來了，因為我們在 state.ts 中新增了 todoList 欄位，用於儲存列表，其程式如下：

```
todoList: [] as Array<TodoItem>,
todoListMap: {},
```

這裡還增加了一個 todoListMap 欄位，它是 todoList 的字典項，後面查詢項目時會用到。同時，我們再看 store 目錄下的 mutations.ts，該檔案中有增加項目和刪除項目的方法，程式如下：

```
addTodoListItem(state: RootState, payload: TodoItem) {
    const { key } = payload;
    state.todoList.push(payload);
    // 新增項目時，以 key 建立一個字典項，用於快速查詢對應項目
    state.todoListMap[key] = payload;
},
removeTodoListItem(state: RootState, index: number) {
    const { key } = state.todoList[index];
    state.todoListMap[key] = null;
    state.todoList.splice(index, 1);
},
```

Store 已經調整好了，接下來只要在元件中呼叫即可。可以像之前介紹的那樣，使用 mapState 和 mapMutations 來匯出對應的欄位和方法，不過如果想在 setup 中使用 Vuex，就需要用到 Vuex 4 提供的 useStore 方法。我們看 index. vue 中的程式：

```
import { mapMutations, useStore } from 'vuex';
…
  setup() {
    const router = useRouter();
    const store = useStore();
```

接下來的事情就簡單了，手動匯出需要用到的 state、mutations 和 actions 即可。使用這種方式匯出 state 還行，但對於 mutation 和 action 而言，需要一個一個手動建立函式並匯出，就比較繁瑣。沒關係，我們還有 mapMutations 和 mapActions 可以使用，參見 index.vue 中的 setup 函式中的程式：

```
  setup() {
    const router = useRouter();
    const store = useStore();
    const {
      addTodoListItem,
      removeTodoListItem,
    } = mapMutations(['addTodoListItem', 'removeTodoListItem']);
    const viewItem = (id: string) => {
      router.push(`/about/${id}`);
    };
    return {
      list: computed(() => store.state.todoList),
      addItem: addTodoListItem,
      removeItem: removeTodoListItem,
      viewItem,
    };
  },
```

　　需要注意的是，不要在 setup 中使用 mapState。因為 mapState 匯出的 state 是一個函式（computed），這個函式內部使用了 this.$store，而 setup 中的 this 是一個空值，所以在 setup 中使用 mapState 會顯示出錯。

　　7）查看項目詳情（在 setup 中使用 router）。

　　在項目詳情頁，可以在 URL 上攜帶項目 id，然後透過 id 在 store 中找到對應的資料。這就需要調整路由設定檔 src/router/index.ts，設定 vue-router 中的動態路由，比如 index.ts 中的項目詳情路由的程式如下：

```
{
    path: '/about/:item',   // 冒號開頭的是動態參數，可以在頁面中透過 $route.
params 獲取
    alias: '/about',   // 路由別名，alias 和 path 對應的路徑會載入同一個元件
    name: 'About',
    component: () => import(/* webpackChunkName: "about" */ '../views/
About/index.vue'),
},
```

　　路由設定好了，接下來需要在清單上增加「查看詳情」按鈕的處理函式，如果這個函式寫在 methods 中，可以直接透過 this.$router.push() 來跳越網頁面，但是在 setup 中就需要用到 vue-router 提供的 useRouter。比如在 index. vue 中的 setup 函式有如下程式：

```
setup() {
    const router = useRouter();
    …
    const viewItem = (id: string) => {
      router.push(`/about/${id}`);
    };
    …
```

　　然後在詳情頁透過 useRoute（注意不是 useRouter）獲取 params，在 src/views/about/ 下建立 index.vue，然後輸入如下程式：

```
<template>
  <div class="about">
    <template v-if="detail">
      <h1>{{detail.text}}</h1>
      <div>建立時間：{{detail.time}}</div>
    </template>
    <div v-else class="empty">Copyright 2022</div>    <!-- 簡單實作關於功
能 -->
  </div>
</template>
```

```
<script lang="ts" setup>
import { defineComponent } from 'vue';
import { useRoute } from 'vue-router';
import { useStore } from 'vuex';

const route = useRoute();   // 注意是 useRoute，而非 useRouter
const { state } = useStore();
const { item } = route.params;   // 獲取路由參數
export const detail = state.todoListMap[`${item}`];   // 相當於 return
{detail}

export default defineComponent({
  name: 'About',
});
</script>

<style lang="less">
.about {
  text-align: center;
  h1 {
    color: @color-primary;
  }
}
</style>
```

在這個元件程式中，不但實作了項目詳情頁，而且實作了「關於」的功能，這裡的「關於」頁只是簡單列印了 "Copyright 2022"。

Vuex 和 vue-router 都提供了可以在 setup 中獲取實例的方法，這也側面表現了 Vue.js 3 的 setup 是一個獨立的鉤子函式，它不會相依於 Vue.js 元件實例，如果要用到函式外部的變數，則都從外部獲取。同時，也提醒我們在開發 Vue.js 3 的外掛程式時，一定要提供對應的函式，讓開發者能在 setup 中使用。

至此，主要的功能程式基本說明完畢了。還有一些協助工具的函式程式，限於篇幅，這裡不再贅述，讀者可以直接查看原始程式，比如在 utils.ts 中，我們實作了時間格式化函式 dateFormat、傳回一個 hash 值函式 getHash 等。另外，我們看到專案中有 shims-vue.d.ts 檔案，shims-vue.d.ts 檔案是為 TypeScript 做的調配定義檔案，因為 Vue.js 檔案不是一個常規的檔案類型，TypeScript 不能理解 Vue.js 檔案是幹什麼的，加上這一段是告訴 TypeScript，Vue.js 檔案是這種類型的，因此 shims-vue.d.ts 檔案中有這樣一行程式：

```
declare module '*.vue'{
…
}
```

這一段刪除，會發現 import 的所有 Vue 類型的檔案都會顯示出錯。最後，向 vue.config.js 檔案增加如下內容：

```
/* eslint @typescript-eslint/no-var-requires: "off" */
const path = require('path');
module.exports = {
  // 打包的目錄
  outputDir: 'dist',

  // 在儲存時驗證格式
  lintOnSave: true,

  // 生產環境是否生成 SourceMap
  productionSourceMap: false,

  devServer: {
    open: true,     // 啟動服務後是否開啟瀏覽器
    overlay: {      // 錯誤資訊展示到頁面
      warnings: true,
      errors: true,
    },
    host: '0.0.0.0',
    port: 8066,  // 服務通訊埠
    https: false,
    hotOnly: false,
  },
  pluginOptions: {
    'style-resources-loader': {
      preProcessor: 'less',
      patterns: [
        path.resolve(__dirname, './src/styles/var.less'),
      ],
    },
  },
};
```

vue.config.js 是一個可選的設定檔，如果專案的（與 package.json 同級的）根目錄中存在這個檔案，那麼它會被 @vue/cli-service 自動載入。讀者也可以使用 package.json 中的 vue 欄位，但是注意這種寫法需要嚴格遵照 JSON 的格式來寫。vue-cli 3.0 專案中需要設定其他參數時，需要在檔案 vue.config.js 中增加，該檔案的檔案名稱是固定的，並與 package.json 在同一級目錄下。使用 vue-cli3.0 架設專案比之前更簡潔，沒有了 build 和 config 資料夾。vue-cli 3.0 的一些服務設定都遷移到了 CLI Service 中，對於一些基礎設定和一些擴充設定，需要在根目錄新建一個 vue.config.js 檔案進行設定。

8）下面再安裝兩個關於 CSS 解析方面的元件，安裝命令如下：

```
npm install less less-loader -D
npm install node-sass sass-loader -D
```

傳統的 CSS 可以直接被 HTML 引用，但是 SASS 和 LESS 由於使用了類似 JavaScript 的方式去書寫，因此必須要經過編譯生成 CSS，而 HTML 引用只能引用編譯之後的 CSS 檔案，雖然過程多了一層，但是畢竟 SASS/LESS 在書寫時方便很多，所以在使用 SASS/LESS 檔案之前，只要提前設定好，就可以直接生成對應的 CSS 檔案，而我們只需要關心 SASS/LESS 檔案即可。

9）在 TERMINAL 視窗執行命令：

```
npm run serve
```

服務啟動後，稍等片刻，就會出現如圖 12-5 所示的結果。

隨後，按住 Ctrl 鍵並點擊 http://localhost:8066/，就可以在瀏覽器中看到執行結果，如圖 12-6 所示。

▲ 圖 12-5

▲ 圖 12-6

接下來輸入一些內容，並按確認鍵，如圖 12-7 所示。

Todo List

請輸入內容，以確認鍵確認		
☐ 今天晚上 18:00，要去父母家吃飯	Detail	Remove
☐ 明天 10:00，去動物園看老虎	Detail	Remove
☐ 後天要去上看電影	Detail	Remove

▲ 圖 12-7

　　如果點擊右上角的 Sign In 按鈕，會出現登入框，由於並沒有在程式中驗證密碼，因此隨便輸入使用者名稱和密碼即可登入，如圖 12-8 所示。

―― 登　入 ――
Let's Enjoy Vue 3

aa

••••••

確認　取消

▲ 圖 12-8

　　點擊「確認」按鈕，就會在右上角顯示當前登入的使用者名稱，如圖 12-9 所示。

Hello, aa

▲ 圖 12-9

　　至此，我們的專案開發完畢了。在這個專案中，我們主要把重點放在前端開發上，並沒有涉及後端開發，這樣也是為了減少學習的難度和專案的複雜度。

Note

Note

Note